FRANZÖSISCHE AUTOS 1945–2000

ANDREAS GAUBATZ / STEFAN MÜLLER

Motor
buch
Verlag

Einbandgestaltung: Luis dos Santos und Sven Rauert unter Verwendung von Motiven aus den Hersteller-Archiven

Bildnachweis: Soweit nicht anders vermerkt, entstammen die Abbildungen aus den Archiven der Autoren, der Hersteller, des Nationaal Archief (Anefo = Algemeen Nederlandsch Fotobureau), dem Bildarchiv der ETH Zürich sowie der Daimler AG (S. 257).

ISBN: 978-3-613-04486-9

1. Auflage 2024

Sie finden uns im Internet unter www.motorbuch.de

Lektorat: Georg Otto, Joachim Kuch
Innengestaltung: WS – WerbeService Linke, Karlsruhe
Druck und Bindung: Graspo CZ, 76302 Zlín
Printed in Czech Republic

Inhalt

EINFACH SCANNEN - so gelangt man zu den technischen Daten der Fahrzeuge in diesem Buch!

Zeichen der Zeit richtig zu deuten. In den 1950ern hatte man das Furchtbare weitgehend hinter sich gelassen. Und viele Staaten, auch Frankreich, erlebten ihr eigenes Wirtschaftswunder. Nicht ganz so ausgeprägt wie in der noch jungen Bundesrepublik. Neue

Herbst 2021
Andreas Gaubatz

Ein Meisterwerk französischer Automobilkunst: Der Citroën Ami 6 ist skurril und schräg im wahrsten Sinne.

Vorwort

von Stefan Müller

Denkt man an Frankreich, so kommen einem ad hoc herrliche Landschaften, prächtige Städte und eine Menge Genuss in den Sinn. Wer nur einmal an der Loire saß, mit Blick auf eines der zahlreichen Schlösser und einen zauberhaften Park, der vergisst diese Eindrücke nicht mehr. Ebenso ergeht es demjenigen, der einmal in einem Pariser Straßencafé das Flair dieser Stadt an sich vorbeiziehen ließ. Bei Baguette, Käse und Wein im Perigord lässt es sich wunderbar leben. Dieses Land hat das gewisse Etwas, das man nicht beschreiben kann.

Gleiches gilt für seine Autos. Wer könnte die Eindrücke vergessen, die er als Kind bei einer Fahrt in einem Renault 4 oder 16 sammelte? Komfort, Klang, Flair, alles typisch französisch und deswegen unbeschreiblich. Natürlich lässt sich das auch auf all die Peugeots, Simcas, Citroëns etc. übertragen, die jemals vom Band gerollt sind. Selbst in der kargsten Basisausstattung transportieren sie die Botschaften von Laissez-Faire und Savoir-vivre.

Das gehört zur Tradition des französischen Automobilbaus. Ebenso gehört es für viele Hersteller dazu, beim Bau ihrer Fahrzeuge ein wenig um die Ecke zu denken, oder vielmehr sehr weit voraus. Wer hat nicht 1955 staunend vor einer Citroën DS gestanden und sie für ein UFO aus einer fernen Zukunft gehalten? Zu Recht natürlich, sie war ihrer Zeit Jahrzehnte voraus. Dass sie dabei von ihrem Besitzer wegen trickreicher Details mitunter eine gehörige Portion Mitdenken verlangte, ist heute längst vergessen. Heute hat die DS ebenso Kultstatus wie ihre kleine Schwester 2 CV.

Das sind alles bekannte Beispiele für französische Nachkriegsklassiker. Aber Frankreichs Automobilwelt der vergangenen Jahrzehnte bestand längst nicht nur aus Citroën, Renault und Co. Analog zur deutschen Automobilszene der Nachkriegszeit tummelten sich auch in Frankreich unzählige Klein- und Kleinsthersteller, die auf den vermeintlich lukrativen Zug der Automobilproduktion aufspringen wollten. Auch oder gerade diesen vergessenen Herstellern möchten wir etliche Zeilen dieses Buches widmen.

Wir hatten viel Freude daran, und die wünschen wir Ihnen auch.

A bientot!

Stefan Müller

Das Simca 1000 Coupé ist ein Beweis dafür, wie elegant französische Autobauer einfache Technik einkleiden konnten.

Ateliers de Carrosserie Bécon (ACB)

1934 gründete Maurice Broual das Unternehmen Ateliers de Carrosserie de Bécon, das seinen Sitz in Courbevoie hatte, nordwestlich von Paris. In der Rue Louis Ullach Nummer 7 begann zunächst die Produktion von Karosserien. Ein ganz besonderes Fahrzeug gelang Broual mit einem Rennwagen, der auf einem Amilcar Pégase basierte und über einen Peugeot-Motor vom Typ TH4 mit 1991 cm³ verfügte. Das Triebwerk bekam natürlich ein paar spezielle Gimmicks, wie einen Querstrom-Zylinderkopf mit zwei Doppelvergasern und die Rennversion eines Darl'Mat spendierte Kipphebel samt zugehöriger Wellen. Aber auch Fahrgestellen von Citroën, Georges Irat und Peugeot verpasste Broual seine eigenen Aufbau-Entwürfe. 1948 entstand noch ein Cabriolet, dann verliert sich die Spur des Unternehmens. Erst 1955 tauchte der Name Broual wieder auf. In jenem Jahr eröffnete Monsieur Broual ein Museum im Südwesten des Landes, genauer in Briare, in dem er seine Sammlung von Oldtimern ausstellte.

Von 1982 bis 1991 fertigte Broual unter demselben Kürzel, ausgeschrieben aber »Ateliers de Carrosserie de Broual«, rund ein Dutzend Repliken berühmter Klassiker. Diese Nachbauten hatten anfänglich den Delage D6 und den Delahaye 135 zum Vorbild. 1983 widmete man sich in Briare auch den Talbot-Modellen T110, T120 und T150. Bei den Motoren setzte Broual auf bewährte Großserientechnik und verbaute Maschinen aus Peugeot 505, Talbot Tagora sowie Renault 18 und 20. 1991 verstarb Maurice Broual, Unternehmen und Museum wurden geschlossen. 2018 gelangte ein großer Teil der Broual-Sammlung, insgesamt 47 Fahrzeuge, zur Versteigerung. Das Foto zeigt ein Broual-Replika-Vorbild, den Talbot-Lago T 120 aus den Jahren 1935-1939. Zur damaligen Zeit ein absolutes Sinnbild für Sportlichkeit und puren Luxus, Grund genug also für Broual, diese Vorlage aufzugreifen.

Automobiles Arié / Société Ad-Hoc

1982 gründete Jean-Claude Arié das Unternehmen Automobiles Arié, das in Annecy-le-Vieux seine Heimstatt fand. Unter dem Markennamen Arié stellte die Firma ein Kleinstmobil her, welches auf den Namen Hopi getauft wurde. Den Antrieb des Hopi übernahm ein 125 cm³-Motor des deutschen Herstellers Fichtel & Sachs. Das reichte für das nur 2,32 Meter kurze und im Höchstfall 240 Kilogramm leichte Wägelchen vollkommen aus. Arié gab die Höchstgeschwindigkeit des Fahrzeuges, das neu 29.800 Franc kostete, mit 75 Stundenkilometern an.

Jean-Claude Arié, der zuvor bei Suncar SARL beschäftigt war, beendete die Produktion 1985. Noch im gleichen Jahr eröffnete Arié die Société Ad-Hoc, ebenfalls in Annecy-le-Vieux. Nicht nur der Produktionsort blieb gleich, auch das Produkt war das Gleiche. Der offene Hopi wurde nun lediglich als Ad-Hoc Hopi vermarktet. Neben dem bislang bei Arié verwendeten 125er-Benziner von Fichtel & Sachs kam dann noch ein Diesel zum Einsatz. Allerdings fand uch die Société Ad-Hoc kurze Zeit später ein Ende, 1986 schlossen sich die Werkstore für immer.

29.800 Francs kostete das Hopi – ein 2 CV war 1984 für etwa 24.000 Francs zu haben.

Bei der Motorenkonstruktion des Talbot T 120 hatte Walter Becchia großen Anteil – er entwarf später das Triebwerk des Citroen 2 CV.

ADDAX

1975 startete SECAM (»Société Anonyme d'Études et de Construction Automobiles et Motocycles«) mit der Produktion von Kleinstmobilen, die unter dem Markennamen ADDAX vertrieben wurden. Charakteristisch für SECAM-Automobile war die Bauart: Unter dem ADDAX-Label entstanden ausschließlich Dreiräder, deren Einzelrad vorne platziert war. Ab 1977 bot SECAM zusätzlich das Modell »Charly« des italienischen Automobilproduzenten Autozodiaco an. Das Fahrzeug wurde von einem 47 cm³ großen Zweitakt-Einzylinder angetrieben, der 2,6 PS leistete und für 45 Stundenkilometer Höchstgeschwindigkeit sorgte. In einer »sportlichen« Variante mobilisierte das Kleinstmobil sogar 4,3 PS. Der Kunde hatte die Qual der Wahl. Für das nur 1,83 Meter kurze Fahrzeug standen fünf verschiedene Farbtöne zur Option, die Polyester-Karosserie konnte mit einem normalen Verdeck bestellt werden. Es ließ sich aber auch die Ausführung »Bord de mer« ordern, die ein eigenwilliges Baldachin-Dach spazieren fuhr. 1975 musste der Kunde für den Standard-ADDAX 6110 französische Franc berappen, der »Bord de mer« schlug mit 7587 Franc zu Buche und für der Sportflitzer wurden 8043 Franc fällig. Stückzahlen sind nicht eindeutig belegt, lediglich für das Jahr 1977 sind rund 2400 Einheiten bestätigt.

Dem Italo-Import »Charly« blieb ein größerer Erfolg in Frankreich versagt, kostete er doch rund 12.000 Franc – ein stattlicher Preisunterschied. 1978 endete das Dasein der Firma SECAM, Vitrex Industrie übernahm das Ruder. Der ADDAX wurde zwar weitergebaut, doch auch bei Vitrex gingen 1980 die Lichter aus. Heute gibt es wieder einen ADDAX, der hat jedoch mit der französischen Automarke nichts gemein. Es handelt sich um einen belgischen Hersteller, der Elektro-Nutzfahrzeuge produziert.

Mit einem 50 cm³-Zweitakter von Minarelli sollte der Charly Golf die Straßen Frankreichs erobern. Es blieb beim Versuch.

Aerocarene

Über diesen Automobilhersteller ist leider wenig bekannt. Sicher ist, dass Christian Desbenoît, zusammen mit einem Ingenieur namens Bodu, im Jahr 1947 eine Automobilfirma gründete. Den Sitz fand die Firma in Courbevoie, nordwestlich von Paris. Allerdings schloss das Unternehmen schon 1948 wieder seine Pforten.

Innerhalb dieser kurzen Zeitspanne reichte es gerade einmal für ein Modell, den dreirädrigen Aérocarène 700. Das einzelne Rad befand sich im Heck, wo auch der Motor saß. Der 684 cm³ große Zweitakt-Zweizylinder leistete 23 PS, die das Coupé auf 120 Stundenkilometer beschleunigten. Der besondere Gag am Aérocarène 700: Er hatte keine Türen. Vielmehr wurde der vordere Fahrzeugteil nach vorne geschoben, um so den Einstieg zu ermöglichen. Bei 3,43 Metern wog der Wagen gerade mal 280 Kilogramm.

135 km/h und 3 bis 4 Liter Verbrauch, so sollte es beim Aerocarene werden, doch die Zeit war noch nicht reif dafür.

Aixam

Dass man mit relativ wenigen Mitarbeitern und der Herstellung von Kleinstmobilen durchaus Erfolg haben kann, das zeigt eindrucksvoll die Marke Aixam. 1983 wurde das Unternehmen gegründet und übernahm noch im gleichen Jahr den Mitbewerber Arola. Damit konnte man auf dessen Know-how und eine kleine Modellpalette zurückgreifen. So schaffte es Aixam, noch vor Ligier und Microcar, zu Frankreichs Marktführer in Sachen Leichtkraftwagen zu werden. In manchen Ländern können diese Fahrzeuge, gerne auch als »Elefantenrollschuh« belächelt, ohne Pkw-Führerschein bewegt werden. Mitunter ist jedoch ein Mopedführerschein vorgeschrieben. Zu belächeln gibt's da jedoch nichts, der Markt der Leichtkraftwagen wächst zusehends, vor allem im urbanen Umfeld. Aixam kann aber auch anders: Seit 1992 produziert man Fahrzeuge unter dem Markennamen »Mega«, beispielsweise den riesigen Off-Road-Sportwagen Mega Track mit Mercedes V12-Motor oder den Monte Carlo, ebenfalls mit dem schwäbischen Zwölfzylinder ausgestattet. Darüber hinaus bot man auf Citroën-Basis die Modelle Club und Ranch mit Benzin- und Diesel-Motoren an, die zwischen 50 und 75 PS leisteten. Mittlerweile offeriert Aixam nur noch ein elektrisches Kleinstfahrzeug, den Mega eScouty.

Mit 475 cm³ war der Aixam A 550 schon beinahe ein Spurter. Für Stadtverhältnisse in jedem Fall ideal.

Man musste etwas Geduld mitbringen beim Fahren mit dem Aixam A 400, der aus 0,4 Litern Hubraum fünf Pferde holte.

Fünf oder sechs Exemplare wurden vom Mega Track mit 6,0-Liter-V12 aus dem Mercedes S 600 gebaut.

Alamagny

Ein richtiger Automobilproduzent war Alamagny nicht. Und dennoch muss der Name hier Erwähnung finden. Denn Marcel Alamagny, der bei Renault beschäftigt war, begann 1946 mit der Entwicklung eines Automobils, das dort anschloss, wo Gabriel Voisin 1934 aufhörte. Er brachte das skurrile Fahrzeug immerhin bis ins Prototypen-Stadium. Man konnte das Auto in den Jahren 1947 und 1948 auf diversen Messen bestaunen. Der Alamagny-Wagen hatte vorne und hinten je ein lenkbares Rad und in der Fahrzeugmitte zwei Räder. Dort war auch der Motor des Simca 5 platziert, der aus 569 cm³ 13 PS schöpfte. Wegen der Position des Antriebs musste die Rückbank entgegen der Fahrtrichtung eingebaut werden, sodass sich die Passagiere Rücken an Rücken positionieren mussten. Heck und Front ließen sich aufklappen, um einsteigen zu können. Das 3,42 Meter kurze Automobil erreichte durch die Lenkfähigkeit des vorderen und hinteren Rades einen sensationellen Wendekreis von nur 4,25 Metern. Mit vier Personen besetzt schaffte der Janus-Vorläufer stolze 85 km/h Höchstgeschwindigkeit.

Zur Serienfertigung kam es nicht, Alamagny war wohl seiner Zeit zu weit voraus. Allerdings wurde der Prototyp sicher verwahrt. Von keinem Geringeren als Amédée Gordini, Formel-1-Rennstall-Besitzer und Sportwagen-Produzent.

Automobiles Ardex

1934 gründete Marcel Tamine in Nanterre die Firma Automobiles Ardex. Die Fahrzeugproduktion startete mit einem dreirädrigen Vehikel, der ganz nach dem Vorbild der britischen Morgan-Threewheeler entworfen wurde. Als Antrieb diente ein 500 cm³ großer V2-Motor. 1937 präsentierte Ardex einen vierrädrigen Wagen, der mit einem unschlagbaren Preis von 5500 Franc das günstigste Kraftfahrzeug seiner Zeit in Frankreich war. Zum Vergleich: Für einen Simca 5, bis dahin eines der preiswertesten Autos, musste der Käufer immerhin noch 10.900 Franc auf den Tisch des Händlers blättern.

Doch bevor Automobiles Ardex richtige Erfolge feiern konnte, machte der zweite Weltkrieg den Plänen einen Strich durch die Rechnung. Tamine war klar, dass es mit Fahrzeugproduktion vorbei war. Nicht nur, weil Benzin rationiert war, sondern vor allem wegen des Rohstoffmagels. So begann Ardex mit der Entwicklung von Elektroautos und erhielt sogar einen größeren Auftrag zum Bau von Fahrzeugen von der Société de l'accumulateur Fulmen, die ebenfalls in Nanterre eine Niederlassung unterhielt. Doch die Nationalsozialisten, längst der neue Herr im Hause, untersagten auch die Produktion von Elektrofahrzeugen. Ardex musste eine Zwangspause einlegen.

Nach dem Krieg dauerte es sieben Jahre, bis die kleine Firma wieder die Produktion aufnehmen konnte. Das Konzept des neuen Ardex-Modells wäre einige Jahre zuvor ein sicherer Volltreffer gewesen. Aber 1952, in einer Zeit, in der man damit begann, sich von den »Not-Mobilen« zu verabschieden, um bessere und größere Autos zu kaufen, erwies sich Tamines Kleinstmobil als nicht wettbewerbsfähig. Mit Motoren einer Größe von 50 cm³ (Fichtel & Sachs), 100 cm³ und 125 cm³ (Société Anonyme BriBan) war das Wägelchen deutlich untermotorisiert. Deshalb endete 1955 die Fertigung.

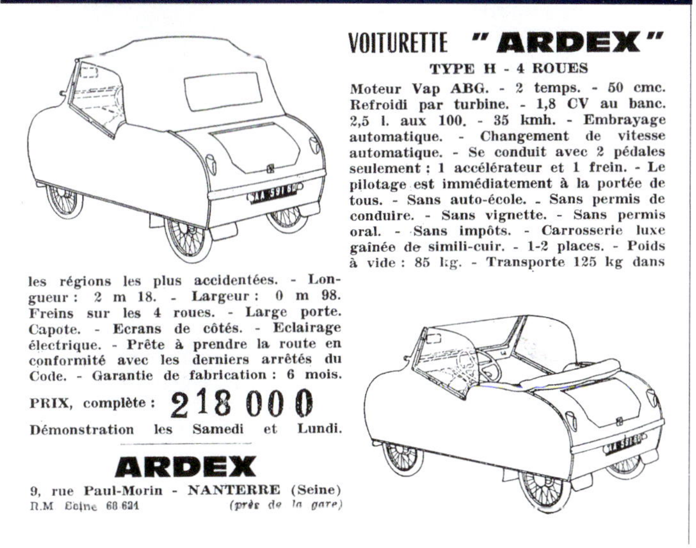

Die Ardex Voiturette trug Vinyl auf Holz und wurde von 1,8-Zweitakt-PS angetrieben. Damals galt: Hauptsache Auto!

Alpine

Alpine. Welch ein Name. Nicht nur französische Sportwagenfans bekommen beim Nennen des französischen Herstellers Herzrasen. 1955 startete in Dieppe an der Atlantikküste diese einzigartige Unternehmensgeschichte: Jean Rédélé, Sohn des Renault-Händlers Emile Rédélé, gründete Alpine. Eigentlich hatte der Junior nicht vor in den väterlichen Betrieb einzusteigen, er strebte eine höhere Laufbahn in Industrie und Handel an. Und das, obwohl er ein großer Anhänger des Motorsports war und seit 1951 schon einige Rennen bestritten hatte. Doch Vater Emile verstand es, den Sprössling auf den rechten Weg zu führen. So bauten sie die im Krieg stark in Mitleidenschaft gezogene Renault-Vertretung wieder auf, 1946 übernahm der Sohn dann die Geschäfte. Mit seinen 24 Lenzen war er damit der jüngste Renault-Händler Frankreichs.

Neben seiner Tätigkeit als Autohändler und Rennfahrer begann Rédélé einen eigenen Sportwagen zu entwickeln. 1952 präsentierte er drei Prototypen, die er mit Hilfe seines Schwiegervaters Jean Escoffier, einem Pariser Werkstattbetreiber, auf die Räder stellte. Kein Geringerer als Giovanni Michelotti zeichnete die Karosserien, die bei Allemano in Turin gefertigt wurden. Einen dieser Prototypen stellt Rédélé 1954 auf der New York Motorshow aus. Pläne, dieses Auto als »The Marquis« in den USA herzustellen und zu vermarkten, scheiterten.

Doch zurück ins Frankreich der 1950er-Jahre. Die Prototypen, die auf den Namen »Renault 4CV Rédélé Spezial« hörten, waren so vielversprechend, dass der junge Geschäftsführer an die Entwicklung des ersten Serienmodells gehen konnte. Das erschien 1955 als Alpine A106.

Dabei war die Zahl 106 eine Hommage an die Basis des kleinen Rallyewagens, den Renault 4CV, werksinternes Projekt-Kürzel: R ***106***0. Das Besondere war die Karosserie, die bei Chappe et Gessalin aus GFK gefertigt wurde – damals eine sehr fortschrittliche Werkstoffwahl. 1958 gesellte sich die A108 dazu, ebenfalls ein als Rallyewagen konzipiertes Heckmotorfahrzeug.

1962 kam die Dritte im Bunde, die A110. Auch sie entstand in Handarbeit und sorgte von Anfang an für Furore. 1963, nur ein Jahr nach ihrem Start, wurde sie erfolgreich bei Rallyes und Etappenrennen eingesetzt.
Sie verfügte zwar oft über weniger Leistung als die Konkurrenz, aber ihre Leichtigkeit und Wendigkeit und die Genialität ihrer Piloten ließen die A110 glänzen. Doch Rédélé schuf Abhilfe, die Motoren gingen durch die Hände des legendären »Hexers« Amédée Gordini. Der Lohn der Mühe: Gérard Larrousse wurde 1967 französischer

Die Alpine A 106 war 1955 der Beginn einer Legende. Gleich 1956 gewann man die Mille Miglia mit einem 904 cm³-Motörchen! (Alpine Presse)

1968 belegten Andre de Cortanze und Jean Vinatier mit der Alpine A220 in Le Mans den achten Gesamtrang.

Vize-Rallyemeister, 1968 schnappten sich die kleinen Kraftprotze gleich drei nationale Rallye-Titel. 1970 folgte der Gewinn der Europameisterschaft, 1971 holte Alpine die internationale Marken-Weltmeisterschaft und schaffte einen Dreifachsieg bei der Rallye Monte Carlo. Aber auch auf der Rundstrecke fühlte sich die A110 wohl und erzielte etliche Siege – neben ihren Geschwistern M63, M64, A210 und einigen anderen Prototypen, die nur für die Rennbahn konzipiert waren.

Doch zufrieden war Jean Rédélé nicht. Was der erfolgreichen Sportwagenschmiede fehlte, das war ein reines Straßenauto vom Schlage eines Porsche 911. 1968 fiel deshalb der Startschuss für die A310. Rédélé hatte von Anfang an einen V6-Motor eingeplant, musste zunächst aber einen Kompromiss eingehen. Der Teilhaber Renault entwickelte bereits ein solches Aggregat zusammen mit Peugeot und Volvo, den sogenannten Europa-Motor. Allerdings war der nicht zum Serienstart des neuen Sportwagens fertig. So blieb Alpine nichts anderes übrig, als zunächst auf den stärksten Renault-Vierzylinder zurückzugreifen, den R16 TS-Motor.

1971 begann die Produktion der Vierzylinder-Alpine. Der Verkauf lief schleppend, die A310 war zu schwach und zu teuer. Wer Alpine treu bleiben wollte, der griff zur weiterhin erhältlichen A110. Das änderte sich mit Fertigstellung des V6-Motors, mit dem sich sportliche und kommerzielle Erfolge einstellten.

Auch der brave Renault 8 gab eine Basis für die Alpine ab. Seine scharfgemachten 1100er- und 1300er-Motoren sorgten für Würze. (Renault Presse)

In den 60ern war Alpine von einer kleinen Manufaktur zum Serienhersteller geworden, auch Dank der A 110. (Alpine Presse)

Zwei Alpine A110 1800 (182 PS) in ihrer natürlichen Umgebung. Bei der Rallye Akropolis 1971 belegten sie Platz 1 und 3. (Alpine Communications)

Le Mans 1978: Renault Alpine A442B mit 2-Liter-V6 und 500 Turbo-PS vor Porsche 935 K2 und 911 RSR. (Alpine Communications)

Am Ende ihrer Karriere blickte das französische Fräulein 1985 auf 11.616 gefertigte Einheiten zurück.
Schon 1978 verkaufte Jean Rédélé seine restlichen Firmenanteile an Renault, was zu einem Strategiewechsel führte. Noch im gleichen Jahr zog sich Alpine von der Motorsportbühne zurück. Renault legte den Fokus auf gewinnbringende Straßensportler. Deshalb erschien schon vor deren Produktionsende im Herbst 1984 die Nachfolgerin Alpine GTA, gezeichnet von Robert Opron.

Verkauft wurde die GTA als »Alpine V6GT« und als »Alpine V6 Turbo«. Anfänglich wurden alle GTA-Modelle ab Werk mit dem Renault-Rhombus versehen, erst 1989 kehrte man zurück zum Alpine-Logo. In den Papieren dieser Modelle stand aber stets Alpine als Hersteller. Sonderlich erfolgreich war die GTA nicht. An der Leistung lag es sicher nicht, sie war bis zu 200 PS stark. Allerdings war der PRV-Motor eine unrunde Sache. Ursprünglich als V8 konzipiert, schnippelte man dem Achtender unter dem Eindruck der Ölkrise einfach zwei Töpfchen ab – ohne den Zylinderbankwinkel oder die Zündfolge anzupassen. Daraus resultierte ein rauer Motorlauf. 1991 war Schluss mit der GTA.

Im gleichen Jahr stellte Renault die Alpine A610 vor, einen echten Oberklasse-Sportwagen, der durchaus das Zeug zum Porsche-Schreck hatte. Der damals aktuelle 911er, der Typ 964, leistete wie die Alpine 250 PS. Damit lagen die Kontrahenten ziemlich gleichauf. Allerdings ließ die Turbo-Version des Porsche 911 mit ihren 360 PS die Französin recht alt aussehen. Die A610 schlug mit rund 100.000 Mark zu Buche, für nur knapp 20.000 Mark mehr konnte man den Über-Sportler aus Zuffenhausen bekommen. Am Ende gab es in Dieppe und Billancourt lange Gesichter, nach lediglich 818 Exemplaren und vier Jahren Bauzeit zog Renault 1995 die Reißleine. Der Name Alpine wurde zu Grabe getragen.

Als Nachfolger der Alpine-Modelle sehen viele den Renault Sport Spider an. Dessen Grundlage bildeten drei Alpine-Prototypen aus den 1980ern. In den frühen 2000ern besann sich Renault auf die glorreichen Namen und kokettierte damit, die Marken Gordini und Alpine abermals aufleben zu lassen. Eine Studie folgte der anderen, Prototypen wurden gezeigt, der Neustart verzögerte sich immer wieder. 2017 war es endlich so weit, die neue A110 wurde präsentiert. Diese »Neuauflage einer Legende«, so die Alpine-Presseabteilung, zeigte sich in einem modernen und doch von der alten A110 inspirierten Design.

Alpine A106

Mit dem Erscheinen der Alpine A106 gründete sich eine jahrzehntelang erfolgreiche Sportwagen-Modellreihe mit Heckmotor-Bauweise. Jean Rédélé entwickelte einen ersten Prototyp, den er auf der Motor-Show in New York 1954 präsentierte. Die seriennahen zweiten Musterexemplare wurden der Renault-Direktion in Billancourt 1955 vorgestellt – jeweils ein Fahrzeug in rot, blau und weiß. Mit dem dritten Prototyp startete 1956 die Produktion beim Karosseriebauer Chappe et Gasselin. Dieser Hersteller besaß die notwendige Erfahrung beim Bau von GFK-Karosserien, wie sie die A106 aus Gründen der Gewichtsreduzierung trug. Mit dem leichten Aufbau konnten auch die kleinen 747 cm³-Motoren mit ihren 21 PS die A106 auf halbwegs sportliche Geschwindigkeiten bringen.

Deutlich besser gelang das mit den von Rédélé bearbeiteten Maschinen, die nach der Kraftkur 42 PS leisteten. Besonders fidel waren die von Marc Mignotet frisierten Motoren, die 904 cm³ Hubraum und 59 PS auswiesen. Diese Modelle erfüllten den Anspruch eines kleinen Sportwagens für den Motorsport – also genau der Zweck, der hinter der Idee der A106 stand. Ab 1957 wurde der 845 cm³-Motor mit 26 PS aus der Dauphine zur Standardausrüstung. Im selben Jahr erschien das A106 Cabriolet, für dessen Design Giovanni Michelotti verantwortlich zeichnete. Die A106 wurde bis 1963 gebaut, ab 1958 parallel zur A108.

Alpine A 106 »Mille Milles« – 1956 hatte die Alpine in ihrer Hubraumklasse (904 cm³) die Mille Miglia gewonnen! (Presse Renault)

Die Mille Milles-Alpine hatte einen Motor mit 904 cm³ und 42 PS, in der normalen Serie mussten 21 PS aus 747 cm³ reichen. (Presse Renault)

Die A108 Willys Interlagos wurde in Lizenz in Brasilien gebaut und entsprach weitgehend dem Original. (Presse Renault)

Eine sehr seltene A108-Spielart, die zwischen 1960 und 1965 in etwa 150 Exemplaren gebaut wurde. (Bildarchiv Zürich)

Alpine A108

1958 erschienen das A108-Cabriolet und die Berlinetta, die sich auf den ersten Blick kaum von der A106 unterschieden. Betrachtete man die Heckpartie, so fiel die deutliche Ausbuchtung der Motorhaube auf, die der besseren Zuleitung von Kühlluft dienen sollte. Auch hatte Giovanni Michelotti – ganz der damaligen Kfz-Mode entsprechend – dem A108 zwei Heckflossen angedeihen lassen. Unter der (hinteren) Haube befand sich der bewährte Ventoux-Motor mit 845 cm³ Hubraum aus der Dauphine Gordini. In der A108 entwickelte er 40 PS, das reichte für 145 km/h Höchstgeschwindigkeit. Nur die ganz frühen A108 850 besaßen noch das Dreiganggetriebe des Vorgängers, zumeist war ein Vierganggetriebe verbaut.

1959 folgte die A108 2+2, also ein Viersitzer. Der Mehrbedarf an Raum wurde durch einen sieben Zentimeter längeren Radstand sowie ein erhöhtes Dach erreicht. 1960 brachte ein dezentes Facelift die Umbenennung des A108 Cabriolets in A108 Cabrio Sport. Dies ging einher mit der Einführung des Coupé Sport, einem Cabriolet mit fest montiertem Hardtop. Inzwischen waren optional Triebwerke mit 904 cm³ und 54 PS sowie 998 cm³ und 70 PS verfügbar (analog zum Matra Djet). Auch ein Fünfganggetriebe war für diese Motoren erhältlich. In Sachen Fahrwerk brachte der Wechsel vom Rohrrahmenchassis auf ein Trägerchassis eine Veränderung. So ausgerüstet, wurde die A108 in Frankreich bis 1964 hergestellt. Aber auch das Ausland war an einer Produktion der A108 interessiert. In Spanien baute FASA die Dauphine, da lag es nahe, auch deren »Ableger« A108 aufs Band zu legen. Sogar in Bulgarien (Bulgarrenault), Mexiko und Brasilien lief die A108 vom Stapel. Letzteres geschah unter der Bezeichnung Willys Interlagos als Kooperationsprodukt von Willys-Overland mit Alpine.

Alpine A110 (ab 1969 Renault Alpine A110)

Als Weiterentwicklung der erfolgreichen A108 Berlinette erschien 1962 die A110 Berlinette. Sie unterschied sich optisch gesehen zunächst nur in kleinen Details von der A108. So besaß die A 110 keine offenen seitlichen Lufteinlässe mehr. Die Technik basierte im Wesentlichen auf dem ebenfalls frisch lancierten Renault 8. Somit wurden die frühen A110-Modelle vom neu entwickelten Cléon-Fonte-Motor mit 956 cm³ und 40 PS angetrieben. Mit dieser Motorleistung kam die bewährte hintere Pendelachse nicht an ihre Grenzen. In der Wettbewerbsversion lagen bei gleichem Hubraum 66 PS an, was bereits deutlich mehr fahrerischen Einsatz forderte.

Wirklich fordernd und spaßbringend waren dann die GT4-Versionen ab 1963. Diese viersitzigen Varianten wurden zunächst mit dem 1108 cm³-Cléon ausgerüstet, dem durch einige Gordini-Tuningmaßnahmen 86 PS entlockt werden konnten.
Im Laufe der Bauzeit (bis 1971) wuchs die Leistung auf bis zu 1296 cm³ und 125 PS. Diese A110 entwickelten sich zu erfolgreichen Motorsport-Fahrzeugen. Im gleichen Jahr 1963 brachte Alpine die A110 als Cabriolet auf den Markt. Die offene Variante war entweder mit dem 1108 cm³ Cléon aus dem R8 Major (45 PS) oder mit dem 1255 cm³ Gordini-Motor und 88 PS ausgerüstet. 1964 zog bei den Zweisitzern ebenfalls der 1108 cm³ Cléon mit 45 PS ein, ab 1965 optional die Gordini-Variante mit 86 PS.

Die A110 war eine Meisterin des Rallyesports, auf Schnee und Eis fühlte sie sich am wohlsten. In den Rallye-Versionen verfügte sie über bis zu 180 PS. (Bildarchiv Zürich)

Gelb war neben Rot, Weiß und natürlich Alpineblau einer der beliebtesten Farben für die A110.

Die Alpine A110 GT4 war eine 2+2-sitzige Version, die Kunden mit dem Wunsch nach etwas mehr Komfort ansprechen sollte. 283 Käufer honorierten das.

Sie trug »nur« einen 68 PS-Motor unter der Haube, die A110 1300. Aber bei dem Fliegengewicht der Alpine…

Solch breite Felgen waren auch bei der A110 nicht serienmäßig, dafür sorgte eine gut aufgestellter Zubehörhandel.

Das Jahr 1967 brachte eine optische Veränderung mit sich. Nun anden sich an der Front serienmäßig zwei Hauptscheinwerfer plus zwei integrierte Zusatzscheinwerfer.

Von 1967 bis 1968 waren diese Modelle mit dem R16-Motor ieferbar, der aus 1471 cm³ 82 PS schöpfte. Diese A110 1500 blieben mit nur 44 gebauten Fahrzeugen eine seltene Spielart. Deutlich häufiger geordert (rund 3600 Exemplare) wurde hingegen von 1965 bis 1977 die A110 1300/1300 VC, deren 1289 cm³-Motor 70 PS entwickelte. Ihr wurde von 1966 bis 1971 die A110 1300 G mit 88 PS Gordini-Motor zur Seite gestellt. Die Krönung der 1300er-Reihe stellte 1969 bis 1971 die A110 1300 S dar, die bei 1296 cm³ Hubraum 115 PS auf die Kurbelwelle wuchtete.

Ab 1968 bereicherte dann die 1600er-Reihe das A110-Programm. Es begann mit der A110 1600 S/VC mit 1605 cm³ und 110 PS. Ihr folgten ab 1969 die 1600 S/VA mit 1565 cm³-R16-Motor und 80 PS, beziehungsweise die 1600 S/VB mit 1565 cm³ und 110 PS. Das alles immer noch mit der bekannten Pendelachse im Heck, die einiges Können bei schneller Fahrt verlangte. Diese Achskonstruktion behielten auch die von 1974 bis 1975 gebauten 1600 Si bei. Mit einer Bosch-Einspritzung kamen die 1600 Si auf 124 PS. Etwas gutmütiger ging es von 1975 bis 1977 in den 1600 SX zu, deren 1605 cm³ Cléon-Alu-Motor mit 93 PS praktisch unverändert aus den R16 TX entnommen wurde. Ganz zum Schluss wurde es dann noch einmal martialisch: Für die Rennsportklasse 4 entwickelte Alpine-Renault aus dem R16 TX-Motor ein 1796 cm³-Aggregat mit guten 170 PS. Dieses A110 1800 getaufte Modell trug als einzige A110 eine Querlenker-Hinterachse unter dem Blech. 1977 endete die A110-Ära.

Die A110 wurde nach bewährter Art auch als Lizenzbau im Ausland hergestellt. FASA in Spanien produzierte die A110 ebenso wie Willys-Interlagos in Brasilien, Bulgaralpine in Bulgarien sowie DINA in Mexiko.

1971 begann die Karriere der Alpine A310. Die großen Fußstapfen der noch bis 1977 gebaute A110 konnte sie zunächst aber nicht ausfüllen.

Renault Alpine A310

1977 endete die lange Ära der Alpine A110. Sie und ihre Vorgänger hatten Meilensteine gesetzt in der Entwicklung zu kompromisslosen Sportcoupés, die auch in der Rennszene beachtliches leisteten. Die Autowelt hatte sich jedoch längst weiterentwickelt, der Wunsch nach mehr Fahrkomfort breitete sich sogar in der Sportwagenszene aus. Ein Porsche 911 beispielsweise wurde mehr und mehr gefiltert, weg vom laut kreischenden Urmodell. Das Renault-Entwicklungsteam um Chefingenieur Richard Bouleau und Alpine-Gründer Jean Rédélé trug diesen Wünschen Rechnung. Man entwickelte bereits ab 1969 ein Coupé, das sich bei aller noch vorhandenen Sportlichkeit deutlich »ziviler« fahren ließ. Dieses Fahrzeug erschien 1971 als A310.

Dem Grundprinzip Heckmotor mit Heckantrieb blieb man dabei treu. Eine entscheidende Neuheit war die hintere Doppelquerlenker-Achse. Sie bot gegenüber den pendelachsigen Vorgängern ein großes Plus an Fahrstabilität, die Zahl der ungeplanten Heckschwenks nahm deutlich ab. Eine vordere Einzelradaufhängung komplettierte das komfortorientierte Fahrwerk. Der eigentliche Plan war es, die A310 von Beginn an mit dem von Peugeot, Renault und Volvo gemeinsam entwickelten PRV-V6-Motor auszustatten. Dessen Serienreife verzögerte sich jedoch, sodass Renault-Alpine zunächst auf den leistungsgesteigerten Vierzylinder-Cléon-Alu-Motor des Renault 16 TS zurückgriff. Dessen Leistungsdaten mit 1565, beziehungsweise 1605 cm^3 und 115 PS (Alpine 1600 VE 1971 bis ‘73) konnten sich durchaus sehen lassen. Im Vergleich mit dem Porsche 911 jedoch, dessen sechszylindriger Motor zwischen 125 und 190 PS aus mindestens zwei Liter

Die frühe A310 trug noch sechs Scheinwerfer und leistete als 1600 VE (Doppelvergaser) 115 PS aus 1,6 Litern Hubraum. (Renault Presse)

Die A310 hatte ab 1973 die Einspritzanlage aus dem R17 TS bekommen. Die Laufkultur nahm zu, der Verbrauch dagegen ab. (Renault Presse)

1976 wurde die Alpine A 310 V6 eingeführt. Sie besaß nur noch vier Scheinwerfer, verfügte jetzt aber über eine standesgemäße Leistung von 150 PS aus 2664 cm^3 Hubraum.

Hubraum kitzelte, waren das eher bescheidene Werte. Hinzu kam, dass die Alpine aufgrund ihres hohen Anteils an Handarbeit ein recht hochpreisiges Fahrzeug war, gerade im Vergleich zum 911. Da half auch das spektakuläre Design mit sechs hinter Glas verbauten Scheinwerfern nichts. Bis zum Frühjahr 1976 brachte Renault-Alpine lediglich 2340 Exemplare unters Volk, wovon 1255 auf das Modell 1600 VE entfielen.

Noch einmal deutlich weniger wurden es beim 1600 VF der Jahre 1973 bis 1975. Renault rüstete den 1605 cm^3 -Cléon-Motor nun mit einer Bosch-Einspritzung aus, wie man es auch bereits beim A110 1600 Si und beim R17 TS praktizierte. Ungeachtet dessen sanken die Verkaufszahlen auf 699 Exemplare. Renault steuerte mit der Lancierung der Alpine A310 SX (1600VG) dagegen. Dieses preiswertere Modell sollte Kunden mit schmalerem Geldbeutel locken, bot jedoch mit dem R16 TX-Motor und 93 PS aus 1647 cm^3 Hubraum nur durchschnittliche

1980 erhielt die Alpine A310 ein Facelift. Die ab jetzt montierten großen Stoßfänger verstärkten den bulligen Eindruck der Alpine. (Renault Presse)

Leistungswerte. Daher fanden sich von 1975 bis 1976 gerade mal 86 Käufer für den 1600 VG. Aber es ging noch exotischer: 1974 bis 1975 brachte Renault-Alpine den Typ 1800 VC heraus, eine rein auf den Motorsport entwickelte Variante. 180 PS aus 1796 cm³ ließen diesen A310 ordentlich vorankommen. Es blieb bei etwa 15 Exemplaren.

1976 war dann der PRV-Motor endlich serienreif. Der Vierzylinder wurde aus dem Programm gestrichen, das Modell nannte sich nun Alpine A310 V6 (intern 2700 VA). Die Optik hatte sich auch verändert, die sechs Scheinwerfer unter Glas wichen vier Exemplaren. Sogar die französische Gendarmerie griff auf den A 310 V6 zurück.

Der PRV (mit einem für Sechszylinder ungewöhnlichen Bankwinkel von 90 Grad) leistete 150 PS, die er aus 2664 cm³ schöpfte. Damit erreichte der A310 immerhin 225 km/h Vmax. Ein Facelift im Jahr 1980 brachte einige optische Veränderungen.

Außerdem führte Renault-Alpine spezielle Räder mit Michelin TRX-Reifen ein, die heute kaum noch verfügbar sind. 1983 lancierte Alpine den A310 V6 »Pack GT« (2700 VAA). Dabei handelte es sich um ein Modell mit verbreiteter Karosserie und Spoilern. Die Leistungsdaten veränderten sich nicht, logischerweise reduzierte sich die Höchstgeschwindigkeit aber auf 215 km/h. Dieses Modell wurde bis 1985 hergestellt. Weiterhin entwickelte Renault-Alpine aus dem GT den A310 V6 »Kit Boulogne«. Hierbei kombinierte man die Karosserie des GT mit einem leistungsgesteigerten PRV-Motor. Nun wies das Aggregat 2796 cm³ und 193 PS auf, was die Höchstgeschwindigkeit auf 235 km/h steigerte. Nach 2340 Alpine 310 und 9276 310 V6 endete die Produktion im Jahr 1985.

Hier sind die ab 1980 eingeführten größeren Außenspiegel der A310 zu erkennen. Offensichtlich machte das Modell auch auf Frauen Eindruck.

Renault Alpine GTA

Mit der Entwicklung des GTA vollzog Renault-Alpine endgültig den Schritt vom kompromisslosen Sportcoupé zum Gran Tourismo mit deutlichen Komforteinflüssen. Der GTA war die erste Alpine, der nicht unter der Federführung von Jean Rédélé entstand, der seine Firmenanteile 1978 komplett an Renault abgegeben hatte. Für das Design zeichnete nun Renaults Chefdesigner Robert Opron verantwortlich. Opron hatte sich in früheren Jahren unter anderem mit der Gestaltung von Citroën SM und CX einen Namen gemacht.

Das technische Layout blieb in seinen Grundzügen gegenüber allen Vorgängern gleich, Renault-Heckmotoren und Heckantrieb fanden sich seit 1955 in allen Alpine. Neu war es, dass die Karosserie und der Rahmen nicht mehr voneinander trennbar waren, was die Reparaturfreundlichkeit verminderte. Im Gegensatz zu den Vorgängern wurde der GTA nicht mehr in Handarbeit gefertigt. Der gestiegene Fahrkomfort spiegelte sich auch im erhöhten Leergewicht wider. Das wiederum machte eine Kräftigung der Motorleistung notwendig, um mit dem Hauptkonkurrenten Porsche 911 Schritt halten zu können. Der Alpine GTA V6 GT trug den auf 2849 cm³ und 160 PS erstarkten PRV-Motor unter der Haube. Mit zwei Vergasern ausgerüstet, brachte es der GT auf 235 km/h Vmax. Wer mehr Leistung wollte, der wurde mit dem V6 Turbo bedient. 200 PS sorgten für genügend Kraft in allen Lagen, allerdings wurde der Hubraum auf 2458 cm³ reduziert. Etwa 3900 Käufer entschieden sich für den stärksten der Serien-GTA. Noch einmal deutlich schneller unterwegs war die Motorsportvariante V6 Turbo »Europa Cup«. Diese Version wurde 1984 für den »GTA V6 Turbo Europa Cup« konzipiert und brachte es in der letzten Saison 1987 mittels Einspritzung, Turboaufladung sowie Ladeluftkühler auf gut 280 PS. Mit nur 69 Exemplaren blieb diese Variante eine Seltenheit.

Nachfolgerin der A310 war ab 1985 die Alpine GTA GT mit 2,7-V6 und 160 PS. Von der Turbo-Version unterschied sie sich optisch nur in Details wie den GT-V6-Schriftzug im Heckfenster. (Renault Presse)

Beim GTA Turbo war das Motto 1986 »Hubraum reduzieren, Leistung optimieren«. In Zahlen: 2,5 Liter, 200 PS. (Renault Presse)

Den 200 PS-Motor hingegen trug auch die sehr gut ausstaffierte Sonderserie »Mille Miles« (100 Exemplare) unter der Haube. Einen ersten Vorstoß in die Katalysator-Ära wagte Renault 1986 mit dem GTA USA Turbo (21 Vorserien-Exemplare), einer auf 182 PS reduzierten US-Export-Variante mit 3-Wege-Katalysator und Klappscheinwerfern. 1987 folgte eine Kat-Variante für den europäischen Markt, hier mit 185 PS. Mit dem V6 Turbo »Le Mans« läutete Renault 1990 die Endphase der GTA-Produktion ein. Den »Le Mans« kennzeichneten veränderte Scheinwerfer und verbreiterte Kotflügel. Diese Sonderserie wurde in 300 Exemplaren hergestellt. Nach insgesamt 6494 Stück endete die GTA-Produktion im Frühjahr 1991.

Bei der Alpine A610 handelte es sich um kein ganz neues Modell, sondern vielmehr um eine facegeliftete Alpine V6 GT.

Renault Alpine A610

Als die Alpine A610 1991 auf dem Genfer Autosalon präsentiert wurde, blickte die Autowelt auf ein im Vergleich zu seinem Vorgänger nur dezent verändertes Modell. Renault hatte die komplette Entwicklungsherrschaft über die A610 übernommen und das Budget für Neuheiten stark reduziert. Viele Bauteile blieben gleich, somit auch die Optik im Wesentlichen. Möglicherweise war das ein Sargnagel für die A610, die Verkäufe verliefen nur schleppend. Ein weiterer Grund dafür könnte der hohe Einstandspreis gewesen sein, der sich mit 400.000 Franc (etwa 105.000 Mark) nahe am Porsche 911 bewegte. Technisch gesehen änderte sich mehr: Der Hubraum des PRV-Motors wuchs auf 2975 cm³ bei 250 PS Leistung. Feinarbeiten am Fahrwerk brachten eine bessere Fahrstabilität. Auch die Aerodynamik wurde optimiert und führte zu einer Höchstgeschwindigkeit von 265 km/h. Die Einsparungen im Budget sorgten für eine Reduzierung der Modellvielfalt, der V6 Turbo blieb die einzige Variante.

Renault lancierte im Jahr 1992 aber noch zwei sehr exklusive Sondermodelle. Zum einen das Modell »Albertville ´92«, anlässlich der olympischen Winterspiele im gleichnamigen französischen Ort. Ganze zwei Autos entstanden, die zunächst als Transportfahrzeug für Honoratioren diente und später auf den Gebrauchtmarkt gelangten. Diese Modelle trugen eine spezielle, schneeweiße Lackierung, weiß lackierte Räder und eine luxuriöse Innenausstattung. Mit dem Sondermodell »Magny-Cours« feierte Renault den Sieg eines Williams-Renault-Formel-1-Wagens auf der Rennstrecke von Magny-Cours im Juli 1991. Die Karosserie und die Räder waren

Auffälliges Detail der ab 1991 erhältlichen A610 waren die topmodernen Klappscheinwerfer. Von der Rückseite unterschied sich die A610 kaum von ihrer Vorgängerin. Unter der Haube schon: 3.0 Liter und 250 PS waren ein Wort. (Alpine Communications)

Rauhbauzigkeit war nicht mehr Alpine-Stil bei der A610. Ein leiser Motor, Klimaanlage, HiFi, elektrische Fensterheber und weitere Komfort-Goodies waren nun an Bord.

hier perlmuttgrün lackiert, im Innenraum kam hochwertiges Leder zum Einsatz. Dieses Sondermodell wurde in 31 Exemplaren hergestellt. Nach nur 818 Fahrzeugen endete die A610-Produktion 1995. Ein legitimer Nachfolger erschien erst 2017 mit der Neuinterpretation der A110.

Vergleich der Generationen: A110 trifft auf A110. Jung und alt eint eines: Sie wollen nur spielen, die jungen mit maximal 300 PS, die alten mit höchstens 180 PS.

Bei allem Luxus: Mit der A610 ließ sich immer noch vortrefflich Sport treiben. Das half aber nichts, nach nur 818 Exemplaren war 1995 wieder Schluss.

Automobiles Arista

Zwei Zylinder, ein paar Hundert Kubikchen, irgendetwas mit 35 PS. Aber eine rassige Optik mit Sportversprechen pur. Das war der Arista Spyder 1956.

Raymond Gaillard war Rennfahrer. Kein sensationell erfolgreicher Fahrer, aber immerhin erzielte er den fünften Rang beim Sportwagenrennen in Marrakesch. Und er nahm mehrfach am legendären Wettbewerb in Le Mans teil. Zu Beginn seiner sportlichen Karriere in den 1930ern eröffnete er auch einen Autohandel mit Werkstatt in der Rue de Ranelagh, im 16. Pariser Arrondissement. Sein Schwerpunkt lag auf Panhard-Automobilen. Nach dem Krieg nahm Gaillard beide Tätigkeiten wieder auf und erweiterte seine Angebotspalette.

Ab 1949 vertrieb Gaillard zusätzlich Fahrzeuge des ebenfalls in Paris ansässigen Kleinherstellers Sociéte Callista, der Sportwagen auf Panhard-Basis baute. Das Engagement währte allerdings nur kurz, denn Callista beendet bereits 1952 wieder die Produktion. Vielleicht wurde Gaillard von den Callista-Gründern Antonio Monge und Robert Rowe inspiriert, als er 1956 die Firma Automobiles Arista gründete. Um dort weiterzumachen, wo Callista aufgehört hatte: mit dem Bau von eigenen Fahrzeugen auf Panhard-Basis. 1956 bot Arista drei Modelle an, den »Spyder«, den »Rallye« und das Coupé »Passy«. 1959 legte Gaillard noch den »Sport« nach. Bis 1963 entstanden 196 Fahrzeuge, dann endete die Produktion. Automobiles Arista ist nicht zu verwechseln mit der von Arista-Ruffier gegründeten Firma Établissements Ruffier, die zwischen 1912 und 1915 Automobile mit Namen Arista herstellte.

Ein Auto der Automobilsport-Elite sei der Arista Passy, behauptete die Werbung selbstbewusst. 851 cm³ und 42 PS sprachen eine etwas andere Sprache. Die Verkäufe hielten sich im Rahmen.

Arista 5 CV: Ein Panhard Dyna in besonderer Verpackung. Auch 851 cm³ können schnittig verkleidet sein. (Alf van Beem CC0)

Arola SARL

1976 gründete Daniel Manon das Unternehmen Arola SARL. Ziel war es, Fahrzeuge anzubieten, die zum einen dem immer größer werdenden urbanen Verkehrschaos Paroli bieten sollten, zum anderen zielte die Konstruktion der Modelle darauf ab, auch ohne Führerschein bewegt werden zu können. Das war im Frankreich jener Jahre durchaus gesetzlich zulässig. Daher waren die ersten drei Modelle – die Typen 10, 11 und 12 – Dreiräder, die auf einem Stahlrohrrahmen basierten.

Die Motoren der Ausführungen 10 und 11 stammte von Fichtel & Sachs und leisteten rund drei PS aus 47 cm³. Für den Vorwärtsdrang des Gefährts zeichnete eine Zweistufen-Automatik verantwortlich. Typ 12 hingegen wurde von einem Motobécane-Aggregat angetrieben. Sogar ein Rückwärtsgang war beim »12er« zu finden. Die komplett aus Polyester bestehende Karosserie sah wie ein Faltbausatz aus, eben typisch für Kleinstautomobile.

Aber Schönheitspreise wollte Manon auch nicht gewinnen, es ging um größtmögliche Funktionalität auf kleinstem Raum. Und das war sehr gut umgesetzt. Zwar hatten die Arola nur eine einfache Sitzbank ohne Rückenlehne, dafür konnte man optional die komplett aus Plexiglas gefertigten Türen einfach aus- und wieder einbauen. In heißen Sommern ein äußerst angenehmes Feature. Der Anlasser funktionierte elektrisch und das Gefährt besaß einen

Scheibenwischer. Die Höchstgeschwindigkeit lag bei 40 km/h, der Typ 12 schaffte sogar 65 km/h.

1978 wurde die Dreirad-Flotte erweitert, und zwar mit dem Modell »SP«. Das Buchstabenkürzel stand für »Super Prâtique«, also »sehr praktisch«. Was es zweifellos auch war. Denn bei gleichen Maßen wuchs es in der Länge auf 227,5 Zentimeter. Pritsche drauf, Plane drauf, fertig war der Mini-Pickup. Dennoch markierte jener SP das Ende der Dreirad-Ära., denn 1979 erschienen die ersten vierrädrigen Modelle. Sie hießen 14 und 15 und waren zum Vierrad weiterentwickelte Dreiräder. Markantester Unterschied, neben dem vierten Rad, war die mittig positionierte Steuerung, die nun mittels Lenkrad bedient wurde und nicht wie bisher mit einem Moped-Lenker. Der Antrieb wurde nahezu unverändert vom Typ 12 übernommen, die Sitzbank war ebenfalls die Gleiche, wurde jedoch durch eine Rückenlehne etwas kommoder ausgelegt. Bei den Türen setzte man beim Typ 14 ebenfalls auf komplett aus Plexiglas bestehende Exemplare, der Typ 15 erhielt richtige Türen, die Schiebefenster à la R4 vorzuweisen hatten.

Beim Modell »Compacity« handelte es sich um ein vierrädriges Pendant zum dreirädrigen SP, der ab 1980 offiziell für zwei Jahre im Lieferprogramm stand. Ein verlängerter Typ 14 wurde mit einer Pritsche bestückt und so ebenfalls zu einem Mini-Pickup. Vom Compacity sind keine überlebenden Exemplare bekannt, auch Bilder existieren keine. 1981 schob Manon zwei neue Modelle nach, die Typen 18 und 20.

Sie waren etwas größer und die Auswahl der Motoren war etwas vielfältiger. Man hatte die Wahl zwischen 50 cm³-Maschinen von BCB, Peugeot oder Motobécane und einem 125 cm³-Triebwerk von BCM. Das auffälligste Merkmal war jedoch die Bauweise. Anstelle eines Plattformrahmens kam nun eine aus Polyester gefertigte Bodenwanne mit Aluminium-Profilen zum Einsatz. Die Karosserie bestand ebenfalls aus Alu-Profilen, die mit Polyester-Elementen verkleidet wurden. Eine Variante des Typ 18, die mit »S« bezeichnet wurde, verströmte etwas mehr Luxus wie eine Zeituhr. Merkmal des Typ 20 waren die Fenster in den hinteren Seitenteilen.

Mit dem Minoto beschritt Arola erneut neue Wege. Der Minoto (Ein Kunstwort aus den französischen Worten für Miniatur und Automobil) wurde mit einer selbsttragenden Konstruktion aus Polyester entwickelt und den Antrieb besorgten die bekannten 50 cm³-Aggregate. Erstmals konnte auch ein 325 cm³-Diesel von Lombardini für den Minoto bestellt werden. Der Minoto von Arola ist nicht zu verwechseln mit dem gleichnamigen Modell des Herstellers Bel Motors. 1983 endete die Produktion bei Arola, Aixam übernahm den Konkurrenten.

Oben: Vier Räder, zwei Meter Länge, der Arola 20 war fast schon Luxus. (Joost J.Bakker CC BY 2.0)

Links: Die drei PS des Arola 10 reichten für die Stadt. (Dennis Elzinga CC BY 2.0)

A.T.L.A.

1957 gründete Jaques Durand seine Sportwagenmanufaktur in Garches. Unter dem Markennamen Atla entstanden wunderschöne Sportcoupés, deren auffälligstes Design-Merkmal Flügeltüren waren. Zwischen 860.000 und 950.000 (alte) Franc musste man Monsieur Durand zahlen, um eines der 3,85 Meter langen Autos zu erhalten.

Das Angebot bestand aus zwei Modellen, zum Einsatz kamen Renault-Motoren mit 750 cm³ oder 850 cm³, die jeweils im Heck platziert wurden. Darüber hinaus verwendete Durand auch Panhard-Motoren mit 850 cm³ und Frontantrieb. Während es sich bei den Renault-Aggregaten um Vierzylindermotoren handelte, holten die Panhard-Maschinen ihre Leistung aus zwei Zylindern. Bis 1960, das Jahr, in dem die Produktion endete, entstanden 27 Fahrzeuge, davon 21 mit Renault-Motor, sechs Exemplare wurden vom Panhard-Motor angetrieben.

Das erste von zwei Atlas-Modellen trug den bezeichnenden Namen »Babycar«. Die Form und 2,77 Meter Fahrzeuglänge sprechen für sich.

Atlas

Im Frankreich der frühen Nachkriegsjahre entstanden, hoffte die »Société Industrielle de Livry«, die in Paris angesiedelt war, ein Kleinstauto vermarkten zu können. Unter dem Markennamen Atlas entstand das Fahrzeug mit der passenden Bezeichnung »Babycar«. War der Prototyp noch mit einem 125 cm³-Motörchen ausgestattet, werkelte im Serienmodell ein Viertakt-Einzylinder mit 175 cm³. Später wurde das Motorenangebot um einen 200 cm³ großen Zweizylinder erweitert. Das für zwei Personen ausgelegte Kleinmobil maß in der Länge 2,77 Meter.

1951 erweiterte der »Kover« das überschaubare Programm. Warum er unter einer eigenen Marke angeboten wurde, ist unklar. Die Firma Kover hatte nichts mit dem spanischen Produzenten Kover-Capilla zu tun. Die »Société Industrielle de Livry« schloss 1952 die Pforten. Die Hoffnungen, mit noch kleineren, noch spartanischer ausgestatteten und noch schwächeren Wägelchen die renommierten Großserienhersteller Citroën (mit dem 2CV) und Renault (4CV) herausfordern zu können, ging nicht auf.

Autobleu

Noch bevor es 1950 offiziell bei Autobleu als Autohersteller losging, stellte man bereits ein bemerkenswertes Fahrzeug auf die Räder : Den Autobleu Simca 8 HS. Damit gelang nicht weniger als ein Sieg in der 1100er – Klasse bei der Bol´d´or Automobile.

In den Anfangstagen des Unternehmens produzierte man noch keine Kraftfahrzeuge und bot zunächst sportliches Zubehör für Großserienwagen an. 1953 startete man dann in der Rue Aumont-Thiéville 15, im 17. Pariser Arrondissement gelegen, die Produktion eigener Automobile. Der Fokus lag auf kleinen sportlichen Coupés und Cabrios, die auf der Basis des Renault 4CV entstanden.

Keine Geringeren als Luigi Segre und die Carozzeria GHIA aus Turin legten Hand an bei den kleinen Wagen. Das Ergebnis waren hinreißende Fahrzeuge, deren Optik viel mehr als die 25 PS (später 32 PS) des Renault-Motors versprach.

Als der Staatskonzern 1956 seine Thronfolgerin Dauphine auf den Markt brachte, basierten Autobleu-Fahrzeuge entsprechend auf dem neuen Renault-Modell. Dessen 845 cm³-Vierzylinder war im Heck platziert und leistete 32 PS. 1958 stellte Autobleu die Automobil-Produktion zunächst ein, man betätigte sich aber weiterhin als Zulieferer und machte sich als Motor-Tuner einen Namen. Die sportlichen Ambitionen der kleinen Manufaktur gipfelten in der Präsentation eines eigenen Sportwagens, des Autobleu 750MM. Beim Motor setzte man allerdings auf deutsche Wertarbeit. Das Aggregat des eigens für die Mille Miglia 1954 konstruierten Wagens ließ man in Zuffenhausen bei Porsche überarbeiten. Die Schwaben erhöhten unter anderem den Hubraum von 750 auf 950 cm³, was rund 69 PS mobilisierte. Die Stromlinien-Karosserie entwarf der in Argentinien geborene Marcel Riffard, der vor allem Flugzeuge entwickelte, aber in seiner Zeit bei Renault-Caudron auch für den

damaligen Super-Sportwagen Viva Grand Sport verantwortlich zeichnete. Der 750MM kam bei der Mille Miglia 1954 zum Einsatz, von keinem Geringeren als Jean Bianchi pilotiert. Weitere sportliche Aktivitäten folgten 1955, ebenfalls bei der Mille Miglia, und 1956 beim 12-Stunden-Rennen von Reims.
Betreffend der Produktion eigener Modelle sollte es bis 1967 dauern, bis wieder ein neues Fahrzeug vorgestellt wurde. Auf dem Genfer Salon jenes Jahres präsentierte man den Prototyp GT. Dieses Mal allerdings setzte man auf Peugeot als Basis, der GT baute auf dem 204 auf. Pietro Frua war für das Design zuständig. Also alles gute Voraussetzungen für ein erfolgreiches Wägelchen. Dennoch blieb es bei dem einen Prototyp. 1971 schlossen sich die Türen in der Rue Aumont-Thiéville. Für immer.

War die Ähnlichkeit des Autobleu Coupés zum VW Karmann Ghia zufällig? Immerhin erschien der Franzose ein Jahr früher, nämlich 1954.

Das Autobleu Coupé sah nach deutlich mehr aus als nach 21 PS und 747 cm³ aus dem Renault 4 CV.

Auverland

1980 gründete der am 20. September 1941 geborene Francois Sérvanin in Saint-Germain-Laval ein Automobilwerk. Nichts Ungewöhnliches auf den ersten Blick. Und doch besonders. Denn Sérvanin war eigentlich ennfahrer. Und ein gar nicht mal so erfolgloser, es gelangen ihm in den 1970ern einige respektable Platzierungen.

Aber noch immer ist an der Geschichte nichts Besonderes. Andere Rennfahrer haben auch schon Autowerke gegründet, wie zum Beispiel Jean Rédélé (Alpine). Das Besondere war das Typenprogramm seiner Firma, die er Auverland nannte. Denn Sérvanin wechselte vom Cockpit filigraner Sport-Boliden zu wuchtigen Armaturenbrettern von Militärfahrzeugen. 1984 erwarb Auverland eine Lizenz von Cournil und produzierte deren Geländewagen, die allerdings weiterentwickelt wurden. Es entstanden die Modelle A2 und A3.

Auverland war erfolgreich. So erfolgreich, dass Sérvanin sein Engagement im Bereich Militärfahrzeuge ausweitete und sich Ende

der 1980er den Mitbewerber Sovamag einverleibte. Die Expansion des Unternehmens-Portfolios auf den zivilen Markt brachte Auverland allerdings ins Schlingern, man hatte sich schlicht übernommen. Sérvanin tat das einzig Richtige und drückte den Reset-Knopf. Alles auf Anfang. Der Neustart erfolgte 2001 unter neuem Namen: »Société Nouvelle des Automobiles Auverland (SNAA)«. Damit kehrte der Schuster auch wieder zu seinen Leisten zurück, konzentrierte sich auf den Militär-Sektor und die Bereiche von Polizei, Feuerwehr und Gendarmerie. Am 8. Juli 2009 erfolgte die Auflösung des Unternehmens.

Auverland A3, ein kerniger Landjunge von der Loire. Zumeist mit unzerstörbarem 1.9-Liter-Peugeot-XUD-Motor ausgerüstet. Einige wenige trugen ein Peugeot-Benzinherz unter der Haube.

Avolette

1955. Wirtschaftswunder allerorten. Nicht nur in der noch jungen Bundesrepublik Deutschland. Auch in der Grande Nation boomte der Automarkt. Besonders bei Kleinwagen. Citroën 2CV und Renault 4CV verkauften sich wie die berühmte warme Semmel. Grund genug für manch branchenfremden Unternehmer, einen Blick auf das Automobil zu richten.

So auch die Société Air Tourist (SAT), die 1955 mit dem Bau der Avolette begann. Das war ein Dreirad, zwei Räder befanden sich vorne, das einzelne Rad war hinten angebracht, genau wie der Einzylinder-Motor. Die Avolette war nicht etwa eine Eigenentwicklung, vielmehr baute die SAT das deutsche Kleinstmobil »Brütsch Zwerg« in Lizenz. Und auch die Einbaumotoren wurden zugekauft. Die französische Ausführung war entweder mit einem 125 cm³-Motor oder einem 250 cm³-Triebwerk zu bekommen. Die Maschinen stammten von Sachs, Ydral, Maico oder Lambretta. 1958 war es mit der Avolette allerdings wieder vorbei. Wie viele Exemplare während dieser Zeit gefertigt wurden ist unklar. Vom deutschen Pendant Brütsch Zwerg jedenfalls entstanden nur zwölf Stück. Zweifelhaft, ob die Avolette so viel mehr Käufer fand.

Beim Avolette Brütsch handelt es sich um eine Lizenz des Kleinstwagens von Egon Brütsch aus Stuttgart.

Nur zwölf Exemplare des 2,55 Meter kurzen Avolette Brütsch sollen gebaut worden sein. (Frank Bott)

Baboulin

Baboulin wurde 1969 in Vizille, im Departement Grenoble gelegen, gegründet. Schon im gleichen Jahr baute das Unternehmen einen Buggy, der auf einem verkürzten Fahrgestell des VW Käfer aufgebaut war. Das Besondere: Der Kunde konnte einen fertigen Wagen kaufen, ihn aber auch als Bausatz bestellen. 1978 folgte ein weiteres Modell, ein Pickup auf Basis des Peugeot 504. 1980 zog sich das Unternehmen aus dem Automobilbau zurück.

Normalerweise enden so Unternehmensgeschichten. Nicht so im Falle von Baboulin. Die Firma existiert noch heute. Und ist zurzeit wieder in der Kraftfahrzeugbranche tätig. Baboulin stellt Elektromotoren für Fahrräder her und bietet Spezialumbauten an, zum Beispiel für den Behinderten-Transport. Und dem Buggy ist man bei Baboulin bis heute treu geblieben, bietet von Teilrestaurierungen bis hin zum Neuaufbau alles an.

Baja

1981 startete in der Bretagne, genauer gesagt in der kleinen Gemeinde Redon, das Unternehmen »Car System 12« mit dem Bau von Automobilen. Basis dafür war der Renault 4. Baja, so der Markenname der Fahrzeug-Sparte, nahm gebrauchte R4 zur Hand, kürzte deren Fahrgestelle um 27 Zentimeter, baute darauf eine Buggy-ähnliche Karosserie und nannte das Ganze dann JP4. Was allerdings zweifelsfrei als R4-Derivat erkennbar war.

In der Folge entstanden derlei Fahrzeuge auch auf dem Renault 5 und dem Renault 6. Diese Modelle wurden konsequenterweise JP5, beziehungsweise JP6 getauft. Die Motoren waren alte Bekannte, JP4 und JP5 wurden vom Renault-Motor der Serienmodelle angetrieben, dem 1108 cm^3-Aggregat mit 34 PS. Der JP6 hatte ebenfalls den 1100er-Motor, dieser leistete allerdings 45 Pferdestärken. 1986 endete die Produktion der Fahrzeuge. Die Firma existiert allerdings weiter. Bis heute vertreibt das Unternehmen Autoersatzteile und Zubehör.

Der Baboulin-Buggy basierte wie fast alle Buggys auf einem VW-Boden.

Baja kürzte Renault 4-Fahrgestelle und nannte das Modell JP4.

Außen 1930er-Bentley-Style, unter der Haube ein braves Herz aus dem Peugeot 505 mit zwei Litern Hubraum. Beim Beaudet Roadster war Zuverlässigkeit garantiert!

Beaudet

Rund 20 Kilometer nordöstlich von Bordeaux, am Ostufer der Dordogne, liegt das kleine Örtchen Saint-André-de-Cubzac. Der wohl berühmteste Spross der Gemeinde ist der schon zu Lebzeiten legendäre Meeresforscher Jaques-Yves Cousteau. Aber noch ein anderer Cubzaguai, wie man die Bewohner nennt, schickte sich an, Ruhm und Ehre zu ernten.
1993 gründete Franck Beaudet ein kleines Automobilwerk. Sein Ansinnen: offene Automobile im Retro-Look der 1930er-Jahre zu bauen. Die Form soll der zeitgenössischer Bentley-Fahrzeuge geähnelt haben. Für den Vorwärtsdrang nutzte Beaudet Motoren von Peugeot. Hier gibt es nur die vage Angabe, dass ein 2-Liter-Triebwerk verbaut war. Sehr wahrscheinlich handelte es sich dabei um das 1971 cm^3-Aggregat mit 100 PS, das in den Modellen 505 GL/GR/SR der Baujahre 1979 bis 1992 Verwendung fand. 1997 stellte Beaudet die Produktion ein.

Bellier (Bel Motors)

Jean Bellier gründete 1980 sein Unternehmen. Das heißt, eigentlich begann dessen Geschichte schon 1976. Damals aber nannte sich die Firma, die in Les Sables-d'Olonne ihren Sitz hatte, Bel Motors und baute Leichtkraftfahrzeuge. Wenn man es ganz genau nimmt, fertigte Bellier sogar seit 1968 Autos und Akkumulatoren. Diese Vehikel waren allerdings Miniaturausgaben und aufgrund der Größe nur von Kindern zu fahren. 1972 stellte Bellier auf der Spielzeugmesse seinen »Buggy F85« vor, der eine Polyesterkarosserie aufwies und von einem 49 cm^3-Solexmotor angetrieben wurde. Das reichte für ordentliche 25 km/h. Mit diesem Kinderauto war er so erfolgreich, dass es in 48 Länder exportiert wurde.
Vom Erfolg beflügelt präsentierte der »Kleinwagenhersteller« sein erstes richtiges Automobil. Oder ganz offiziell »Leichtkraftfahrzeug«. Es war das erste Auto dieser Art, das zwei Erwachsene transportieren konnte. Allerdings erinnerte es eher an einen Puppen- oder Kinderwagen der 50er oder an Oma Ducks Gefährt. Vermutlich war das auch der Grund, warum Jean Bellier 1980 die Produktion stoppte und in Talmont-Saint-Hilaire eine neue Firma gründete, schlicht »Bellier« genannt. Im gleichen Jahr schon präsentierte der Hersteller den »Formula85«, der von einem Motobécane-Benzinmotor angetrieben wurde und deutlich gefälliger aussah. Später gab es ihn auch mit Dieselmotor. Auch Kleinlaster hielten Einzug ins Programm, getauft auf den Namen Bellier Docker.
Heute produziert Bellier moderne und zeitgemäße Kleinstwagen, die teilweise eine gewisse Ähnlichkeit mit dem neuen Fiat 500 aufweisen.

Bellier XLD-100. Aus der Ferne und von vorne betrachtet, hält man ihn für einen Renault Supercinq. Die Laufkultur des Diesel-XLD offenbart von Weitem den Unterschied.

Das Bellier B8 Cabriolet ist eine Quasi-Miniaturausgabe des aktuellen offenen Fiat 500. Der 480 cm³ HDi-Motor leistet 8,5 PS.

Mit 2,90 Meter Länge wirkt das Bellier B8 Cabriolet sehr knuffig und doch schon erwachsen.

Ein Truck für die Gassen von Marseille, Paris oder Bordeaux. Mit einem 2-Zylinder-Diesel eine reine Sparbüchse. (Donald Trung CC BY-SA 4.0)

Bernardet

Anfang der 1920er-Jahre frönten die drei Brüder René, Robert und Roger Bernardet dem Radfahren, schon in jenen Tagen ein Volkssport. Die beiden Älteren, René und Robert, hatten während des großen Krieges aber auch mit Motorrädern zu tun und kauften kurzerhand eine ausgemusterte Harley-Davidson des amerikanischen Militärs. So weit, so gut. Der Beiwagen fand jedoch keine Gnade in den Augen der Franzosen, er gefiel ihnen schlicht nicht. Also bauten die beiden 1921 kurzerhand ihr eigenes Modell, stießen auf Nachfrage und gründeten ihre eigene kleine Firma. 1922 folgten zwei weitere Exemplare.

Der junge Betrieb nahm an ersten Automobilsalons teil; die Ausstellungen in Paris, Berlin und Genf waren erfolgreich für die Bernardets. Ende 1924 trat ihr Bruder Robert in das Unternehmen ein.

1925 begann die Beiwagen-Manufaktur damit, bei sportlichen Events mitzumischen. Damals wie heute die wohl effektivste Art, für die eigenen Produkte zu werben. Die 1930er-Jahre führten das Unternehmen aus Bourg-la-Reine zu den Ausstellungen in Holland, Russland, Deutschland, Belgien und in die Schweiz. Die internationale Presse nannte die Marke Bernardet erstmals Marktführer der französischen Beiwagen-Industrie. Es ging steil bergauf. 1935, inzwischen zählte auch das französische Militär zu den Kunden, war Bernardet Europas einziger Produzent, der 22 Weltrekorde hielt. Die Folge des Erfolgs: Ein Neubau musste her. Also bauten die Brüder in der Avenue de la République 104 in Châtillon-sur-Bagneux eine 6000 Quadratmeter große Fabrik. Das Herzstück bildete ein Fließband.

Allerdings machte der Zweite Weltkrieg auch vor den Bernardets nicht Halt. Zwar wurde das Werk nicht beschädigt, dafür zwangen die Nazis sie ab August 1940 für die Wehrmacht zu arbeiten. Und nach dem Krieg blieben die Aufträge aus. Also fokussierten sich die Brüder auf einen vermeintlich lukrativeren Markt, den der Automobile. Bernardet hatte schon von Anfang an, seit dem Gründungsjahr 1921, einen Bezug zu vierrädrigen Fahrzeugen. Der Besitzer eines Amilcar CC war damals vom Design der Beiwagen beeindruckt und wollte eine einzigartige, individuelle Karosserie für sein Gefährt. Die bekam er auch, doch die junge Firma konzentrierte sich weiter auf die Beiwagen.

Es sollte noch bis 1933 dauern, bis man sich wieder dem Auto zuwendete. Die Brüder bauten einen offenen Zweisitzer mit Vorderradantrieb. Die Kraft sprudelte aus einem vorn eingebauten 750 cm³-Motor. Das Fahrzeug hatte keine Windschutzscheibe und keine Türen. Der Passagier enterte das Wageninnere über eine seitlich positionierte Stufe. 1936 kunstruierte Bernardet zusammen mit dem italienischen Ingenieur Guiseppe Remondini einen 1,5-Liter-Motor, der als Quermotor konzipiert war. Diesen montierten sie auf ein Fahrgestell, das sie mit eigens von Bernardet entwickelten Schraubenfedern bestückten. Auf diese Federn hatte die Firma ein Patent.

Ernsthafte Bemühungen, um auf dem Automobilmarkt Fuß zu fassen, gab es wie gesagt direkt nach dem Krieg. 1946 stellte Bernardet einen ersten Prototyp vor, ein kleines Cabrio. Doch es blieb bei dem einen Wagen. Auf dem Pariser Salon des gleichen Jahres präsentierten die Brüder eine verbesserte Version, aber auch sie kam nicht über das Stadium des Testwagens hinaus. Weitere Prototypen führten ebenfalls nicht in eine Serienfertigung. Auch die Entwicklung eines Rennwagens blieb ohne Ergebnis.

Deutlich erfolgreicher verlief das Engagement auf dem Markt der Motorroller. Insgesamt konnte Bernardet zwölf Modelle lancieren, mit Motoren zwischen 49,9 und 250 cm³. Obwohl sogar die französische Armee zu den Kunden zählte, konnte sich das Unternehmen auf Dauer nicht behaupten. Die Konkurrenz, besonders die italienische, war zu groß. Hinzu kamen Probleme bei Vertrieb und Händlerbetreuung. Letzten Endes war die Auflösung der Firma 1957 unausweichlich.

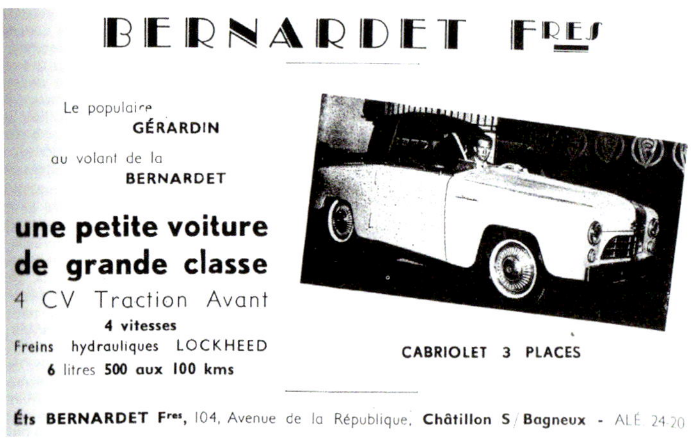

Louis Gerardin, ein berühmter Bahnradsportler, warb in dieser Bernardet 4 CV Werbeanzeige für den »kleinen Wagen großer Klasse.«

Boitel

Die Geschichte mancher Automobilhersteller könnte ganze Bücher füllen. Andere wiederum laufen Gefahr, selbst als Randnotiz in den Annalen unterzugehen. Ein solcher Hersteller ist Automobiles Boitel. 1938 – ein denkbar schlechter Zeitpunkt – begann das Unternehmen Fahrzeuge zu bauen, die unter dem Markennamen Boitel angeboten wurden. Man erwarb eine Lizenz vom deutschen Mitbewerber DKW und konstruierte einen Frontantriebswagen. Aber nicht nur die Berechtigung kam aus dem Deutschen Reich, es wurden auch viele Teile eingeführt, darunter die Motoren. Bei den Zweitaktern konnte der Kunde zwischen 400 oder 589 cm³ wählen, die sich auf zwei Zylinder verteilten.

Der automobile Winzling Boitel 3 CV wurde von DKW-Motoren der Modelle F7/F8 angetrieben. Das reichte für 20 PS.

Direkt nach dem Krieg stieg Boitel wieder ein und präsentierte auf dem Pariser Salon des Jahres 1946 ein überarbeitetes Auto, dessen Triebwerk allerdings im Heck untergebracht war. Bereits 1948 folgte ein neues Modell – mit altem Motor. Denn angetrieben wurde dieser Wagen von der bekannten 589 cm³-Maschine von DKW, die 18 PS ablieferte. Das letzte Fahrzeug, ein nur 3,15 Meter langer, offener 3CV-Wagen, folgte 1949. Ein 688 cm³-Motor mit 20 PS trieb den 350 Kilogramm schweren Zweisitzer an. Im gleichen Jahr musste Boitel die Produktion einstellen.

Brissonneau et Lotz

Brissonneau et Lotz, eigentlich ein Konzern in der Schwerindustrie, hatte auch einige interessante Ausflüge in die Automobilbranche unternommen. 1878 firmierte das 1841 gegründete Unternehmen »Brissonneau Frères« um und nannte sich fortan »Société Brissonneau et Lotz«. Der Sitz der neuen Firma war in Nantes. Schwerpunkte lagen auf der Verarbeitung von Stahl und dem Bau von Lokomotiven und Waggons. Weitere Betätigungsfelder war die Produktion von Kühlaggregaten und Werkzeugmaschinen. Mit dem Automobilbau beschäftigte sich das Unternehmen erst in den 1950ern. BL eröffnete in Creil ein Designstudio, sowie ein Karosseriewerk. Das erste eigene Automobil, und auch das einzige, das den Markennamen »Brissonneau« trug, war der Brissonneau 4CV. Zwischen 1955 und 1959 entstand der offene Zwei-, respektive Dreisitzer auf Basis des Renault 4CV, dessen Motor, wie beim Original, im Heck untergebracht war und die Hinterräder antrieb. 1959 veräußerte BL die Automobilsparte an die »Société des Usines Chausson«. Das Karosseriewerk behielt Brissonneu jedoch für die Montage der Renault Floride. Sie debütierte 1959 und wurde in Creil für Renault gefertigt.

Brissoneau et Lotz „Louis Rosier". Das Cabrio basierte auf dem Renault 4 CV.

1967 verpflichtete BL den bisherigen Chef-Designer der Daimler-Benz AG Paul Bracq. Dieser hatte Automobil-Legenden wie den Mercedes 600 (W100), die Mercedes-Pagode W113, die S-Klasse W108/W109 und den /8 (W114/W115) geschaffen und hatte seine Karriere in Paris als Assistent bei Charbonneaux und als Designer bei Citroën begonnen. Bei BL entwickelte er verschiedene Prototypen, etwa einen Roadster auf Basis des BMW 1600 ti und eine Coupé-Version des Simca 1100. Viel beachtlicher ist jedoch seine Mitarbeit am Design des Hochgeschwindigkeitszuges TGV. Allerdings waren die Aussichten bei BL nicht sehr rosig. Deshalb wechselte Bracq 1970 zu BMW, wo er für die Modelle E12 (5er-Serie), E21 (3er), E24 (6er) und E23 (7er) verantwortlich zeichnete.

Indes kooperierte BL mit Chausson. Gemeinsam fertigten sie die Karosserien für den Opel GT.

Brissonnet

Paris, Rue Renouvier 4 im Jahr 1930. Die Firma »Garage Renouvier«, die von Pierre Brissonet gegründet wurde, stellte ihre ersten Automobile her. Neben der Produktion von Motorrädern und Seitenwagen entstand auch ein Kleinwagen, der mit Frontantrieb ausgestattet war. Der Zweitaktmotor verfügte über 350 cm³. Entworfen wurde das Fahrzeug von einem Monsieur Renaud, der später selbst einmal Automobile bauen sollte. Allerdings endete schon 1935 die Produktion des als Virus in den Handel gebrachten Wägelchens.

Nach dem Krieg ließ sich Brissonnet in Neully-sur-Seine unter der Firmierung »Pierre Brissonnet et Cie« nieder und startete 1949 mit der Fertigung von Motorrollern. Doch 1953 versuchte sich Brissonnet erneut im Autobau. Doch sein »Soucoupe Roulante«, was sich mit »Rollende Untertasse« übersetzt, war nicht gerade ein Erfolgsmodell. Das offene Dreirad, das für zwei Personen ausgelegt war, hatte vorne zwei und hinten ein Rad. Und dieses hintere Einzelrad wurde von einem 200 cm³-Ydral-Zweitakter angetrieben. Bereits im gleichen Jahr endete die Produktion des als »Brissonnet« feilgebotenen Fahrzeuges, vermutlich ist keine dieser »Untertassen« erhalten geblieben.

BSH

Am Boulevard Voltaire 20 in Issy-les-Moulineaux begann 1969 eine ganz besondere, wenn auch kurze Automobil-Geschichte. Nämlich die der Firma »Issy Automobiles Plastique«. Die Firmengründer Francois Benais und Max Saint-Hilaire vermarkteten einen Sportwagen unter dem Markennamen »BSH«, ein Akronym für »Benais Saint Hilaire«. Saint-Hilaire brachte das technische Know-How mit, Benais das Kapital. Bei genauerem Hinsehen kann man durchaus Ähnlichkeiten im Design zum ebenfalls 1969 präsentierten DDR-Flitzer Melkus RS 1000 feststellen. Allerdings bestach der gallische Sportler durch moderne Technik. War das sozialistische Pendant auf Basis des zweitaktenden Wartburg aufgebaut, so überzeugte der französische Konkurrent durch lupenreine Sportwagen-Ingredienzien. Die von keinem Geringeren als dem »Hexer« Amédée Gordini stammten, denn die Basis des GfK-Coupés bildete ein Renault 8 Gordini. Der designierte BSH-Pilot konnte dabei wählen zwischen Komplettfahrzeug oder Bausatz. Und auch bei der Motorisierung musste eine Entscheidung getroffen werden zwischen den Aggregaten aus dem Renault 8 Gordini und dem Renault 16. Der für 9250 Franc erhältliche Wagen lief ordentliche 200 Stundenkilometer. Kein Kunststück, war das 660 Kilogramm leichte Fahrzeug doch nur 113 Zentimeter hoch – bei 155 Zentimeter breite und 395 Zentimeter Länge. In zwei Jahren entstanden 56 Autos unter dem Markennamen BSH.

Allerdings endete damit nicht die Produktion des sportlichen Typen. 1971 stieg Francois Benais zwar aus dem Unternehmen aus, doch der ebenfalls 1969 gegründete Mitbewerber Marland SARL übernahm die Fertigung. Das bot sich an, denn Marland, mit Hauptsitz in Les Mureaux, unterhielt auch ein Zweigwerk in Issy-les-Moulineaux. Das Hauptwerk stellte Buggys auf Volkswagen-Basis her, die Dependance Retro-Oldtimer auf 2CV-Fahrgestellen. Und ab 1971 eben den BSH-Sportwagen. Von dem bis zum Produktionsende noch weitere, rund 350 Exemplare entstanden. Welchen Stellenwert die BSH-Fahrzeuge in Kennerkreisen belegen, zeigt das Ergebnis einer Auktion. Im Jahr 2016 versteigerte das Auktionshaus Artcurial einen BSH für 38.140 Euro. Nicht etwa für ein toprestauriertes Note-1-Exemplar, sondern für eine, vorsichtig ausgedrückt, restaurierungswürdige »Bastelbude«!

Die flache Flunder basierte tatsächlich auf dem kantigen Renault 8 Gordini. Dieser oder der R16 TS spendierte auch die Motoren. (Buch-t CC-BY SA 3.0)

Buffalo

Denkt man an das Elsass, dann denkt man an guten Wein, Flammkuchen und eine herrliche Landschaft. Wenn es um Autos geht, kommen einem, naturlement, Bugatti in den Sinn. Was sonst? Aber da gab es im französischen Grenzgebiet durchaus noch mehr Hersteller, wenn auch nicht von Rang und Namen Bugattis. So zum Beispiel Buffalo, die zwischen 1969 und 1974 in Straßburg Automobile herstellten. Und zwar ganz besondere Automobile. Einer der Gründer, Roland Béilé, unternahm eine USA-Reise und entdeckte dort die aufkommende Buggy-Mode. Kaum zurück gründete er mit André Koenig die »Automobiles Buffalo« und produzierte seine eigenen Buggys.

Der Antrieb des am 11. März 1970 präsentierten Buffalo-Buggy war im Heck platziert, für den Vorwärtsdrang sorgten zwei Motoren: Entweder der 1108 cm^3-Motor des Renault 8 oder der 1600er des Renault 16. Bis Mai 1974 entstanden 300 Fahrzeuge, bevor die Produktion eingestellt wurde. Der Mitbewerber Sarap übernahm die Konstruktion und verkaufte sie als »Sarap Buffalo«. Diese Produktion endete 1977. Zu jener Zeit hätte der Buffalo erneut typisiert werden müssen, was einen enormen finanziellen Aufwand nach sich gezogen hätte. Diesen Aufwand wollte/konnte SARAP nicht leisten und ließ das Modell auslaufen.

Buffalo Werbeanzeige. Ganz eindeutig war der Wagen von der damaligen Buggy-Mode beeinflusst. Mit allerlei Zubehör ließ sich das Gefährt, so die Werbung, noch deutlich interessanter machen.

Buffalo »live«. Hier mit einem 1600er-Motor aus dem R16 beflügelt, hatte der Stier schon ordentliche Muskeln unter der Haube. (Stefan Müller)

Bugatti

Als am 15. September 1881 in Mailand der Knabe Ettore Arco Isidoro Bugatti geboren wurde, ahnte kein Mensch, dass einst die legendärsten Autos der Welt seinen Namen tragen würden. Bis heute ist der Bugatti Synonym für die edelsten und besten Sportwagen und Limousinen ihrer Zeit.

Zum 1. Januar 1910 gründete Ettore Bugatti, zusammen mit dem Mechaniker und Rennfahrer Ernest Friederich, die »Automobiles Ettore Bugatti«. Und schon bald stand der erste namhafte Kunde vor der Tür: Peugeot. Die Geburtsstunde des ersten Bugatti-Erfolgs. 1911 begann die Entwicklung, 1913 wurde das Modell anfänglich als »Lion-Peugeot BP« vermarktet, obwohl schon 1912 Peugeot und Lion-Peugeot fusionierten. Der Typ 13 war ein weiterer Beleg für Bugattis technisches Genie. Zwar waren die ersten Modelle mit zwei Ventilen pro Zylinder ausgerüstet, einige Ausführungen trugen jedoch vier Ventile pro Brennraum. Somit war der Typ 13 eines der ersten Automobile weltweit, die mit Vierventiltechnik arbeiteten. Dieses »pur-sang de l'automobile« (»Vollblutauto«) wurde sehr erfolgreich. Während seiner Bauzeit, lediglich durch den ersten Weltkrieg unterbrochen, entstanden rund 2500 Einheiten.

Es ging also steil bergauf mit der Firma Bugatti. 1926 präsentierte Bugatti ein Fahrzeug, das alle bisherigen Automobile bei weitem übertrumpfte. Den »Typ 41 Royale«. Wie der Name schon erahnen ließ, bestand die anvisierte Zielgruppe aus Fürsten- und Königshäusern sowie den Schönen und Reichen der damaligen Gesellschaft. Damit sagte Bugatti den bisherigen Platzhirschen Mercedes-Benz, Maybach und vor allem Rolls-Royce den Kampf an. Der Royale war übrigens dreimal so teuer wie der teuerste Rolls-Royce.

Zwar wurde dieses Modell kein großer Erfolg, festigte jedoch den Ruf Bugattis als technisches Genie. Vor allem die Weltwirtschaftskrise hielt potenzielle Kunden vom Kauf ab, doch auch Bugattis Eigensinn bremste den Typ 41 aus. Bugattis Eigensinn? Damals war es üblich, dass ein Autohersteller lediglich Chassis und Motor lieferte, die Karosserie steuerten spezielle Karosseriebau-Firmen bei, wie zum Beispiel Antem, Billeter & Cartier oder Kellner Frères. Aber Ettore Bugatti war wählerisch, nicht jeder Entwurf gefiel dem Maestro. Er allein blieb Herr über das Projekt. Gefiel ihm ein Entwurf nicht, so wurde das Auto nicht verkauft. Aus diesen Gründen blieb es beim Typ 41, der übrigens federführend von Ettores Sohn Jean entworfen wurde, bei lediglich sechs Exemplaren – alle noch heute existierend. Die Royale-Typen gelten mittlerweile als große Ikonen des Automobilbaus.

Eine hochklassige Werbeanzeige für den Bugatti 101 als 2- und 4-Türer. Mit serienmäßigem Leder und einer freien Farbauswahl sollten die High-Class-Kunden gelockt werden – vergebens.

Ein klassischer Bugatti-Slogan: »Le pur sang de l´automobile«- »das Vollblut-Auto«. Mit einem 3,3-R8 und Luxus pur war der Typ 101 das auch – es honorierten aber nur sechs Kunden.

Ein halbes Jahrhundert Erfahrung und sportlicher Ruhm – Bugatti macht weiter, versprach die Werbung.

1936 übernahm Sohn Gianoberto, kurz Jean genannt, die Automobilsparte, da sich Vater Ettore mehr und mehr zum »Vollsortimenter« entwickelte. Was ihm in der schwierigen Wirtschaftslage das Überleben sicherte. Natürlich behielt der »Alte« auch bei den Autos das letzte Wort. Aber Jean war talentiert und hatte weitgehend freie Hand. Papa Ettore entwarf derweil Triebwagen für die Bahn. Mit Erfolg. Einen Auftrag der französischen Staatsbahn ETAT brachte er in nur neun Monaten zur Serienreife. Bugatti präsentierte der Bahn einen modernen Hochgeschwindigkeitszug, der mehr als 170 km/h schaffte. Zu den Entwicklungen jener Tage gehörte auch der Type 46, ein weiterer Super-Luxus-Sportler in bester Bugatti-Tradition.

Bis 1957 standen Bugatti-Triebwagen im Staatsdienst. Aber Bugatti vergaß über all dem auch nicht den Motorsport, denn nach wie vor entwickelte und verkaufte er auch besonders sportliche Fahrzeuge und seine Automobile lehrten in etlichen Rennen die Konkurrenz das Fürchten. Seinem Sohn und Nachfolger Jean indes verbot er die Teilnahme an diesen lebensgefährlichen Events. Und doch nutzte es nichts. Am 11. August 1939, nur wenige Tage vor Ausbruch des Zweiten Weltkriegs, verunglückte Jean tödlich bei einer Testfahrt. Ettore Bugatti erholte sich von diesem Schlag nicht mehr. Er starb am 21. August 1947. Fast 8000 Autos konnte die französische Marke verkaufen, 2000 von ihnen existieren noch heute.
Der Rest ist schnell erzählt. Nach Ettores Tod übernahm sein jüngster Sohn Roland die Leitung und versuchte, an die Tradition als

Luxuswagen-Hersteller anzuknüpfen. Doch die neuen Bugatti-Typen der Baureihe 101 wirkten mit ihren Ponton-Karosserien zwar modern, waren aber technisch veraltet und hinkten der Konkurrenz hinterher.

1956 stellte man die Produktion von Personenwagen ein, ein Versuch, wieder in der Formel 1 Fuß zu fassen, scheiterte im gleichen Jahr. Man hielt sich mit Reparaturen und Umbauten über Wasser. 1963 kam, was kommen musste. Bugatti verkaufte alles an das spanische Unternehmen Hispano-Suiza. Die Sammler Fritz und Hans Schlumpf erwarben sämtliche noch vorhandenen Fahrzeuge, Prototypen, Motoren und Ersatzteile. 1987 erwarb der italienische Unternehmer Romano Artioli die Namensrechte und baute den Supersportwagen EB 110 mit V12-Motor. In alter Bugatti-Tradition glänzte er mit technischen Raffinessen und Innovationen, konnte sich aber leistungstechnisch nicht deutlich von der Konkurrenz absetzen. Nach 128 Fahrzeugen war 1995 Schluss. Erst als 1998 der Volkswagenkonzern die Namens- und Designrechte kaufte, kehrte die Marke zu den typischen Bugatti-Superlativen in Technik und Design zurück.

Dieser 52er Prototyp des Typ 101 wurde vom französischen Industriedesigner Louis Lucien Lepoix entworfen. Er gestaltete in späteren Jahren unter anderem Lkw für Henschel und Magirus-Deutz. (S. Müller)

Bugatti Typ 101

Von außen betrachtet schien die Limousine ein völlig neuer Bugatti zu sein. Unter seinem modern geschnittenen Kleid steckte freilich die schier unverwüstliche Technologie des Typ 57. Natürlich hatte man aktuell notwendige Änderungen vorgenommen. So wurden die Nockenwellen durch eine Steuerkette angetrieben, ein verbesserter Ansaugkrümmer sorgte im Verbund mit dem Fallstrom-Doppelvergaser für optimierte Gemischzufuhr, die Kühlung wurde thermostatisch geregelt. Bezüglich der Kraftübertragung gab es unterschiedliche Informationen: Man sprach sowohl von Einscheiben- als auch von Zweischeiben-Trockenkupplung. Im Schaltgetriebe waren die drei oberen Gänge synchronisiert, gegen Aufpreis stand ein elektromagnetisches Cotal-Getriebe zur Verfügung. Von den sechs gebauten Typ 101 wurden fünf mit trittbrettlosen Pontonaufbauten verschiedener Karosseriebauer eingekleidet, einer erhielt eine konventionellere Karosserie mit freistehenden Kotflügeln.

Die Variante mit Kompressor, gekennzeichnet durch das C hinter der Typenzahl, brachte bei niedriger Drehzahl eine deutliche Zunahme an Leistung ins Spiel, die sich in ungewohnlicher Durchzugskraft und einer um zehn Prozent gesteigerten Spitzengeschwindigkeit äußerte. Diesen Anforderungen genügte das vom Rennwagenbau beeinflusste Fahrwerk, trotz der beibehaltenen Starrachsen mit ihren halb- und viertelelliptischen Längsfedern. Der Stabilisator an der Vorderachse reduzierte die Wankbewegungen, ringsum verschafften hydraulische Stoßdämpfer den erwarteten Fahrkomfort. Wie allen Bugattis attestierte man auch dem Typ 101 leichte Lenkbarkeit, aber sein Wendekreis betrug 12,50 m. Der Verbrauch lag im Schnitt bei 18 l / 100 km.

Mit dem 101, der auf dem Vorkriegs-Typ-57 basierte, startetet Bugatti nach dem Krieg den verzweifelten Versuch eines Neuanfangs.

Bugatti EB 110, EB 112

Nach dem Ende der Fertigung in Molsheim wurde es still um die Marke, vergessen hatte man sie aber nicht: In den Siebzigern boten diverse Replika-Hersteller Bausatzte in Bugatti-Optik auf Käfer-Plattform an. Auf dem Genfer Salon 1979 stellte Franco Sbarro eine Typ vor,bei dem unzweifelhaft der Bugatti Royale Pate stand. Wesntlich ersnt zu nehmender waren die Bemühungen von sich Romano Artoli , der durch als Ferrari-Händler zu Geld gekommen war. Zusammen mit millionenschweren Investoren hob er 1987 die Holding Bugatti International in Luxemburg aus der Taufe, die Markenrechte sicherte sich der Vizepräsident Borel vom französischen Triebwerkhersteller Snecam. In Campogalliano bei Modena entstand unter der Leitung eines ehemaligen Lamborghini-Entwicklers ein neues Werk. Dieses ging 1990 in Betrieb, der erste Wagen, der Bugatti EB 110, wurde am 14. und 15. September 1991 gleichzeitig in Paris und im alten Werk Molsheim präsentiert, auf dem Genfer Salon 1992 stand die Serienausführung – mit V12-Mittelmotor, Allradantrieb sowie einem aus Karbonbauteilen geklebte und genietete Monocoque, das nur 125 kg wog. Der »schnellste Sportwagen der Zeit« – Spitze 350 km/h – hatte 40 Millionen Mark Entwicklungskosten verschlungen und nichts mit den grandiosen

Nur zwei Bugatti 101 Cabriolet stellte Gangloff in Colmar her. Alle je gebauten 101 existieren übrigens noch heute.

Schöpfungen Bugattis gemeinsam. Die 550 PS wurden 1993 auf 560 PS und beim EB 110 S bis zu 600 PS gesteigert, die Preisliste reichte von 823.526 bis 1.079.079 DM. Als weiteres Modell wurde im März 1993 mit dem EB 112 der Prototyp einer Luxuslimousine vorgestellt, die es aber nicht in die Serie schaffte. Das Finanzgebaren des Unternehmens blieb aber undurchsichtig, das Unternehmen war seit 1995 auf der Suche nach neuen Investoren, ging aber in Konkurs.

Kein Geringerer als Giorgetto Giugiaro zeichnete für das Design des EB 112 verantwortlich. Der sechs Liter V12-Motor mit 450 PS machen einen 4x4-Antrieb sinnvoll.

Zwischen 1991 und 1995 entstand der Bugatti EB 110. Das 560 bis 610 PS starke Geschoss wurde an Bugattis 110. Geburtstag präsentiert. Wer ihn damals neu haben wollte, wurde über 700.000 Mark los.

Bugatti EB 118, EB 218, EB 18/3, EB 18/4, EB 16/4

1998 gingen die Markenrechte an die Volkswagen AG über, Daimler-Benz hatte sich vergeblich darum bemüht. Den passenden Motor gab es schon, es fehlte daie passende verpackung. Diese entwarf die Firma Italdesign in Moncalieri, die bereits die Limousine EB 112 fertiggestellt. Auf dem Pariser Salon 1998 stellte Italdesign, noch auf eigenem Stand, den Bugatti EB 118 vor, versehen mit einem 18-Zylinder-Motor. Dieses bei VW gebaute Triebwerk hatte drei Zylinderreihen (W-Motor), 6,3 Liter Hubraum und leistete 555 PS. Das Design stammte von Giorgetto Giugiaro. Wiederum ein Jahr später, dann auf dem VW-Stand, wurde der EB 218 gezeigt, dem dann in Frankfurt 1999 der Bugatti EB 18/3 »Chiron« folgte, nun mit Mittelmotor. Die nächste Evolutionsstufe hieß dann EB 18/4 »Veyron« (Tokio 1999), das Design hatte VW-Designer Hartmut Warkuss verantwortet. Mit veränderter Karosserie stand dieser zweisitzige EB 18/4 »Veyron« im Jahr 2000 in Detroit und Genf, im Oktober 2001 wurde dann der EB 16/4 »Veyron« mit neuem 16-Zylinder-Motor (mit zwei in W-Form gebrachten V-Blöcken) und satten 1000 PS präsentiert: Die Bugatti-Idee hatte ihre neue Ausprägung gefunden.

Beim Bugatti EB 118 arbeiteten nicht acht und auch nicht zwölf Zylinder unter der Haube, sondern deren 18! In kompakter W-Konfiguration. W wie Wahnsinn.

Studiengang: Bei EB 218 (viertürig) und EB 118 (Coupé), 18.3 Chiron (vorne links) und Veyron 16.4 handelte es sich um Konzeptfahrzeuge.

Société Callista

Im 16. Pariser Arrondissement liegt die Rue de Ranelagh. In Nummer 64 war die »Grand Garage Molière« beheimatet, die seit den 1930ern Panhard-Fahrzeuge verkaufte. Ab 1950, vertrieb der Inhaber Raymond Gaillard, der sich auch als Rennfahrer einen Namen machte, Automobile der Société Callista.

Ein Callista Ranelagh mit 745-cm³-Panhard-Motor. (Frank Bott)

Callista? 1949 gründeten Antonio Monge und Robert Rowe die Société Callista in Paris. 1950 präsentierte die junge Autoschmiede ihr erstes Modell, einen Sportwagen. Der Typ »Coupe des Alpes« basierte auf einem Panhard-Fahrgestell, den Antrieb besorgte der 33 PS starke luftgekühlte Zweizylinder des Panhard Dyna X mit 745 cm³ Hubraum. Wer es noch wilder wollte, der bekam gegen Aufpreis eine Zweivergaser-Anlage, die für 38 PS sorgte. Das zweisitzige Cabriolet konnte für einen Mehrpreis von 15.000 Franc auch mit einer Rückbank samt Lehne ausgestattet werden.

Entstanden die Karosserien des »Coupe des Alpes« noch bei Callista selbst, wurden die Karossen für das Modell »Ranelagh« bei der »Société Dijon-Tourisme« gefertigt. Dieser Roadster wurde für den Preis von 930.000 Franc feilgeboten. Für das gleiche Geld bekam man fünf Jahre später eine Citroën DS. Das Coupé »Auteuil« ging gar nicht erst in Produktion, 1952 schloss Callista seine Pforten. Nicht verwunderlich – bei gerade mal 24 hergestellten Fahrzeugen. Und Raymond Gaillard? Der verzagte nicht und gründete seinerseits 1956 die Firma »Automobiles Arista«.

Cedre

Centre d'Études pour la Développement et la Réussite des Entreprises – für den Markennamen eines Automobils eindeutig zu lang. Und für nicht Französisch-sprechende Automobilisten waren Knoten in der Zunge vorprogrammiert. Übersetzt man dieses Wort-Monstrum, erhält man »Zentrum für das Studium von Unternehmensentwicklung und Erfolg«. Auch nicht viel besser, zumindest was die Namenslänge angeht. Dessen war sich der Gründer Francois Guerbet bewusst und nannte die Manufaktur schlicht »Société Seve-Cedre«. Die sehr kleine Autofabrik wurde in dem ebenfalls sehr kleinen Ort Sainte-Croix-Volvestre gegründet, in dem heute (Stand 2023) weniger als 700 Einwohner leben.

Cedre Midinette, mit E-Motor und 50 km Reichweite. (Abxbay CC BY SA 4.0)

1974 präsentierte Guerbet einen Prototyp, den er »Mini 1« nannte. Schnell schon setzte sich aber die Bezeichnung »Soubrette« durch. Es handelte sich um einen Kleinstwagen mit Elektromotor. Auch damals, als die Ölkrise die Welt im Griff hatte, experimentierten die Hersteller nämlich schon mit dem elektrischen Antrieb. Bereits 1975 folgte der nächste Prototyp, »Midinette« genannt. Auch dieses Modell setzte auf den elektrifizierten Vorwärtsdrang. Allerdings ging jene Midinette erst 1979 in Serie. Der Motor leistete 1,2 kW, die Reichweite betrug sensationelle 60 Kilometer. Im Grunde war das für ein Auto dieser Konzeption aber auch ausreichend. Mit 1,80 Metern Länge und 88 Zentimetern Breite handelte es sich bei dem Fahrzeug um einen reinen Stadtwagen. Die Polyester-Karosserie war auf ein dreirädriges Fahrgestell gesetzt, das einzelne Rad befand sich vorne. Daneben bot Cedre auch einen Antrieb mit fünf kW an, über dessen technische Daten ist allerdings nichts bekannt. Generell schien Cedre äußerst innovative Entwürfe umzusetzen, denn es gab noch ein weiteres Modell, den »5x5 Solaire«, ein fünfrädriges Autochen. Dennoch musste, trotz aller Genialität und eines unfassbaren Ideenreichtums, Cedre 1987 die Pforten schließen.

Carrosserie Chappe Frères et Gessalin

Auch mit 944 cm³ und 40 beziehungsweise 49 PS machte das C&G 1000 Cabriolet Laune.

1947 begann C&G im nordfranzösischen Brie-Comte-Robert mit der Produktion von Aluminium-Karosserien für keine Geringeren als Talbot und Delahaye. Später erweiterte die Firma ihr Portfolio und fertigte auch Polyester-Karosserien für Charles Deutsch, Deutsch-Bonnet und sogar Alpine. In jenen Tagen eine echte Referenz. So nimmt es nicht Wunder, dass selbst der legendäre Asterix-Zeichner Albert Uderzo für C&G tätig wurde! Wie? Indem er den Zeichenstift schwang und für das in der Rue du Coq Gaulois angesiedelte Unternehmen ein Firmenlogo schuf. Bezugnehmend auf den Straßennamen zeigte jenes Logo einen Hahn. Das war 1970. Zu jener Zeit fertigte C&G bereits eigene Fahrzeuge, die allesamt auf der Basis des Simca 1000 gefertigt wurden. 1966 lancierten die Franzosen ihren Spider A1000, einen offenen Sportwagen mit Polyester-Karosserie, sowie den Sport 1000, das Schwesterchen mit Coupé-Kabine. Angetrieben wurden die Fahrzeuge vom 944 cm³-Motor des Simca 1000, der 40 PS ablieferte. 1969 wurde die Baureihe durch das Modell A1000S, ebenfalls als Coupé und Cabrio erhältlich, ergänzt. Es kam ein 1118 cm³-Motor zum Einsatz, der 49 PS leistete.
Schon 1968 erweiterte man das Programm um das Modell B1200S, erneut als Cabrio und Coupé. Hier schöpfte das Simca-Aggregat aus 1204 cm³ muntere 80 Gäule, ab 1970 waren es derer sogar 85.

Ebenfalls 1970 ergänzte das leichtere Modell 548 die Palette, das als Spider vornehmlich für den Einsatz im Motorsport gefertigt wurde. Daher war für den 548 auch ein Kompressor von Constantin lieferbar. 1972 ergänzte der C1300 die Sportwagenfamilie. Sein 1294 cm³-Triebwerk aus dem Simca 1000 Rallye 2 leistete 85 PS, die man später auf 95 PS steigerte.

Insgesamt fertigte Chappe Frères et Gessalin 405 Fahrzeuge. Zu wenig zum Überleben. Zwar war die Simca-Technik robust und langlebig, aber das Design ähnelte zu sehr der Alpine A110. Und gegen die hatte man kaum eine Chance. Das Aus kam 1974.

Der C&G 1300 S basierte auf dem Simca 1000 Rallye 2. (P. Bernard CC 2.0)

CGE (Alcatel)

Was hat ein Telekommunikations-Gigant mit dem Autobau zu tun? Schauen wir auf die Historie von Alcatel, so fällt auf, dass es in dem Konzern von Anfang an nur um die Telekommunikation ging. Am 31. Mai 1898 gründete der 1865 in Kairo geborene Ingenieur Pierre Azaria zusammen mit den Brüdern Charles und Nemours Herbault das Unternehmen Companie Générale d'Electricité. Bis 1966 ging alles seinen Gang, aber dann übernahm die CGE den Konzern »Société Alsacienne de Constructions Atomiques, de Télécommunications et d'Electronique«, kurz ALCATEL. Bald schon mutierte das Unternehmen zum Sündenbabel, Korruption und Affären machten die Runde. Sogar einen deutschen Landesfürsten kostete es den Job. In Folge der »Traumschiff-Affäre« musste Baden-Württembergs Ministerpräsident Lothar Späth seinen Hut nehmen.

All das ist interessant, hat aber mit dem Autobau immer noch nichts zu tun. Reisen wir also zurück ins Jahr 1941. Damals kontaktierte die CGE den Automobilpionier Jean-Albert Grégoire. Er war ein Ingenieur, der die Bezeichnung Pionier vollkommen zu Recht trägt. Grégoire entwickelte für seine Marke Tracta den Frontantrieb, nicht etwa die Techniker bei Citroën. Auch im Leichtbau mit Aluminium war er ein Vorreiter und ebnete den Weg für den modernen Autobau. Und so ganz nebenbei arbeitete Grégoire innerhalb kürzester Zeit für die CGE einen kleinen Elektrowagen aus, den CGE Tudor. Klein war er in der Tat, in der Länge maß der Tudor gerade mal 3,70 Meter bei einem Radstand von 2,35 Meter. Das Fahrgestell bildete ein Aluminiumrahmen mit mittig positioniertem Elektromotor. Die Batterien fanden sich vorne und hinten wieder. Schon damals machte sich Grégoire zudem weiterführende Gedanken. So wurden durch ein Energie-Rückgewinnungsverfahren die Batterien beim Bremsen aufgeladen.

Gebaut wurde der CGE Tudor von 1941 bis 1946. Während des Krieges machte ein Elektroantrieb durchaus Sinn, Benzin war Mangelware und stark rationiert. Das war auch nach 1945 noch einige Zeit so. Dennoch setzten die Hersteller auf konventionelle Antriebe, die E-Mobilität hatte keine Chance mehr.

Beim Charbonneux handelt es sich um das letzte Werk Albert Gregoires. Zwischen 1969 und 1972 wurden 20 Exemplare hergestellt.

Rund 200 Exemplare des CGE Tudor Elektro entstanden zwischen '41 und '46. Mit Rekuperation luden sich beim Bremsen die Batterien auf. (thesupermat CC BY SA 4.0)

Chatenet

1984 gründete Louis George Chatenet in dem kleinen Dörfchen Pierre-Buffière, rund 20 Kilometer südlich von Limoges, ein Unternehmen, das sich dem Bau von Leichtkraftwagen widmete.

Auch beim Chatenet Speedino Cabriolet waren nicht mehr als 5,7 PS drin. Für das Offenfahren in der Stadt reichte es!

Hauptsache führerscheinfrei! Dem Chatenet Chatelaine SL mussten 5,5 Diesel-PS reichen.

»Wieder einer«, möchte man denken. Und in der Tat gab es viele Automobilhersteller, die genau diese Autosparte im Fokus hatte. Aber Chatenet tat das so erfolgreich, dass die Firma noch heute existiert. In einigen Ländern braucht man dafür nicht einmal einen Führerschein, ein Moped-Schein reicht vollkommen. In Deutschland dürfen die Fahrzeuge mit der Klasse AM gefahren werden. Die aktuellen Modelle von Viertakt-Dieselmotoren angetrieben und überzeugen mit einer reichhaltigen Ausstattung.
Ein historisches Modell ist der Chatenet Chatelaine SL.

Chausson (Société des Usines Chausson)

1907 machten sich drei Brüder Chausson auf, ein eigenes Unternehmen zu gründen. In Asnières-sur-Seine eröffneten Jules, Gaston und Paul Chausson die Firma »Ateliers Chausson Frères«. Die Brüder begannen mit der Produktion von Wärmetauschern, später erweiterten sie das Portfolio um Fahrzeugkarosserien. Man machte sich schnell einen Namen, bald schon belieferten die Chausson-Brüder fast alle französischen Automobilhersteller mit Kühlern. Außer Renault. Wie wir wissen, war Louis Renault in diesem Punkt sehr eigen und produzierte fast alles selbst. Doch die junge Firma Chausson Frères konnte das verschmerzen. Für den US-Giganten fertigten die drei Asniérois die Fahrzeugkarossen. Das ermöglichte Chausson 1934 Maschinen vom US-amerikanischen Hersteller Budd zu erwerben. Damit konnte Chausson nun Stahlkarosserien aus tiefgezogenen und elektrisch punktgeschweißten Blechen produzieren.

Beim Chausson CHS handelte es sich um einen Roadster mit 10 PS, der in den Nachkriegswirren keine Chance hatte. (Thesupermat CC BY SA 4.0)

Ortswechsel. Im nahegelegenen Gennevilliers produzierte der Hersteller Chenard & Walcker Automobile. Aufgrund der überragenden Auftragslage und ordentlicher Gewinne war es Chausson 1936 möglich, den in Schieflage geratenen Nachbarn zu übernehmen.

1942 begannen die Brüder Dank des Know-hows von C&W einen Kleinwagen zu entwickeln. Dieses Automobil konnte Chausson am 3. Oktober 1946 auf dem Pariser Automobilsalon präsentieren. Erfolg war dem Wägelchen nicht beschieden, es kam nicht Mal zu einer Serienproduktion. Man könnte sagen, das richtige Auto zur falschen Zeit. Denn was Frankreich nach dem Krieg brauchte, das waren zuerst einmal Arbeitstiere, keine Freizeitautos. Und nichts anderes war jener CHS, ein offener Zweisitzer, der von einem wassergekühlten 350 cm^3-Motor angetrieben wurde, der zehn PS leistete.

Eine Chance hatte der kleine Roadster jedoch noch. L. T. Delanay and Sons aus Cricklewood, einem Stadtviertel von London, hatten Interesse an einer Lizenzfertigung. Aber auch dieser Plan konnte nicht realisiert werden. Chance vertan. 1948 kam, was kommen musste: das Aus für Projekt CHS. Ein einziges Exemplar, vermutlich aus dem Produktionsjahr 1947, hat die Wirren der Zeit überstanden.

Beirren ließ sich Chausson von diesem Fehlschlag nicht. Im Gegenteil. 1959 übernahmen die umtriebigen Brüder den kleinen Hersteller Creil von Brissonneau et Lotz. Auch hier wurde Karosserien gefertigt, und zwar für keine Geringeren als den Citroën SM, die Renault Floride beziehungsweise Caravelle, und sogar für den Opel GT!
Reisen wir in der Zeit noch einmal kurz zurück ins Jahr 1942. In jenem Jahr baute Chausson seinen ersten Omnibus, kriegsbedingt mit einem Impert-Holzvergaser. Nach dem Zweiten Weltkrieg ordnete Frankreichs Regierung die Wirtschaft neu, auch die Automobilbranche. Der sogenannte Pons-Plan regelte die Zuständigkeiten. So fiel Chausson die Rolle eines Bus-Produzenten zu. Ein guter Plan, wie sich bald herausstellen sollte. Am 26. Mai 1948 konnte Chausson den 2000. Bus fertigstellen. Auch der Export füllte die Kassen von Chausson und Frankreich. Bis 1950 gingen unter anderem rund 600 Exemplare nach Polen. Auffallend war der charakteristische Kühlergrill der Chausson-Busse. Wegen der vorstehenden Form nannte ihn das Volk schnell »Schweinenase« (nez de cochon). Ein Spitzname, den auch der Peugeot D3 und seine Nachfolger trugen. Und dieser Lieferwagen wurde, Achtung, jetzt schließt sich der Kreis, bei Chenard & Walcker entwickelt.

In den Jahren 1959 und 1960 fand Renault Gefallen an dem kleinen, unbeugsamen Gallier und begann das Unternehmen schrittweise aufzukaufen. Fortan hießen die Modelle, die damals aktuell produziert wurden, »Saviem-Chausson«, danach hörten sie auf den Namen Saviem. Ende der Geschichte. Oder doch nicht? Nein, der kleine, unbeugsame Gallier leistete dem Eindringling Widerstand. 1989 entwickelt man den Kleinwagen-Prototyp P.E.R.L.E.

Und Chausson existiert noch heute. Heute produziert Chausson man Wohnmobile. 1994 übernahm die französische Trigano-Gruppe, der führenden Hersteller von Wohnwagen und Camping-Artikeln in Europa, Chausson zu einhundert Prozent. Chausson, auch nach 115 Jahren noch ein großer Name.

Um eine serienreife Studie mit Renault 19-Technik handelte es sich beim Chausson P.E.R.L.E Prototyp. (adEGart CC BY SA 2.0)

Chausson ist bis heute aktiv im Bau von Wohnmobilen wie diesem Chausson 44 auf Peugeot J5-Basis. (CC BY SA 4.0)

Chenard & Walcker

Obwohl schon seit mehr als 70 Jahren die Pforten dieser Firma geschlossen sind, so ist der Name auch heute noch ein Begriff. Nicht nur bei den Fans französischer Klassiker. Das liegt auch an der sagenhaften Zuverlässigkeit dieser Wagen, die etliche Rennen gewannen.

Aber von vorne. Schon vor der eigentlichen Firmengründung im Jahr 1900 stellte Ernest Chenard erste eigene Fahrzeuge her. Ein Tricycle-ähnliches Gefährt und ein Quadricycle. Im Jahr 1900 tat sich Ernest Chenard mit Henri Walcker zusammen, sie gründeten in Asnières die »Chenard, Walcker et Compagnie«. Nach dem Börsengang 1906 nannte sich das Unternehmen »SA des Anciens Établissements Chenard et Walcker«. 1901 entstand das erste gemeinsame Modell, das auf dem Pariser Automobilsalon der Weltöffentlichkeit präsentiert wurde. Das Besondere an dem Fahrzeug waren die mechanisch betätigten Ventile anstelle der bislang üblichen Schnüffelventile. Auch die De Dion-Hinterachse war zu jener Zeit noch nicht alltäglich. Zwei Gelenkwellen sorgten für die Verbindung zu den angetriebenen Hinterrädern. Es folgten Dreiräder und Automobile mit Zwei- und Vierzylindermotoren.

1909 bot C&W fünf Modelle an, mit Motoren zwischen 945 und 5881 cm³ bestückt. In den 1920ern fokussierte sich das Unternehmen auf den Motorsport, C&W nutzte das sportliche Image seiner Fahrzeuge. Und das mit Erfolg. 1923 gewann C&W die Mutter aller Rundstreckenrennen – Le Mans – mit einem 1922er Modell. André Lagache und René Léonard stellten dabei einen neuen Weltrekord auf, mit einem damals sagenhaften Rundenschnitt von 92,064 Stundenkilometern. Auch die Zweitplatzierten Bachmann und Dauvergne fuhren einen Chenard & Walcker. Welch ein triumphaler Erfolg!

Aber auch „gewöhnliche Modelle" wie der C+W Type „Boulangerie" fanden sich im Programm. Wie der Name schon sagt, war dieses Modell ein ideales Transportmittel für die ofenfrischen Baguette der Nation.

1928 kam es zur Zäsur, man beteiligte sich nicht mehr an den werbewirksamen Rennspektakeln. Obwohl diese in der Vergangenheit für volle Auftragsbücher und somit für genügend Kapital sorgten, um neue Modelle zu lancieren. Autos, die auf der Höhe der Zeit waren und auf dem neuesten technischen Stand. Bereits 1927 gründete Chenard & Walcker zusammen mit UNIC, Donnet-Zedel und Delahaye ein Konsortium, um so Entwicklungskosten zu senken und durch das Verwenden von gemeinsamen Komponenten und Aggregaten ebenfalls Kosten einzusparen. Doch das Gemeinschaftsunternehmen nutzte die Chancen nicht, es kamen im Grunde nur durchschnittliche oder sogar unterdurchschnittliche Vehikel dabei heraus. 1932 verließ C&W die Gruppe wieder. Dieser Fehlschlag, die Weltwirtschaftskrise und eine falsche Firmenpolitik führten schließlich zum Ende der einst so erfolgreichen Marke. 1936 übernahm der in unmittelbarer Nachbarschaft ansässige Konkurrent Chausson den maroden Mitbewerber. Einen letzten Geniestreich aber hatte die Marke Chenard & Walcker noch im Ärmel. Nach der Übernahme durch Peugeot machte der C&W-Lieferwagen T60 als Peugeot D3A Karriere. Und wurde zur legendären »Schweinenase«.

Der 1930er Chenard et Walcker Boulangerie war mit seiner Hecktür speziell für die Bedürfnisse französischer Bäcker konzipiert. (Palauenc05 CC BY SA 4.0)

Peugeot übernahm das Chenard et Walcker-Lieferwagenkonzept und produzierte es erfolgreich als Modell D3/D4 weiter.

Ausschnitte aus einem Chenard et Walcker-CPV-Prospekt. Die ersten CPV hatten noch einen C+W-Motor, ab 1950 zogen Peugeot-Maschinen ein.

Cicostar

Es gibt Automobilhersteller, die bleiben auf ewig nur eine Randnotiz in den Geschichtsbüchern. Ein solcher Hersteller ist Cicostar. Das »Cico« im Markennamen stand hier für »Chaudronnerie Industrielle du Centre-Ouest«. An der Rue Léonard Samie 52-54 in Limoges schickte man sich an, den Markt der Kleinstwagen und Microcars zu revolutionieren. Allein, es blieb beim hehren Ziel. 1979 startete man mit dem Modell LC79, einem kleinen Dreirad, das gerade mal 1,94 Meter lang, nur 1,12 Meter breit und 1,44 Meter hoch war. Angetrieben wurde das Kleinstmobil von einem im Heck eingebauten 47 cm³ Sachs-Motor. Sein vierrädriger Zwilling wies einem 49,9 cm³-Motor auf, ebenfalls hinten im Fahrzeug platziert.

1980 folgte der vierrädrige Matic. Die eckige Hutschachtel konnte man mit einem 50 cm³-Motor oder sogar mit einem 125 cm³-Aggregat bestellen. Seine Front erinnert stark an die erste Espace-Baureihe.

Ein Prototyp namens Starvan kam über das Erprobungsstadium nicht mehr hinaus. 1984, nach nur fünf Jahren, schloss Cicostar seine Pforten.

Ein wirkliches Auto sei er, der Cicostar, das meinte zumindest die Werbung. Und außerdem ein Traum, so ganz ohne Führerscheinpflicht.

FICHE TECHNIQUE

MOTEUR
Moteur 2 temps Motobécane avec piston d'équilibrage réf. 99 Z. Cylindrée 49,9 cm3, Puissance 3,2 cv, 5.300 t/mn. Refroidissement par turbine et volute. Transmission sur roues arrières. Vitesse 45 km/h.

EMBRAYAGE
Embrayage automatique. Boîte de vitesse automatique par variateur avec marche-avant et arrière par levier central au plancher du véhicule.

CARROSSERIE
Carrosserie polyester renforcé par fibre de verre (technique employée dans l'aviation et la marine) assurant une plus grande résistance pour un poids moindre. Corrosion nulle. Teinte faite dans la masse. Peut être réparée très facilement par un amateur avec un kit de réparation.

CHÂSSIS
Châssis en tube acier, renforcé par des tôles pliées.

DIRECTION
Direction à crémaillère et cardan Renault.
Diamètre de braquage 6 m.

FREINS
Freins hydrauliques et à disque sur les 4 roues. Frein de parking sur les 2 roues arrières par levier central au plancher.

SUSPENSIONS
4 roues indépendantes avec triangles et amortisseurs hydrauliques double effet avec ressorts à flexibilité variable, type Mac Pherson.

ÉQUIPEMENTS
2 sièges baquets indépendants et réglables. Volant sport Formuling. Tableau de bord avec compteur de vitesse et totalisateur, montre à quartz, jauge à essence, voyant de contact, voyant de clignotant, voyant de phare. Manettes de phares et clignotants regroupées au volant. Large espace de rangement combiné avec le tableau de bord. Coffre à l'arrière - 2 portes latérales avec serrures et glaces coulissantes homologuées - 1 hayon arrière avec béquille de maintien - 2 phares et clignotants monoblocs très esthétiques - 2 feux arrières, 2 clignotants, 2 stops. Essuie-glace électrique - Démarreur électrique type voiture.

PNEUMATIQUES
Pneumatiques 16 x 6,5 x 8.

RÉSERVOIR
Capacité : 12 litres.

TRANSPORT
2 personnes.

OPTION
Modèle Matic 125, moteur 123 cm3 (permis A obligatoire).

CICOSTAR

Venez la découvrir et l'essayer

havas limoges

rc. 76 b 71 305 515 750

CICO s.a., 52-54, rue Léonard-Samie, Z.I. Romanet, 87000 Limoges. Tél. (55) 30.87.34. et 30.69.34.

»Die Freude des Fahrens«, so dichtete der Cicostar-Prospekt. Offensichtlich auch mit 50 cm³ und 3,2 PS.

Citroën

Bestimmte Bezeichnungen wecken ganz bestimmte Assoziationen. Bei Citroën ist das nicht anders. Hört man diesen Namen, dann sieht man vor dem geistigen Auge natürlich die DS und den 2 CV, den SM sowie den CX und selbstverständlich auch den Traction Avant. Und man denkt unweigerlich an Begriffe wie »Avantgarde« und »Innovation«, mitunter an »Skurrilität«. Aber dabei hatte Citroën anfänglich gar keinen Gedanken an Automobile verschwendet. Aber wer war dieser André Citroën eigentlich?

Als André Gustave Citroën am 5. Februar 1878 zur Welt kam, lebte seine Familie in Paris. Der aus Belgien stammende Vater hatte sich als Schmuckhändler eine solide Existenz aufgebaut, was zu einem

Automobilausstellung Amsterdam 1958: Die DS19 wirkte von außen wie ein Auto von einem anderen Stern, unter der Haube steckte der brave TA-Motor mit 1,9 Liter Hubrau. (Harry Pot/Anefo CC0)

bescheidenen Wohlstand führte. Im Alter von sechs Jahren erlebte der Junge einen einschneidenden Schicksalsschlag, sein Vater nahm sich nach einer Reihe wirtschaftlicher Fehlschläge das Leben. 1897 musste er den nächsten Schicksalsschlag verkraften: Seine Mutter, die bis dahin recht erfolgreich den elterlichen Diamantenhandel weitergeführt hatte, starb ebenfalls. Nun war André auf sich alleine gestellt, beendet aber dennoch die Schule und wechselte 1898 auf die École Polytechnique, die er zwei Jahre später mit Abschluss wieder verließ. Danach brachte eine Reise ins polnische Warschau zu seiner Schwester Jeanne neue Erkenntnisse in Form von ihm unbekannten Getrieben und Zahnrädern, die er bei unterschiedlichen Gelegenheiten zu Gesicht bekam. Nach seiner Rückkehr ins heimische Paris ließ er sich ein solches System patentieren: die doppelte Schrägverzahnung von Zahnrädern. Es war der Ursprung des späteren Firmenlogos, dem Doppelwinkel.

Mithilfe seines Bruders Hughes gründete Citroën 1905 zusammen mit Monsieur André Boas und den Gebrüdern Hinstin die Firma »Hinstin Frères, Citroën & Cie.«, die sich dem Bau von Zahnrädern widmete. Sein erstes Engagement im Automobilbereich führte ihn zum Fahrzeugproduzenten Mors, den er innerhalb von nur fünf Jahren sanierte. 1912 besuchte Citroën kurz nach Louis Renault den US-Amerikaner Henry Ford. Wie sein Landsmann studierte Citroën die Fließbandfertigung in den Ford-Werken und das Prinzip des Taylorismus. 1913 kehrte er Mors den Rücken und kümmerte sich um seine eigene Firma. Noch weit vor Ende des Ersten Weltkriegs, im Februar 1917, kontaktierte Citroën den Konstrukteur Jules Salomon, der ihm ein Automobil konstruieren sollte. Nach nur fünf Monaten legte Salomon seine Pläne vor, Citroën entschied sich zum Bau des Prototyps. Nach dem Krieg konnte er die Produktionsanlagen am Quai de Javel komplett auslasten, die Serienfertigung seines Typ A lief umgehend an. So wurde seine Firma zum ersten europäischen Großserienhersteller.

Die 1920er sollten dann zum Jahrzehnt des André Citroën werden. Er wurde schnell zum größten Konkurrenten seines früheren Mitschülers Louis Renault. Das lag nicht nur an den neuen Modellen, die innovativ und auf dem neuesten Stand der Technik waren. Es lag vor allem auch an seiner Fähigkeit, die Möglichkeiten außergewöhnlicher Werbung für sich zu nutzen. Mit Expeditionen durch die Sahara, den afrikanischen Kontinent und Asien festigte er den guten Ruf seiner Automobile.

Trotz der Weltwirtschaftskrise Ende der 1920er investierte Citroën munter weiter. War es Fatalismus oder hatte der Geschäftsmann sein sicheres Gespür verloren? So oder so bleibt rätselhaft, wieso er in der mittlerweile höchst angespannten wirtschaftlichen Lage zwei weitere Expeditionen starten ließ. Die Croisière blanche (weiße Expedition) und die Croisière arctique (Arktis-Expedition). Diese untermauerten zwar ebenfalls die schon legendäre Zuverlässigkeit seiner Automobile, aber es ist bis heute zweifelhaft, ob die Kosten-Nutzen-Rechnung wirklich den erhofften Erfolg brachte Trotzalledem gelang es Citroen weiterhin, beachtenswerte Modelle auf die Straße zu bringen. Eines davon war der C4, ein echtes Erfolgsmodell. 121.000 Exemplare in vier Jahren wurden produziert, davon einige im Werk Köln-Poll.

Das letzte Tröpfchen, das das Schuldenfass zum Überlaufen brachte, kam ausgerechnet aus Billancourt. In Gestalt eines jungen Mannes, der es wagte, dem Erfinder der Kardanwelle einen Frontantriebswagen anzubieten. Natürlich flog jener André Lefèbvre hochkant bei Renault raus, wagte er es doch, seine Pläne zu rechtfertigen. Bei André Citroën war der junge Mann willkommen, handelte es sich bei seinem Projekt doch um ein modernes und richtungsweisendes Automobil. Den späteren Traction Avant (TA). Die Entwicklungskosten waren allerdings enorm, langsam aber sicher ging Citroën die Luft aus. Es kam, was kommen musste: Der größte Gläubiger Michelin übernahm das Zepter am Quai de Javel. Dazu kamen gesundheitliche Probleme. Im Februar 1935 wurde ein Magentumor diagnostiziert. Am 3. Juli 1935 starb André Citroën an den Folgen der Krebserkrankung.

Die neuen Herren im Hause Citroën, allen voran Édouard Michelin, zogen die Notbremse, kürzten alle Ausgaben radikal. Aber man erkannte ebenfalls die Vorzüge des neuen Wagens mit Frontantrieb. Dank des weit fortgeschrittenen Entwicklungsstadiums ergab es auch keinen Sinn, das Projekt so kurz vor der Fertigstellung zu stoppen. Der TA wurde wie erwartet zum Publikumsliebling, nicht zuletzt wegen des modernen Frontantriebs, aber auch wegen vieler technischer Innovationen und einer für damalige Verhältnisse hervorragenden Typenvielfalt. 23 lange Jahre, bis 1957, blieb der Liebling der Franzosen im Programm. Beflügelt vom Erfolg begannen Lefèbvre und Bertoni mit weiteren Neuentwicklungen. Aber der Ausbruch des Zweiten Weltkrieges setzte allen Plänen ein jähes Ende. Bei Citroën stand zum Beispiel eine V8-Version des TA auf der Agenda. Bei Kriegsausbruch wurden die Prototypen außer Landes geschafft, entweder nach Mauritius oder Madagaskar, das ist heute nicht mehr nachvollziehbar. Die Fahrzeuge gelten bis heute als verschollen. Ein ähnliches Schicksal ereilte das Projekt »TPV«, was für »tout petite voiture« stand, also für ein sehr kleines Automobil. Hier konnte man die Produktion zwar starten, musste aber nach 250 Exemplaren die Fertigung wieder stoppen. Die Produktion von

Mehrere Citroën 2 CV in typischer 60er-Jahre-Paris-Szene. Die Modelle im Bild verfügen bereits über die Kofferraumklappe aus Blech, die ab 1957 im 2 CV AZLP eingebaut wurde. Ein praktisches Detail zum Verladen des Rotweins.

Rüstungsgütern hatte oberste Priorität. Damit dieses neue Automobil nicht dem Feind in die Hände fiel, wurden die meisten Fahrzeuge verschrottet. Bis auf wenige Ausnahmen, die versteckt wurden. Drei davon sogar so gut, dass sie erst 1995 wieder auftauchten. Auf dem Dachboden einer alten Villa, die sich auf dem ehemaligen Citroën-Testgelände bei La Ferté-Vidame befand.

Nach dem Krieg lag Europa in Schutt und Asche. Auch in Frankreich galt es zunächst, den Wiederaufbau zu stemmen. Und dazu benötigte man die entsprechenden Fahrzeuge. Den Neubeginn wagte man mit Vorkriegsmodellen, allen voran dem Traction Avant und der Lieferwagen TUB, der allerdings nur in sehr begrenzter Stückzahl vorhanden war. Es dürfte sich um den seltensten Citroën handeln – man geht von weltweit zehn überlebenden Exemplaren aus.
Am Quai de Javel glühten indes die Zeichenstifte. 1948 konnte man den Lieferwagen Typ H, auch bekannt als HY präsentieren. 1949 folgte die Serienversion des TPV, landläufig als Ente bezeichnet. Dieser 2 CV sollte vor allem der Bevölkerung in ländlichen Gebieten beim Aufbau helfen und die Franzosen wieder mobil machen. Und Citroën sollte Erfolg damit haben. Es war der Beginn eines regelrechten Höhenfluges. Das Ganze gipfelte 1955 in der Präsentation eines Automobils, das die Welt bis dahin noch nicht gesehen hatte: Die »Göttin« Citroën DS wurde am 6. Oktober 1955 vorgestellt. Nicht nur das Design war ultramodern, auch technische Innovationen steckten unter dem futuristischen Blechkleid. Besonders die Hydropneumatik ist hier hervorzuheben.

Allerdings wurde der Hype um dieses »etwas andere« Automobil getrübt, denn Citroën stand unter Zugzwang. Durch Werksspionage waren viele Details durchgesickert, am Quai de Javel musste man also handeln. Doch die schnelle Präsentation rächte sich. Zwar war die Vorstellung das beherrschende Thema in der Presse (nur das Ende des Zweiten Weltkrieges und Stalins Tod brachten höhere Auflagen bei den französischen Tageszeitungen), auch die Aufträge schlugen alle Rekorde, doch die Ernüchterung folgte schon bald. Die Hydropneumatik gab Anlass zu Reklamationen und Nachbesserungen. Und zur Sorge. Also beließ man das Vorgängermodell, den Traction Avant weiter in den Preislisten. Doch trotz seiner großen Beliebtheit war nicht zu übersehen, dass seine Tage gezählt waren. Also musste ein Nachfolger her. Für eine Neuentwicklung fehlten sowohl Zeit als auch Geld. Da kam den Entwicklern die Idee zur ID. Einer abgespeckten DS, wenn man so möchte. Dieses Modell ergänzte 1957 die D-Reihe und bestach mit simpler Technik und mit einer auf ein Minimum reduzierten Hydropneumatik. Dazu kam,

Citroën war im Laufe der Geschichte durch ein Wechselbad gegangen. Jetzt, in den 1950er-Jahren, gehörte man längst zu den großen Drei der französischen Hersteller.

dass man auch die Probleme bei der DS mehr und mehr in den Griff bekam. Auf die Frage, ob die DS das Auto von morgen sei, erwiderte Lefèbvre, sie sei das Auto von heute. Alle anderen wären von gestern. Treffender hätte man es nicht ausdrücken können. Citroën ritt auf der Woge des Erfolges. Das erlaubte dem Avantgardisten im Jahr 1955 ein Viertel des Mitbewerbers Panhard zu erwerben, die hundertprozentige Übernahme erfolgte 1965. Citroën war hungrig geworden. Und wollte mehr. Zunächst stand 1967 ein Facelift der DS ab, das u.a. die berühmten mitlenkenden Scheinwerfer brachte.

Noch mehr gab es 1968, als man 60 Prozent von Maserati kaufte. So kam es 1970 zur Präsentation der »Serie Maserati«, kurz SM. Scherzhaft nannte (und nennt) man den SM auch »Sa Majesté«. Zum Lachen war den obersten Citroënisten dennoch nicht zumute. Zwar zeichnete Robert Opron ein wunderschönes Kleid, das bis heute als Stilikone verehrt wird, aber unter dem Blech gab es reichlich Probleme.

Der Maserati-V6 hatte einen etwas ungünstigen Zylinderbankwinkel von 90 Grad, was zu einem unrunden Motorlauf führte. Außerdem waren die Mechaniker in den Citroën-Werkstätten schlicht überfordert mit der italienischen Technik, die sich mitunter als divenhaft zickig erwies. Es fehlte besonders an entsprechenden Schulungen. Kein Wunder, dass Citroën nur knapp 13.000 Exemplare verkaufen konnte. Trotz neuer Modelle wie dem Méhari, der Dyane, dem Ami 6 und dem GS, es war längst nicht zu übersehen, dass Citroën immer mehr in Schieflage geriet. Kostspielige Experimente wie der GS mit Wankelmotor füllten zudem das Schuldenfass.

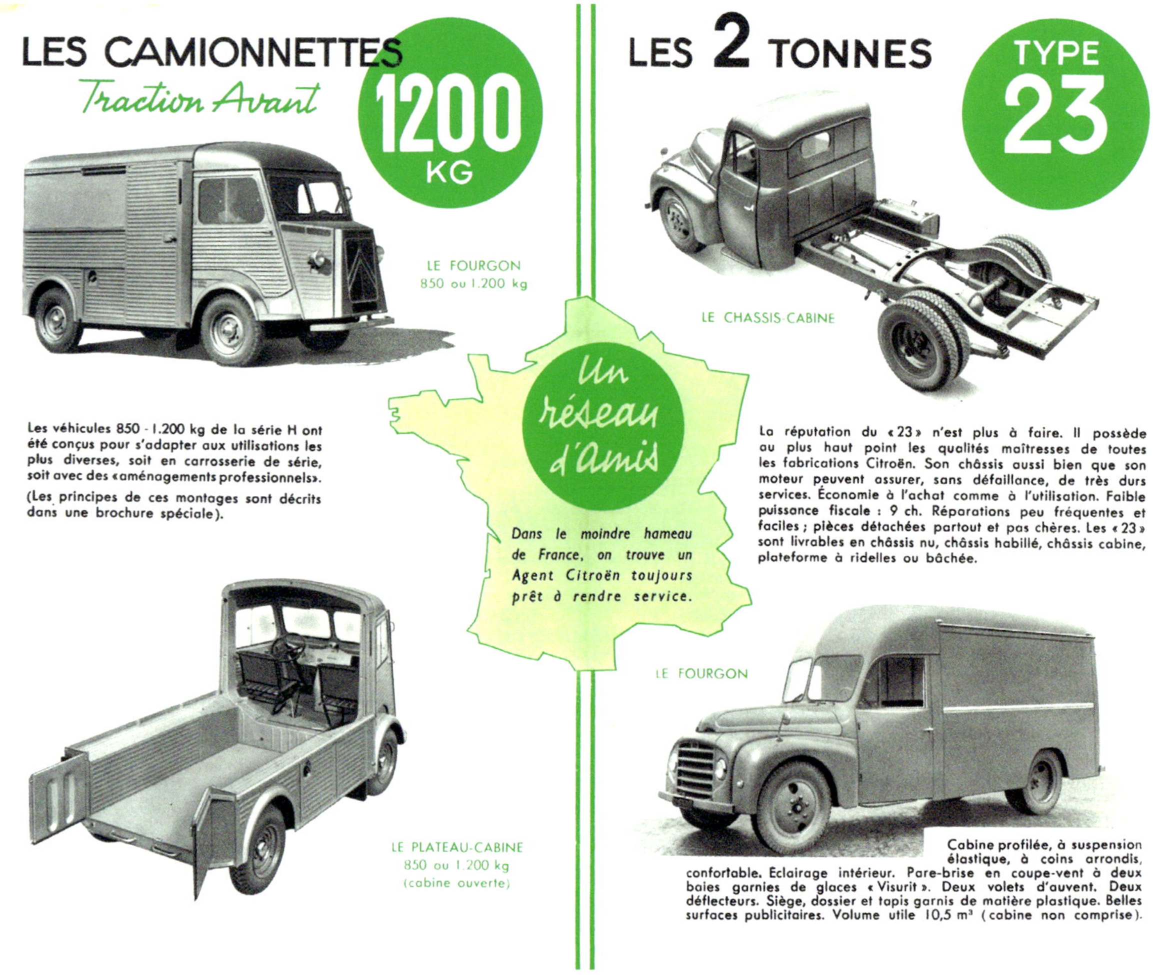

Auch auf dem Gebiet der Transporter und LKW gehört(e) Citroen zu den ganz Großen. Welcher Gewerbetreibende im Frankreich jener Tage besaß nie einen HY oder U23?

Auch auf der Rennstrecke konnte der SM eine gute Figur machen. Sein V6 mit 2,8 oder 3 Litern Hubraum lief ordentlich – wenn er denn lief.

Zwar konnte man mit dem CX einen weiteren Erfolgstypen lancieren, aber auch der konnte das Unvermeidbare nicht mehr aufhalten. Und wurde somit zu Citroëns letzter Eigenentwicklung.

Der Mehrheitsaktionär Michelin trat auf die Bremse. Genau 40 Jahre nach dem Konkurs von André Citroën stand das Unternehmen erneut vor der Pleite. Michelin zerschlug den Konzern, versuchte Teile davon an FIAT zu veräußern. Die Lkw-Sparte ging an Renault, de Tomaso bekam Maserati. Den Rest fraß der Löwe aus Sochaux. 1975 übernahm Peugeot den Konkurrenten und die Gründung des PSA-Konzerns erfolgte. Nun konnten Synergien gewinnbringend genutzt werden, VISA und LN teilten sich beispielsweise die Plattform mit der Konzernschwester Peugeot 104. Doch für die berühmte Avantgarde war kein Platz mehr im neuen Verbund.

Citroën erfreut sich heute bester Gesundheit. Nach der Fusion von PSA und Chrysler-FIAT (FCA) zu Stellantis ist Citroën nur eine von vielen Marken, darunter auch Fiat und Opel. Und doch hat der Name Citroën nichts von seinem Klang verloren. Auch wenn die heutigen Modelle diesen Hauch von Avantgarde vermissen lassen, Stilikonen vom Schlage einer DS oder eines SM nicht mehr wiederkommen werden, Citroën ist und bleibt ein ganz besonderer Stern am Auto-Himmel.

Citroën Traction Avant

Frontantrieb. Selbsttragende Ganzstahlkarosserie. Hydraulische Bremsen. Das alles klingt aus heutiger Sicht selbstverständlich. 1934 war es in dieser Kombination nicht weniger als eine Revolution. Zu Zeiten, als Automobile noch auf schweren Plattformrahmen ruhten und sich heckgetrieben durch die Gegend bewegten, war das alles wahrhaft besonders. Der visionäre Geist von Andre Citroën beflügelte die Entwicklung des Traction Avant, kurz TA, zusammen mit der Genialität von André Lefèbvre, Albert Grégoire und Flaminio Bertoni. Diese drei Herren ließen sich von einem Frontantriebs-Konzept inspirieren, das Joseph Ledwinka entworfen hatte. In nur 18 Monaten entstanden bei Citroën seriennahe Prototypen. Einen davon ließ man in eine acht Meter tiefe Schlucht

Der Karosseriebauer Chapron schuf im Auftrag des französischen Präsidenten ein Cabriolet auf Basis des 15 H-Six. Welch eine Verwandlung!

Dieser 54er Citroën TA 15 Six trägt, wie alle ab 1952 gebauten TAs, serienmäßig Blinker.

stürzen, als Beweis für die Festigkeit der Karosserie.
Der Weltpremiere 1934 des Typ 7A mit 1,3 Liter Hubraum und 32 PS auf dem Pariser Autosalon folgte eine große Werbekampagne bei allen Händlern Frankreichs, bei der auch die Typen 7B mit 1,5 Litern und 35 PS sowie der 7 Sport mit 1,9 Litern Hubraum und 46 PS zu sehen waren. Die Übernahme durch Michelin und die nötigen Sparmaßnahmen verhinderten die geplanten Achtzylinder-Varianten des TA.
Derweil ging die TA-Entwicklung weiter, 1935 ersetzte der 7C den 7B. Ein neuer Motor mit 1628 cm³ und 36 PS zog unter die Haube ein, dazu ergänzte der 11 CV (der bisherige 7 Sport) das Programm. Mit dessen Einführung wuchs die Anzahl der Karosserievarianten beträchtlich an, es gab ihn als Berline, Faux Cabriolet, Cabriolet, Coupé sowie mit langem Radstand als 5/6-Sitzer, 7/9-Sitzer und 5-sitziges Coupé de Ville. 1938 folgten die 15 Six mit Sechszylindermotor und 75 PS aus 2,86 Litern Hubraum. Kriegsbedingt ruhte die Produktion zwischen 1940 und 1946, dann erfolgte der TA-Neustart mit den Modellen 11 Légere, 11 Normale und 15-6. Wesentliche Änderungen gegenüber dem Vorkriegsmodell gab es kaum: 1953 erfolgte die Einführung des von außen zu öffnenden Kofferraums, ab Mai 1954 waren die 15-6 mit der hydropneumatischen Hinterachse des kommenden Citroën DS erhältlich. Die Produktion des 15H stoppte Ende 1956, die des 15-6 bereits 1955. Der 11 CV hielt sich bis 1957 im Programm. Nach etwa 760.000 Exemplaren endete dann eine beispiellose Ära.

Ab 1952 verfügten die Citroën Traction Avant über eine Kofferraumklappe, die an der bisherigen Stelle des Ersatzrades saß.

Franay tat es Chapron gleich und kreierte auf Basis des 15 H-Six eine höchst elegante Limousine.

Citroën 2 CV

Fahrzeug? Simpler Kleinwagen? Ja, auch. Vielmehr passte aber der Begriff »Weltanschauung« auf das Mobil, das Citroën 1948 in die Welt entließ: Der 2 CV. Eine viertürige Karosserie, aus dünnstmöglichem Blech hergestellt, in eine charakteristische Form gepresst – bei uns später »Ente« genannt. Ein simples Segeltuchverdeck, das sich hinten beinahe bis zum Kennzeichen erstreckte.

Vorne mühte sich ein schmaler luftgekühlter Zweizylinder-Boxer darum, ausreichend Kraft auf die angetriebene Vorderachse zu schicken. Das schnatternde Geräusch des Motors begleitete Bauern, Studenten, Zahnarztgattinnen auf Jahrzehnte. Bauern und Zahnarztgattinnen? Ja, richtig gelesen. Ein Auto für alle Schichten sollte es sein, so der Wunsch Pierre Boulangers. Boulanger, seit 1935 Vizepräsident, hatte nach dem Tod Pierre Michelins im Jahr 1937 die Leitung bei Citroën übernommen. Er schob nun die begonnene Rationalisierungswelle weiter an. Statt eines angedachten teuren Achtzylinder-Modells plante er seit 1935 die Einführung des TPV=toute petite voiture=ganz kleines Auto. Vier Personen, 50 kg Kartoffeln und ein

Eigentlich war der Citroën 2 CV Prototyp TPV (toute petite voiture) auch mit nur einem Scheinwerfer bereits 1939 serienreif – doch dann kam der Zweite Weltkrieg.

Der von 1948 bis 1954 gebaute Citroën 2 CV »A« trug den Doppelwinkel noch mit ovaler Einfassung.

Noch bis 1960 trugen die Citroën 2 CV die »Wellblechhaube«. Bei der AZ tobten 1959 12,5 PS aus 425 cm³ unter eben jener. (Citroën Presse)

Die Eisverkäufer Frankreichs mochten den 2 CV AU/AZU gerne. Mit maximal 24 PS bei den späten AZU wurde es dem Fahrer in den Kurven höchstens von viel Eis übel.

Dutzend rohe Eier solle das Wägelchen schadlos über Stock und Stein transportieren können, so die Vorstellungen Boulangers. Und das alles bei einer Höchstgeschwindigkeit von 60 km/h und drei Litern Verbrauch. Außerdem solle man bequem MIT Hut einsteigen können.

Die Arbeiten am TPV verliefen rasch, sodass bereits 1939 250 Prototypen gezeigt werden konnten. Der Zweite Weltkrieg verhinderte eine damalige Serienfertigung. Es blieb nun also Zeit, sich den Details des PTV zu widmen. Stahlblech oder Aluminium? Wasserkühlung oder Luftkühlung? Das waren drängende Fragen. Für das Blechkleid war kein Geringerer als Flaminio Bertoni verantwortlich, um die Motorisierung kümmerten sich Walter Becchia und Andre Lefevre. 1948 war es dann so weit: Der 2 CV wurde auf dem Pariser Autosalon erstmals der breiten Öffentlichkeit präsentiert. Diese war zunächst etwas irritiert ob der radikalen Schlichtheit des Deux Chevaux »A«. Blaugraue Lackierung, ein Segeltuchverdeck, ein schmalbrüstiger Luftboxer mit 375 cm³ und neun PS. So viel zu den offensichtlichen Details. Wer genauer hinsah, entdeckte verblüffend Fortschrittliches: Zum einen die serienmäßigen Michelin-Gürtelreifen, das war eine weltweite Neuheit. Zum anderen der Frontantrieb, eine Seltenheit in jenen Tagen. Beachtenswert auch das serienmäßige Vierganggetriebe. Die Krönung der 2 CV-Technik war jedoch das Fahrwerk mit den waagerecht liegenden Stoßdämpfern und dem Federungskomfort eines Luxuswagens. So wegweisend ausgerüstet, startete der kleine Citroën 1949 in eine lange, beispiellose Karriere. Die schwache Motorisierung hinderte den Typ A nicht daran, einen erfolgreichen Start hinzulegen. So wurden zwischen 1949 und 1959 immerhin rund 125.000 Fahrzeuge dieses Typs hergestellt.

Der 2 CV als ideales Auto für den Familienausflug ins Grüne. Mit dem Modell AZLP ab 1957 sollte das noch besser gelingen, hatte es doch nun eine Kofferklappe aus Blech. (Citroën Presse)

1967 wurde der 2 CV Export nur fünf Monate lang gebaut. Erkennbar ist er an den rechteckigen Blinkern vorne und den dritten Seitenfenstern. Er hatte 18 PS, 425 cm³ und fuhr maximal 95 km/h. (Citroën Presse)

Von 1951 an steigerte Citroën die Praktikabilität noch: Der Kastenwagen 2 CV AU war geboren. 250 kg Nutzlast genügten den Bauern, der Post oder der EDF. Ab 1954 stellte Citroën dem Typ A/AU den Typ AZ/AZU zur Seite. Auf 425 cm³ und zwölf PS erstarkt, erreichte der AZ/AZU nun 70 km/h. Im Laufe der Jahre (bis 1970 in der Limousine, bis 1972 im Kastenwagen) steigerte Citroën die Leistung des 425ers auf 13,5, 14, 18 und 21 PS (letztere im AZU ´67 bis ´72). Damit tastete sich der 2 CV allmählich an die 100 km/h-Grenze heran. Ein Modell war dabei auf besondere Weise beflügelt: Der 2CV Sahara. Citroën dachte daran, ein Allradmodell für entlegene Wüstenkolonien zu entwickeln. Aber ein »gewöhnlicher« Allradantrieb war teuer in der Herstellung. Des Rätsels Lösung: Man baute vorne und hinten jeweils einen 425 cm³-Motor ein. Ließ der Fahrer beide Motoren laufen, ergab das auf genial-simple Art und Weise vier angetriebene Räder. 696 Käufer entschieden sich für dieses kuriose Konzept, heute zahlen Sammler sechsstellige Beträge für einen 2 CV Sahara. Auch ein Hauch von Luxus zog mit der Zeit in den 2 CV ein. Von 1956 bis 1966 war der 2 CV AZL verfügbar, der eine größere Heckscheibe, ein optisch verfeinertes Verdeck sowie eine Prise Zierrat mitbrachte. Darauf aufbauend präsentierte Citroën 1957 die Version AZLP, den ersten 2 CV mit einer Kofferraumklappe unterhalb der Heckscheibe. Für 2 CV-Verhältnisse beinahe luxuriös war der 2 CV AZAM, der 1963 erschien. Elegante Außenfarben, feine Stoffe, eine Menge Zierrat, nette Zutaten für ein besonderes 2 CV-Modell.

1970 gab es runde Blinker vorne und größere Rückleuchten, die der 2 CV bis zum Ende behalten sollte. Der 2 CV4 hatte 435 cm³ und neue 2 CV6 stolze 602 cm³. (Citroën Presse)

Aber es ging noch mehr: Der 2 CV AZAM 6 – 1966/1967 in Belgien produziert – wartete mit dem verstärkten Fahrwerk des Ami 6 und dessen 602 cm³ -Motor auf, der 21 PS Leistung brachte. Dieser Motor tauchte ab 1970 im 2 CV6 auf, dann mit 25 PS. Für die weniger leistungshungrigen Kunden bot Citroën von 1970 bis 1978 den 2 CV 4 mit 435 cm³ und 23 PS an. Zahlreiche Sondermodelle wie Charleston, Spot oder Gauloises verlängerten das Leben der

1975 geschah beinahe ein Kulturschock für die 2 CV-Fans: Die nostalgischen Rundscheinwerfer wichen rechteckigen Exemplaren, die bis zum Ende blieben (außer bei den Sondermodellen).

Beim 2 CV »Cocorico« handelt es sich um ein Sondermodell anlässlich der Fußball-WM 1986 in Mexiko. Lackiert in den Farben der Trikolore!

»Bijou« (Schätzchen) nannte Citroën UK seine eigene 2 CV-Kreation. Er blieb ein seltenes Schmuckstück, nur 219 Exemplare entstanden für den britischen Markt.

Eigentlich sollte die »Charleston«-Ente nur ein Sondermodell sein. Sie schlug ab 1981 aber so ein, dass sie in die Serie übernommen wurde. Sie war auch in gelb-schwarz und hellgrau-dunkelgrau erhältlich.

eigentlich schon totgesagten Ente noch bis 1990. Dann lief im portugiesischen Mangualde die letzte von 3.872.583 2 CV-Limousinen vom Band. Der 2 CV lieferte übrigens auch die Basis für den Ami 6, den Mehari, die Dyane und den Lizenzbau FAF.

Der 2 CV-Kastenwagen war bereits zehn Jahre zuvor durch die Acadiane ersetzt worden. Die Fourgonette, wie der Kastenwagen auch genannt wurde, blieb zeitlebens ein karges Zweckmobil mit 2 CV-Charme. Luxuriöse Zutaten wie serienmäßiger Zierrat sah man selten am 2 CV AU. Die Karriere der Fourgonette begann 1950 mit dem Typ AU (U für utilitaire=Nutzfahrzeug). Wie die Limousine war der AU mit neun PS aus 375 cm³ motorisiert. Der geräumige Kastenaufbau ließ eine Nutzlast von 250 kg zu, das genügte dem Kleingewerbe der Nachkriegszeit. 1955 erschien der AZU mit 425 cm³ und 12 PS. Diese PS-Zahl steigerte sich analog zur Limousine auf 14, 16 und 18 PS im Jahr 1963. Im gleichen Jahr profitierte der AZU vom Einbau des Ami-6-Motors mit 602 cm³ und 21 PS. Dieses Modell erhielt die Bezeichnung AK 350, die Nutzlast betrug nun 350 kg. Der kleine AZU blieb weiterhin lieferbar. 1970 präsentierte Citroën die letzte Evolutionsstufe, den AKS 400. Durch einen erhöhten Laderaum wurde auch noch einmal die Nutzlast auf 400 kg gesteigert. Der AZU 250 erhielt 1972 den 435 cm³ mit 24 PS aus der Dyane, 1980 lief die Produktion beider Nutzfahrzeuge aus zugunsten der seit 1978 auf dem Markt befindlichen Acadiane.

Straßenszene im Frankreich der 60er-Jahre: Citroën DS ab 1962 mit Gummipuffern auf der Stoßstange, 2 CV mit klassischer Wellblechhaube.

Citroën DS

Mai 1955. Auf dem Pariser Autosalon verblassten alle glanzvollen Neuheiten gegen das, was da bei Citroën zu sehen war: Die Citroën DS. Eine aerodynamische Form, von Flaminio Bertoni erschaffen, die in Zeiten allgegenwärtiger Hilfsmobile wie von einem anderen Stern erschien. Fast auf dem Boden kauerte sie, die Göttin. Das änderte sich beim Start des Motors: Wie von Geisterhand richtete sich das Fahrwerk auf und endete in der völligen Waagerechten. Der Laie und die Fachwelt staunten, wussten sie doch nichts über die Zaubertechnik hinter diesem Phänomen: die Hydropneumatik. Statt gewöhnlicher Stoßdämpfer verfügte das DS-Fahrwerk über stählerne Kugeln, die in der oberen Hälfte mit Stickstoff und in der unteren Hälfte mit einer Hydraulikflüssigkeit gefüllt waren. Dazwischen eine Membran zur Trennung der Elemente. Das Ergebnis war ein Fahrwerk, das unvergleichbar sanft und stabil über Unebenheiten hinweg schwebte. An der Zentralhydraulik angeschlossen waren auch die leichtgängige Lenkung und die ungeheuer wirksamen Bremsen. Insgesamt ein völlig anderes Fahren, das von den ersten DS-Lenkern ein gerüttelt Maß an Umgewöhnung erforderte.

Ganz und gar Gewöhnliches spielte sich unter der Haube ab: Citroën hatte bei der DS-Entwicklung unter anderem mit Boxer-Motoren und Sechszylindern experimentiert, diese aber als zu teuer verworfen. So griff man auf den bewährten 1,9 Liter-Motor des Citroën 11 CV zurück, der hier 75 PS Leistung brachte. Die Wurzeln dieses Motors lagen in den 30er-Jahren, was er akustisch nicht verleugnen konnte – ein deutlicher Gegensatz zum erstklassigen Fahrwerk. Die Kundschaft sah darüber hinweg und griff begeistert zu. Auch dann noch, als die ersten Probleme mit dem Hydrauliksystem auftauchten und die ungeübten Werkstätten hilflos damit konfrontiert wurden. Auf große Begeisterung stieß auch der 1958 eingeführte ID 19 Break. Die Platzverhältnisse des fünf Meter langen Kombis (wahlweise auch als 7-Sitzer lieferbar) waren respekteinflößend. Ein Pferdefuß der frühen DS 19 war ihr vergleichsweise hoher Preis. Citroën steuerte 1957 mit der Einführung der ID 19 entgegen. Die ID war eine technisch »abgespeckte«

Anfänglich teilten sich ID- und DS-Modelle die Front mit den zwei Scheinwerfern, nach '67 erkannte man daran die einfachen ID-Modelle.

Die Break-, Familiale- und Commerciale-Versionen unterschieden sich in der Zahl und Anordnung der hinteren Sitze. Mit der zweigeteilten Heckklappe und dem Luftfahrwerk boten sich die Kombis auch ausgezeichnet zum Krankentransport an.

Variante, deren Lenkung und Bremsen nicht an die Zentralhydraulik angeschlossen waren. Mit weniger Zierrat versehen, kam sie auch optisch schlichter daher. Außerdem besaß sie – im Gegensatz zur DS mit Halbautomatik – ein manuelles Vierganggetriebe.

Die Entwicklung schritt voran, verschiedene Details wurden geändert, die Zuverlässigkeit stieg. Der 1964 eingeführte DS Pallas bot eine besonders reichhaltige Ausstattung. 1965 trug Citroën dem Wunsch nach mehr Leistung Rechnung und lancierte die DS 19 2 litres. Nun lagen 85 PS aus 1985 cm³ an. Der Kurbelwelle war nun fünffach gelagert, was zu besserer Laufruhe beitrug. Im gleichen Jahr lancierte Citroën die DS 21 mit 2178 cm³ und 109 PS. All diese Verbesserungen kamen sowohl der Limousine, dem Break als auch dem Cabriolet zugute. Das wurde in nur 52 Einheiten vom Karosseriebauer Chapron hergestellt und ist heute eines der gesuchtesten DS-Modelle. Chapron schuf auch weitere besondere Modelle wie

Mit hochgestelltem Luftfahrwerk konnte man mit der DS problemlos auch über unwegsame Feldwege fahren.

Rahmenlose Türen kannte man damals nur von Coupés oder Cabrios. (Citroën Presse)

K XV 124

das Coupé Le Dandy oder die Staatslimousine Presidentielle. 1967 geschah noch einmal Aufregendes: Ein großes Facelift brachte neue Doppelscheinwerfer mit sich, die sich beim Lenken »in die Kurve hinein« bewegten. 1969 erschien die DS 21 i.e. mit elektronischer Einspritzung, 1972 kamen dic DS 23 und 23 i.e. auf den Markt. 1975, nach 1.445.960 Exemplaren, lief in Aulnay-sur-Bois die letzte DS vom Band.

Schon damals waren die von Chapron gefertigten Citroën DS/ID Cabriolet eine Rarität, heute zahlen Liebhaber gerne 150.000 Euro für ein Top-Exemplar.

Wahlweise gab es die Citroën ID/DS Break auch mit dritter Sitzreihe, ab 1973 sogar mit dem stärksten Aggregat mit 2347 cm³ und 120 PS.

Citroën Ami 6

Die Geschäfte laufen gut bei Citroën Ende der 50er-Jahre. Die DS ist hervorragend angenommen worden, der 2 CV findet ebenfalls zahlreiche Liebhaber. Aber zwischen dem Oberklassen-Ambiente der DS und dem in allen Bereichen spürbaren Minimalismus des 2 CV klafft eine große Lücke. Citroën befürchtet nicht ganz zu Unrecht, dass die 2 CV-Kunden mit dem Wunsch nach dem Löffel Butter mehr die Schaufenster der Konkurrenz bevölkern. Gerüchte machen sich breit, Renault habe einen erfolgversprechenden neuen Kleinwagen im Köcher. Citroën reagiert und beauftragt den DS-Designer Flaminio Bertoni mit der Gestaltung eines Wagens, der ein wenig über dem 2 CV rangieren soll. Das Endergebnis bezeichnete Bertoni selbst als sein gelungenstes Werk. Viele teilten diese Meinung, manche waren jedoch etwas verstört ob der eigenwilligen »Z«-Silhouette des Hecks. Einen zweckmäßigen Sinn hatte das auf jeden Fall: Die Heckscheibe blieb verschmutzungsfrei.

Beim Namen des neuen Fahrzeugs kam die Neigung der Citroën-Mannen zu Wortspielen zutage. Ami 6 (»Freund 6«) ergibt französisch ausgesprochen »La missis«, also »das Fräulein«. Eine augenzwinkernde Bezeichnung für die hübsche Dame. Technisch gesehen rüstete Citroën ein wenig auf. Nach Versuchen mit dem Hydropneumatik-Fahrwerk der DS entschied man sich aus Kostengründen für eine 2 CV-Basis. Man nahm den verstärkten Plattformrahmen des 2 CV »A« und setzte die Ami-Karosserie darauf. Der Radstand blieb gleich, aber die Motorleistung stieg 19,5 PS aus 602 cm³. Damit konnte nun die 100 km/h-Marke überschritten werden, erst recht mit dem 25 PS-Modell (ab 1963) und der 28 PS-Variante (ab 1968). 1964 gesellte sich das Kombi-Modell »Break« mit identischer Motorisierung dazu. Der Break überholte die Limousine in der Beliebtheit, was wohl auch an seiner konventionelleren Gestaltung lag. Von 1962 bis 1963 verkaufte Citroën den Ami 6 sogar in die USA – mit mäßigem Erfolg. Insgesamt rollten bis 1969 rund 1.000.000 Ami 6 vom Band, ehe der gewöhnlicher gestylte Ami 8 die Nachfolge antrat.

Flaminio Bertonis vorletztes Werk war 1963 der Citroën Ami 6. Er bezeichnete ihn als seinen gelungensten Entwurf. (Citroën Presse)

Citroën Ami 6 Pressefoto zur Einführung 1961. Außen eine vollständig eigene Linie, unter dem Blech sehr viel »Entiges«, unter anderem ein 602 cm³-Boxer mit zunächst 21 PS.

Eine späte Dyane 6 mit Kunststoff-Kühlergrill. Die Jugend griff immer noch lieber zum 2 CV.

Ab 1973 standen die Türgriffe der Dyane auf dem Kopf. Unter der Haube versammelten sich am Ende 32 PS und 602 Kubikzentimeterchen.

Citroën Dyane

Mitte der 1960er-Jahre stand Citroën wieder vor einer kniffligen Aufgabe: Der 2 CV war zwar immer noch populär, aber mittlerweile ein wenig in die Jahre gekommen. Sein Grundkonzept wurzelte in den 30er-Jahren, was Citroën befürchten ließ, dass der 2 CV an Beliebtheit verlieren würde. Aus diesem Grund dachte man intensiv über einen Nachfolger nach. Aber wie löst man ein erfolgreiches Modell ab, ohne dessen Fans mit radikalen Neuerungen zu verprellen? Noch dazu, wenn man wegen klammer Kassen sowieso keine Kapazitäten für eine komplette Neuentwicklung hat? Die Lösung lag in einer vorsichtigen Evolution. Die Technik blieb im Wesentlichen beim alten, also verstärkter Plattformrahmen, Einzelradaufhängung mit ultra-sanfter Federung und luftgekühlter Zweizylinder-Boxer.

Optisch hatte sich aber einiges getan. Louis Bionier, früherer Panhard-Designer, hatte sich dieser Aufgabe angenommen – nachdem Panhard allmählich in Citroën übergegangen war. Statt der nostalgisch anmutenden, freistehenden Rundscheinwerfer gab es nun in die Kotflügel eingelassene quadratische Leuchten. Das Design wirkte insgesamt kantiger, ohne sich zu weit vom rund geschwungenen Original zu entfernen. Ein paar dezente Modernisierungen innen brachten 60er-Jahre-Flair in die Dyane. 1967 schien es, dass die Renovierung gelungen wäre. Die erste Dyane-Version mit 425 cm³ und 19 PS kam durchaus beim Publikum an. Wer nun erwartet hätte, dass das Kundeninteresse am 2 CV radikal abnehmen würde, sah sich getäuscht. Weiterhin erfreute sich der Döschwo ungebremster Beliebtheit. Wie sollte man nun bei Citroën verfahren? Den Dingen ihren Lauf lassen? Man entschloss sich, die Dyane aufzuwerten. Im Januar 1968 zog der aus dem Ami 6 bekannte 602 cm³ mit 28 PS unter die Haube ein. Der März des gleichen Jahres brachte dem »kleinen« Motor eine Leistungssteigerung auf 25 PS aus jetzt 435 cm³. Fortan unterteilte man die Modelle in »Dyane 4« und »Dyane 6«. Auch eine Leistungsanhebung des 602cm³-Motors auf 32 PS brachte die Dyane 1970 nicht vor den 2 CV. Es zeigte sich, dass die Citroën-Kundschaft die Dyane zwar durchaus goutierte, aber dem 2 CV immer noch den Vorzug gab.

Citroën erkannte das und ließ allmählich in den Bemühungen nach, die Dyane zu verbessern. Verschiedene –heute sehr seltene – Sondermodelle wie beispielsweise »Edelweiss« oder »Caban« sollten die Kundschaft bei Laune halten. 1978 erhielt die Bremsanlage vordere Scheibenbremsen, das war es im Großen und Ganzen mit technischen Neuerungen. Die Scheiben kamen auch der Acadiane zugute, der ab 1978 neuen Kastenversion. Sie wurde bis 1987 produziert, drei Jahre länger als die Limousine. Was blieb nach etwa 1.700.000 Dyane (inklusive 250.000 Acadiane)? Das Fazit: Modern ist nicht immer vorne.

Die Acadiane folgte 1978 der berühmten Kastenente nach. Sie wurde gerne als Mini-Camper genommen, mit maximal 32 PS ging es dann auf eine gemütliche Reise.

Citroën Mehari

Citroën war in den 60er-Jahren schon lange bekannt für Innovations- und Experimentierfreudigkeit. Zahlreiche wegweisende Neuheiten wie die Hydropneumatik hatte man auf den Weg gebracht. Die Palette der Modelle war ebenfalls sehr interessant. Minimalistische Zweckmobile mit Charme, etwas größer ausgefallene originelle Familienwagen, Luxuswagen à la DS. Was man noch nicht hat, ist ein Freizeitmobil. Ein Gefährt, mit dem man die Atlantikdünen erklimmen oder auch im Hauptgewerbe Gemüsekörbe transportiert kann. Außerdem galt es, Ersatz für den 2 CV Sahara zu finden. So beauftragte Citroën den Leiter der SEAB S.A. (SEAB=Societe d'Exploitation et d'Application des Brevet), Roland de la Poype damit, eine Karosserie für diesen Wagen zu entwickeln. Warum man Monsieur de la Poype dafür auswählte? Seine Firma hatte bereits Erfahrungen mit der Entwicklung von Kunststoffkarosserien gewonnen, und genau aus diesem Material sollte auch die Mehari-Karosserie bestehen. Also nahm man den Plattformrahmen der Dyane, setzte ein Stahlrohrgerippe darauf und darauf wiederum die leichte Karosserie aus sogenanntem ABS-Kunststoff. Für technische Neuentwicklungen war bei Citroën traditionell wenig Geld in der Schublade. Aber das war auch nicht zwingend notwendig, konnte man doch auf die bewährte 2 CV/Ami 6/Dyane-Technik zurückgreifen. Das hieß Frontantrieb, ein schluckfreudiges Fahrwerk mit Einzelradaufhängung, Zweizylinder-Boxer luftgekühlt. 602 cm^3, 29 PS, genug für Strandfahrten und leichte Obstkartons. Auf Wunsch war der Mehari auch als Viersitzer zu haben, dann wurde der Wagen seinem Namen nicht mehr ganz gerecht. Mehari heißt übersetzt nichts anderes als Renndromedar.

Ein Verdeck gab es ausschließlich auf Wunsch, und nur in sehr einfacher Steckausführung. In all seiner Schlichtheit blieb der Mehari über die Jahre im Wesentlichen unverändert – und trotzdem beliebt. Drei spezielle Meharis sind herauszuheben: Zum einen das Modell »Armée«, das für das französische Heer konzipiert war und zwei Batterien à 12 Volt besaß. Zum anderen der »Azur«, eine ursprünglich auf 700 Exemplare limitierte Serie. Der Azur besaß eine weiße Karosserie mit blauen Türen, blauem Kühlergrill und Verdeck. Später nahm Citroën ihn ins reguläre Programm auf. Zum dritten ist der Mehari 4x4 zu erwähnen, der von 1979 bis 1983 erhältlich war. Zuschaltbarer Allradantrieb, eine veränderte Hinterachse mit Sperrdifferential, ein Getriebe mit insgesamt sieben Gängen (drei mit Untersetzung).

Zusammen mit Scheibenbremsen an allen Rädern war der Mehari so gut ausgerüstet, beispielsweise als Begleitfahrzeug für Wüstenrallyes. Immerhin 1213 Käufer schätzten diese Variante, während es der gewöhnliche Mehari sogar auf rund 144.000 Exemplare bis 1987 brachte.

Citroën legte dieses Konzept dann zur Seite, Raoul Teilhol übernahm den Gedanken und brachte mit dem Tangara ein ähnliches Fahrzeug auf den Markt, das 2 CV-Technik verwendete.

Ein Citroën Mehari in seinem natürlichen Element.

Dieser Citroën Mehari trägt die Farbe »Jaune Atacama«, die von 1980 bis 1987 im Programm stand.

Citroën Ami Super mit 1015 cm³-Vierzylinder-Boxer aus der GS. Optisches Erkennungsmerkmal: Sechs Lüftungsschlitze unter dem (anders geformten) Kühlergrill.

Citroën Ami 8

Der Ami 6 hatte es bewiesen: Das mit dem Löffel Butter mehr im Vergleich zum 2 CV kann funktionieren. Nun stand Citroën Ende der 1960er-Jahre vor der nächsten Herausforderung: Wie kann es gelingen, die treuen und citroënesken Ideen aufgeschlossenen Kunden im Boot zu behalten? Und wie kann man eventuell die Interessenten gewinnen, die bisher mit dem ungewöhnlichen Ami 6 gefremdelt haben? Und das alles mit wenig Geld in der Kasse? Die Lösung nannte sich Ami 8 und glich auf den ersten Blick eher einem Schritt rückwärts. So erschufen die Mannen um Robert Opron (späterer SM-und CX-Designer) ein im Vergleich zum Ami 6 gewöhnliches Design. Kein Z-förmiges Heck mit eingefallener Heckscheibe mehr, sondern ein Fließheck mit kleiner Kofferklappe. Eine Formensprache, die bereits die Gestaltung der kommenden GS, SM und CX andeutete.
Unter dem Blech fand sich Bekanntes: Der bewährte, gegenüber dem 2 CV verstärkte Plattformrahmen, das legendäre Sanftfahrwerk mit Einzelradaufhängung und die luftgekühlten Zweizylinder-Boxer. Das Motorenprogramm begann 1969 mit dem 602 cm³-Motor, der 29 PS Leistung erbrachte. Diese Maschine bewegte auch den Kombiwagen Ami 8 Break, der im August 1969 erschien. Vom Break abgeleitet gab es die Sonderausführungen »Service« und »Entreprise«, die mit sehr einfacher Ausstattung und zweitüriger Karosserie kostenbewusste Unternehmer ansprechen sollten. Bald erhielt der Ami 8 (in den meisten Ausführungen) innenliegende Scheibenbremsen an der Vorderachse. Ebenfalls recht bald (1969) erschien ein Ami 8-Modell, das zukunftsweisend sein sollte – und es am Ende nicht wurde. Der M35, ein von Heuliez zum Coupé umgebauter Ami 8, trug einen Wankelmotor unter der Haube. Citroën hatte 1967 mit NSU ein Joint Venture namens »Comotor« gegründet. Man beabsichtigte zusammen mit dem deutschen Hersteller Rotoren für Kreiskolbenmotoren zu produzieren. Der Wankelmotor war in aller Munde und wurde bereits als die Zukunftslösung des Verbrennermotors propagiert.

Den Citroën Ami 8 Club zeichnete eine bessere Ausstattung aus. Hier ein frühes Modell mit Schiebefenstern rundum.

Versuche mit dem M35 zeigten, dass man davon aber noch ein ganzes Stück entfernt war. Zwischen 1969 und 1971 wurden 267 Exemplare hergestellt, die in Kundenhand viele Schwierigkeiten machten – besonders mit den Rotoren. Fast alle Exemplare gingen an Citroën zurück und wurden verschrottet. Ein Prozedere, das sich übrigens ein paar Jahre später mit dem Wankel-GS wiederholte. Immerhin, Citroën konnte durch die Verwendung einer Hydropneumatik an der Hinterachse wichtige Erkenntnisse für die zukünftige GS gewinnen.

Von diesem Motor-Experiment geläutert, wagte sich Citroën 1973 bis 1976 an ein Experiment mit einem »handelsüblichen« Aggregat. Man nahm den 1015 cm³-Vierzylinder-Boxer (luftgekühlt) des GS und verbrachte ihn unter die Haube des Ami 8/Ami 8 Break. 54 PS machten aus dem 800 kg leichten Ami Super/Super Break einen 140 km/h schnellen Familienwagen. Die Kundschaft zögerte aber, bot der teurere GS doch mit seinem Hydropneumatik-Fahrwerk noch zwei Löffel Butter mehr.

Es blieb bei etwa 45.000 Ami Super (inklusive 19.000 Super Break und 800 Super Break Service). Gegen Ende der 1970er-Jahre sank der Stern des Ami 8, 1978 lief die Produktion der Limousine zugunsten des Visa aus. Der Break blieb noch bis 1979 im Programm.

Dieses Bild zeigt einen Ami 6, nicht einen Ami 8!

Der Ami 8 sprang, wie viele damals, auf den Wankelzug auf. Ergebnis: Citroën M35, 267 Exemplare in Kooperation mit NSU (»Comotor«) gebaut.

1971 brachte Citroën den GS Break heraus, hier im Wettbewerbsumfeld mit Renault 16, Simca 1100 und VW 1600 Variant. Endlich eine GS mit gut nutzbarem Kofferraum! Mit der Hydropneumatik konnte die GS auch mit großer Beladung nicht in die Knie gehen.

Den besser ausgestatteten Citroën GS Club erkannte man an unter anderem an den verchromten Fenstereinfassungen.

Citroën GS

1967 im Hause Citroën. Man resümiert über die Modellpolitik der letzten 15 Jahre und vergibt sich selbst 8 von 10 möglichen Punkten. Die DS ist perfekt in der Oberklasse gelandet, der Lückenschluss zwischen der DS und der minimalistischen Ente ist gelungen. Oder doch nicht ganz? Nun ja, die Dyane und die Ami-Modelle fallen etwas größer, luxuriöser und moderner als der 2 CV aus, das stimmt. Aber so eine richtige Mittelklasse ohne 2 CV-Odeur, die fehlt noch. Peugeot beispielsweise war da mit den 204 und 304 bestens besetzt, auch andere Hersteller konnten Interessantes bieten. 1964 hatte Citroën bereits mit dem C-Projekt einen ersten Anlauf in Richtung Mittelklasse genommen. Dieses Projekt scheiterte aus Kostengründen, man wendete sich dem F-Projekt zu. Dabei ging mit dem jungen Designer Robert Opron ein Stern auf, er lieferte vielversprechende Entwürfe. Diese zeigten eine gewisse Ähnlichkeit mit dem neuen Renault 16, Renault protestierte.

Um weiterem Unbill aus dem Weg zu gehen, startete Citroën 1967 das G-Projekt. Im Rahmen dieser Arbeit tauchte ein Designentwurf von BMC auf, der gewissen Einfluss auf die GS-Gestaltung gehabt haben soll. In jedem Falle erhielt der Wagen nun sein endgültiges Layout mit luftgekühlten Vierzylinder-Boxern, der etwas vereinfachten Hydropneumatik aus der DS sowie vier Scheibenbremsen! Als die GS 1970 auf dem Pariser Autosalon erschien, staunte das Publikum beinahe so sehr wie 15 Jahre zuvor bei der DS. Eine viertürige Karosserie mit einem cW-Wert von 0,30 und ein Fahrwerk, das sich mit einem Hebel in der Mitte hoch- und runterfahren ließ – so etwas konnte nur Citroën! Die ersten begeisterten Kunden erhielten die GS mit einem 1015 cm^3-Boxer und 54 PS, in den Ausstattungsvarianten »Confort« und »Club«. Letzterer war mit Nettigkeiten wie Drehzahlmesser, Halogenscheinwerfer und vielem mehr besonders reichhaltig ausgestattet. Die Kundschaft griff rege zu und die GS erhielt bereits 1971 die Auszeichnung »Auto des Jahres«.

Bis August 1979 trug die GS noch verchromte Stoßstangen und verfügte nur über einen kleinen Heckdeckel.

Bertone gestaltetet 1972 die aufregende Studie »Camargue«, die auf Citroën GS-Basis entstand.

Einer guten Citroën-Tradition entsprechend stieß im selben Jahr die Kombiversion »Break« hinzu. Das kaschierte auch den Mangel einer fehlenden großen Heckklappe bei der Limousine.
Wer sich mit dem Kuppeln schwertat, konnte sich ebenfalls ab 1971 an der »Convertisseur« getauften 3-Gang-Halbautomatik erfreuen. Der 1015 cm³-Boxer lief sehr kultiviert, allerdings wurden Rufe laut, die ihm eine gewisse Drehmomentschwäche nachsagten. Deshalb führte Citroën 1973 einen 1220 cm³-Motor mit 57 PS ein, der auch die neue Luxus-Variante »Pallas« antrieb. Sehr luxuriös gab sich der GS Birotor, der von 1973 bis 1975 gebaut wurde. 107 PS, vollkommen vibrationsfreier Lauf, gepaart mit der Hydropneumatik hätte das zum Verkaufsschlager werden können. Aber die 847 Birotor-Kunden störten sich sehr an den Trinksitten und an der Unzuverlässigkeit des Wankels. Citroën rief alle Wagen zurück, um sie zu verschrotten. Einige wenige Kunden folgten diesem Ruf nicht.

Das aufwendige Facelift 1979 brachte neben einer großen Heckklappe viel Kunststoff rundherum. (Citroën Presse)

Ab 1974 sollten die »X«-Modelle einen sportlichen Touch in die GS-Baureihe bringen. 1977 bis 1979 konnte die »X«-Kundschaft auch einen 1129 cm³-Motor mit 55 PS ordern.

1979 tat sich dann noch einmal Großes in der Baureihe: Die GS wurde zur GSA, gleichzeitig zog nun endlich die große Heckklappe ein, die sich die moderne Kundschaft schon lange gewünscht hatte. Weiterhin ersetzen Stoßstangen aus Kunststoff die Chromexemplare. Motorseitig blieb es beim luftgekühlten Boxer, nun entweder mit 1129 cm³/55 PS oder 1299 cm³/65 PS. Das Erscheinen des wassergekühlten BX im Jahr 1982 ließ die GS immer mehr in den Hintergrund treten. Nach und nach wurde die Modellpalette reduziert, 1985 stoppte die Produktion der GSA-Limousine. Der Break lief noch bis 1986 vom Band, dann endete die GS-Ära nach knapp 2.500.000 Exemplaren endgültig.

Die sportliche Topversion des GSA hieß X3 und verfügt über Drehzahlmesser, 1,3-Liter und 65 PS sowie 5-Gang-Getriebe. (Citroën Presse)

Immerhin etwa 12 Prozent der Citroën SM wurden im schlichten Farbton »Blanc Meije« ausgeliefert, wie dieses Ausstellungsstück von 1971. (Hans Peters/Anefo CC0)

Citroën SM

SM, ein auf den ersten Blick sehr nüchtern klingendes Buchstabenkürzel. Auf den zweiten Blick verbergen sich dahinter veritable Automobil-Dramen, die bei den Besitzern sadomasochistische Züge erkennen ließen. Deswegen übersetzte man SM (Serie Maserati) zuweilen auch gerne mit »Sado-Maso«, eine andere, freundlichere Lesart war »Sa Majesté« – ihre Majestät. Wie kam es nun zu diesen Deutungen?

Alles begann bereits im Jahr 1955. Citroëns Generaldirektor Pierre Bercot dachte darüber nach, ein Sportcoupé zu entwickeln, das noch oberhalb der DS platziert wäre. Also beauftragte man Flaminio Bertoni mit dem Projekt S, wobei »S« für Sport stand. Bertoni lieferte ansehnliche Entwürfe – wie nicht anders zu erwarten, aber das Projekt genoss nicht die allerhöchste Priorität. Zunächst galt es, den Lückenschluss zwischen der DS und dem 2 CV in Angriff zu nehmen. 1964 verstarb Flaminio Bertoni, Robert Opron folgte ihm als Chefdesigner. Er nahm das Projekt S erneut in Angriff. Als technische Grundbedingung galt die Verwendung der DS-Hydropneumatik. Die Lenkung sollte dem DIRAVI-System gehorchen, dabei passte sich die Steuerung in ihrer Leichtgängigkeit der aktuellen Geschwindigkeit an. Schnell musste das Coupé natürlich auch sein, das war aber mit den DS-Vierzylindern nur begrenzt möglich. Abhilfe nahte bald aus – quasi – eigenem Haus: 1967 erwarb Citroën die Mehrheit an Maserati, da lag es nahe, sich aus deren Regalen zu bedienen.

Dort lagen allerdings nur mächtige V8, die dem Citroën-Chef Pierre Bercot zu gewaltig erschienen. Also beauftragte man die Maserati-Mannen damit, in rascher Zeit einen neuen V6 zu entwickeln. Das wurde in wenigen Monaten erreicht. Inzwischen war auch das spektakuläre Blechkleid fertig. 1970 fiel dem staunenden Publikum auf dem Citroën-Stand wieder die Kinnlade herunter. Sechs Scheinwerfer hinter Glas, ein Heck wie eine Skulptur, Hydropneumatik, 2,7-Liter-V6, 170 PS. Souveränes Gleiten, höchst aufregend verpackt. Apropos Aufregung: Bald zeigte sich, dass der V6 etwas zu schnell entwickelt wurde. Kapitale Kinderkrankheiten wie gerissene Steuerketten pflasterten seinen Weg, hinzu kamen eine nachlässige Pflegementalität der Besitzer. Das hinderte Henri

Drei Vergaser, vier Nockenwellen, sechs Scheinwerfer. Der SM bot einiges fürs Geld. Zuverlässigkeit war beim 2,7-V6 zunächst nicht unbedingt dabei.

Der Citroën SM in US-Ausführung hatte Rundscheinwerfern und einen 3,0-Liter-Motor mit 180 PS.

Chapron nicht daran, einige wenige hinreißende Cabriolets zu erschaffen. Als Staatscoupé sollte das Modell »Presidentielle« mit verlängertem Radstand dienen.

Die US-Kunden sollten mit einer Automatikversion zufriedengestellt werden. 1972 brachte den Wechsel vom Vergaser auf die Einspitzversion 2,7 i.e. Mehr Zuverlässigkeit und weniger Spritkonsum waren die Folge. Bessere Verbrauchswerte waren angesichts der nahenden Ölkrise auch kein schlechtes Verkaufsargument. Aber es half nichts: Die zahlreichen Motorschäden hatten sehr am Ruf des SM genagt, die Verkaufszahlen sanken. Auch die »Programmergänzung« SM 3,0 mit Vergaser (180 PS, 1973 bis '75) brachte keine entscheide Verbesserung. Die letzten 400 Exemplare wurden zwischen 1974 und '75 bei Ligier gefertigt, bevor nach nur 12.920 Exemplaren Schluss war.

Frankreichs Staatspräsident Georges Pompidou wünschte sich eine Staatslimousine, Chapron lieferte. Der Citroën SM Presidentielle maß 5,6 Meter in der Länge und wog 1,9 Tonnen.

Präsentation des noch neuen Citroën CX auf dem Autosalon Amsterdam 1975. Bereits in diesem Jahr erreichte die Produktion die 100.000er Marke. (Bert Verhoeff/Anefo)

Citroën CX

Zwölf Jahre nach ihrer Vorstellung lief die DS weiterhin prächtig. Im Vergleich zu vielem, was sich 1967 auf den Straßen bewegte, war sie immer noch unglaublich modern. Doch Citroën wäre nicht Citroën, wenn man sich nicht intensiv Gedanken über ein neues Projekt machen würde. Eine Herkulesaufgabe, fürwahr. Denn wie ersetzt man eine Göttin? Die Fußstapfen der DS waren groß, sehr groß. Und wie so oft waren die Budgets klein. Aber diese Situation kannte man ja unter dem Zeichen des Doppelwinkels – und hatte meistens trotzdem etwas sehr Gutes daraus gemacht. So startete man das Projekt »L«, aus dem sieben Jahre später der CX hervorging.

Nachdem Flaminio Bertoni 1964 verstorben war, übernahm Robert Opron das Zepter in der Designabteilung. Opron betrachtete einen Pininfarina-Entwurf, der für BMC gezeichnet wurde. Während BMC diese Ideen verwarf, ließ sich der französische Designer inspirieren – wie auch bei der Gestaltung der GS. Oprons Entwurf stand im Zeichen der Aerodynamik, was ihm den Namen »CX« einbrachte. Schließlich steht diese Abkürzung im französischen als Kürzel für den Luftwiderstandswert. Eine eiserne technische Vorgabe war die Hydropneumatik. Das Festhalten an den Triebwerken der DS ergab

25 Zentimeter mehr Länge und üppiger Luxus machten den Citroën CX Prestige zur idealen Chauffeur-Limousine. Auch DDR-Staatsoberhaupt Erich Honecker wusste das zu schätzen. (Citroën Presse)

sich beinahe zwangsweise. In der CX-Entwicklungsphase hatte man noch mit Boxer- und Wankelmotoren experimentiert, was sich aber als kostspielig erwies.

So erschien 1974 wieder einmal ein atemberaubender Citroën, der unter der Fronthaube Normalkost bot. Citroen bewarb ihn mit dem Begriff »Freiheit«, was sich wohl auf die Freiheit von jeglichen Komforteinbußen bezog.

Wer den 4,91 Meter langen Citroën CX Break fuhr, der musste sich auch dank 700 kg Nutzlast keine Gedanken um Ladekapazität machen. (Citroën Presse)

Ab 1982 hatte nicht nur der Citroën CX Break Außenspiegel aus Kunststoff. (Citroën Presse)

Für die Großfamilie war der Citroën CX Break auch als Siebensitzer lieferbar. (Citroën Presse)

Getönte Scheiben, feinste Innenausstattung, elektrische Helferlein – es ließ sich wohnen im CX Pallas! (Citroën Presse)

Es begann mit dem CX 2000 und jenem Motor mit fünffach gelagerter Kurbelwelle, der 1965 bei der DS Einzug gehalten hatte. Dieses Aggregat fußte wiederum auf dem des Traction Avant aus den 1930ern und hatte somit schon ein langes Leben hinter sich. Im CX entwickelte er 102 PS aus 1985 cm³. Zu Beginn musste er keine Servolenkung antreiben – es gab nämlich zunächst keine. Schließlich galt es, dem Abverkauf der noch bis 1975 gebauten DS keine Konkurrenz zu machen. Im selben Jahr, mit dem Erscheinen des CX 2200 (2175 cm³, 115 PS), gab es auch eine DIRAVI-Servolenkung. Die traditionell »Break« getaufte Kombiversion überzeugte mit fast fünf Metern Länge durch fürstliche Platzverhältnisse. Gerne auch als Siebensitzer »Familiale«. Im ebenfalls 1975 eingeführten CX 2200 Diesel mussten die Passagiere etwas mehr Zeit einplanen, 66 Selbstzünder-PS aus 2175 cm³ machten aus dem Wagen keine Rakete. Das Publikum griff trotzdem zu, die Presse verlieh allen CX den Preis »Auto des Jahres 1975«.

Deutlich schneller bewegte sich ab 1976 der CX 2400 mit 115 PS. In der Version »Prestige« mit verlängertem Radstand konnten selbst Basketball-Hünen die Beine ausgestreckt übereinanderschlagen. Richtig fix wurde es ab 1977 mit dem 2400 GTi/Pallas/Prestige und 128 PS. Immer noch kein Sechszylinder, aber immerhin nahe der 200 km/h-Marke. Das gelang 1978 mit dem verbesserten CX 2500 Diesel, der nun 75 PS bot, bei weitem nicht. Dafür ließ sich der sich mit acht Litern auf 100 km bequem fahren. 1979 tat sich dann auch unter der Motorhaube Modernes: In Zusammenarbeit mit Renault hatte man die »Douvrin«-Maschine erschaffen, die nach ihrem Produktionsort benannt war. 1995 cm³, OHC-Bauweise und eine deutlich bessere Laufkultur – eine klare Verbesserung. Bei Renault fand der Douvrin im R20 Verwendung, auch im Peugeot 505 wirkte er. 1982/83 änderten sich zum Teil die Typenbezeichnungen, so wurde aus dem CX 2000 der CX 20 und der neue 2500 cm³-Benziner kam gleich als CX25 auf den Markt.

1985 fand ein großes Facelift statt, das unter anderem Stoßfänger aus Kunststoff brachte. (Citroën Presse)

Das Jahr 1985 brachte einschneidende optische Änderungen: Die nostalgischen Chromstoßstangen wurden durch Exemplare aus Kunststoff ersetzt. Innen machte der eigenwillige Walzen-/Lupentacho »gewöhnlichen«, aber besser ablesbaren Instrumenten Platz. Manchen Fans gefiel es, andere schüttelten mit dem Kopf. Von 1983 an hielten Turbolader unter den Hauben der Zweieinhalbliter-Benziner und -Diesel Einzug. Das befeuerte die kommode Luxuslimousine sehr ordentlich. In der Endstufe als CX Turbo 2 bedeutete das 168 PS und fast 300 Nm Drehmoment. 223 km/h Endgeschwindigkeit forderten dann aber auch gerne einen Expresszuschlag beim Verbrauch. Nicht so beim 2500 D Turbo2. 120 PS, Drehmoment satt und 7,5 Liter Diesel waren unschlagbar. Dennoch, die Beliebtheit des CX nahm peu a peu ab. 1990 trat der XM im sehr gefälligen Gewand an, der CX machte ihm 1991 nach fast 1.200.000 Exemplaren Platz.

Zwischen 1986 und 1989 konnten die Kunden mit Expressbedarf den CX GTi Turbo 2 ordern. 2,5-Liter-Turbo, Ladeluftkühler, 168 PS und 294 Nm Drehmoment. Natürlich gab es ihn auch als Prestige.

Citroën LN/LNA

Bereits 1968 reiften bei Citroën Pläne, dem 2 CV und dem künftigen Ami 8 noch ein weiteres kompakteres Modell zur Seite zu stellen. In jenen Jahren hatte Fiat 49 Prozent von Michelin übernommen, die ihrerseits Citroën-Eigentümer waren. Fiat plante damals den 127, also lag es für Citroën nahe, sich dieser Plattform zu bedienen. Die Entwicklung – auch Projekt Y genannt – schleppte sich aber sehr lange dahin. Inzwischen schrieb man das Jahr 1973, die Fiat-Citroën-Allianz war gescheitert und das Projekt im Prinzip am Ende. Bis der Konkurrent Peugeot 1974 als Kaufinteressent erschien und größere Citroën-Anteile übernahm.

Plötzlich hatte das Projekt wieder eine Basis. Nämlich die des Peugeot 104, der 1972 debütiert hatte. Genauer gesagt des 104 Z, einer Kurzvariante des ohnehin schon nicht riesigen 104. Dieser 104 Z war mit teils sehr heißen Vierzylindern (wassergekühlt) von 45 bis 85 PS bestückt. Das entsprach allerdings nicht unbedingt der Citroën-Philosophie bezüglich Kleinwagen. Diese war geprägt durch die Verwendung luftgekühlter, zweizylindriger Boxermotoren mit unverwechselbarem Klangbild und gemäßigter Leistungsentfaltung. So geschah es dann auch im LN (»Héléne«, wie LN lautmalerisch klang). Citroën griff zum 602 cm³-Motor, der seit 1964 im Ami 6

Der Citroen LN (»Héléne«) war ein verkleideter Peugeot 104. Der Motor mit 602 cm³ stammte aus dem 2 CV, hier mit 32 PS. (Frank Bott)

Lautmalerisch klang das »LNA« des kleinen Citroën wie »Helena«. Ihn gab es von 1978 bis 1986 mit 652 cm³-Boxer aus dem Visa oder mit Vierzylinder aus dem Peugeot 104.

arbeitete. Mit Feintuning kam dieses Aggregat im LN auf 32 PS, damit waren 115 km/h möglich. Das Fahrwerk mit der Einzelradaufhängung rundum und den Längslenkern hinten wurde 1:1 vom 104 Z übernommen.

Optische Unterschiede zum Peugeot waren an der Front auszumachen, der LN hatte Rundscheinwerfer statt der quadratischen Leuchten des 104 Z. Manche progressiven Fans nahmen Citroën die Nähe zum konservativeren Peugeot übel. 1978 wurde aus dem LN der LNA – womit das Wortspiel »Héléna« geboren war. Der neu präsentierte Citroën Visa lieferte fortan den Motor. Dieser war wie gehabt zweizylindrig und luftgekühlt, verfügte aber über 652 cm³ Hubraum und leistete 36 PS. Als Weltneuheit war der kleine Boxer mit einer elektronischen Zündung ausgerüstet. Der »alte« LN war parallel dazu noch bis 1980 verfügbar. Alle Versionen gab es nun auch als zweisitzige »Entreprise«-Variante für Unternehmer. Das Jahr 1982 brachte die Einführung der wassergekühlten 1124 cm^3 Vierzylinder-Motoren aus dem 104. Diese Aggregate leisteten 50 PS und entstammten der 1972 eingeführten »X«-Motorenreihe (deren Abkömmlinge auch im Renault 14 werkelten). Die damit ausgerüsteten LNA wurden als LNA 11E/11 RE bezeichnet. Nur für den französischen und italienischen Markt gab es den LNA 10 E mit 954 cm^3 und 45 PS. 1986 machte der LN/LNA nach etwa 350.000 produzierten Exemplaren dem wesentlich moderneren AX Platz.

Citroën Visa

Die Entwicklungsgeschichte des Visa ist ein bemerkenswertes Beispiel für Irrungen und Wirrungen in der Automobilgeschichte. Alles begann bereits im Jahr 1968; zu jenem Zeitpunkt schlossen Citroën, Fiat, Michelin und Maserati das PARDEVI-Abkommen ab. Im Rahmen dieser Vereinbarung erwarb Fiat 49 Prozent der Citroën-Anteile von Michelin, Citroën erwarb Maserati. Der Sportwagenhersteller wiederum wurde verpflichtet, die Motoren für den kommenden Citroën SM zu liefern. Fiat seinerseits legte gerade die Planungen für den 127 auf, Citroën nutzte das für die Ideen zu einem eigenen neuen Kleinwagen. Dieser wurde unter der Bezeichnung »Projet Y« auf Kiel gelegt.

Erste Prototypen zeigten eine Kombination aus einigen 127-Komponenten und der aus 2 CV/Dyane/Ami bekannten Motor-/Fahrwerkstechnik. Das erschien Citroën nicht vielversprechend genug, man beschloss, sich mehr der kommenden GS-Technik zu nähern. Ein neues Projekt TA sollte daher mit einer Drehstabfederung und wahlweise mit den Vierzylinder-Boxern ausgerüstet werden. Die Sache zog sich hin, 1973 verkaufte Fiat seine Pardevi-Anteile an Michelin, Michelin seinerseits veräußerte 1974 Citroën an Peugeot. Was tun mit dem Projekt TA? Durch ein neues Projekt namens VD ersetzen. Peugeot hatte 1972 den 104 lanciert, auf dessen Basis sollte nun ein Voiture Diminuée = »verkleinerter Wagen« entstehen. Letztlich realisierte man verschiedene zweitürige und viertürige Entwürfe. Ein Zweitürer zeigte deutliche Ähnlichkeiten zum späteren Visa, fiel aber genau wegen der fehlenden hinteren Türen durchs Raster. Man schob ihn nach Rumänien ab, wo er als Oltcit (beziehungsweise Axel im Export) fröhliche Urständ feierte. Aus der VD-Entwicklung ging auch der Citroën LN hervor. Der Viertürer entwickelte sich zum Visa, der schließlich 1978 auf dem Markt erschien.

In dieser Werbeanzeige zur Einführung des Citroën Visa wird die Version »Special« gezeigt, ausgerüstet mit einem 652 cm^3-Boxer.

Das Fahrwerk mit der Einzelradaufhängung rundum und den Längslenkern hinten entsprach dem des Peugeot 104. Die Versionen Special (Grundausstattung) und Club waren mit einem 652 cm^3-Zweizylinder-Boxer und 35 PS ausgerüstet. Dieser luftgekühlte Motor verfügte zwar über eine elektronische Zündung, fußte aber letztlich immer noch auf der Technik des Ur-2 CV. Deutlich moderner präsentierten sich die Aggregate der Modelle Visa Super/11E/11RE. Dabei handelte es sich um wassergekühlte 1124 cm^3-Vierzylinder mit 50 PS, die der 1972 eingeführten »X«-Motorenserie entstammten. Ableger dieser Reihe arbeiteten auch im Renault 14.

Weitere Flügel bekam der Visa 1980 als Super X mit 1219 cm^3 und 64 PS. Im Jahr 1981 reagierte Citroën auf die Kritik am ungewöhnli-

Der Visa sei wie ein Kamel, meinte eine Werbung – absolut genügsam mit 5,1 Litern auf 100 Kilometern.

chen Erscheinungsbild des Visa. Der Kühlergrill hatte den wenig freundlichen Spitznamen »Schweineschnauze« bekommen. Also glättete Citroën die Front, behielt aber die ungewöhnlichen Bediensatelliten am Lenkrad dabei. Mit dem Facelift erschien der Visa 10 E mit 954 cm^3 und 45 PS. Deutlich heißer wurde es ab 1984 im GT mit 1360 cm^3 und 80 PS. Aber es ging noch flotter: Ebenfalls 1984 sprang Citroën auf den GTI-Zug auf, der Visa GTi lieferte 105 (später 115) PS aus 1580 cm^3.

Auch abseits der Pisten wusste der Visa zu überzeugen: Der 4x4 Mille Pistes räuberte gerne auf Rallyes auf den vorderen Plätzen, dann oftmals mit noch mehr Leistung als die serienmäßigen 112 PS aus 1360 cm^3. Ganz andere Schwerpunkte setzte der 17D/17 RD ab 1984. Er erhielt den famosen 1769 cm^3-XUD-Dieselmotor aus dem Konzernbruder Peugeot 205. Dieses Aggregat verband in bisher beinahe unbekannter Art Sparsamkeit mit Laufkultur und Spritzigkeit. Ein besonderes Bonmot lieferte Citroën von 1983 bis 1985 mit dem Plein Air. Der bot ein Cabrioverdeck à la 2 CV, allerdings von deutlich besserer Qualität. Heute sind die Plein Air die gesuchtesten Visa-Modelle, egal ob mit 1124 cm^3 oder mit dem 1360 cm^3-Motor ausgestattet.

Bereits im frühen Entwicklungsstadium des Visa erschuf Citroën eine Kastenwagen-Version, die jedoch beim Serienstart zunächst auf Eis gelegt wurde. 1984 war es dann so weit, der C15 getaufte Nutzfahrzeug-Visa erschien auf dem Markt.

Ausgerüstet als reiner Kastenwagen oder mit hinterer Verglasung und Sitzbank eroberte er im Nu die Herzen der Kunden. Auch sechsrädrige Umbauten oder C15-Wohnmobile (»Romahome«) tauchten auf. Gewerbetreibende schätzten ihn für seine hohe Nutzlast von 700 kg, möglich machte das die stärkere Hinterachse des Citroën BX. Die überwiegende Zahl der C15 war mit dem XUD-Motor beziehungsweise von 2001 bis 2005 mit dessen Nachfolger DW ausgerüstet. Benzinmotoren gab es auch, zu Beginn die 1100er und 1400er aus dem Peugeot 104, ab 1987 dann die 1.1i und 1.4i aus der TU-Motorenreihe. Der C15 hielt sich stolze 21 Jahre im Programm. Die Visa-Limousine hatte sich bereits 1988 nach rund 1,25 Millionen Exemplaren aus dem Portfolio verabschiedet.

Nach dem Facelift 1980 wich der »Schweineschnauzen«-Kühlergrill des Citroën Visa einem geglätteten Exemplar.

Der Citroën Visa 11 E war die Grundversion mit 1100 cm^3-Vierzylinder aus dem Peugeot 104 und ohne Heckscheibenwischer und -heizung.

Auf dem Autosalon Amsterdam 1983 präsentierte Citroën den BX, hier ein 16 TRS mit 1580 cm³ und 90 PS. (Rob C.Croes/Anefo CC0)

Citroën BX

Der BX trat in große Fußstapfen, hatte doch der GS/GSA Maßstäbe in Sachen Fahrkomfort gesetzt. Somit war von Beginn der Entwicklung an klar, dass auch der GS-Nachfolger das diesbezüglich überlegene Hydropneumatik-System erhalten würde. Und dass trotz allen Kostendrucks der bei Citroën gute Tradition war. 1977 startete Citroën das XB-Projekt zur Nachfolge des GS, recht bald waren erste Prototypen zu sehen. Diese erinnerten entweder an die GS beziehungsweise an den CX oder andererseits an den Peugeot 305. Das alles überzeugte noch nicht wirklich, nun beauftragte man Bertone mit der weiteren Arbeit. Robert Opron, der geniale Designer des AMI, SM und CX war zu Renault gewechselt, stand also nicht mehr zur Verfügung.

Bertone brachte bald eine erste Studie heraus. Diese orientierte sich am Prototyp Reliant FW 11, der eigentlich in der Türkei als Anadol in Serie gehen sollte. Diese Studie hatte bereits starke Ähnlichkeit mit dem späteren Serien-BX. 1982 startete man mit einer außergewöhnlichen Aktion: Ein BX wurde in einer Holzkiste ganz langsam vom Eiffelturm herabgelassen, nach zehn Tagen erreichte die Kiste den Boden. Die Presse wurde gerufen und der BX unter großem Getöse enthüllt. Etwas später präsentierte man den BX anlässlich des Pariser Autosalons in folgenden Varianten: BX 14 mit 1360 cm³ und 62 PS, BX 14 E/RE mit 1360 cm³ und 72 PS sowie BX 16 mit 1580 cm³ und 90 PS. Die beiden ersten Aggregate entstammten der »X«-Motorenreihe, die ab 1972 hergestellt wurde. Das 1580 cm³-Triebwerk wurde aus der 1982 brandneuen TU-Reihe abgeleitet.

Die Kundschaft griff begeistert zu, noch mehr, als 1983 der XUD-Diesel eingeführt wurde. Mit 1,9 Litern Hubraum und 64 PS wurde er

Beim Citroën BX 19 GT (1905 cm³, 105 PS) handelte es sich um einen Kraftprotz in familiengerechter Verpackung.

zum Sinnbild für Kultiviertheit und Spritzigkeit. 1,9 Liter Hubraum hatte auch der 1984 vorgestellte GT mit 105 PS. Die Citroën-Kundschaft wartete ungeduldig auf die Kombiversion Break, erst 1985 wurde ihr Rufen erhört. 1985 war auch das Jahr eines ganz besonderen BX-Modells: BX 4 TC. Die »4« steht dabei für den zuschaltbaren Allradantrieb, das »T« für einen Turbolader und das »C« für Competition, also Wettbewerb. Citroën hatte den ehrgeizigen Plan, in der Gruppe B der Rallye-Weltmeisterschaft oben mitzumischen. Schließlich war das Peugeot mit dem 205 T16 auch gelungen. Man nahm also einen serienmäßigen BX mit Hydropneumatik, baute eine Hinterachse des Peugeot 505 ein und einen zuschaltbaren Allradantrieb. Motorseitig trat ein buchstäblich alter Bekannter auf: Der 2,2-Liter-Vierzylinder hatte 1970 im Simca 180/2 Litres debütiert. Nun erhielt er einen Turbolader und kam am Ende auf 200 PS. 200 Exemplare des 4 TC wurden bei Heuliez als Straßenversion gebaut, nur 86 davon konnten auch verkauft werden – nicht verwunderlich bei einem Serienpreis von 80.000 Mark und der sportlichen Erfolglosigkeit.

Der BX Break wurde erst 1985 eingeführt, bis dahin gab es noch den GS Break. Gegenüber der Limousine war der Break um 17 cm gewachsen.

1986 folgte ein sanftes Facelift, unter anderem mit weißen Blinkern und einem gewöhnlichen Tacho statt des bisherigen »Lupentachos«. Die ersten Katalysator-Modelle hielten 1986 mit dem BX 16 Kat Einzug. Mit der Zeit wuchs die Zahl der Ausstattungsvarianten und Motorisierungen ins Uferlose, selbst Citroën-Kennern fiel es schwer, alle Buchstabenkürzel auseinanderzuhalten. Bei den frühen Varianten ließ sich sagen, je weniger Buchstaben das Kürzel hatte, desto niedriger das Ausstattungsniveau. Besonders hervorzuheben sind die Varianten GT/GTi, Sport und GTi 16V. Letzterer kam 1987 in den Handel, ausgerüstet mit einem 1905 cm³-Motor, der 160 PS leistete (147 mit Kat). Auch die Diesel-Motoren wurden immer flotter, 1988 erhielt der 1.8 D einen Turbolader. Das brachte ihn auf 90 PS und 180 km/h, ein veritabler Wert seinerzeit. Ebenfalls erwähnenswert der 4 WD Break/GTi 4 WD Limousine. Diese ab 1989 erhältlichen Fahrzeuge waren mit permanentem Allradantrieb ausgerüstet und schlugen manch höherklassiges Geländefahrzeug in Sachen Steigfähigkeit. So gerüstet ging der BX in seine letzte Bauphase, die nur noch Änderungen in optischen Details brachte. 1993 lief die letzte Limousine vom Band, 1994 der letzte Break. Der BX hatte über 2.300.000 Käufer gefunden, eine hohe Bürde für den Nachfolger Xantia.

160 PS sorgten im BX GTi 16V für viel Freude, wenn Papa die Familie zum Ausflug kutschierte.

Beim BX 4TC handelte es sich um die Straßenversion des für die Gruppe B gebauten (erfolglosen) Rallyefahrzeugs. (Citroën Presse)

Citroën AX

Paris in den frühen 1980ern. Bei Citroën betrachtet man das Kleinwagenprogramm und erkennt, dass dringend etwas passieren muss. Alles, was sich bei Citroën Kleinwagen nennt, basiert auf verdienten, aber in die Jahre gekommenen Modellen. Diese sind der 1972 erschienene Peugeot 104 und in Teilen sogar noch der altehrwürdige 2 CV. Etwas Modernes muss her, keine Frage. Daher startete man 1981 – unter Mithilfe von Nuccio Bertone – das Projekt S9 zur Entwicklung eines völlig neuen Kleinwagens. Inspirierend wirkte dabei die eigene Studie »Eco2000«, die kurz zuvor unter Mitfinanzierung des Staates entstanden war. Eco 2000 war ein zukunftsweisendes Kleinwagenkonzept, bei dem sehr viel Wert auf Aerodynamik und die Verwendung leichter Baustoffe gelegt wurde. Genau das ließ Citroën bei der Entwicklung des AX verstärkt einfließen.

So brachte der Serien-AX in der Einstiegsvariante 10 E nur 640 kg auf die Waage. Möglich war das unter anderem durch eine Heckklappe aus Kunststoff und konsequenten Leichtbau. Auch der geringe cW-Wert von 0,31 half dabei. Zur verbesserten Sparsamkeit trug die Verwendung von Motoren aus der erst 1982 erschienenen TU-Baureihe bei. Verbräuche von vier bis sechs Litern waren problemlos möglich. Gleichzeitig zeigte sich der AX mit einer McPherson-Vorderachse und Längslenkern hinten komfortabel, aber auch agil. Das Verkaufsprogramm des 3,53 Meter kurzen AX startete 1986 mit den dreitürigen Vergaser-Modellen AX 10, AX 11, AX 14 und AX Sport. Die Motorleistungen staffelten sich dabei von 954 cm³/45 PS über 1124 cm³/60 PS und 1360 cm³/64 PS bis zu 1294 cm³ und 95 PS. Letzteres Aggregat machte aus dem 715 kg leichten AX Sport einen fast 190 km/h schnellen Renner. 1988 erweiterte Citroën das AX-Programm mit den fünftürigen Varianten. Der AX 14 TZX war als reichhaltig ausgestattete Version ausschließlich fünftürig (und mit 5-Gang-Getriebe) erhältlich. Außerdem gab es nun den AX GT mit 1360 cm³ und 84 PS.

Der AX war auch ein Weltrekordauto. Mit dem 1.4-Liter-TUD-Dieselmotor, der 1988 eingeführt wurde, war ein Minimalverbrauch von 3,5 Litern möglich. Damit galt er lange Zeit als das sparsamste Großserienfahrzeug der Welt. Der ab 1990 angebotene GTi erreichte diese Werte naturgemäß nicht, glänzte dafür mit 190 km/h Höchstgeschwindigkeit. Vmax war für den ab 1991 offerierten AX 14 4x4 nicht das Allerwichtigste, dafür bot er mit seinem zuschaltbaren Allradantrieb dem Fiat Panda 4x4 starke Konkurrenz. Das Jahr 1991 brachte auch ein dezentes Facelift mit weißen Blinkern und einem veränderten Armaturenbrett.

Reichhaltige Ausstattung mit elektrischen Helferlein und edlem Innenraum zeichneten den ab 1990 erhältlichen AX 14 TZX aus. (Citroën Presse)

Der AX 14 TZS war der Vorläufer des TZX und war mit einem 1,4-Liter-Motor mit 75 PS versehen. (Citroën Presse)

1993 bis 1996 wurde der AX »electrique« zum Vorreiter in Sachen Elektromobilität. Statt eines TU- oder TUD-Motors befand sich hier ein 11 kW- Elektromotor unter Haube. Eine französische Firma mit dem passenden Namen S.A.F.T. lieferte die Akkus, welche eine Reichweite von 100 km ermöglichten. Die rund 400 gebauten Fahrzeuge liefen hauptsächlich in Behördenflotten Frankreichs, einige wenige gelangten auch nach Deutschland. Der Großserien-AX erfreute die Kundschaft durch zahlreiche Sondermodelle wie »Teen«, »Teen Tonic«, »Spot« und viele mehr. Nach stolzen zwölf Jahren und gut 2.500.000 Exemplaren endete die Bauzeit 1998, zwei Jahre nach Produktionsbeginn des Saxo.

Citroën XM

Citroën-Modellen sagte man lange Bauzeiten nach, man denke nur an die zwanzigjährige Produktionszeit der DS. Ähnlich verhielt es sich auch mit dem CX. 1984, als Citroën mit der Entwicklung eines Nachfolgers begann, war er bereits neun Jahre auf dem Markt und sollte noch weitere sieben Jahre erhältlich sein. Dennoch stand Citroën der Sinn nach völliger Erneuerung der Oberklasse. Der neue sollte »dem alten« keinesfalls ähnlich sehen, so speziell der Wunsch des CEO David Karcher. Man beauftragte drei Designzentren, eines davon war Bertone. Die Italiener überzeugten mit ihrem Prototyp und erhielten den Auftrag, ihn zur Serienreife zu entwickeln.

1989 war es dann so weit. Wieder einmal brachte Citroën die Welt mit einem besonderen Modell zum Staunen: dem XM. Vor dem geneigten Käufer stand, nein, kauerte eine 4,70 Meter lange, flächige Schrägheck-Limousine mit allerlei optischen Raffinessen. Auch technisch hatte der XM Neues zu bieten: Das bekannte hydropneumatische Fahrwerk war nun in den besser ausgestattet-en Varianten elektronisch gesteuert (»Hydractive«). Dies ermögli-chte ein noch feinfühligeres Ansprechen der Federung sowie die Wahlmöglichkeit zwischen verschiedenen Federungseinstellungen (Soft, Normale, Sport). Motorseitig hatte Citroën über vierzig Jahre lang auf immer wieder verbesserte TA-OHV-Motoren gebaut, die doch den Makel der Rauheit nie ganz abstreifen konnten. Nun kamen die wesentlich moderneren XU/XUD-OHC-Maschinen zum Einsatz, die in ihrer Grundform seit 1981 bei PSA Dienst taten.

Das Programm startete zunächst nur mit zwei Benzin-Motoren: Zum einen dem 2.0-Liter-Vierzylinder mit 121 PS, zum anderen mit dem bekannten PRV-V6, hier als 3.0 Liter-DOHC mit 167 PS.

Der XM von 1989 ist ein Meisterwerk von Carrozzeria Bertone, natürlich mit Citroën-eigener Note.

Außerdem hielt Citroën einen 2138 cm³-Saugdiesel mit 82 PS bereit, der den XM auf 168 km/h brachte. Im 2.1 Turbodiesel lagen bei 2088 cm³ 109 PS an. Das Publikum nahm den XM zunächst begeistert an. Er erhielt 1990 den Titel »Auto des Jahres « – wie der CX 15 Jahre zuvor. Im selben Jahr wurde das Programm durch den 3.0i V6 24V ergänzt (200 PS). Bald jedoch zeigten sich massive Unzuverlässigkeiten, die auf Elektronikprobleme zurückzuführen waren. Das elektronische Fahrwerk machte gerne, was es wollte, und ließ den XM dann unstandesgemäß hoppeln. Das betraf auch den 1991 eingeführten Break. Bedauerlich, glänzte der fast fünf Me-ter lange Kombi doch durch fürstliche Raumverhältnisse. Besonders mit dem 1992 eingeführten 2.0 Turbo entwickelte sich der Break zum formidablen Raumgleiter.
Die Problematik der Unzuverlässigkeit änderte sich erst 1994 mit der Einführung der zweiten Serie, zu jenem Zeitpunkt war der Ruf allerdings bereits nachhaltig geschädigt. Auch der neue 2.5 Turbod-iesel konnte die Situation nicht mehr ändern. Die Produktion lief noch bis 2000 weiter, erreichte aber mit etwa 330.000 Exemplaren bei weitem nicht das Niveau des CX.

Der überarbeitete 3,0-Lliter-PRV-Sechszylinder, der seit 1975 Dienst tat, leistete im Citroën XM Pallas V6 stolze 167 PS.

Der Citroën XM Exklusive kam unter anderem mit serienmäßiger Klimaanlage und afrikanischem Rosenholz daher.

Der XM Break war ab 1991 lieferbar, 1994 erhielt er ein Facelift, erkennbar wie hier an dem mittig im Kühlergrill platzierten Citroën-Logo.

Rostorgien ade, sagte Citroën und rüstete den zwischen 1991 und 1997 gebauten ZX mit einer Teilverzinkung aus. (Citroën Presse)

Citroën ZX

Als der Citroën ZX 1991 präsentiert wurde, war er der ideale Lückenschluss zwischen dem kleinen AX und dem größeren BX. Bereits in den frühen 1980ern war Citroën aufgefallen, dass man keinen wirklichen VW-Golf-Konkurrenten im Programm hatte. Der Visa war dafür zu klein, der in Planung befindliche Talbot Arizona wurde Peugeot zugeschlagen – und als Peugeot 309 zum Erfolgsmodell. Also begann Citroën 1985 mit der Hilfe von Bertone das Projekt N2. Das Designstudio lieferte 1986 erste Studien ab, die jedoch verworfen wurden.
Citroën machte sich nun selbst ans Werk. Auf technischer Ebene gab es Versuche mit einer Hydropneumatikkugel pro Achse, auch das wurde aber verworfen. So erhielt das Serienmodell – neben einem für Citroën-Verhältnisse sehr unaufgeregtem Blechkleid – auch eine auf den ersten Blick unspektakuläre Technik. Keine Hydropneumatik, brave Großserienmotoren, nichts Herausragendendes. Aber: Eine teilverzinkte Karosserie und eine mitlenkende Hinterachse. Das war wiederum führend in der Automobilwelt.

Die restliche Basis teilte sich der ZX mit dem Peugeot 306. Zum Programmstart 1991 bot Citroën den ZX mit dem 1.1i-Motor an, der 60 PS leistete und auch im AX Dienst tat. Er war nur in der Grundausstattung lieferbar, im Gegensatz zum 1.4i/75 PS-Modell, den es auch in der besser ausgestatteten »Avantage«-Version gab. Der 1,6i mit 88 PS blieb der noch feiner ausgerüsteten »Aura«-Variante vorbehalten. Besonders luxuriös und sportlich ging es im ZX Volcane zu. Der aus dem BX bekannte 1905 cm³-Motor mit 122 PS verhalf dem ZX zu 205 km/h Höchstgeschwindigkeit.

Der ZX Break war ab 1993 lieferbar und mit 1.4, 1.6, 1.8-Liter-Benzin- und Diesel-Motoren erhältlich. (Citroën Presse)

Am anderen Ende der Geschwindigkeitsskala stand der 1.9 D mit 64 PS. Der berühmte XUD-Motor glänzte aber mit vorbildlicher Laufkultur und Spritzigkeit – erst recht als 1.9 TD mit 90 PS. Ab 1992 war der ZX auch als Dreitürer erhältlich. Diese Variante wurde besonders gerne genommen als 2.0 16V mit 152 PS, einem aus dem Peugeot 405 Mi16 bekannten Motor. Etwas braver ließen es der 2.0 8V und der 1,8 8V angehen. 1994 ergänzte der fünftürige Break das Programm, dem die 2.0-Liter-Versionen vorenthalten wurden.

Es gab auch eine viertürige Stufenheck-Limousine, die allerdings nur auf dem chinesischen Markt zu finden war. Dort wurde sie von

Von 1991 bis 1997 holt sich der Citroën ZX Rallye Raid in einer atemberaubenden Siegesserie fünf Weltmeistertitel.

Bei Dongfeng entstand im chinesischen Citroën-Werk der ZX unter dem Modellnamen Fukang, ab 1998 auch als Stufenheck.

Citroën China sowie dem chinesischen Hersteller Dongfeng produziert und als »Fukang« vermarktet.

Dem europäischen ZX verpasste man 1995 ein Facelift. Das Jahr 1996 brachte noch die Einführung des 1.8 16V DOHC sowie des 2.0 16V mit 167 PS. Eine Qualitätsoffensive verhalf dem ZX zum Ruf eines zuverlässigen und dauerhaften Begleiters, was bei früheren Citroën nicht immer der Fall war. 1997 endete die Produktion der Limousine, 1998 die des Break. Eine Gesamtproduktion von etwa 1.700.000 Exemplaren stand zu Buche, von denen noch recht viele auf den Straßen Frankreichs unterwegs sind.

Mit 147 PS war der Citroën Xantia Break 2.0i Turbo ordentlich ausgerüstet für die Geschäftsfahrt oder den Familienausflug.

Citroën Xantia

Wie auch beim ZX stand bei der Entwicklung des Xantia eine Qualitätsoffensive im Lastenheft. Der BX hatte sich besonders in seinen frühen Baujahren durch eine mäßige Zuverlässigkeit hervorgetan. Auch war bei ihm noch – wenn auch im erträglichen Maß – eine gewisse Neigung zur Rostanfälligkeit zu beobachten. Mit dem Start des Projekts »X« im Jahr 1987 nahm sich Citroën also vor, diese Schwachpunkte zukünftig auszumerzen. Ansonsten sollte das neue Modell schlicht ein bis zwei Spuren größer, moderner und eleganter sein als der erfolgreiche BX.

Gewisse Grundvorgaben waren bei Citroëns Mittelklasse seinerzeit eisern zementiert: Das hydropneumatische Fahrwerk fand seit 1955 Verwendung, seit 1970 auch in der Mittelklasse. Dieses Bauprinzip war also ebenso unverrückbar wie der Entwurf einer fünftürigen Schrägheck-Limousine. Die Franzosen beauftragten wieder einmal Bertone mit der Realisierung des Konzepts; dessen Entwürfe wussten zu überzeugen. 1993 dann, nach sechs Jahren Entwicklungszeit, gelangte der Xantia zur Serienreife. Von seiner Plattform wurde auch der Peugeot 406 abgeleitet. Der 4,44 Meter lange Xantia brachte die aus dem ZX bereits bekannte mitlenkende Hinterachse mit.

Zum Serienstart präsentierte Citroën in den Ausstattungsvarianten X, SX und VSX. Die Grundausstattung »X« blieb dem 1,8-Liter-Motor mit 101 PS vorbehalten, während der reichhaltigere SX (unter anderem Zentralverriegelung und elektrische Fensterheber) auch mit dem 2.0 8V/121 PS kombinierbar war. Besonders luxuriös wurde es im 2.0 8V/2.0 16V/VSX-Modell. Der VSX war mit dem Fahrwerkssystem Hydractive II ausgerüstet. Dabei wurde die bekannte Hydropneumatik an ein elektronisches Steuergerät und eine Vielzahl von Sensoren gekoppelt. Das ermöglichte zum einen ein noch sensibleres Ansprechen der Federung, zum anderen eine Fahrwerkseinstellung per Wählhebel auf die Programme »Confort« oder »Sport«. Für den Xantia Diesel mit dem bekannten XUD-Motor, hier zunächst als 1.9 D/65 PS und als 1.9 TD/90 PS, gab es das Hydractive-System nicht.

Bereits 1994 erhielt der Xantia eine dezente Renovierung, die unter anderem optionale Airbags mitbrachte. Die nun erhältliche Ausstattungsreihe »Activa« verfügte über einen Wankausgleich, der die Seitenneigung in Kurven reduzierte. Besonders nützlich dürfte diese Einrichtung im 1995 eingeführten Topmodell 2.0 TCT gewesen sein, das mit Hilfe eines Turboladers 147 PS auf die Rolle stemmte. Über einen Lader verfügte auch der 2.1 Turbo D12/109 PS ab 1995. Ebenfalls 1995 erschien der um 22 Zentimeter längere Xantia Break, der mit allen Motorisierungen verfügbar war – sogar mit dem 1997 lancierten 3.0i V6 24V (192 PS). 1998 kam die Wachablösung der indirekt einspritzenden XUD-Antriebe. Die neuen HDi-Maschinen aus der DW-Motorengeneration konnten alles besser. Flinker und sparsamer waren die Zwei-Liter-Hdi-Motoren mit 90 oder 109 PS. So gerüstet ging die Karriere des Xantia in ihren Herbst. Die letzten Limousinen in Europa wurden 2001 produziert, der Break hielt sich bis 2002 auf dem Markt. Von 2000 bis 2008 stellte die SAIPA Company im Iran 13.500 Xantia für deren Heimatmarkt her. Insgesamt entstanden etwa 1,25 Millionen Xantia.

Beim Xantia 1.6 i X mit 90 PS stand das X für Basisausstattung, trotzdem blieb noch viel Komfort übrig.

Der Xantia 3,0-V6 mit 190 PS wurde von Januar bis November 1997 gebaut, danach gab es ein Facelift mit geänderten Rückleuchten.

Der Xantia HDi wurde 1998 mit 109-PS-Motor eingeführt, war ab 1999 aber auch ohne Ladeluftkühler mit 90 PS erhältlich.

Citroën Evasion

Der Citroën Evasion war Teil einer Verergruppe von Vans verschiedener Hersteller, die alle unter dem Überbegriff »Eurovan« firmierten. Lancia, Fiat, Peugeot und Citroën hatten sich zusammengeschlossen, um ein Konkurrenzmodell gegen den übermächtigen Renault Espace auf den Markt zu bringen. Dieser beherrschte seit seinem Erscheinen 1984 die Sparte der Siebensitzer-Vans. Das lag auch an seiner Monopolstellung auf diesem Gebiet, zumindest unter den europäischen Herstellern. Fiat/Lancia und Peugeot/Citroën hatten sich bereits 1978 miteinander verbunden, um unter dem Dach der gemeinsamen Firma SEVEL Kleintransporter mit identischer technischer Basis herzustellen. So startete man Ende der 1980er ein Projekt zum Bau eines sogenannten MPV=Multi-Purpose-Vehicle=»Fahrzeug für viele Zwecke«. 1994 erschienen dann der Citroën Evasion, der Peugeot 806, der Fiat Ulysee und der Lancia Zeta. Sie waren tatsächlich so etwas wie die »eierlegende Wollmilchsau«. Bei Bedarf standen sieben Sitzplätze zur Verfügung, von denen mindestens vier aber auch schnell verschwinden konnten, damit man einen Großraumtransporter hatte. Mit 4,46 Meter Länge waren sie auch im Stadtbereich noch handelbar. Optisch unterschieden sie sich nur in Details. Technisch gesehen hatten sie ebenfalls vieles gemeinsam. So musste der Evasion auf das hydropneumatische Fahrwerk verzichten, dass ihm als großem Citroën zugestanden hätte. Stattdessen bekam er ein gewöhnliches Stahlfahrwerk, immerhin mit Einzelradaufhängung rundum. Der Evasion war – wie die Peugeot 806 und Fiat Ulysee auch – mit den XU/XUD-EW/DW-Motoren der PSA-Gruppe ausgerüstet. Zum Serienstart 1994 standen zwei Benzinmotoren mit zwei Litern Hubraum bereit. Der 2.0 8V leistete 121 PS, der mit einem Turbolader ausgerüstete 2.0 TCT 147 PS. 1995 gesellte sich der 1.9 TD mit 90 PS dazu, 1996 flankiert vom 109 PS starken 2.1 TD. Am anderen Ende der Skala fand sich 1996 der 1.8 Benziner mit 99 PS. 1998 erhielten alle Eurovans ein Facelift. Aus dem Citroën Xantia zogen 1999 der 2.0 16V-Benziner und die neuen Diesel-Direkteinspritzer ein. 2002 machte der Evasion dem C8 Platz.

Zwischen 1994 und 1998 wurde der Citroën Evasion als 1,8i, 2,0i, 2,0i Turbo, 1,9 Turbo-D und 2.1 Turbo-D angeboten.

Citroën Saxo

Manchmal kann es ganz einfach sein, einen Nachfolger für ein erfolgreiches Modell zu entwickeln. Wenn man es nämlich im Wesentlichen bei dessen Basis belässt, muss keine Extraportion Aufwand betrieben werden. So geschehen bei der Entwicklung des Citroën Saxo. Er ist eine Abwandlung des erfolgreichen AX-Konzepts, genauso wie der Konzernbruder Peugeot 106. Citroëns Entwicklungsabteilung nahm sich einen solchen 106, veränderte die Optik ein wenig und beließ es ansonsten bei vielen Gleichteilen. Das bedeute ein identisches Fahrwerk mit komfortabler Einzelradaufhängung rundum, eine agile Fahrwerksabstimmung und die bewährten TU-Motoren der PSA-Gruppe.

In Sachen Ausstattung war für jeden Geschmack etwas dabei: Die »X«-Ausstattung bot das zum Fahren Nötigste und war mit dem 1.0i/50PS (später 1.1i/60PS) oder mit dem 1.5 D (54 PS) kombinierbar. Der Dieselmotor konnte problemlos mit 3,5 Litern pro 100 Kilometer betrieben werden. In der SX-Ausrüstung gab es dann schon eine serienmäßige Servolenkung und einiges mehr. Sie konnte neben den genannten Motoren mit dem 1.4i/75 PS-Aggregat bestellt werden. Sehr komfortabel wurde es dann in der VTS-Version. Ein ganz heißes Eisen war der 1.6i VTR. 118 PS aus 1587 cm^3 gierten nach Drehzahlen. 205 km/h Höchstgeschwindigkeit waren eine Ansage für einen 3,71 Meter kurzen Kleinwagen.

Beim Citroën Saxo handelte es sich um ein Schwestermodell des Peugeot 106, hier als Facelift mit elliptischen Scheinwerfern.

Ein anderes Version hatte es nicht so eilig, bot dafür aber Fortschrittliches: Der Saxo »electrique«. Ausschließlich von einem 11 kW-Elektromotor betrieben, konnte dieser Saxo immerhin 100 Kilometer abgasfrei bewegt werden, bevor eine Neuladung der Batterien fällig wurde. Wer heute ein solches Modell sucht, muss Geduld haben – es wurden nur 423 Exemplare hergestellt. Bei einer Gesamtproduktion von rund 1,25 Millionen ein verschwindend geringer Anteil. 2004 folgte der Citroën C2 mit einem neuen Konzept.

Der Saxo 1.6 VTS mit 118 PS war die Basis für das Sportgerät Saxo Cup mit rund 140 PS und weniger als 900 Kilo Leergewicht.

Citroën Berlingo I

1996 erschien mit den von Bertone gestylten Schwestermodellen Citroën Berlingo und Peugeot Partner eine neue Fahrzeuggattung bei PSA. Ganz neu war sie jedoch nicht, schließlich hatte Simca bereits 1977 den Rancho als Hochdachkombi aufs Parkett gebracht. Der hatte sich jedoch – nicht ganz zu Unrecht – eher einen Ruf als etwas rustikales Freizeitmobil erworben. Das mochten die Berlingo und Partner gewiss nicht sein.

Den Citroën Berlingo I gab es nicht nur als Handwerkerauto, sondern auch wie hier in Pkw-Version mit fünf Sitzen in X-Grundausstattung.

Ein hohes Maß an Praktikabilität boten sie zweifellos, die Zwillingsmodelle. In der Pkw-Variante fanden sich neben den Vordertüren eine große Heckklappe (oder zwei Flügeltüren). Den Mangel einer fehlenden seitlichen Schiebetür behob Citroën/Peugeot allerdings erst 1999. Der Kastenwagen verfügte über reichlich Stauraum für Werkzeug, Farbeimer oder Baguette. Zwei Flügeltüren hinten erleichterten den Zugang zur Ladung. Im Inneren des Kastenwagens herrschte stets ein Hauch von Nüchternheit, die Pkw-Varianten kamen je nach Ausstattungsniveau schlicht bis luxuriös daher. »X« bedeutete das Nötigste zum Fahren, »SX« beinhaltete verschiedene elektrische Helferlein und Nettigkeiten. Zu Beginn wurde der Berlingo von einem 1.1i-Benziner (60 PS, nur Kastenwagen) oder einem 1.4i/75 PS-Motor bewegt. Die fensterlose Handwerker-Variante konnte von 1996 bis 1998 außerdem mit einem 1769 cm^3- 60 PS-Dieselmotor geordert werden. Mehr als 135 km/h Vmax waren dann allerdings nicht drin.

Etwas besser machte es ab 1997 der 1.9 D mit 71 PS. Eine souveräne Fortbewegung ermöglichte der ebenfalls 1997 erschienene 1.8i mit 90 PS. 1999 wird eine Ikone in den Ruhestand versetzt: Den seit 1981 in zahllosen PSA-Modellen verwendete XUD-Dieselmotor ersetzte man durch die neue DW-Generation mit Direkteinspritzung. Der XUD hatte lange Zeit Maßstäbe in Sachen Laufkultur und Spritzigkeit gesetzt. Die DW-Motoren liefen flinker – und vor allen Dingen noch sparsamer. Der neue 2.0 HDi Turbo mit 90 PS sorgte im Berlingo für fast 180 km/h und konnte problemlos mit fünf bis 5,5 Litern auf 100 Kilometern bewegt werden. Das gelang mit dem 1.6 16V/110 PS-Benziner naturgemäß nicht.
Alle Pkw-Varianten konnten ab dem Jahr 2000 mit dem »Modutop« ausgerüstet werden. Hierbei handelte es sich um eine Art »Dachausbau von innen« mit einer Menge Staufächern und zusätzlichen Lichtquellen. Wie bereits der AX und der Saxo gab es den Berlingo in einer »electrique«-Version. Citroën versprach eine Reichweite von 120 Kilometern mit den Batterien der französischen Firma S.A.F.T. Eine Besonderheit stellte die 4x4-Version dar. Die lieferte der lange Jahre mit PSA verbundene Hersteller Dangel. 2009 endete die Produktion des Berlingo I in Europa.

Den Citroën Berlingo I »Fourgon« (Kastenwagen) gab es mit 1,4-Liter-Benziner oder 1,9er Diesel.

Citroën Xsara

Als der Xsara 1997 den ZX ablöste, war er keine bahnbrechende Neuentwicklung. Behutsam hatte Citroën den ZX modernisiert, ohne sich technisch wie optisch allzu weit vom Vorgänger zu entfernen. Man orientierte sich beim Design an Entwürfen des Citroën Style Center im frühen Entwicklungsstadium des Xantia. Technisch basierte der Xsara weiterhin auf dem ZX, was als durchaus positiv zu sehen war. Schließlich bedeutete das auch die erneute Verwendung der mitlenkenden Hinterachse, die immer noch ein wegweisendes Merkmal war. Ansonsten blieb es bei der bewährten McPherson-Vorderachse nebst Längslenkern an der Hinterachse – eine traditionelle Citroën-Auslegung.

Auch die Antriebstechnik hatte sich bereits über Jahre bewährt- Es fanden die bekannten TU-/XU-/XUD-Motoren Verwendung. Diese Maschinen taten bereits seit Beginn der 1980er in verschiedenen PSA-Modellen Dienst und waren bekannt für ihre Haltbarkeit. Citroën-typisch fein gegliedert gestaltete sich das Modellprogramm, für jeden Geschmack war etwas dabei. Es gab eine fünftürige Schrägheck-Limousine, einen fünftürigen Kombi »Break« (ab 1998), ein Coupé (ab 1998) sowie den Kompaktvan Xsara Picasso (1999 bis 2010). Auch in Sachen Ausstattung bestanden viele Wahlmöglichkeiten. Wer mit dem Notwendigsten zufrieden war, griff zur »X«-Ausrüstung. Etwas mehr bot »PX«, bei »SX« und »Exclusive« wurde es dann schon luxuriös. Die Versionen »VTR« (*Voiture tres rapide*) und »VTS« (*Voiture tres sportive*) für die Coupé-Modelle verbanden Luxus mit sportlichem Auftreten. Im VTS gelang das mit 167 PS aus zwei Litern Hubraum besonders gut.

Das übrige Motorenprogramm war ebenso fein gegliedert wie die das Ausstattungsrepertoire. Vom genügsamen 1.4i mit 75 PS über den 1.6i/90 PS, den 1.6i 16V/110 PS und den 1.8i/1.8i 16V bis schließlich hin zu den 2.0i mit 132 oder 167 PS. Nicht zu vergessen die Diesel-Varianten: Zu Beginn konnten die bekannten XUD-Motoren 1,9 D oder 1.9 TD geordert werden. Der seit 1981 bewährte XUD wurde 2000 durch die neue DW-Motorengeneration ersetzt. Diese arbeiteten nach dem sehr sparsamen Direkteinspritzer-Prinzip. Bei zwei Litern Hubraum leisteten sie entweder 90 oder 110 PS.

Besondere Aufmerksamkeit erlangte der Citroën Xsara WRC. Hierbei handelte es sich um ein vom Citroën Total World Rally Team speziell präpariertes Fahrzeug, das von 2002 bis 2007 bei der Rallye-WM eingesetzt wurde. Dabei fuhr unter anderem Sebastien Loeb zahlreiche Erfolge ein, insgesamt gewann Citroën mit dem Xsara WRC 32 Rallyes. Nach gut 1,3 Millionen Exemplaren endete 2004 die Produktion der Xsara-Limousine, 2006 brachte dann auch das Aus für den Break.

In dieser Form wurde der Xsara von 1997 bis 2000 gefertigt, danach kam ein Facelift mit elliptischen Scheinwerfern.

Das Vor-Facelift-Modell des ab 1998 gebauten Xsara Break erkennt man am fehlenden Citroën-Logo auf der Heckklappe.

Im Jahr 2000 erfolgte das Facelift, erkennbar an den größeren Scheinwerfern, wie bei diesem Xsara Coupé.

Das Facelift ab 2000 ist auch an den moderner gestalteten Schürzen und dem Citroën-Logo auf der Heckklappe zu erkennen.

Citroën Xsara Picasso

In den frühen 1990ern entwickelte Citroën einen Prototyp namens Xanae, der sich als zukunftsweisend in Sachen Kompaktvan erweisen sollte. Eine ungewöhnlich abgerundete Karosserie, die neben genügend Platz für Kind und Kegel einen ausgezeichneten cW-Wert bot. Renault hatte 1991 einen ähnlichen Prototypen erschaffen, aus dem im Laufe der Jahre der Megane Scenic wurde. Da mochte Citroën nicht hintenanstehen und kreierte aus dem Xanae den Xsara Picasso. Der kam 1999, zwei Jahre nach dem Erscheinen des Xsara, auf den Markt. Technisch gesehen änderte sich nicht viel gegenüber dem Xsara, allerdings erfuhr der Picasso einige Eingriffe zur Verbesserung der passiven Sicherheit.

Motorseitig entfiel beim Picasso der 1.4i. Das Motorenprogramm begann beim 1.6i/95 PS, ging dann weiter zum 1.6 16V, darüber hinaus gab es den 1.8 16V/115 PS und den 2.0i 16V/136 PS. An der Dieselfront werkelte zunächst der 2,0 HDi mit 90 PS, bevor dann die 1.6 HDi mit 90 beziehungsweise 109 PS Einzug hielten. Alle Motoren bewährten sich sehr, 2004 erreichte der Picasso in der Pannenstatistik Platz 1. Diese Erfolge brachten ihm eine Gesamtproduktion von gut 1,7 Millionen Exemplaren ein.

Der Xsara Picasso war seinerzeit in der Pannenstatistik eines der zuverlässigsten Autos. (Citroën Presse)

Das Vor-Facelift-Modell des Xsara Picasso erkennt man am fehlenden Lufteinlass oberhalb des Kennzeichens.

Automobiles Claveau

Am 23. Januar 1892 wurde in Langeais (Indre-et-Loire) Emile Claveau geboren. Sein Vermächtnis: Ein einziges Automobil, das die Wirren der Zeit überstand. Und doch war die Arbeit Claveaus weit mehr als nur das Entwickeln von Automobilen. 1923 erhielt er bereits ein Patent für eine Stromlinienkarosserie, im gleichen Jahr gründete er seine Firma.

Mit dem Bau von Fahrzeugen startete Claveau im gleichen Jahr, auch der Markenname lautete Claveau. 1925 begann die Produktion, das erste Modell taufte er »Autobloc«. Das auffallend aerodynamische Fahrzeug konnte als Limousine oder Roadster geordert werden. Darüber hinaus hatten potenzielle Kunden die Wahl zwischen einem Vier- oder einem Zweizylinder-Zweitakt-Motor, der im Fahrzeugheck positioniert war.
1930 bewies Emile Claveau erneut, wie sehr er moderne und innovative Fahrzeugkonzepte umzusetzen wusste. Er präsentierte ein neues Vehikel, das allerdings Motor und Antrieb vorne hatte. Es entstanden weitere Modelle, die aber über das Prototypen-Stadium nicht hinauskamen. Nach der Zwangspause durch den Zweiten Weltkrieg bedingt, präsentierte Claveau den Typ »Descartes«, ein weiterer Beleg für Claveaus Drang zur Modernität. Die selbsttragende Aluminiumkarosserie wurde von einem V8-Motor angetrieben, der aus 2292 cm³ 85 PS mobilisierte. Im Jahr 1948 eine stolze Ansage. Auch die vier einzeln aufgehängten Räder waren sehr fortschrittlich in jenen Tagen.

1956 erschien der Prototyp »Claveau 56« mit einer äußerst modernen Karosserie und einem Motor von DKW. Doch auch der »56« konnte das Unvermeidliche nicht mehr abwenden. Im gleichen Jahr musste Emile Claveau seine Firma schließen. Was von seiner Genialität übrig blieb, ist der 1956er Prototyp. Als einziges überlebendes Claveau-Fahrzeug ist es heute im Tampa-Bay-Museum in Florida zu bewundern. Claveau selbst starb am 10. Mai 1974 in Paris.

Der hübsche Claveau 56 Prototyp besaß einen DKW-Motor und fortschrittliche Einzelradaufhängung.

Der Claveau Descartes mit 2,3-Liter-V8-Motor und 85 PS war ein gutes Auto zur falschen Zeit.

Cornely SA

Eigentlich sieht dieses Auto aus, als wäre es in der Mitte von einem umgestürzten Baum getroffen worden. Und doch entbehrt es nicht einer gewissen Ästhetik. 1972, im Jahr seines Erscheinens, war der Cornely Moana ganz sicher ein außergewöhnliches Fahrzeug. Manchmal taucht auch die Bezeichnung »Corvetta« auf, eine Anspielung auf das etwas missglückte Coke-Bottle-Design. Diese Mischung aus Buggy, Coupé und Targa war schon ein Blickfang, ohne Zweifel.

Die beiden Inhaber der Firma »Lem Design«, Yvan Labat und Roger Matigot entwarfen diesen kleinen Sportwagen und präsentierten ihn auf einer Automobilausstellung. Auffallend war die gesenkte Seitenlinie im Bereich der Fahrgastzelle und das Fehlen der Türen. Quer zur Fahrtrichtung ließen sich zwei Rollos öffnen, was zusätzliches Cabriofeeling mitbrachte und auch das Ein- und Aussteigen deutlich erleichterte. Das Unternehmen Cornely mit Sitz in der Rue Francois-Coppée 9 in Malakoff, südlich von Paris gelegen, wurde auf das Fahrzeug aufmerksam und übernahm unter der Leitung von Pierre Dichamp die Produktion. Allerdings floppte der Wagen. Nach nur 18 Autos war 1974 schon wieder Schluss. An der Technik kann es nicht gelegen haben, die war millionenfach bewährt und robust. Der Moana lief und lief und lief – Dank bewährter Käfertechnik. Nicht nur das Chassis, auch die Motoren stammten aus Wolfsburgs Dauerläufer. Der Kunde konnte zwischen den 1,2-, 1,3- und 1,5-Liter-Motoren wählen. Aber am Ende überzeugte das die Zielgruppe auch nicht.

Das schräge Design des Cornely Moana verriet in keinster Weise die brave Basis VW Käfer. Nur 18 Exemplare des Buggys entstanden zwischen 1972 und 1974.

Coste Engineering

1988 begann Jacques Coste mit den Arbeiten an einem Prototyp. Das Coupé basierte auf einem Rohrrahmen, für den flotten Vortrieb besorgte sich Coste bei Renault einen V6-Motor. Seinen Kunden bot er das Fahrzeug mit oder ohne Turbolader an. Aus dem »M6 Turbo« genannten Prototyp wurde die Serienversion »Coste C1«.

Am 28. Januar 1993 eröffnete Jacques Coste seine Firma in der Rue Ingres 58 im südfranzösischen Pineuilh. Nur hatte sein Mittelmotorflitzer ein Problem. Er war zwar aufregend schön, aber auch ganz schön nachgemacht. Seine Optik erinnerte doch sehr stark an den Ferrari 330 P4. Der große Erfolg blieb aus. Auch der 1996 nachgeschobene C2 konnte daran nichts mehr ändern, obwohl er preiswerter war als der C1. Für den C2 kaufte Coste die 2,3-Liter-Vierzylindermotoren bei Ford. Kurzum: Am 12. November 2008 wurde das Unternehmen geschlossen.

Cournil

Der am 25. April 1908 geborene Bernard Cournil gründete 1947 in der Rue Marie Maurel in Aurillac eine Werkstatt. Nichts Besonderes möchte man meinen. Aber der junge Besitzer, sein Vater führte im Übrigen bereits eine Fahrradwerkstatt, richtete seinen Fokus schon bald auf die Jeeps der amerikanischen Befreiungstruppen. 1958 konnte Cournil den ersten Prototyp eines Geländewagens vorstellen, der Typ JA1 Traktor, der 1959 die Zulassung erhielt. Das Ganze ähnelte noch sehr stark dem US-amerikanischen Vorbild, dem Jeep. Doch das ändere sich schon 1961 mit der Vorstellung des JA2, der eine deutlich tiefer gezogene Haube aufwies.

Für den Antrieb sorgten Motoren von Peugeot. Für Cournil war das Beste gerade gut genug. 1971 stieg der Sohn, Alain Cournil, ins väterliche Unternehmen ein. Was der Firma sicher guttat, denn schlecht verkauften sich die Autos von Cournil nicht. Für das neue Modell fand sich 1977 sogar ein portugiesischer Lizenznehmer, UMM (União Metalo-Mecânica). Diese Firma wurde 1977 gegründet, um Fahrzeuge für Forst, Landwirtschaft, Industrie und Kommunen zu produzieren. Cournils Erfolg rief aber auch die Konkurrenz auf den Plan. 1980 übernahm die Société I.D.M.I. die Automobilsparte von Cournil, 1984 wurde man an Auverland weitergereicht.

Der Cournil wurde ab 1977 unter dem Namen UMM (União Metalo-Mecânica) 494 auch in portugisischer Lizenz gebaut.

Damit endete 1984 auch die Produktion von Automobilen. Aber die »Garage Cournil« existiert noch heute. In der 55 Avenue Georges Pompidou Z.I. de Sistriéres in Aurillac verkauft Cournil heute Fahrzeuge von KIA, Hyundai und Mitsubishi. Und beliefert die Kunden nach wie vor mit Ersatzteilen für die Cournil-Fahrzeuge, sowie für UMM und Auverland.

DIMENSIONS (m) — DIMENSIONS (m) — ABMESSUNGEN (m)

	SCO 14 SCE 14	SCO 24 SCE 24 SCO 28		SCO 14 SCE 14	SCO 24 SCE 24 SCO 28	
Wheelbase	2,040	2,540	Empattement	2,040	2,540	Radstand
Front track	1,350	1,350	Voie avant	1,350	1,350	Vorradspur
Rear track	1,275	1,275	Voie arrière	1,275	1,275	Hinterradspur
Overall length	3,600	4,230	Longueur hors tout	3,600	4,230	Gesamtlänge
Overall width	1,592	1,592	Largeur hors tout	1,592	1,592	Gesamtbreite
Overall height	1,900	1,900	Hauteur hors tout	1,900	1,900	Gesamthöhe
Width between wheel caissons	0,930	0,930	Largeur entre caissons de roues	0,930	0,930	Breite zwischen Radkasten
Effective platform length	1,050	1,670	Longueur de plateau utilisable	1,050	1,670	Länge der Ladefläche
Ground clearance	0,216	0,216	Garde au sol	0,216	0,216	Bodenfreiheit
Front overhang	0,652	0,852	Porte-à-faux avant	0,652	0,852	Vorderer Überstand
Rear overhang	0,908	1,038	Porte-à-faux arrière	0,908	1,038	Hinterer Überstand

WEIGHTS (kg) — MASSES (kg) — GEWICHTE (kg)

	SCO 14 SCE 14	SCO 24 SCE 24	SCO 28		SCO 14 SCE 14	SCO 24 SCE 24	SCO 28	
Total weight empty	1,490	1,622	1,800	Poids total à vide	1,490	1,622	1,800	Gesamtgewicht leer
Total weight laden	2,360	2,530	2,600	Poids total en charge	2,360	2,530	2,600	Gesamtgewicht beladen
Payload	880	920	870	Charge utile	880	920	870	Nutzlast
Load not to be exceeded				Charge à ne pas dépasser				Nicht zu überschreitende Lasten
Front axle	1,135	1,135	1,135	Essieu AV	1,135	1,135	1,135	Vorderachse
Rear axle	1,590	1,590	1,590	Essieu AR	1,590	1,590	1,590	Hinterachse

FABRIQUE EN FRANCE PAR — MANUFACTURED IN FRANCE BY — IN FRANKREICH HERGESTELLT VON

GEVARM
42260 ST-GERMAIN-LAVAL
TEL. (77) 72 39 77
TELEX 330990 F

GROUPE GEVARM GIVELOT

Diese Cournil-Werbebroschüre von 1979 ist gleich in drei Sprachen gehalten: Französisch, Englisch und Deutsch.

Dagonet

Im beschaulichen Faverolles-et-Coëmy begann 1950 die Laufbahn eines besonderen Fahrzeugs, das sich trotz einer absolut unsportlichen Basis zum Leichtathleten entwickelte. Bemerkenswert auch die berufliche Karriere seines Erbauers: Jean Dagonet, 1950 bereits 63 Jahre alt, hatte sein ganzes Berufsleben als Müller verbracht. Warum er nun zum Autobauer wurde? Das lag an seiner ausgeprägten Leidenschaft für alles, was mit Mechanik verbunden war. Er träumte von Motoren und Autos, einiges hatte er sich autodidaktisch beigebracht. 1948 war der Citroën 2 CV auf dem Markt erschienen, der von seinen Erbauern als ideales Fahrzeug für die Fahrt mit einem Korb Eiern auf der Rückbank beworben wurde. Sanfte Federung, weiche Polster, leistungsruhiger Motor. 375 cm³, zwei Zylinder, neun PS, keine guten Voraussetzungen für Geschwindigkeitsexzesse.

Hier kam nun Jean Dagonet 1952 ins Spiel: Zunächst griff er Citroën mit einer Hubraumerweiterung von 375 cm³ auf 425 cm³ vor, eine Maßnahme, die der »Enten«-Hersteller erst 1954 vollzog. Das brachte eine Vmax-Erhöhung von 60 auf 70 km/h. Ein Anfang, immerhin. Den nächsten Schritt vollzog Dagonet 1953. Er entwickelte spezielle Aluminiumzylinder mit hartverchromten Laufbahnen. Das sorgte für weitere Leistungssteigerungen, ergänzt durch besondere Ansaugkrümmer und Vergaser, die auch für das breite Publikum erhältlich waren. Alles das konnte aber nicht darüber

Mit dem frisierten und aerodynamisch verbesserten Dagonet-2 CV konnte man nun – nicht chancenlos – an Rennen teilnehmen, wie hier bei der 1955er Rallye Lyon-Charbonnieres.

hinwegtäuschen, dass der 2 CV Dagonet sich immer noch deutlich unter 100 km/h bewegte.

Die Entwicklungsmöglichkeiten des Motors waren begrenzt, wie also konnte man die Höchstgeschwindigkeit über die 100 km/h-Marke bringen? Die Lösung hatte zwei Buchstaben: cX. Diese Abkürzung steht im Französischen für den Luftwiderstand. Was das mit dem 2 CV Dagonet zu tun hatte? Nun, so die Kalkulation Dagonets, wenn man dem 2 CV kräftig das Dach choppen würde, müsste sich der entstehende »Flachbau« deutlich windschlüpfriger bewegen lassen. Gesagt, getan. Die Mannen um Jean Dagonet nahmen dem Citroën satte 18 Zentimeter aus den Dachsäulen. Die an sich bereits leichten Metalltüren und -Hauben ersetzte er durch Fiberglas-Exemplare. Manche Fahrzeuge behielten das Rolldach aus Segeltuch, andere wurden mit einem Dach aus Fiberglas ausgerüstet. Mit maximal 19 PS und 435 cm³ konnte der Dagonet 2 CV 110 km/h erreichen. Damit ließ sich auch an der Mille Miglia oder anderen illustren Rennveranstaltungen teilnehmen. 1956 erschien das Coupé DF mit gleicher technischer Basis. Dieses Fahrzeug wurde allerdings nicht bei Dagonet, sondern bei UMAP hergestellt. Die Produktion bei in Faverolles-et-Coëmy endete 1958.

Bis zu 20 PS kitzelte Jean Dagonet aus dem 2-CV-Aggregat heraus. Manche Fahrzeuge behielten trotz Top Chop das Rolldach.

Bis zu 19 Zentimeter choppte Monsieur Dagonet die Dächer der angelieferten 2 CV. So knackte er bei den letzten Exemplaren die 100 km/h-Marke.

Dallas startetet die Produktion seines Jeep-Imitats im Jahre 1981, was sich Design dieses Prospekts widerspiegelt.

Dallas

Die Geschichte von Dallas Automobiles ist eng verbunden mit dem Namen Jean-Paul Hrubon. 1980 hatte er die »Automobiles Hrubon« gegründet, lange Jahre zuvor war er als Rennfahrer tätig gewesen und hatte sogar ein eigenes Wettbewerbsfahrzeug gebaut. Dazu holte er sich die damaligen Motorsport-Größen Claude Plisson, Jean Paul Brulé und Jean Pierre Boivent ins Boot. Sie konstruierten ein Gitterrohr-Chassis, entliehen Motor und Fahrwerk dem Renault Gordini 1300 und schafften so eine veritable Rennmaschine, die in Le Mans 1967 für Furore sorgte. 1968 ließ Hrubon ein weiteres Rennmodell folgen, bevor er seine Fahrerkarriere aufgab.

1981 also nun der Start des Automobil-Unternehmens »Dallas« in Neuilly-sur-Seine. Das einzige Modell des Unternehmens erinnerte optisch stark an den Jeep Wrangler, nur in Miniaturausgabe. Der Dallas basierte technisch auf dem Renault 4, was gleichbedeutend war mit Einzelradaufhängung und 1108 cm^3-Motor. Seine Karosse bestand aus Stahlblech. Lieferbar war der Dallas als Fronttriebler und Allradler. 1983 kam es zu einer schicksalhaften Begegnung von Hrubon und dem Schlagersänger Franck Alamo (bürgerlich Luc Grandin). Alamo gefiel der Dallas – und das ganze Werk Hrubons auch. Er erwarb die Firma und ließ den Dallas ab 1984 unter dem Namen »Automobiles Grandin« produzieren. 1986 erschien der

Die Werber texteten »Anders als die anderen, natürlicher, offener, ohne Schnickschnack, aber Fun pur in jedem Element«. Der Dallas war ideal für Inseln wie Ibiza, Mallorca oder Fuerte Ventura.

Erstaunlicherweise konnte man den Dallas nicht nur mit Frontantrieb ordern, sondern auch mit vier angetriebenen Rädern.

Der Dallas basierte auf dem Renault 4 und verfügte auch über dessen 1108 cm^3 großen Vierzylinder.

Dallas II, dessen Mechanik auf dem Peugeot 205 basierte. Auf dem feuerverzinkten Chassis saß eine Karosserie aus Polyester. Die Produktion endete nach 5000 Exemplaren mit dem Konkurs von Grandin.

Dangel

Bevor sich Henri Dangel (1935-2006) dem Umbau von Allradfahrzeugen widmete, konstruierte er Rennfahrzeuge, mit denen er auch selbst an Wettbewerben teilnahm. So erschuf er 1969 als erstes Werk den Dangel Mangouste, einen 460 kg leichten Zweisitzer mit dem 1,3 Liter-Motor aus dem Renault Gordini. Es folgte 1971 der Dangel 812, ein Einsitzer mit dem 1600 cm³-Motor aus der Renault Alpine A 110. Hier trafen etwa 145 PS auf nur 500 kg Leergewicht. 1975 wagte sich Henri Dangel dann zum ersten Mal an das, was ihn wirklich bekannt machen sollte: die Umbauten von Serienfahrzeugen mit reinem Front- oder Heckantrieb zu Allradfahrzeugen. Zunächst startete er einige Versuchsballons mit dem Umbau des Peugeot 504 Break, noch ohne Serienfertigung.

Links ein Peugeot 505 Break 4x4, rechts ein 4x4 Pick Up auf 504-Basis, den Dangel ab 1980 zuerst umbaute.

Die offizielle Umbautätigkeit begann 1980 mit dem Peugeot 504 Break/504 Pick-Up. Später kam, nach Auslauf der 504-Produktion, der Peugeot 505 Break und Pick-Up dazu. Auch reine Lieferfahrzeuge wie der Citroën C15 und C25 sowie der Peugeot J5 dienten als Umbaubasis. Streng genommen fungiert Dangel nicht als Hersteller, sondern als Umbauwerkstatt. Die Serienfahrzeuge werden direkt vom Fließband der Konzerne zu Dangel verbracht und dort mit der Allradtechnik versehen. Überwiegend fanden und finden sich Fahrzeuge der PSA-Gruppe bei Dangel ein, aber auch Autos anderer Marken werden umgebaut. Einer der spektakulärsten Umbauten war sicherlich die Umwandlung eines Citroën Visa in ein Rennfahrzeug mit 4x4-Technik und dem PRV-V6-Motor. Dangel behielt über die Jahre seinen festen Kundenstamm aus Wüstenreitern, Behörden, Gewerbetreibenden mit 4x4-Bedarf. So gelang es, dass die Firma heute noch existiert.

Etwa ab Mitte der 1980er-Jahre baute Dangel den Peugeot 505 zum 4x4 um. Die meisten waren mit Indenor-Dieseln ausgestattet.

DB (Deutsch & Bonnet)

Die Firmengeschichte von DB wurde geprägt durch zwei besondere Persönlichkeiten, deren Wirken mit großem Respekt zu betrachten ist. Zum ersten ist hier Charles Deutsch zu nennen. 1911 geboren, lernt er durch seinen Vater von Kindesbeinen an das Wagenbauer-Handwerk und die Herstellung von Automobil-Karossen. Deutsch berichtete einst, dass er im Alter von 14 Jahren seine erste eigene Karosserie entworfen hätte. Diese frühen Kenntnisse halfen ihm dabei, einen Ingenieurs-Abschluss an der berühmten Ecole Polytechnique zu erlangen. Als Charles Deutsch 18 Jahre alt war, starb sein Vater. Der junge Mann musste die Geschäfte übernehmen und war damit noch überfordert. Nun kam ihm sein Onkel Rene Bonnet zur Hilfe, der die Leitung des Betriebs in die Hand nahm. Bonnet begann mit 14 Jahren eine Zimmermannslehre, wurde später Fabrikarbeiter und Berufssoldat. 1929 verstarb sein Schwager, dessen Automobilwerkstatt er übernahm. Nun hatte er die Aufgabe seines Lebens gefunden – die Beschäftigung mit Automobilen. Erst recht, als er auch noch die Leitung der Werkstatt seines Neffen Charles Deutsch übernahm.

Dieser 51er Deutsch et Bonnet Barquette Antem war mit 750 cm³ Panhard-Zweizylinder und 38 PS ausgerüstet. (Frank Bott)

Gemeinsam schufen sie nun das Unternehmen »DB«, dass durch legendäre Sportcoupés in die automobile Geschichte eingegangen ist. Den Anfang machte 1938 das Coupé »D.B.1«. Aus Verärgerung darüber, dass Rene Bonnet 1936 mit einem Amilcar Pegase nicht am Großen Preis von Frankreich teilnehmen durfte, entwickelte DB den Wunsch, einen eigenen Sportwagen zu bauen. Das gelang unter Verwendung von Citroën-11 CV-Teilen und einer Karosserie aus Leichtmetall, die das Gewicht deutlich senkte. Es folgten weitere Citroën-TA-basierte Rennfahrzeuge, die, durch die Kriegswirren bedingt, zum Teil gar nicht zum Renneinsatz kamen (DB2, DB3). Die Entwicklungen mussten im Geheimen stattfinden, die deutsche Besatzungsmacht durfte davon nichts erfahren. Nur wenige Monate nach dem Ende des Krieges bestritt der DB4 (1,5 Liter, Basis TA 7 CV) sein erstes Rennen, wenig später folgte der DB5. Allmählich erkannten Deutsch und Bonnet, dass mit den braven Serienmotoren von Citroën im Rennbetrieb wenig Land zu gewinnen war. So entwickelten und verkauften sie Tuning-Teile für die TA-Motoren wie etwa OHC-Zylinderköpfe. Aber Citroën erwies sich als zunehmend schwieriger Partner, hatte eigene renntaugliche Fahrzeuge und war wenig gewillt, Motorenteile an einen Konkurrenten zu liefern.

DB sah sich nach Alternativen um und fand sie bei Panhard. Etwa ab 1949 setzte DB dann auf die luftgekühlten Boxer-Motoren aus Paris, deren sportliches Potenzial sich bald erweisen sollte. Es begann eine erfolgreiche Ära, erstmals auch mit straßentauglichen Fahrzeugen. Das Hauptaugenmerk von DB lag aber auf der Rennstrecke. Ein Beispiel dafür war der von Frua entworfene »Mille Milles«, der 1952 einen gelungenen Einstand bei der Mille Miglia feierte. Es folgten weitere Erfolge, bis man 1961 an einem Scheidepunkt stand. Deutsch und Bonnet konnten sich nicht über die zukünftige Ausrichtung des Designs und des technischen Layouts einigen, sodass man sich einvernehmlich trennte. Bonnet gründete ein eigenes Unternehmen und entwickelte den Bonnet »Djet« mit Renault-Technik, Deutsch erschuf das Unternehmen »CD«. Hier führte er die Zusammenarbeit mit Panhard fort, es entstand das Sportcoupé Panhard CD. Eine Kooperation zwischen Bonnet und Deutsch kam nicht mehr zustande.

Der Panhard CD wurde von Charles Deutsch entwickelt.

DD

Hinter dem schlichten Kürzel DD verbirgt sich eine bemerkenswerte Geschichte. In der Nachkriegszeit versuchten zahlreiche Hersteller in Europa, auf dem Segment der Kleinstautos erfolgreich zu sein. Die Herren Marcel Degant und Louis Descloitre suchten sich eine völlig andere Sparte für den Verkauf ihres Automobils aus.

1949 besaß Frankreich eine Kolonie namens Französisch-Indochina, das Gebiet dieser Kolonie erstreckte sich auf die heutigen Länder Laos, Kambodscha und Vietnam. Der Straßenverkehr dieser Länder in jenen Jahren war geprägt durch eine große Vielzahl von Rikschas. Automobile waren eine Rarität. Degant hatte das während seiner Kriegszeit in Indochina beobachtet. Nach seiner Rückkehr kontaktierte er Louis Descloitre, der sich bis dahin durch den Bau von Fahrgeschäften einen Namen gemacht hatte. Die beiden Herren erschufen ein dreisitziges und dreirädriges Automobil (zwei Räder hinten, ein Rad vorne mit angeflanschtem 125 cm³-Jonghi-Motor), das allerdings erfolglos blieb. Lediglich sechs Exemplare des Dreirads konnten verkauft werden. Auch ein neuer Versuch im damaligen Französisch-Marokko brachte keinen deutlich größeren Erfolg. Nach insgesamt 42 Exemplaren endete die Produktion 1950.

Automobiles De Clercq

Es war der 25. Dezember 1958, Weihnachten. Ein kleiner Bub nimmt mit großen, staunenden Augen sein erstes Automobil in Besitz. Wenn auch nur als Modell. Einen Talbot-Lago. Man könnte es als Initialzündung ansehen, denn rund 30 Jahre später gründete der ehemals kleine Bub sein eigenes Unternehmen. Sein Name: Benoit de Clerq.

De Clerqs Firma ist ein Entwicklungs-, Forschungs- und Designbüro. Mit den Schwerpunkten Automobil, Luftfahrt und Innenarchitektur. Im Mai 1992 konnte das Unternehmen einen ersten eigenen Wagen präsentieren, der mit sehr viel Lob und Anerkennung bedacht wurde. Das im Stil der 1930er-Jahre gehaltene Fahrzeug hatte eine Aluminium-Karosserie, die auf einem Rohrrahmen ruhte. Für den Antrieb sorgten verschiedene Ford-Motoren, von 1800 cm³ bis zu 2,9 Litern Hubraum. Überdies fanden nur edelste Materialien Verwendung. 2005 wurde die Produktion des »P47A« genannten Modells eingestellt. Das Unternehmen besteht noch heute und bietet edle und exklusive Accessoires an, wie zum Beispiel Türgriffe, Briefbeschwerer und Lampen, die alle einen Bezug zum Automobil oder zur Luftfahrt haben.

De Pontac

Jacques de Pontac führte das Unternehmen »Etablissements S.E.P.A.«, bevor er 1955 damit begann, Automobile unter seinem Namen zu fertigen. Lange brauchte er nicht für die Entwicklung, griff er doch auf altbewährte Technik zurück. So wunderte es kaum, dass er bereits 1955 und 1956 auf dem Pariser Salon seine Studien vorzeigen konnte. 1957 startete die Produktion des Coupés. Die Kunststoffkarosserie wurde auf ein 2 CV-Fahrgestell nebst Motor gestülpt. Der geneigte Kunde hatte die Wahl zwischen drei Motoren: einem Zweizylinder mit 425 cm³, einem 500 cm³-Motor, der auf der Basis des 2 CV-Motors entwickelt wurde und einem 850 cm³-Aggregat, das von Panhard stammte. Ein größerer Erfolg blieb der Autoschmiede aus Bordeaux jedoch versagt, die Produktion endete 1960.

Auf Basis Citroën 2 CV mit 500-cm³-Boxer entstand der De Pontac 500.

Decolon

Zunächst stellte das Unternehmen aus Champigny-sur-Marne Rahmen für zweirädrige Motorfahrzeuge her. 1955 lancierte man einen Kleinwagen unter dem Markennamen PB, 1957 erschien ein Nachfolger, der allerdings den Familiennamen Decolon trug. Beim ersten Modell handelte es sich um ein Dreirad, das (etwas untypisch) das einzelne Rad hinten hatte. Ydral lieferte den Motor, einen 175 cm^3-Zweitaktmotor, der acht wilde Pferde galoppieren ließ. Die Karosserie verzichtete auf Dach und Türen, bot dafür aber zwei Personen nebeneinander Platz. 80 km/h Höchstgeschwindigkeit soll das nur 175 Kilogramm leichte Fahrzeug in den Asphalt gebrannt haben.

Allerdings war das Ganze eine etwas teure Angelegenheit. Mitte der 1950er waren 200.000 alte Franc schon eine Ansage. Kein Wunder, dass sich damit keine Stückzahlen erreichen ließen. Auch das Nachfolgemodell konnte nicht punkten. Zwar standen bei dem gleich zwei Ydral-Motoren mit unterschiedlicher Leistung zur Wahl, doch das Ende nahte in Riesenschritten. Insgesamt entstanden nur wenige Exemplare. Eine Quelle nennt als Grund den zu hohen Verkaufspreis. Wen wundert's?

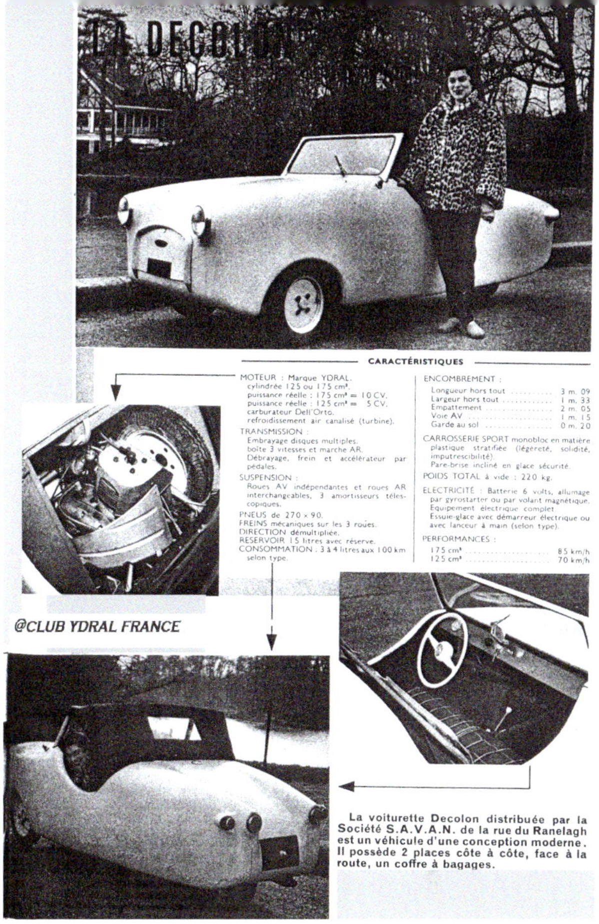

CARACTÉRISTIQUES

MOTEUR : Marque YDRAL.
cylindrée 125 ou 175 cm^3.
puissance réelle : 175 cm^3 = 10 CV.
puissance réelle : 125 cm^3 = 5 CV.
carburateur Dell'Orto.
refroidissement air canalisé (turbine).

TRANSMISSION :
Embrayage disques multiples.
boîte 3 vitesses et marche AR.
Débrayage, frein et accélérateur par pédales.

SUSPENSION :
Roues AV indépendantes et roues AR interchangeables, 3 amortisseurs télescopiques.

PNEUS de 270 × 90.
FREINS mécaniques sur les 3 roues.
DIRECTION démultipliée.
RESERVOIR 15 litres avec réserve.
CONSOMMATION : 3 à 4 litres aux 100 km selon type.

ENCOMBREMENT :

Longueur hors tout	3 m. 09
Largeur hors tout	1 m. 33
Empattement	2 m. 05
Voie AV	1 m. 15
Garde au sol	0 m. 20

CARROSSERIE SPORT monobloc en matière plastique stratifiée (légèreté, solidité, imputrescibilité).
Pare-brise incliné en glace sécurité.

POIDS TOTAL à vide : 220 kg.

ELECTRICITÉ : Batterie 6 volts, allumage par gyrostarter ou par volant magnétique.
Equipement électrique complet.
Essuie-glace avec démarreur électrique ou avec lanceur à main (selon type).

PERFORMANCES :

175 cm^3	85 km/h
125 cm^3	70 km/h

@CLUB YDRAL FRANCE

La voiturette Decolon distribuée par la Société S.A.V.A.N. de la rue du Ranelagh est un véhicule d'une conception moderne. Il possède 2 places côte à côte, face à la route, un coffre à bagages.

Das zwischen 1957 und 1958 gebaute Decolon Dreirad mit Ydral-Zweitakter hatte wahlweise 5 oder 10 PS.

Défi Création et Construction Automobile

Bei Défi handelte es sich um einen Kleinsthersteller von Automobilen, der sich, obwohl er nur zwei Fahrzeuge im Portfolio hatte, mehr als 20 Jahre halten konnte. Der Typ »Irinia« war ein offenes Vehikel auf Basis des VW-Transporters, der stark an den Jeep erinnerte. Das Modell spielte aber keine große Rolle.

Das wichtigere Auto war der »Sterling«, ein Lizenzbau des britischen Nova. Man konnte den Sterling entweder als Komplettfahrzeug erwerben oder als Kit. Anfänglich standen Motoren von VW und Porsche zur Wahl, später konnte man die Flunder auch mit dem Euro-V6 bekommen, der entweder von Renault oder Peugeot zugekauft wurden. Mit dem Sechszylinder erzielte der Sterling eine Leistung von rund 200 PS. 1996 musste man für ein V6-angetriebenes Komplettfahrzeug schlappe 320.000 Franc auf den Tisch des Hauses blättern, was damals rund 100.000 Mark entsprach.

Eine aufregende Karosserie mit unterschiedlicher Mechanik von VW Käfer über Porsche hin zum PRV-V6 zeichnete den Defi Sterling aus.

De la Chapelle

1985 gründete Xavier de la Chapelle sein eigenes Unternehmen. Er war kein unbeschriebenes Blatt und ein Kind der Automobil-Branche. Seine Familie begann im Jahr 1900 in Cormatin mit der Produktion von Fahr-, Motorrädern und Automobilen. 1907 musste man vergrößern und zog nach Saint-Chamond, wo man noch im gleichen Jahr die Fertigung von Autos aufnahm. Die Fahrzeuge kamen unter dem Markennamen Stimula zu den Kunden. Mehr als 1000 Wagen konnte man nicht absetzen. Auch in jener Zeit nicht gerade viel. Das Unternehmen existierte jedoch bis 1920.

1975 begann der Nachfahre am gleichen Ort mit der Produktion von Autos, die ebenfalls als Stimula vermarktet wurden. 1982 schloss der Spross die Firma »Automobiles Stimula« jedoch wieder. Doch der umtriebige de la Chapelle gab nicht so einfach auf. 1985 gründete er, wieder in der bei Lyon gelegenen Kleinstadt Saint-Chamond, die Firma »Automobiles De La Chapelle«. Trotz einiger Namensänderungen (1995 in »D.L.C. Technologies«, 1996 in »Barré et Associés«) produziert das Unternehmen noch heute recht außergewöhnliche Fahrzeuge. Scheinbar mit Erfolg. Das erste Modell von De la Chapelle war ein Wagen der Vorgänger-Marke Stimula. Dieser »55 Roadster« genannte offene Zweisitzer, ganz im Stil der 1930er-Jahre gehalten, erinnert optisch stark an den Bugatti T55 von 1932 und wird von einem BMW-Sechszylinder angetrieben. Der T55 Roadster ist noch heute im Programm.

Der zweisitzige de la Chapelle Roadster verfügt über mittig eingebaute 4- oder 6-Zylinder-Motoren und eine moderne Karosserie, gestaltet von Bertrand Barré.

Seit 1990 gibt es auch den 2+2-Sitzer, quasi eine Langversion des Roadsters. 1992 gesellte sich der Typ »Atalante 57S« dazu, eine Bugatti-Replik des 57S Atalante. Im gleichen Jahr erschien noch der »GrandPrix«, eine Rennwagenkopie ebenfalls eines Bugattis von 1923. Dieser Wagen ist aber nur auf verbindliche Bestellung zu haben. Aber De la Chapelle kann nicht nur Retro. Seit 1998 gibt es den modern gestylten Roadster, einen Mittelmotorsportwagen mit wahlweise 2-Liter-Vierzylinder oder einem 3-Liter-Sechsender.

Doch die Edelschmiede aus Saint-Chamond hat auch ein Herz für junge Automobilisten. Seit 1981 bietet DLC drei Minimodelle für die Junioren an, angetrieben von einem 169 cm³ kleinen Viertakter. DLC konnte von den Mini-Versionen des Bugatti 55, BMW 328 und Ferrari 330 P2 bereits rund 1500 Stück absetzen.

Der de la Chapelle Grand Prix mit BMW-Sechszylinder war im Bugatti-Stil der 1930er-Jahre gehalten. (Deep Silence CC BY SA 4.0)

Der 55 Roadster war de la Chapelles Reminiszenz an den legendären Bugatti Typ 55. (Guillaume Vachey CC0)

Delage

Mit Unterbrechungen entstand der Delage 3 Litres mit Reihen-Sechszylinder und 82 PS von 1939 bis 1954.

Louis Delâge fiel 1903 die Karriereleiter nach oben. Er arbeitete als leitender Angestellter bei Peugeot. So konnte er sich umfassende Kenntnisse im Bereich Automobilbau aneignen. Es reifte der Entschluss, selbst Fahrzeuge zu bauen. Ende des Jahres 1904 verließ Louis Delâge den Löwenkäfig und bereitete seine Firmengründung vor. Erste Maßnahme: Das Abwerben eines gewissen Augustin Legros von seinem ehemaligen Arbeitgeber. Jener Legros erwarb sich seine Meriten bei Clément & Cie in Levallois-Perret und der Daimler Motor Company im englischen Coventry.

Legros verlor keine Zeit, umgehend machte er sich an die Entwicklung eines ersten Fahrzeuges für seinen neuen Herrn. Allerdings dauerte es noch bis zum August 1905, bis Delâge endlich sein Unternehmen gründen konnte. Zusammen mit Alfred Baudier. Delâge brachte das Wissen ein, Baudier das Kapital. Wenn dieses mit 40.000 Franc auch vergleichsweise gering war. Bis zur Serienreife des ersten eigenen Automobils verdingte sich das Unternehmen als Teilelieferant für den ebenfalls 1905 gegründeten Hersteller Levêque et Bodenréder in Boulogne-Billancourt. Am 16. August 1905 war es dann endlich so weit, Delâge konnte seinen Typ A präsentieren, der am 18. August die Zulassung der nationalen Zulassungsbehörde erhielt. Und er ruhte nicht einen Moment, schon im Oktober folgte der Typ B. Vermarktet wurden die Fahrzeuge als Delage, also ohne Zirkumflex auf dem »a«. Auf dem Pariser

Salon 1905 stellte die Firma Delage & Compagnie erstmals Fahrzeuge aus.

Lief es anfangs des 20. Jahrhunderts noch gut für den französischen Hersteller, brachte spätestens die Weltwirtschaftskrise der 30er die Firma in Schieflage. Am 16. April 1935 beantragte Louis Delâge die freiwillige Liquidation. In einem Schreiben an die Händler legte er aber Wert darauf, dass er nicht bankrott sei, und dass es keine gerichtliche Liquidation gebe. Notdürftig wurde der Betrieb aufrechterhalten, um einen Käufer zu finden. Parallel dazu bot der Insolvenzverwalter den Lieferanten Maschinen, Material und Ersatzteile an. Einer der viel davon kaufte, war der in Paris lebende Engländer Walter Sinclair Watney. Er erwarb den Markennamen Delage und verkündete weiterhin Fahrzeuge unter dem etablierten Label zu bauen. Watney nahm Kontakt zu Delahaye auf, die sollten künftig die Produktion von Delage-Fahrzeugen übernehmen. Am 18. September 1935 gründete der Engländer die »Société Nouvelle des Automobiles Delage«, kurz SNAD. Am 30. Juli 1938 kündigte Watney an, eine Nachfolgefirma aufzubauen, eine Aktiengesellschaft. Von 1000 Anteilsscheinen gingen 55 Aktien an die Direktoren, die restlichen 945 hielt Delahaye. Das war praktisch die Übernahme von Delage durch Delahaye. Zum 1. August 1938 wurde die Aktiengesellschaft »Société Anonyme Française des Automobiles Delage« gegründet. Die SNAD blieb bestehen und fungierte als Händler für Delage- und Delahaye-Automobile.

Der Zweite Weltkrieg ging auch an Delahaye nicht spurlos vorbei, als es 1945 wieder weitergehen konnte, stand man vor schlechten Zeiten und großen Herausforderungen. Konnte man 1946 immerhin über 420 Fahrzeuge beider Marken an den Mann bringen, waren es 1947 nur noch 380. Zumindest im Vergleich zu anderen Herstellern nicht wenig. So konnte Talbot 1947 gerade mal 155 und Hotchkiss 90 Fahrzeuge absetzen. 1948 zog Delahaye die Spar-Karte. Stoßstangen und einige Teile des Fahrgestells waren fortan bei beiden Marken identisch. Doch das war bei Weitem nicht genug. Kein Wunder, dass Delahaye so langsam aber sicher die Luft ausging. Der Konzern geriet in finanzielle Schwierigkeiten. Und die Zahlen sanken weiter. 1950 konnten nur noch 225 Wagen verkauft werden, 1951 gar nur noch 77. 1953 wurde mit 36 Exemplaren der Tiefpunkt erreicht. In jenem Jahr wurde noch ein Delage-Modell produziert, das auf dem Pariser Salon ausgestellt wurde – mit der Ankündigung, dass die Produktion Ende des Jahres auslaufen würde. Allerdings kam das Ableben schon früher. Daran konnten auch die Erfolge im Motorsport und die Rekorde nichts mehr ändern. Selbst die Produktion von Flugzeugmotoren erwies sich bei Delage als nicht zukunftsfähig. So verschwand wieder eine große Marke von der Bildfläche.

Auf der AutoRAI in Amsterdam präsentierte Delahaye 1948 Vorkriegsware, doch der Bevölkerung war nicht nach altmodischen Luxus-Fahrzeugen.

Dieser 53er Delahay 235 M trug eine Chapron-Karosserie, den bekannten 3,6-Liter-R6 und basierte auf dem Vorkriegs-Modell Typ 135.

Delahaye

Hört man heute den Namen Delahaye, dann erinnert man sich zwangsläufig an einen der innovativsten Autoproduzenten der Vorkriegszeit. Obwohl die Marke schon mehr als 60 Jahre nicht mehr existiert. 1859 begann der 1843 geborene Émile Delahaye mit seinem Studium an der Ingenieurschule »Arts et Métiers« in Angers, das bis 1863 dauern sollte. Er war fasziniert vom Automobil, dieser epochalen Erfindung. Aus diesem Grund eröffnete er 1890 in seiner Heimatstadt Tours eine Automobilwerkstatt. Zu jener Zeit musste er bereits den Gedanken an eine eigene Produktion gehabt haben, denn schon 1894 wurden diese Pläne in die Tat umgesetzt. Die Auftragsbücher füllten sich, allerdings stand es um die Gesundheit des Patrons nicht besonders gut, er musste sich daher 1902 aus dem Geschäft zurückziehen. Jedoch nicht ohne Vorsorge zu treffen. Er engagierte Charles Weiffenbach als Chefingenieur, der bei Delahaye unter anderem die abnehmbaren Zylinderköpfe einführte.

Die Beliebtheit der Marke stieg, 1903 brachte die Firma ihren ersten Vierzylinder, einen 4,4-Liter-Motor auf den Markt. Das Jahr 1905 bedeutete eine Zäsur für das Unternehmen, am 1. Juni starb der Firmengründer Émile Delahaye. Als Geschäftsführer blieb Weiffenbach wenig Zeit für geniale Erfindungen, also wurde Amadee Varlet zum Chefkonstrukteur. Viele innovative Entwicklungen gehen zurück auf Varlet, zum Beispiel der Doppelnocken-Mehrventilmotor. Mit seinem ersten V6-Motor landete das Unternehmen ebenfalls einen großen Wurf, Lizenzen wurden nach Deutschland und sogar in die USA verkauft.

Doch bei Delahaye verschlief man immer mehr die technische Entwicklung und ließ es an der bekannten Innovation fehlen. In den 1930ern waren die Autos meilenweit entfernt von ihrem früheren Image. Den Rest besorgte die Weltwirtschaftskrise. Auch wenn man diese zunächst überstand, Delahaye war angezählt.

Nach dem Krieg konnte man mit Vorkriegsmodellen wieder starten. Und das gar nicht mal so erfolglos. Doch diese Welle kann man

Im 1951er Katalog waren die Delahaye-Typen 135 M, 135 MS, 148 L, 175, 178, 180 und Delage D6 beschrieben.

Nur noch 100 Delahaye entstanden insgesamt 1951, als dieses Werbeblatt aktuell war.

rückblickend als letztes Aufbäumen betrachten. Denn langsam, aber sicher brachen die Verkäufe ein, 1951 hatte man die Negativ-Marke von 100 produzierten Fahrzeugen erreicht. Per anno! Selbst der Typ VLR1 konnte daran nichts mehr ändern. Zwar kaufte das französische Militär einige Einheiten dieses Jeep-ähnlichen Allrad-Gefährtes. Aber zu wenige. 1954 übernahm Hotchkiss den maroden Autobauer und stellte unverzüglich die Pkw-Produktion ein. Einige Lastkraftwagen wurden noch als »Hotchkiss-Delahaye« verkauft. 1956 verschwand der Name Delahaye dann komplett. Nach 62 Jahren endete die Geschichte des Traditionsunternehmens.

Delaunay-Belleville

Delaunay-Belleville gehörte einst zu den prestigeträchtigsten Automarken der Welt. Im September 1903 gründeten Louis Delaunay und sein Kompagnon Marius Barbarou ein Unternehmen, dessen Ziel es war, Automobile zu bauen. Aber nicht irgendwelche Autos! Die Besten sollten es sein. Barbarou war für Konstruktion und Design zuständig. Auf ihn geht auch der typische runde Kühlergrill zurück. 1904 konnten die beiden Partner ihr erstes Fahrzeug präsentieren. Gewissenhaftigkeit und bestes Material, das zeichnete das erste Automobil von Delaunay-Belleville aus. Es dauerte nicht lange, bis auch die gekrönten Häupter Europas einen Delaunay-Belleville in der adligen Garage hatten. Zu den prominenten Kunden gehörten Zar Nikolaus II., Griechenlands Georg I. und der spanische Monarch Alfons XIII. Aber auch andere, weniger angesehene Zeitgenossen setzten auf die Edelmarke, die dabei eher einen eher zweifelhaften Rekord aufstellte. Der Schwerverbrecher Jules Bonnot und seine Bande stahlen am 14. Dezember 1911 ein Auto, um damit die Société Générale zu überfallen. Bei dem Auto handelte es sich um einen Delaunay-Belleville 10CV des Baujahres 1910 in schwarz-grüner Lackierung. Es war das erste Mal in der Geschichte, dass ein Automobil bei einem Bankraub zum Einsatz kam. Dem Ruf von Delaunay-Belleville tat diese Aktion aber keinen Abbruch.

Dieser Delaunay-Belleville RI-6 entstand 1947.

Ganz anders die Weltwirtschaftskrise, die machte auch vor der Traumauto-Fabrik Frankreichs nicht Halt. Mehr und mehr schwand das Prestige, hinzukam, dass die Zeit der Chauffeure ihrem Ende entgegensah. Und Automobile waren mittlerweile längst nicht mehr den Superreichen vorbehalten. Ein weiterer Punkt war, dass die armen Reichen nach der Wirtschaftskrise kein Geld für Personal hatten. Alles Punkte, die gegen Delaunay-Belleville sprachen. Man orientierte sich in St. Denis um. Lastkraftwagen und Militärfahrzeuge stellte man nun her. Geschossen wird leider immer irgendwo auf der Welt.

Doch so ganz ließ man die Finger nicht vom Pkw-Bau. Das letzte Modell war der RI-6, im Grunde eine Technik-Kopie des Mercedes-Benz 230 mit US-Stylinganklängen der Vorkriegsjahre. Allerdings ohne den erwünschten Erfolg. 1948 übernahm der französische Hersteller Rovin den Betrieb.

Delsaux

Es gibt Hersteller, deren Dasein dem Leben einer Eintagsfliege entspricht. Ein solcher Produzent ist das »Établissements N. Delsaux«. 1980 begann der Automobilbau in Guesnain, der Markenname lautete Delsaux. Das Établissement stellte ausschließlich Kleinstwagen auf die puppenwagenähnlichen Rädchen. Bei der Technik setzte man auf Qualität made in Germany und bediente sich bei Fichtel & Sachs. Motoren mit 47 cm^3 randalierten im Heck des winzigen »Modulo« und trieben das 149 Kilogramm leichte Gefährt an. 1982 folgte der »Modulo Minimax«, 1983 war Schluss.

Gerade mal 1,84 Meter lang war der Delsaux Modulo (1980-1982).

Automobiles Deshais

Eine weitere Eintagsfliege war der Hersteller Deshais. Er lebte noch kürzer als Delsaux, nämlich nur knapp drei Jahre. Von 1950 bis 1952 entstanden Kleinwagen mit Motoren zwischen 125 und 420 cm^3. Der Absatz jedoch war nicht gerade reißend, was wohl dem hohen Preis geschuldet war.

Zwei Jahre wurde der Deshais »Roadster« 125 mit Frontantrieb produziert.

Dolo (Établissements Brun, Dolo et Galtier)

Noch kürzer als Deshais blieb die Marke Dolo des Unternehmens »Établissements Brun, Dolo et Galtier« am Markt. 1947 begann man in Pierrefitte-sur-Seine mit der Produktion eines 23 PS starken kleinen Coupés namens JB. Mit rund 600 cm^3 und 23 Vierzylinder-PS lag der JB im oberen Bereich der damaligen Kleinwagen. Das Fahrzeug war komplett aus Aluminium gefertigt. Einen vollmundig angekündigten Achtzylinder-Wagen sollte es nie geben. 1948 war schon wieder Feierabend. Die Angaben über die Zahl der produzierten Wagen schwanken beträchtlich zwischen 25 und 200 Exemplaren.

Beim Dolo JB-10 handelte es sich um ein futuristisch anmutendes Kleinstmobil mit Plexiglas-Kuppel und Frontantrieb.

De Léotard

1977 begann Christian de Léotard eine Zusammenarbeit mit dem Karosseriebau-Spezialisten Tissier. Die Grundidee war es, ein Abschleppfahrzeug zu konstruieren, das es ermöglichte, gleichzeitig ein nicht fahrtüchtiges Auto und seine Passagiere zu transportieren. Die entscheidenden Elemente dazu – unter anderem viele hydraulische Komponenten – lieferte ein Citroën DS 23. Die Arbeit mit Tissier hatte ihn seiner Überzeugung gestärkt, dass ein Wagen nicht unbedingt nur vier Räder haben müsse. Nachdem die Firma Sinpar (Spezialist für Allradgetriebe) die notwendige Ausstattung bereitstellte, konnte er sein Projekt in wenigen Monaten abschließen. Und warum das Ganze? Auf die Frage hin, warum er ein solches Fahrzeug erschuf, sagte er lapidar: »Für die Show. Sie können auch mit einem Ferrari oder Lamborghini vorfahren, aber das sorgt bei weitem nicht so viel für Aufmerksamkeit wie ein R5 6x6«.
1978 gründete de Léotard die Firma ADPL »Application des Processes Léotard«. Dort begann der Bau des R5 6x6. Für diesen Zweck wurden nach Kundenauftrag handelsübliche R5-Fahrzeuge nach Asnières geliefert, die sich umfangreichen Modifikationen unterziehen mussten. Damit die zweite Hinterachse angebracht werden konnte, wurde das »Spenderfahrzeug« um 70 Zentimeter verlängert. Zusätzlich erhöhten die Spezialisten das Dach im hinteren Bereich, sodass ein respektabler Kofferraum entstand. Alle Achsen erhielten Scheibenbremsen, die Karosserie wurde innen mittels eingeschweißter Vierkantrohre verstärkt. Für die Kraftübertragung sorgte anstelle der serienmäßigen R5-Schaltbox ein hydrostatisches Getriebe nach dem Patent von Christian de Léotard. So gerüstet war aus dem braven Serien-R5 ein wahres Showstück mit genialer Technik geworden. Nach Schätzungen seines Erbauers verbesserte sich dadurch die Traktion um 70 Prozent und die emsleistung um 33 Prozent. Das half auch beim Verkauf an die Zielgruppe öffentlicher Dienst, Polizei und Notfallambulanzen. Diese griffen – bei guter Finanzlage – gerne zu den 6x6-Gefährten.

Ein gut gefülltes Portemonnaie war für die Anschaffung des R5 6x6 definitiv notwendig. Der Umbau eines R5 Alpine beispielsweise kostetet zu Beginn der 1980er-Jahre etwa 40.000 Franc, zirka 13.000 Mark. Nur der Umbau wohlgemerkt. Das Serienfahrzeug verschlang noch einmal deutlich mehr für die Anschaffung. Das Modellprogramm de Léotards splittete sich in die Modelle R5 TS, Alpine und Turbo auf. Der 6x6 erwies sich als brutaler Geselle, der die Insassen durch massive Vibrationen und Dröhngeräusche malträtierte. Die Einführung des 6x4-Modells mit zwei Antriebsachsen und des 6x2 mit Frontantrieb eliminierte dieses Problem. Zudem lief Renault immer mehr Sturm gegen die Verwendung der Sinpar-Technik im Léotard, war doch Sinpar mittlerweile eine hundertprozentige Renault-Tochter. Mitte der 80er-Jahre endete die

Produktionszeit des ersten R5 und mit ihm die Herstellung des R5 6x6. De Léotard widmete sich nun anderen Umbauprojekten, etwa dem Range Rover und dem Mercedes G 6x6. So hielt sich die Firma bis in die 2000er-Jahre, dann erkrankte de Léotard schwer und verstarb schließlich 2014 im Alter von 66 Jahren.

Der De Leotard-R5 6x6 war als TL mit 45 PS, TS mit 64 PS und Alpine mit 93 PS lieferbar. Insgesamt entstanden nur sechs Exemplare.

DS Malterre

1920 startete das Unternehmen DS Malterre Deblades & Sigrand (später nur noch DS Malterre) mit dem Bau von etwas angestaubten 500ern. Erst nach 1945 folgten modernere 125er und 250er. 1954 wollte DSM auf den Wirtschaftswunderzug der Kleinstmobile aufspringen und begann mit der Entwicklung eines dreirädrigen Coupés. 1956 konnte man dieses etwas skurrile Gefährt, das wahlweise mit einem 125er- oder 175er-Einbaumotor von Ydral bestückt wurde und so sechs respektive acht PS leistete, käuflich erwerben. 1958 war schon wieder Feierabend. Aber nicht nur mit dem Fahrzeugbau, sondern generell mit DS Malterre.

Établissements Duport

Bevor Guy Duport sich dem Automobilbau widmete, etablierte er sich als Hersteller von Skiliften. Da dieser Geschäftszweig sich hauptsächlich in der Winterzeit abspielte, hatte er in den übrigen Jahreszeiten Kapazitäten frei. Warum also nicht Autos entwickeln?

Um 1975 herum begann er mit der Konzeption eines Kleinstwagens mit Dieselmotor und GFK-Karosse. Dazu verwendete er wegen der leichten Verfügbarkeit viele Bauteile des Renault 4. Das Ergebnis fiel zufriedenstellend aus, man ermutigte Duport, es in Serie zu bauen. So gründete er 1977 in Faverges die »Etablissements Duport«. Das erste Modell war der Caddy, ein Zweisitzer mit einem 510 cm³-10 PS-Dieselmotor von Lombardini. Mit der zunächst ausschließlichen Verwendung von sparsamen Selbstzündern erwies sich Duport als Pionier auf dem Gebiet des Microcar-Baus. Bald erweiterten die Modelle 311 und 411 das Programm. Diese trugen einen 360 cm³-Diesel und ein Dreigang- (311) beziehungsweise Vierganggetriebe (411) unter der Haube. Der 2+2-Sitzer 511 wurde vom Caddy-Motor angetrieben, während der 611 einen 602 cm³-Motor hatte.

Maximal 60 km/h schnell konnte der 2,24 Meter lange Duport Caddy mit seinem 510-cm³-Diesel von Lombardini fahren.

Der Duport Diana L90 besaß einen Lombardini-Diesel. (R. van der Maar)

Mit dem Viersitzer Parco verließ Duport 1981 die Nische der sogenanntne führerscheinfreien Autos. Zum Bau des Parco wurden einige Teile des Renault 14 verwendet, was ihn optisch noch mehr in die Richtung eines »erwachsenen« Autos brachte. Einen weiteren Schritt in diese Richtung vollzog das 1984 präsentierte Modell 720. Dieser in GFK-Bauart hergestellte Wagen ordnete sich in die Kategorien Strandauto/Freizeitauto ein. Die geschlossene Karosserie im Jeep-Stil kam sehr stämmig daher und machte technisch mit einem 2,0-Liter-Motor aus dem Renault 20 Eindruck. Mit 103 PS kam der Duport 720 auf 140 km/h. Alles das half nichts, das Modell blieb erfolglos. Auch dem Onyx, einer Citroën-Méhari-Reminiszenz, war kein großer Erfolg beschieden.

1992 verkaufte Guy Duport die Firma an seine Mitarbeiter, die den Betrieb als SND (Societe Nouvelle Duport) weiterführten. Unter anderem brachte man noch den Kleinst-Lkw »Diana« auf den Markt, der sogar als Kipper lieferbar war. Die Duport-Produktion wurde bis 1994 fortgesetzt, dann ging die Firma in den Konkurs. Fußnote: Guy Duport war auch der Designer des Suncar Arpége, einer 30er-Jahre-Replika auf Basis des Renault 5 TS.

E3D

Wenn man Designer bei Renault ist (oder war), dann hat (oder hatte) man im Grunde einen sicheren und aufregenden Job. Manchen Zeitgenossen ist das aber nicht aufregend genug, sie suchen das Abenteuer Selbstständigkeit. So auch Robert Sulpice. Der war eben Designer bei Renault, verließ den Autobauer aber 1982. Und zwar um mit Jean-Louis Cariou eine eigene Autoschmiede zu eröffnen, die »Études Design Développement et Diffusion des Produits sarl« in Roissy-en-Brie. Welch ein epischer Firmenname. Dass der nicht als Markenname taugen kann, war jedem klar. Also nahm man das eine »E« und die drei »D«, die fasste man zusammen und erhielt so »E3D«.

Die Partner suchten sich eine vielversprechende Nische, den wachsenden Anteil der bei den 68ern so beliebten Spaß- und Freizeitautos. Citroën und Renault machten es mit dem Méhari und der Rodéo-Reihe vor, VW mit dem Buggy. Also schnappten sich die beiden kurzerhand ein R4-Fahrgestell und kürzten es. Beim Antrieb setzte E3D ebenfalls auf Bewährtes aus Billancourt, den R4-Motor mit 1,1 Litern Hubraum und 34 PS. Über diese technische Basis stülpten die Macher eine Polyester-Karosserie, die eine frappierende Ähnlichkeit mit dem legendären Jeep aufwies. Daher nannte man das Gefährt auch liebevoll »Chipie«. Allerdings kostete alleine der Bausatz 15.000 Franc, damals umgerechnet etwa 5000 Mark. 1986 übernahm IMC (International Motor Cars) mit Sitz in Les Lilas die Produktion, die aber schon 1992 endete.

Der E3D Chipie entstand auf Basis Renault 4 mit 1108-cm³-Cleon-Motor und verfügte über 34 PS. (Joost J. Bakker CC BY SA 3.0)

Automobiles Erad

Daniel Renard gründete 1975 sein Unternehmen »Études et Réalisations du Douaisis« zur Herstellung von Automobilen. Allerdings startete die Serienproduktion erst 1978 mit dem Kleinstfahrzeug »Capucine«, einem Einsitzer mit Kunststoff-Karosserie. Schon 1979 konnten knapp 2400 Einheiten gefertigt werden, 1980 beschäftigte Renard bereits 105 Leute, die nicht ganz 2700 Autos im Jahr bauten. Kein schlechtes Ergebnis für eine so junge Firma.

Für den Antrieb des Fahrzeugs sorgte ein Zweitakter von Sachs mit 47 cm³. Später wurden auch 0,3-Liter-Dieselaggregate von Farymann und 125er Benziner von BCB verwendet. 1982 erweiterte eine verkleinerte Ausgabe des 1936er MG Midget das Portfolio, sie konnte wahlweise mit einem 125er Benziner oder einem 0,6-Liter Diesel geordert werden. 1988 schuf man mit dem damals preiswertesten Modell Frankreichs, dem »Junior«, den Einstieg ins Autofahrer-Dasein. Mit rund 35.000 Franc war man dabei. 1990 folgte noch der »Spacia«, der ein wenig dem 1993 präsentierten Renault Twingo ähnelte. Ihn konnte man als 500er Diesel oder als reines Elektroauto ordern. Bis 1997 entstanden bei Erad rund 30.000 Automobile, darunter knapp 800 E-Fahrzeuge. Dann übernahm Savel den Konkurrenten und Renard kümmerte sich um seine bereits 1995 ins Leben gerufene Firma SECMA.

Dieses frühe Modell des Erad Capucine hatte einen F+S-Zweitakter mit 50 cm³, war 1,69 Meter lang und verfügte über zwei Sitze.

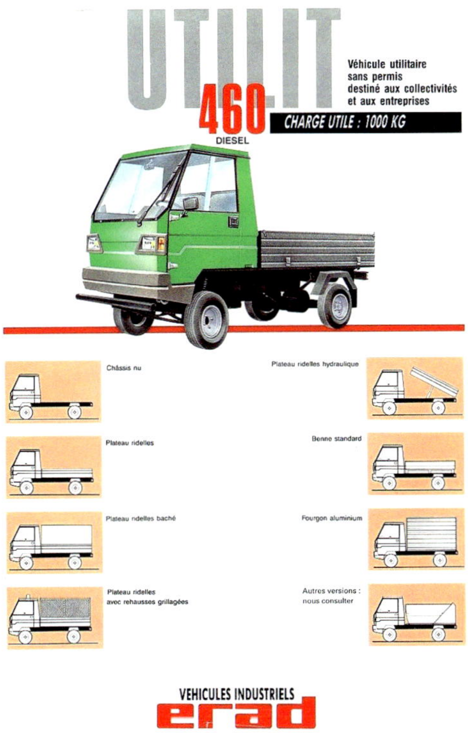

Der Begriff Kleinlaster passt beim Erad Utilit 460 mit 3,55 Meter Länge sehr gut. Trotzdem besaß der Winzling eine Nutzlast von 1000 Kilo!

Electro-Renard

1940 gründete Louis Renard in Lyon die Etablissements L.Renard. Diese hatte – angesichts der Treibstoffknappheit im Zweiten Weltkrieg – den Bau von elektrisch angetriebenen Autos zum Ziel. Das erste, 1940 erschienene Modell war eine zweisitzige und dreirädrige Klein-Limousine. 1941 brachte Renard ein weiteres Fahrzeug heraus, das vier Räder aufwies. Die Mobile erreichten eine Höchstgeschwindigkeit von 45 km/h und eine Reichweite von maximal 50 Kilometer. Die Produktionszahlen bewegten sich auf geringem Niveau und dürften auf wenige Dutzend zu beziffern sein. 1946 endete die Produktion.

Facel

In der Avenue George V. Nummer 19 in Paris, befand sich der Sitz des 1939 von Jean Clément Danisos gegründeten Unternehmens »Forges et Ateliers de Constructions d'Eure-et-Loir«, kurz Facel, das sich der Fertigung von Metallobjekten widmete. Nun war eine Firmengründung am Vorabend des Zweiten Weltkrieges vielleicht etwas unglücklich, aber wer hätte das voraussagen können? 1945 bot sich Daninos die Chance, mit seiner Abteilung Facel Métallon Karosserien für Ford France und Simca herzustellen, später dann auch für Panhard und Delahaye. Die Produktionsstätten vieler Hersteller waren durch den Krieg beschädigt oder gar zerstört, was Facel zum Vorteil gereichte. Außerdem verdingte sich Danisos lange Jahre bei Citroën, wo er maßgeblich am Traction Avant beteiligt war.

Die Auftragslage machte Lust auf mehr. 1951 schnappte sich Jean Danisos ein Bentley-Fahrgestell und stülpte darüber eine außergewöhnlich elegante, von ihm selbst entworfene Karosserie.

Der Facel Vega FV 2 B war ein Traumschiff mit allem Luxus, einem 5,4-Liter-Chrysler-V8 mit 285 PS – und Trommelbremsen rundum.

Dieses Fahrzeug fuhr er privat. Daninos hatte Blut geleckt, er wollte das Erlebte und Erlernte bei Citroën weiter für seine Zwecke nutzen. Also kam es innerhalb des Unternehmens fast schon zwangsläufig zur Gründung der Abteilung »Facel Vega«, benannt nach dem Stern Wega und Daninos' Griff nach eben jenen. 1954 debütierte der erste Facel Vega, unter dessen Haube ein DeSoto-V8-Motor steckte. Die in Handarbeit und höchster Qualität gefertigten Fahrzeuge wurden schon bald als die »französischen Rolls-Royce« gefeiert. Wenig später standen die Schönen und Reichen Schlange in der Avenue George V. Ringo Starr, Ava Gardner, der marokkanische König Hassan II., Sir Stirling Moss, sogar der Schah von Persien reihten sich ein in den elitären Kreis der Facel-Kunden. Der Facel Vega FV und der Facel Vega Excellence genügten den allerhöchsten Ansprüchen.
Den Inbegriff des Facel schlechthin stellte allerdings der HK500 dar. Der leuchtende Stern begann 1959 zu sinken, als Jean Daninos neben seinen qualitativ hochwertigen Achtzylinder-Modellen auch preiswertere Vierzylinder-Versionen anbieten wollte. Mit den Modellen Facellia, Facel III und Facel 6 wollte er der Konkurrenz von MG, Alfa Romeo und Triumph in die Suppe spucken. Die Crux aber waren die selbst entwickelten Vierzylinder-Motoren; die leider schlicht nichts taugten und mit dem bisherigen Anspruch von Facel herzlich wenig zu tun hatten. Gerade der erste kleine Facel gilt als

Der Facel III beerbte den Facellia F2. Ein wenig Extravaganz verschwand mit dem Einzug des 1,8-Liter-Vierzylinders aus dem Volvo P1800, die Zuverlässigkeit stieg hingegen.

Ringo Starr wusste die Vorzüge des Facel II mit 6,3 Liter Hubraum sicher zu schätzen – und durfte sich über nun vier Scheibenbremsen serienmäßig freuen.

Vom Facel Vega FV2 entstanden 29 Coupés und ein Cabriolet – das Filmberühmtheit erlangte. Dort am Steuer: Olivia de Havilland.

Sargnagel des Unternehmens. Auch der Einsatz bewährter Volvo-Motoren konnte den Absturz nicht mehr verhindern. Zwar waren Daninos' Kleine die meistverkauften Modelle, aber Garantie- und Kulanzleistungen fraßen den Konzern auf. 1964 schloss das Unternehmen seine Pforten.

Manchen gilt der HK 500 als der Facel Vega schlechthin. Der Chrysler-V8 mit 5,9 Liter Hubraum und 360 PS sprechen für sich.

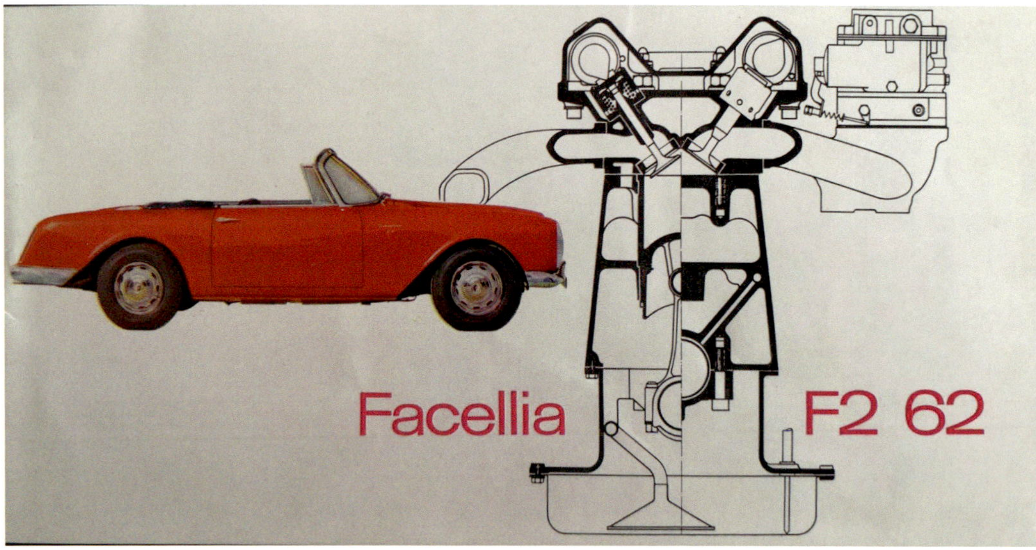

Der Nachfolger des unzuverlässigen Facellia war der Facellia F2, immer noch mit Facel-Vierzylinder, 1646 cm³, zwei obenliegenden Nockenwellen und 115 PS.

Faure

Pierre Faure arbeitete lange Jahre als Ingenieur im Flugzeugbau, bevor er 1940 seine eigene Firma Pierre Faure S.A. in Toulouse gründete. In Zeiten der Rationierung von Treibstoff dachte Faure über Alternativen für den Antrieb von Fahrzeugen nach. Der Holzvergaser war bereits erfunden, erwies sich jedoch als mühsam in der Handhabung und wenig effizient in der Brennstoffverwertung.

Faure ersann ein Elektrofahrzeug, das an jeder damals üblichen 110V-Steckdose geladen werden konnte. Für die Gestaltung der Karosserie zog er den Architekten Michel Dufet zurate. Der entwarf eine Form, die mit einer stark abgerundeten Nase und verkleideten Radhäusern vorbildhaft in Sachen Aerodynamik war. Dieses Design schien geradewegs aus einem Studio für Luftfahrtbau entsprungen zu sein. Hinzu kam ein relativ geringes Gewicht von 550 Kilo, was der Effizienz dienlich war. Die hölzerne Karosserie ruhte auf einem Stahlchassis, das auch die Amalgam-Batterien mittrug. Naturgemäß nahmen die Stromspeicher recht viel Raum ein, sodass der Faure nur als zweisitzige oder dreisitzige Limousine oder als zweisitziger Kombi lieferbar war. Die technischen Daten versprachen eine Höchstgeschwindigkeit von 45 km/h und eine Reichweite von 50 bis 75 Kilometer. Im Prinzip also gute Voraussetzungen für einen größeren Erfolg. Der blieb allerdings aus, die Produktion hat wohl nie die Zahl 20 überstiegen. So endete 1947 die Herstellung des Elektro-Faure und die Geschichte dieses Automobilherstellers.

Faure wurde zum Elektropionier aus Mangel an Brennstoffen. (Buch-T CC BY SA 3.0)

Gute Idee, schlechter Zeitpunkt. Trotz schöner Prospekte entstanden vom Faure Elektrowagen wohl nur 20 Exemplare.

Rückwärtsfahrt gefällig? Bitte sehr: Die Vorderachse des Flipper I ist samt Motor um 360 Grad drehbar. (Buch-t CC BY SA 3.0)

Der Flipper II war kein Wendehals mehr, denn er verfügte nun über einen richtigen Rückwärtsgang. (Buch-t CC BY SA 3.0)

Flipper SARL

Die Flipper SARL wurde 1978 in Villejuif als Tochterfirma der SEAB (Société d'Ètudes et Applications de Brevets) gegründet. Die SEAB war zuvor bereits als Entwickler und Hersteller der Kunststoffkarosserie des Citroën Méhari bekannt geworden.

Der SEAB-Chefkonstrukteur Roland de Poype wendete sich nun bei Flipper dem Bau von Kleinstwagen zu. Das erste Modell, Flipper I, entsprach mit seiner leichten GFK-Karosserie und der Länge von nur 2,44 Meter voll und ganz den Anforderungen eines Microcars. Die Vorderachse des Flipper I wies zwei Besonderheiten auf: Zum einen besaß sie eine geringere Spurbreite als die hintere Achse, was zu einem ungewöhnlichen Fahrverhalten führte. Zum anderen war die Vorderachse um 360 Grad drehbar. Möglich wurde das durch den auf dem Drehpunkt sitzenden Motor samt Tank. Nötig machte das der fehlende Rückwärtsgang. Wollte der Fahrer den Flipper I rückwärts bewegen, so drehte er fünfmal am Steuerrad, bis die Achse eine komplette Wendung vollzogen hatte.

Dieses Kuriosum fand sich ab 1981 beim Nachfolgemodell Flipper II nicht mehr, denn er verfügte über einen Rückwärtsgang. Angetrieben wurden Flipper I und II entweder von einem 47 cm³-Sachs-Zweitakter oder einem 50 cm³-Motobecane-Zweitakter. Die Kraft wurde von einer 2-Gang-Automatik übertragen. Der 1981 erschienene Donky, ein offener Zweisitzer, wurde von einer 50 cm³-Motobecane-Maschine befeuert. 1984 endete die Produktion bei Flipper.

Wozu einen Rückwärtsgang verbauen, wenn sich doch das Vorderrad samt Motor um 180 Grad drehen lässt? Der Flipper I war skurril.

Ford

1916 gründete der Brite Percival Perry, seinerzeit Vorstandsvorsitzender von Ford Britain, in Bordeaux die »Société Française des Automobiles Ford«. Die Gründungen von »Ablegern« des amerikanischen Mutterkonzerns in verschiedenen europäischen Ländern hatten zum Ziel, die hohen Importzölle zu umgehen, die in vielen Staaten zu entrichten waren. So montierte man das T-Modell für den französischen Markt bis 1925 in Bordeaux, dann bis 1927 in Asnières-sur-Seine. Das Modell A wurde von 1927 bis 1931 gebaut und das Modell Y von 1932 bis 1934.

Das B-Modell musste hingegen importiert werden. Die erwähnten Abgaben und der damit einhergehende hohe Preis sorgten für Unbeliebtheit bei den Kunden. 1934 begab sich Maurice Dollfus, Vorstandsvorsitzender der Ford SA, auf die Suche nach einem größeren Produktionswerk. Dabei einigte er sich mit Emile Mathis S.A. auf ein Joint-Venture. Man schloss sich zur Matford S.A. zusammen und produzierte fortan im Mathis-Werk Strasbourg

Dieses Matford Alsace V8-F91A Cabriolet von 1939 trägt elegante Fender Skirts und einen 3,6 Liter-Ford-V8 unter der Haube.

Der Matford-Alsace-Prospekt von 1935 bewirbt den an den Ford V8 angelehnten Matford V8 mit 3,6 Liter Hubraum und 90 PS.

sowie in Asnières-sur-Seine. Wichtige Modelle aus jener Zeit sind der Matford V8-F92A (2225 cm³, 60 PS) und der V8-F91A (3621 cm³, 90 PS). Der in den 30er-Jahren eingeführte Aquilon-V8-Motor fand bei Ford noch bis in die 60er-Jahre Verwendung. Das Verhältnis zwischen Ford France und Mathis war jedoch immer angespannt. Letztlich kam es 1940 zur Trennung.

Mathis sah sich gezwungen, vor den Deutschen in die USA zu fliehen. Ford France musste das Werk in Poissy den Besatzern überlassen. Eine geordnete Pkw-Produktion konnte somit erst wieder im Jahr 1946 mit einem 2,2-V8-Modell beginnen. Diesem Wagen folgte 1948 die Vedette sowie 1952 deren Luxusversion Vendome mit 4-Liter-V8. Den Schlusspunkt der Ford-France-Neupräsentationen bildete 1952 das Sportcoupé Cométe. Die genannten Modelle wurden ausschließlich auf dem französischen Markt angeboten, sodass sich die Verkaufszahlen in Grenzen hielten. Ford France war unzufrieden mit der Umsatzentwicklung und suchte

Der 1953 vorgestellte Ford Comète Monte Carlo trug einen 3,9 Liter großen Ford-Lkw-V8 mit 109 PS unter der Haube. (www.fomcc.de)

Der Ford Comète ohne den Zusatz »Monte Carlo« begnügte sich mit einem 2,2-Liter-V8 und 68 PS.

Der seit 1948 gebaute Ford Vedette bekam ab 1952 eine einteilige Frontscheibe, wie hier am 53er Model zu sehen ist.

1956 wurde dieser Vedette Régence in Frankreich als Simca vertrieben, im restlichen Europa als Ford. (www.fomcc.de)

nach einem Abnehmer für seine Depandance. Zur gleichen Zeit sah sich Simca-Gründer Henri Pigozzi nach weiteren Produktionsstätten für sein florierendes Unternehmen um. Pigozzi ergriff die Gelegenheit und erwarb das Ford-Werk in Poissy mitsamt dem Produktionsauftrag für die Vedette. Dieses Modell wurde dann in Abwandlungen als Simca Vedette bis 1961 (zumeist mit dem Aquilon-V8) hergestellt, bei Simca do Brasil sogar bis 1969! Die Fabrik in Poissy etablierte sich als wichtiger Produktionsstandort für Simca und wurde 1961 auch zum Namensgeber einer neuen Generation von Motoren. Die fanden sich bis 1991 in zahllosen Simca/Talbot/Peugeot-Modellen wieder.

Der von '48 bis '54 in Poissy gefertigte Ford Vedette war anfänglich nur als Fließhecklimousine mit hinteren Selbstmördertüren erhältlich.

Mit nur 540 kg Gewicht machte das Fournier et Marcadier Barzoi Coupé selbst mit dem kleinen 1000er-Motor aus dem R8 Laune. Es gab in der Bauzeit von 1967 bis 1969 aber auch 1300er- und 1600er-Motoren.

Fournier et Marcadier

In Lyon etablierten Marcel Fournier und André Marcadier 1963 ihre Firma Fournier-Marcadier. Zunächst konzentrierten sich die beiden auf Wettbewerbsfahrzeuge, die als Bausätze zu haben waren. Barquette FM nannte sich der offene Zweisitzer, der von einem mittig sitzenden Vierzylinder aus dem Renault 8 angetrieben wurde. Rund 60 Kits entstanden bis 1966.

Als Nachfolger des Erstlingswerks präsentierten die Gründer den Monoplace ARAL. Wie der Name schon erahnen lässt, handelte es sich dabei um einen einsitzigen Rennwagen. Radstand, Motor und dessen Anordnung entsprachen dem Barquette FM. Gefertigt wurde das Auto für die Formule France in einer Auflage von 20 Stück. Parallel zum Monoplace fertigte man von 1967 bis 1969 der Straßensportwagen Barzoi. Nach Firmenangaben entstanden 30 Exemplare, die alle über Renault R8 Gordini-Motoren in Hubraumgrößen zwischen 1000 Kubik bis 1,6 Liter verfügten. Fournier und Marcadier trennten sich 1969 und letztgenannter führte den Betrieb unter dem Namen Automobiles Marcadier fort.

Das Barzoi Coupé K verfügte über mittig eingebaute Renault-Motoren mit 1100 bis 1860 cm³ sowie die Radaufhängung vom Renault 8.

Flügeltüren? Dazu braucht es keinen SL. Ein Barzoi macht mit seiner gefälligen Karosserie und den Miura-Anleihen immer Eindruck.

Fredcar

Die Gründung der Fredcar S.A. fand 1971 in Vocance statt. Firmenchef Emmanuel Bonnet hatte viel Erfahrung bei der Herstellung von GFK-Karosserien gesammelt. 1955 sah Bonnet auf einer Fachmesse eine aus glasfaserverstärktem Kunststoff gefertigte Karosserie und war sogleich von den Möglichkeiten dieses neuartigen Werkstoffs begeistert. Fortan fertigte er für die Karosseriebaufirma Frappa Kühlauflieger aus GFK und wurde so zu einem Pionier auf diesem Gebiet. Zuvor hatte sich Bonnet bereits einen Namen gemacht beim Karossier Joseph Besset, der wiederum als Hersteller der sehr fortschrittlichen ISOBLOC-Omnibusse bekannt wurde.

1971 begann er nun mit der Herstellung seines ersten eigenen Fahrzeugs. Als Vorbild diente ihm dabei der Citroën Méhari, wie sowohl die Optik als auch die technische Basis beweist. Auf einen 2 CV-, AMI 6- oder Dyane-Rahmen montierte Bonnet eine Monocoque-GFK-Karosserie. Die Citroën-Basis brachte auch den luftgekühlten 602 cm^3-Zweizylinder-Boxer und das berühmte weiche Fahrwerk mit sich. Die Bezeichnung des Gefährts leitete Bonnet übrigens vom Namen seiner Tochter Frederique ab. Das Fredcar war in drei Versionen erhältlich: Pick-Up ohne Türen und Verdeck, Pick-Up mit Türen und Hardtop sowie auf dessen Basis eine Variante mit hinterem »Kasten«-Aufbau.

1985 zog Bonnet sich in den Ruhestand zurück und übergab sein Wissen an seinen Schwiegersohn Yves Reynaud. Der produzierte das Fredcar bis 1993 weiter, ehe verschärfte Abgas- und Sicherheitsbestimmungen die Produktion stoppten. Da das Fredcar immer nur ein Nebenprodukt der erfolgreichen Karosseriebaufirma Bonnet war, kamen in 22 Produktionsjahren lediglich 19 Exemplare des Fahrzeugs zustande. Dementsprechend steht das Fredcar bei Sammlern sehr hoch im Kurs, wenn dann mal eines auf dem Markt auftaucht.

Fredcar war benannt nach Frederique, der Tochter des Gründers Emmanuel Bonnet. Unter der GFK-Karosserie fand sich bewährte 2-CV-Technik. (Joost J.Bakker CC BY 2.0)

Es gab sogar ein Hardtop für das Fredcar. Die Dreilochfelgen verraten das 2-CV-Unterkleid.

Galy

Die Automobiles Galy S.A. war eine Tochterfirma der »Forges et Ateliers de la Vence et de la Fournaise« aus Paris und begann 1954 mit der Automobilproduktion. Einziges Fahrzeug im Programm war ein kleines Coupé (2,95 Meter Länge), das eine gewisse Ähnlichkeit zum Goggo Coupé besaß.

Der Wagen war in zwei Varianten erhältlich: Zum einen der Galy Vibel mit einem Zweitakt-Motor von Ydral (175 cm³, 11 PS), zum anderen der Galy Visport mit einem AMC-Viertakter (294 cm³, 18 PS). Eine dritte Variante namens Galy Vistand, die einem Jeep ähnelt, bleibt im Prototypen-Stadium stecken. Die Motoren waren wie beim Goggomobil auch im Heck platziert. Die Kraftübertragung erfolgte durch ein Dreiganggetriebe. Die hergestellte Stückzahl beläuft sich auf etwa 100 Exemplare. 1957 endete die Produktion.

Die Ähnlichkeit des Galy zum Goggo Coupé ist auffallend, ähnlichen Erfolg hatte er nicht. Es gab Zweitakter mit 11 oder Viertakter mit 18 PS.

Gateau

Automobiles Gateau war eine Tochterfirma von Gateau International aus Saint-Gilles-Croix-de-Vie. Die Automobilproduktion begann 1983 im Werk Machecoul. Die Firma zählte zu einem der zahlreichen Hersteller von Kleinstwagen, die sich in Frankreich in diesem Metier versuchten.

Eine besondere Spezialität von Gateau war die Ausrichtung auf Autofahrer mit Körperbehinderungen. Unter der Leitung des Chefdesigners Joël Brétecher entwickelte man die Modelle Break, Egzo 3, Egzo 7, Forum, Grande, Maximini und Vison. Es wurden Benzin- und Dieselmotoren zwischen 50 und 500 cm³ Hubraum angeboten. Ebenso waren zwei Elektromotoren im Angebot. Die genaue Stückzahl ist nicht bekannt, 1992 stellte man die Produktion ein.Saint-Gilles-Croix-de-Vie. Die Automobilproduktion begann 1983 im Werk Machecoul. Die Firma zählte zu den zahlreichen Herstellern von Kleinstwagen, die sich in Frankreich in diesem Metier versuchten. Eine besondere Spezialität von Gateau war die Ausrichtung auf Autofahrer mit Körperbehinderungen.

Für Rollstuhlfahrer war der Gateau Egzo ideal. Mit 125 cm³-Zweitakter oder 325 cm³-Diesel war er in Frankreich führerscheinfrei zu fahren.

Georges Irat

Obwohl bereits 1914 in Paris gegründet, begann die Automobiles Georges Irat SA erst 1921 in Chatou mit dem Bau von Automobilen. Georges Irat hatte den Anspruch, sogenannte »Voitures d´Elite« zu bauen. Das bezog sich sowohl auf die Technik als auch auf die Qualität der Fahrzeuge. Sein Produktprogramm bestand Ende der 20er-Jahre aus gediegenen Sechs- und Achtzylinder-Fahrzeugen mit Motoren der US-Marke Lycoming. Genau diese erwiesen sich aber um das Jahr 1930 als Achillesferse des Unternehmens. Die weltweite Wirtschaft ächzte unter den Folgen des New Yorker Börsencrashs 1929, teure Fahrzeuge waren nicht mehr gefragt, und die US-Motoren wurden unbezahlbar. Erst die radikale Wende hin zu kleinen Fahrzeugen sorgte wieder für einen Aufschwung. Während des Zweiten Weltkrieges versuchte sich Irat an der Entwicklung von Elektro-Fahrzeugen, eine Serienproduktion scheiterte an der Verfügbarkeit von Facharbeitern und am hohen Gewicht der Batterie-Fahrzeuge.

Nach Ende des Zweiten Weltkriegs stellte Irat zunächst in Belges bei Bordeaux Industrie-Dieselmotoren unter dem Markennamen DGO her. Diese Produktion warf ausreichend Geld ab, sodass Irat die Entwicklung verschiedener Prototypen finanzieren konnte. Einer dieser Wagen namens »La Labourdette« wurde 1949 auf dem Pariser Autosalon gezeigt. Mit seiner Karosserie aus Leichtmetall und seiner Stromlinienform sorgte er für Aufsehen. Der Plan war, diesen Sportwagen der 2-Liter-Klasse gewinnbringend zu exportieren. Dem stand der sogenannte Pons-Plan entgegen, der im Frankreich der Nachkriegsjahre besonders wichtigen Herstellern einen größeren Anteil an knappen Rohstoffen wie Stahl zukommen lassen sollte. Irat Automobiles zählte nicht dazu und erhielt somit keine besondere Förderung. Georges Irat intervenierte vergebens und musste die Produktion in Frankreich 1949 aufgeben.

Dieser Georges Irat 6 CV Roadster trägt einen 33 PS-Ruby-Motor unter der Haube. (Dave 7 CC BY 2.0)

1950 stellte Georges Irat das VdB vor, ein Jeep-ähnliches Gefährt, das aber über den Prototypenstatus nicht hinaus kam. (Alf van Beem)

Er zog nach Marokko, wo er sich wiederum an der Konstruktion eines Automobiles versuchte. Beim Projekt VdB handelte es sich um ein Jeep-ähnliches Fahrzeug, dessen Entwicklung aber auch nicht über einen Prototyp hinauskam. Georges Irat existierte noch bis Ende der 50er-Jahre als Hersteller von Stationärmotoren und Generatoren für die Armee, ehe diese Produktion ebenfalls zum Erliegen kam. Die Firma erlosch 1953.

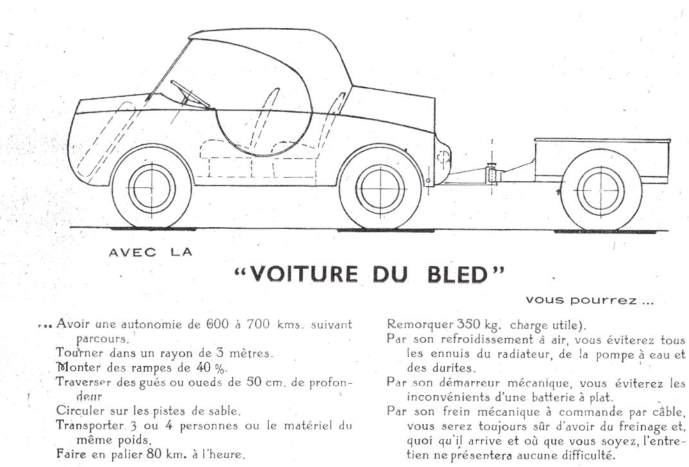

Das Voiture du Bled (sinngemäß »Landfahrzeug«) hatte einen 610-cm³-Panhard-Motor, 28 PS und verfügte über extreme Steigfähigkeit.

Wenn ein Anlagenbauer mal etwas anderes herstellen möchte, kommt ab und zu ein Kleinstauto heraus. Der GMT Rivelaine entstand von 1980 bis 1983.

GMT

Die »Générale de Mécanique et de Thermique« begann 1980 in Wingles unter dem Markennamen GMT mit der Herstellung von Automobilen. GMT baute Kleinstwagen, das einzige Modell war der Zweisitzer Rivelaine. Mit einer Fahrzeuglänge von nur 2,42 Meter und dem verbauten 47 cm³-Sachs-Motor passte der Rivelaine ideal in die Klasse der führerscheinfreien Fahrzeuge. Der Rivelaine war lediglich in einer Karosserievariante als geschlossener Zweisitzer lieferbar. Später fanden auch 49 cm³-Motobecane – sowie 125 cm³-Sachs-Motoren Verwendung. 1983 endete die Produktion, eine genaue Stückzahl ist nicht bekannt.ein.

Gordini

Wer sich für französische Autos interessiert, der kennt den Namen Amédée Gordini, auch der »Hexer« genannt. Diesen Spitznamen erwarb sich der 1899 bei Bologna geborene Motorenkünstler bereits in sehr jungen Jahren. Als Vierzehnjähriger verdingte er sich als Mechaniker bei Isotta Fraschini, dort stand auch ein gewisser Alfieri Maserati in Lohn und Brot. Nur fünf Jahre später konstruierte er aus Isotta-Fraschini-Teilen sein erstes eigenes Auto. Zu Beginn der 20er-Jahre wanderte Gordini nach Frankreich aus und gründete eine eigene Werkstatt in Suresnes. Dort wurde er Spezialist für die Wartung und das Tuning von Fiat-Fahrzeugen. Seine Fähigkeit, aus unterschiedlichsten Triebwerken das Optimum herauszuholen, verlieh ihm besagten Spitznamen.

Amédée Gordini (1899-1979), auch »der Hexer« genannt, neben einer seiner berühmten Kreationen, dem legendären Renault 8 Gordini. Was er anfasste, wurde schnell.

1946, kurz vor dem Firmenumzug nach Paris, entwickelte Gordini seinen ersten Monoposto, der von einem 1100 cm³-Simca-Motor angetrieben wurde. In den folgenden Jahren gelang es den Mechanikern, diesen Motor auf 1430 cm³ zu erweitern. Damit hatte er aber immer noch ein Defizit gegenüber der in der Formel 2 üblichen 2-Liter-Klasse. Dennoch etablierten sich die Simca-Gordini als zweitstärkste Kraft hinter Ferrari. Gordini genügte das nicht. Man pumpte den vorhandenen Einsvierliter mit einem Kompressor auf – und dadurch entsprach er auch den Regularien der Formel 1. Gordini startete nun also in der Königsklasse, konnte dort jedoch kaum mehr als Achtungserfolge erzielen. Er sah das Übel in der mangelnden Möglichkeit Simcas, adäquate Formel 1-Motoren zu liefern. Daher stieg er aus der Kooperation mit Simca aus und konstruierte fortan eigene Motoren. Das gelang ihm zwar unter anderem 1952 mit einem 6-Zylinder-Motor, auf Dauer aber konnte er wegen seiner knappen finanziellen Decke nicht mit den großen Rennställen wie Ferrari mithalten. Daher stieg er nach 35 Rennen aus der Formel 1 aus.

86 oder 88 PS aus 1108 cm³ oder 1255 cm³ sorgten im Heck des zwischen '64 und '70 gebauten Renault 8 Gordini bei Bedarf für Driftwinkel.

Er verlegte sich nun auf den Aufbau und das Tunen von Rallyefahrzeugen der Marken Renault und Simca. Im Rahmen dieser Tätigkeit erhielt Gordini 1957 von Renault den Auftrag, auf Basis der Dauphine ein Rallye-Fahrzeug zu entwickeln. Gordini lieferte die Dauphine 1093, eine Rennsportversion mit 850 cm³, 49 PS und einem 5-Gang-Getriebe. Renault nahm damit unter anderem an der Rallye Monte-Carlo teil. Daraus folgte der Renault-Wunsch nach einer »Straßen-Sportversion« der Dauphine. Gordini entlockte den 850 cm³ 33 beziehungsweise 36 PS statt der vorherigen 26,5 Pferdchen. Ähnlich verfuhr er mit dem Renault 8 Gordini. Basis war hier der 1962 neu erschienene 1108 cm³-Cléon-Motor. Ihn brachte Gordini von den serienmäßigen 45 PS auf stolze 86.

Fortan waren die Gordini-Modelle an der blauen Lackierung mit den zwei weißen Längsstreifen erkennbar. 1969 wurde die Usine Amédée Gordini in den Renault-Konzern eingegliedert. Modelle wie der R12 oder der R17 Gordini trugen also einen berühmten Namen, ohne dass der Hexer noch Einfluss darauf hatte. Spuren hatte er aber trotzdem hinterlassen. Seit 2010 taucht der Name Gordini wieder im Renault-Programm auf. Amédée hat es verdient.

Bei diesem Simca 8 Gordini handelt es sich um ein Einzelstück für den Simca-Händler Lucien Barthe. (Jean-Pierre 60 CC BY SA 3.0)

Der Gordini Type 245 Sport hatte 8 Zylinder in Reihe und ein 5-Gang-Getriebe. (Zairon CC-BY SA 4.0)

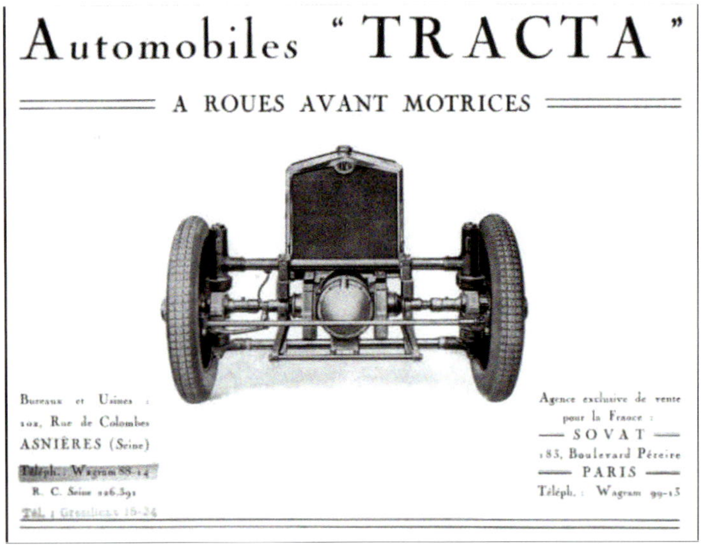

Mit Frontantrieb und Gleichlaufgelenken schuf Albert Grégoire schon 1928 bei Automobiles Tracta seine ersten Pioniertaten.

Grégoire

Das automobile Wirken von Jean-Albert Grégoire mit einer schlichten Aufzählung von Daten und Fakten zu beschreiben, wäre völlig ungenügend. Grégoire gehört zu den Pionieren des Automobilbaus, die Spuren hinterlassen haben. 1899 in Paris geboren, legte ein Studium an der Ecole Polytechnique ab, das er als Doktor jur. abschloss. 1926 gründete er mit Pierre Fenaille das Autounternehmen Tracta in Chantiers. Bereits 1927 konstruierte er sein erstes eigenes Fahrzeug, den Tracta GePhi. Das Besondere an diesem Auto war die Verwendung des Frontantriebs-Konzepts. Der GePhi war das erste Serienfahrzeug der Welt mit dieser Antriebsauslegung. Hilfreich war dabei die Entwicklung des homokinetischen Gleichlaufgelenks, das Pierre Fenaille zur Serienreife brachte. Mit diesem speziellen Gelenk können Drehbewegungen zweier Wellen, die im Winkel zueinanderstehen, mit der gleichen Drehzahl übertragen werden. Das senkt rapide den Wellenverschleiß und sorgt für störungsfreies Fahren.

Vom Grégoire Sport Cabriolet mit 2,2-Liter-Boxer wurden der Legende nach nur vier Wagen bei Chapron gebaut.

Von 1947 bis 1949 war dieser Frontantriebswagen als Grégoire R erhältlich, danach wurde er noch bis 1954 als Hotchkiss-Grégoire vertrieben. (Buch-t pd-self)

Die Tätigkeit von Tracta endete 1934 nach 200 gebauten Fahrzeugen. Grégoire verdingte sich fortan als freischaffender Ingenieur, unter anderem erschuf er 1937 den Amilcar Compound. Hierbei handelte es sich um einen Kastenwagen, dessen Fahrgestell aus der ultraleichten Aluminium-Legierung Alpax bestand. Der Amilcar Compound wurde von Hotchkiss 1938 bis 1939 in 681 Exemplaren hergestellt. 1941 wurde Grégoire Chefkonstrukteur bei Hotchkiss.

Während der Hotchkiss-Zeit entwickelte er zum Beispiel den CGE Tudor, ein Fahrzeug mit Elektro-Antrieb. In den 40er-Jahren war diese Entwicklung dem Treibstoffmangel geschuldet, was Grégoire Ende der 60er-Jahre nicht davon abhielt, das Elektro-Konzept noch einmal aufzugreifen. Weiterhin schuf Gregoire in den Kriegszeiten einen Kleinwagen namens »Francais-Grégoire«. Dessen Fahrgestell war wie beim Amilcar Compound aus Alpax hergestellt. Mit seinem luftgekühlten 600 cm³-Boxermotor und nur 400 kg Leergewicht erreichte der Viersitzer immerhin 100 km/h. Dieses Projekt sollte die Grundlage für den späteren Panhard Dyna bilden.

In einer höheren Klasse spielte der Prototyp Grégoire R, eine große Limousine mit Alpax-Fahrgestell, Frontantrieb und wassergekühltem 2-Liter-Boxer. Dieses fortschrittliche Fahrzeug wurde von Hotchkiss (beziehungsweise Chapron) von 1949 bis 1954 als Hotchkiss-Grégoire in 247 Exemplaren gebaut. Nach dem Ende der Pkw-Herstellung bei Hotchkiss entwickelte der begnadete Tüftler den Typ R zum Grégoire Sport weiter. Dieses Fahrzeug wurde ab 1956 hergestellt, unter der Haube befand sich ein wassergekühlter 2,2-Liter-Boxer, der mit Kompressor-Unterstützung 125 PS leistete. Der Grégoire Sport war als Limousine und Cabrio (Chapron) erhältlich. Ein Exemplar wurde als Coupé gebaut. Insgesamt entstanden bis 1962 etwa 15 Wagen.

Das letzte automobile Projekt der Marke war der Grégoire Charbonneux. Hierbei griff der Meister auf die Idee des Elektroautos zurück, die er schon in den 40er-Jahren verwirklicht hatte. Für das Design des Kleinwagens zog er Philippe Charbonneux zurate, der eine kombiähnliche Karosserie mit zwei Schiebetüren entwarf. Für den Antrieb sorgte ein UNILEC-Elektromotor. Zunächst entstanden vier Exemplare, bevor die französische Post bis 1972 etwa 20 Fahrzeuge orderte. Nach dem Ende der Charbonneux-Produktion endete auch die Marke Grégoire und das bemerkenswerte Schaffen von Jean-Albert-Grégoire.

Beim Charbonneux von 1969 handelt es sich um Grégoires letztes Werk. Vom Elektrowagen mit rund 50 km Reichweite entstanden bis 1972 etwa 25 Exemplare. (Alf Van Beem CC0)

Grunberg

Im Jahr 1974 gründete Rodolpho Grunberg in Monbahus die Automobiles Grunberg S.A.. Die Automobilproduktion war für den viel beschäftigten Technik-Tausendsassa im Prinzip nur ein Hobby. Daher blieb es bei einem einzigen Modell, dem RG 125. Hierbei handelte es sich um einen offenen Zweisitzer im Stile des deutschen Kleinschnittgers. Das Fahrzeug war zwei Meter lang und wurde von einem 125 cm³-Zweitakter angetrieben, der im Heck saß. Nach dem ersten gebauten Exemplar erhielt Grunberg sogleich einen Auftrag für fünf weitere Autos. Bei dieser Anzahl blieb es letztlich auch. 1990 widmete sich Grunberg einem anderen Auftrag: Dem Bau eines Kleinflugzeugs.

Helem/R.J.Racing S.A.

Jean-Michel Roy, Bernard Dupont und Francois Gazuit gründeten 1995 in Ecommoy die R. J. Racing S.A. Unter dem Markennamen Helem produzierte man Sportwagen für die Straße und die Rennstrecke. Ein Modell war der V6 GTR. Dieser basierte auf dem Renault Sport Spider. Dessen Fahrgestell verlängerte man um 12 Zentimeter. Der Motor wurde von dem Renault A610-Aggregat abgeleitet. Mit einem Turbolader versehen, leistete der Mittelmotor zwischen 260 und 280 PS. Helem-Fahrzeuge setzte man auch auf verschiedenen Rennveranstaltungen wie Le Mans ein. 2009 wurde das Unternehmen aufgelöst.

Hobbycar

Francois Wardavoir, Serge Desmarais und Claude Poiraud gründeten 1992 in Garancières das Unternehmen Hobbycar S.A. Zunächst präsentierte man das Amphibienfahrzeug B612A. Auf dessen Fahrgestell aus rostfreiem Stahl wurde eine GFK-Karosserie montiert. Als Antrieb dienten entweder ein 1,4-Liter-Benziner mit 74 PS oder ein 1,8-Liter-Diesel mit 80 PS. Beide Aggregate stammten aus dem PSA-Regal. Später ergänzte ein 1,9-Liter-Diesel aus gleichem Haus das Programm. Damit waren 140 km/h auf der Straße oder fünf Knoten auf dem Wasser möglich.

Am Produktionsort Thenay hatte man sich eine veritable Teststrecke eingerichtet, mit Sandkuhlen und kleinen Teichen. Dort konnten die B612A auf Herz und Nieren geprüft werden, bevor sie das Werk verließen. Dieses weiträumige Gelände war allerdings auch in finanzieller Hinsicht ein Pferdefuß. Der Betrieb des Testparcours und der Fabrik verschlangen viel Geld, sodass Hobbycar bald ins Schlingern geriet. Nach etwa 60 produzierten Exemplaren des B612A beschloss man den Bau einer vereinfachten Version B612A2, die an das vietnamesische Militär geliefert werden sollte.

Schlussendlich wurde noch der Prototyp Papass B612B entwickelt. Dieses Fahrzeug war ein Van vom Format eines Golf IV. Der B612B besaß vier Schiebetüren. Er war mit einem permanenten Allradantrieb ausgerüstet, unter der Haube hatte ein Opel-Vierzylinder mit zwei Litern Hubraum und Turboaufladung Einzug gehalten. Daraus entwickelten sich 204 PS. Zur Serienproduktion kam es unter anderem deshalb nicht mehr, weil Hobbycar 1994/95 in große finanzielle Schwierigkeiten geriet. 72 der 92 Mitarbeiter wurden entlassen, die Produktion wurde 1995 an SANAM übergeben. 1996 endete auch dort die Herstellung.
Fußnote: Das Hobbycar-Gelände diente nach dem Produktionsende als Standort des europaweiten Renault 4-Treffens in Thenay.

Beim Hobbycar B612 handelt es sich um ein Fahrzeug mit Kunststoffaufbau. Es gab ihn als Benziner oder Diesel. (Thesupermat CC BY SA 3.0)

Der Motor des Hommell Berlinette RS Coupés stammt aus dem Peugeot 306 S16, hatte 1998 cm³ und 167 PS.

155 PS leistete der 1998 cm³-Peugeot-16V im Hommell Berlinette Echappement (1994-1999).

Hommell

Der ehemalige Rennfahrer und damalige Verleger des Auto-Magazins »Echappement« Michel Hommell gründete 1990 in Loheac die Hommell Automobiles S.A. Ganz seinem vormaligen Beruf entsprechend, widmete er sich fortan dem Bau von Sportwagen. Einen ersten Prototyp präsentierte Hommell auf dem Pariser Autosalon 1992. Dieser Prototyp erhielt viel Zuspruch und ermutigte ihn, die Serienproduktion zu starten.

1994 zeigte er in Genf das erste serienreife Modell, die Berlinette Echappement. Unter der Leitung des Designers Gilles Dupré hatte man bei Hommell ein gefälliges Mittelmotor-Coupé entworfen, das mit Technikteilen aus der PSA-Gruppe ausgerüstet wurde. Der Motor entstammte dem Peugeot 405 Mi16. Es handelte sich hierbei um einen 2,0-Liter-Vierzylinder-DOHC-Motor mit 157 PS. Mit nur 980 kg Leergewicht schwang sich die Berlinette zu über 220 km/h Höchstgeschwindigkeit auf. Die Kraftübertragung erfolgte via eines 6-Gang-Getriebes auf die Hinterräder. 1998 ergänzte eine offene Barquette-Version das Programm. 1999 zog in das nun Berlinette RS genannte Coupé ein stärkerer 167 PS-Motor ein. Eine letztmalige Leistungssteigerung erfuhr das Aggregat ab 2001 in der Berlinette RS2. Hier taten jetzt 195 PS ihren Dienst. 2003 geriet Hommell in finanzielle Schwierigkeiten und musste die Produktion beenden. 2005 scheiterten Gespräche mit einem chinesischen Investor.

Hotchkiss

Nach der Gründung durch Benjamin Hotchkiss im Jahr 1875 beschäftigte sich »Hotchkiss et Cie.« zunächst ausschließlich mit der Rüstungsproduktion. Erst 1903 stieg man zusätzlich in die Automobilbranche ein. Bereits in jenen Jahren nahm Hotchkiss erfolgreich an Autorennen teil. Dabei fielen die Wagen durch fortschrittliche Details auf, wie etwa die Verwendung eines Kardanantriebs statt einer Kette.

1936 erfolgte eine Zäsur bei Hotchkiss: Der Rüstungsbetrieb und der Karosseriebau (den man erst 1929 aufgebaut hatte) wurden verstaatlicht. Die Automobilsparte fusionierte mit dem Hersteller Amilcar, Jean-Albert Grégoire wurde zum Chefkonstrukteur bei Hotchkiss. Er hatte fortan großen Einfluss auf die Geschicke der Firma. Zu Beginn des Zweiten Weltkriegs floh der Geschäftsführer

Zwischen 1948 und 1950 gab es den Hotchkiss Artois als Vierzylinder (2312 cm³, 70 PS) oder als Reihensechser (3485 cm³, 110 PS).

Der Hotchkiss M201 war ein Lizenzprodukt des Willys-Jeep, dessen »Go-Devil-Motor« er ebenfalls übernahm. Er wurde zwischen 1955 und 1966 für die Armee produziert und verfügte über 60 PS.

Henry Ainsworth nach England, dort konnte er Kontakte mit Willys-Overland knüpfen, was Jahre später hilfreich wurde. Ab 1942 übernahm Peugeot die Leitung bei Hotchkiss.

Während des Zweiten Weltkriegs verstärkte Hotchkiss die Rüstungsproduktion, lediglich der Kastenwagen Amilcar B38 und das Elektroauto CGE Tudor verließen das Band. Die Idee mit dem elektrischen Antrieb griff Grégoire übrigens gegen Ende der 60er-Jahre noch mal auf und entwickelte den Prototypen Grégoire Charbonneux. Nach dem Zweiten Weltkrieg unternahm Hotchkiss Anstrengungen, in verschiedenen Sparten wieder Fuß zu fassen, unter anderem im Bereich der Lastkraftwagen und der Traktoren.

Auf dem Pkw-Gebiet bemühte man sich zunächst darum, mit Willys-Jeep die SOFIA (Societe Financiere Industrielle Automobile) zu gründen, die sich um die Reparatur der in Frankreich verbliebenen Willys-Jeep kümmern sollte. 1952 erhielt Hotchkiss die Lizenz für den Bau des Willys-Jeep, die die französische Armee sogleich in ihren Fuhrpark aufnahm. Die Produktion der Geländewagen endete erst 1966 nach 27.628 Einheiten. Damit überlebte die Fertigung von Hotchkiss-Jeeps die der Privat-Pkw um zwölf Jahre.

1946 wagte Hotchkiss mit dem bekannten Vorkriegsmodell 680 den Neuanfang, 1947 folgt ihm der ebenfalls veraltete 686. Auf dem (und dem 486) basierten auch die modernen, 1950 vorgestellten Anjou-Modelle sowie das 1952 lancierten Hotchkiss Anthéor Cabriolet. Beide konnten nicht darüber hinwegtäuschen, dass die große Zeit der luxuriösen Hotchkiss-Pkw vorbei war. Die Menschen lechzten nach preisgünstigen Pkw mit sparsamen Motoren. 1954 übernahm Hotchkiss den Autobauer Delahaye (und mit ihm auch Delage), um sich fortan verstärkt auf dessen Nutzfahrzeug- Sparte zu konzentrieren. Der Pkw-Bau wurde – abgesehen vom Hotchkiss-Jeep – 1954 eingestellt, Lkw baute man noch bis 1971.
1956 erwarb die Société Brandt, ein Hersteller von Haushaltsgeräten, Anteile an Hotchkiss. Das Konglomerat firmierte fortan als Hotchkiss-Brandt. Damit endete still und heimlich die Geschichte eines großen Automobilherstellers.

Das Nachfolgemodell des Artois hieß Anjou und wurde in etwa 5500 Einheiten von 1950 bis 1954 gefertigt, davon waren rund 40 Cabriolets.

Chapron stellte zwischen 1953 und 1954 eine kleine Anzahl an Hotchkiss Grégoire Coach Grand Sport her, sowohl als Coupé als auch als Cabriolet.

Hotchkiss-Grégoire

Der herausragende Ingenieur Jean-Albert Grégoire kam 1941 zur Hotchkiss S.A. Während seiner Zeit bei Hotchkiss entwickelte er den Prototypen Grégoire R. Es handelte sich dabei um ein Fahrzeug mit einer Reihe fortschrittlicher Details. So wurde die Karosserie aus dem Werkstoff Alpax hergestellt, einer Aluminium-Silicium-Legierung, die sich durch besondere Leichtigkeit und Festigkeit auszeichnete. Weiterhin bemerkenswert war zu jener Zeit der Frontantrieb, die weitaus größere Zahl der Fahrzeugmodelle besaß noch Heckantrieb. Mit einer vorderen Einzelradaufhängung, hinteren Längslenkern und einer 12 V-Elektrik lag der Grégoire R ebenfalls weit vorne. Beim Motor handelte es sich um einen 2-Liter-Boxer-Vierzylinder mit Wasserkühlung.

Hotchkiss übernahm das Projekt ab 1949 und vermarktete es als Hotchkiss-Grégoire, lieferbar als viertüriges Fließheck oder als Coupé. Seine vielen fortschrittlichen Details und die luxuriöse Ausführung trieben den Preis des Hotchkiss-Grégoire deutlich nach oben. So konnte Hotchkiss lediglich 247 Exemplare absetzen, ehe 1954 die gesamte PKW-Produktion bei Hotchkiss (vom Jeep abgesehen) zum Erliegen kam. Grégoire entwickelte den Wagen weiter und brachte ihn 1956 als Grégoire Sport auf den Markt.

Lediglich 247 der fortschrittlichen Hotchkiss-Grégoire R mit Frontantrieb wurden verkauft, bevor die Produktion 1954 zum Erliegen kam.

Hrubon/Schmitt/Charlatte

Jean-Paul Hrubon, Automobilhersteller. Eine simpel klingende Bezeichnung, die auch die Wahrheit trifft. Aber dennoch nur die halbe Wahrheit ist. Lange bevor Hrubon sich daran machte, ein Fahrzeug für die Großserie herzustellen, betätigte er sich als Rennfahrer – und baute sich 1967 sein Rennauto gleich selbst. Zuvor hatte er sich bereits als Austin-Händler in Levallois und hervorragender Konstrukteur von rennfähigen Mini-Cooper hervorgetan. Nun sollte es also ein Rennauto für ihn selbst werden. Dazu holte er sich die damaligen Motorsport-Größen Claude Plisson, Jean Paul Brulé und Jean Pierre Boivent ins Boot. Sie konstruierten ein Gitterrohr-Chassis, entliehen Motor und Fahrwerk dem Renault Gordini 1300 und schafften so eine veritable Rennmaschine, die in Le Mans 1967 für Furore sorgte. 1968 ließ Hrubon ein weiteres Rennmodell folgen, bevor er seine Fahrerkarriere wieder an den Nagel hängte.

An Ideen mangelte es ihm jedoch nicht: Hrubon gründete 1980 in Guebwiller/Elsass seine eigene Automobil-Fabrik. Schaut man auf das Portfolio des Herstellers, so wird seine Liebe zum Austin Mini deutlich. Er kopierte das Design des Strandbuggys Austin Mini Moke, ließ sein Modell noch ein wenig schrumpfen und installierte einen 50 cm³-Motobécane-Zweiradmotor mit Automatik. Fahrzeuge mit 50 cm³-Motorisierung erfreuen sich in Frankreich seit jeher großer Beliebtheit, lassen sie sich doch ohne besondere Fahrerlaubnis bewegen. Außer dem Moped-Motor waren auch Versionen mit 125 cm³ (Sachs) und 998 cm³ (Austin) erhältlich. Die Verkaufszahlen hielten sich jedoch in Grenzen, möglicherweise veräußerte Hrubon deshalb sein Unternehmen bereits 1981 wieder. Der Fabrikant Bernard Schmitt übernahm die Herstellung, ab 1985 wurden die Fahrzeuge bei Charlatte in Migennes gebaut. Die Produktion des Strandmobils dauerte bis 1987 an, dann war nach 200 Exemplaren Schluss.

Der Hrubon Phaeton war unverkennbar dem Austin Mini Moke nachempfunden. Zunächst gab es ihn mit 50-cm³-Motoren, später auch mit 998 cm³.

Inter Autoscooter

Inter Autoscooter. Drei Räder, eine aufklappbare Kabine und ein quirliger 175 cm³-Zweitakt-Motor. Ein Schelm, wer Böses denkt und den Messerschnitt KR 175 im Sinn hat. Der Gedanke liegt nahe, dass der Inter Autoscooter als Konkurrent für den ebenfalls 1953 erschienenen KR 175 dienen sollte. Wie auch sein deutscher Wettbewerber entsprang der Inter dem technischen Sachverstand von (vormaligen) Flugzeugbauern. Anders als bei Messerschmitt waren die Mannen von Inter jedoch nicht durch den Geschichtsverlauf gezwungen, sich neue Betätigungsfelder zu suchen.
Der Hauptarbeitgeber des Inter-Teams, die SNCAN – Flugzeugwerke in Meaulte, startete 1936 mit der Produktion von zivilen und militärischen Flugzeugen. Unter anderem produzierte man als Pikanterie der Geschichte im Jahr 1944 die Messerschmitt 108 in Lizenz – also ein Modell des Herstellers, der nach dem Zweiten Weltkrieg seine Flugzeugproduktion aufgeben musste und stattdessen Automobile wie den KR 175 herstellte. 1953 starteten die Techniker bei Inter (in den Flugzeughallen) mit dem Bau eines Prototyps, der der späteren Serienversion bereits stark ähnelte. Diese erblickte 1954 das Licht der Welt und wies eine verblüffende Ähnlichkeit mit dem Messerschmitt KR 175 auf. Zwei Sitze in Tandem- Anordnung, aufklappbare Kabine, drei winzige Räder (zwei vorne, eines hinten) und ein Zweitakt-Motor. Die Version Torpedo verzichtete sogar auf ein Dach und ließ die Passagiere gänzlich im Freien sitzen.

Bei den ersten Modellen zeigte sich ein besonderes Feature, das bald wieder aus der Serie verschwand: Die faltbare Vorderachse, sehr praktikabel in engen Gassen. Allen Versionen musste ein einzelner, mittig platzierter Scheinwerfer genügen. Im Falle des Inter-Motors handelte es sich um ein Fabrikat des Herstellers Ydral aus Suresnes, dessen Einbaumotoren zur damaligen Zeit in Zehntausenden französischen Motorrädern zuverlässig ihren Dienst verrichteten. Es kam entweder der Ydral L49 mit etwa acht PS oder der AJ 55 mit gut zehn PS zum Einsatz. Die Zweitakter verfügten über einen sogenannten Gyrostarter von Westinghouse, einem Aggregat, das Generator und Anlasser gleichzeitig war. Der Gyrostarter war direkt ohne Zwischengetriebe an die Kurbelwelle angeflanscht. Vor dem eigentlichen Startvorgang beschleunigte der Gyrostarter sein Schwungrad auf etwa 4000 Touren, was für eine einmalige Geräuschkulisse sorgte. Man fühlte sich völlig zurecht an einen startenden Hubschrauber erinnert; jedoch hob hier kein Fluggerät ab, es startete nur ein profaner Kabinenroller. Nach dem Start diente der Gyrostarter als Generator für die zeitgenössische 6-Volt-Anlage. Die Kraft wurde via eines Dreigang-Getriebes vom Heckmotor an das einzelne Hinterrad weitergeleitet.

»Das Budget eines Rollers, die Sicherheit eines Autos, die Finesse eines Flugzeugs«, so dichtete die Inter-Werbung über den Autoscooter. (Buch-t pd-self)

Es sind leider keine Erfahrungsberichte von Inter-Besitzern überliefert, die etwas über die Fahreigenschaften berichten könnten. Fest steht, dass das Dreirad bei weitem nicht den Erfolg seines deutschen Konkurrenten erreichen konnte. Nur etwa 300 Exemplare entstanden zwischen 1954 und 1956, bevor SNCAN sich wieder gänzlich dem Flugzeugbau widmete, mittlerweile unter dem Namen Nord Aviation. Immerhin 35 der skurrilen Inter Autoscooter haben in Museen und in Privathand überlebt.

Ein 175-cm³-Ydral-Zweitakter mit 8 PS reichte, um den Inter Autoscooter auf 80 km/h zu beschleunigen.

Den Jide 1300 gab es mit 1255-cm³-Renault-Cleon_Motor und 48 PS oder als 1300 Gordini mit 88 PS. (Francois de Dijon CC BY SA 3.0)

Jidé

Betrachtet man die Geschichte der Jidé Automobiles S.A, so kommt man nicht umhin, auch die berufliche Laufbahn ihres Begründers Jacques Durand näher zu beleuchten. 1920 in Paris geboren, war er bereits in jungen Jahren von allem begeistert, was in irgendeiner Weise mit Mechanik zu tun hatte. Nach Abschluss seines Studiums zum Ingenieur und der Rückkehr nach Paris 1942 sah er sich zunächst der Aufgabe gegenüber, nicht in den Arbeitsdienst der deutschen Besatzung eingezogen zu werden.

Wenig später begann er im Keller seines Hauses mit der Produktion winziger Modellbau-Motoren von 0,9 bis 30 cm³, die in Modellflugzeugen, -booten und -automobilen zum Einsatz kamen. Diese Aggregate verkaufte er bereits unter dem Namen »Jidé«, der sich aus Durands Initialen ableitete. 1949 wurde die Jidé-Linie von der Vega-Linie abgelöst. Während der Vega-Zeit baute Jacques Durand auch eigene Autominiaturen mit Motor, etwa die des Jaguar D-Type und des Mercedes 300 SL.

1957 kam es zu einer einschneidenden Begegnung: Durand traf den Vater des Rennfahrers Jean Vinatier. Der Renault Alpine A 106 Mille Miglia von Vinatier sen. war nach einem Unfall stark beschädigt und benötigte die heilenden Hände eines GFK-Spezialisten. Diese fanden sich beim Karosseriebauer Chappe et Gasselin in der Île-de-France. Um zu verstehen, wie eine GFK-Karosserie aufgebaut und im Schadensfall zu reparieren ist, betrachtete Durand den Reparaturverlauf genau. Er kam zu dem Schluss, dass es nicht allzu schwierig sei, mithilfe dieser Vorgehensweise ein eigenes Auto herzustellen. Durand experimentierte mit der Herstellung eines GFK-Autos, wobei bis zur Zufriedenheit des Erbauers einige Anläufe notwendig waren. Er gründete 1957 ATLA S.A. und entwarf den ATLA-Sportwagen, der eine gewisse Ähnlichkeit zur Renault Alpine und ein bemerkenswertes Merkmal aufwies: Flugeltüren wie beim Mercedes 300 SL. Technisch basierte der ATLA auf dem Renault 4 CV, die Verbindung Renault-Durand/Jidé wird lange Jahre erfolgreich bestehen. 1959 schloss sich Durand als Designer der SERA S.A. an, einem Automobil-Atelier, das sich dem Bau von kleinen Sportcoupes widmete. Dort entwarf Durand den SERA auf Motorenbasis des Panhard Dyna Z. Nach dem Ende von SERA 1961 ging es für Durand über die Stationen ACPA und Arista und SOVAM wieder zu einer eigenen Firma – Jidé. Durand erinnerte sich an seinen Beginn als Autobauer und erschuf eine Berlinette mit GFK-Karosse auf einem Stahlrohrrahmen.

Wahlweise ein 1,6-Liter-R16-Motor mit 85 PS oder ein Gordini mit 113 PS steckten im Jide 1600. (Francois Dijon CC BY SA 4.0)

»Was auch immer Ihre Mittel und Ambitionen sind – es gibt einen Jide für Sie« suggerierte die Werbung.

Ab 1973 konnte man den Jide 1600 S mit 1,6-Liter-Renault-Gordini-Motor oder mit R20-Maschine und 2000 cm³ bestellen. (Frank Bott)

Angetrieben wurde der Jidé – auch ganz den Anfängen entsprechend – von einem Renault-Motor, der im Heck des Wagens platziert war und auf die Hinterachse wirkte. Wurde der ATLA noch von einem eher schwachen 4 CV-Aggregat befeuert, so verfügte der Jidé entweder über den 1100er-Cléon aus dem R8 (mit 45 PS beziehungsweise als Gordini mit 86 PS) oder einen 1300er aus dem R12.

Ihre solide technische Basis bewiesen die Jidé-Wagen lange Jahre in zahlreichen Rennen der verschiedensten Art in Frankreich.

Obwohl im Motorsport durchaus erfolgreich, hielten sich die Produktionszahlen in Grenzen. Schätzungen zufolge verkaufte Durand bis zu seinem Ausstieg aus der Firma 1974 etwa 100 Sportwagen mit GFK-Karosse. Nach dem Verkauf stoppte die Herstellung zunächst, bevor sie 1978 wieder aufgenommen wurde. Dann auch mit Renault-Motoren von 1600 cm³ bis 2000 cm³. 1981 endete die Produktion endgültig, während Jacques Durand sich bis ins hohe Alter weiteren Projekten widmete.

Jean Lelievre – JL

1980 gründete Jean Lelièvre in Foix die »Etablissements Lelievre« und produzierte einen zweisitzigen Sportwagen im Retrolook. Dessen GFK-Karosserie ähnelte stark dem M.G. TF, die technische Basis war allerdings sehr profanen Ursprungs: es war die des VW Käfers. Der lieferte die Bodengruppe und verschiedene Heckmotoren von 1200 bis 1600 cm³. Den JL gab es auch als Bausatz. Ein großer Erfolg war ihm allerdings nicht beschieden, weshalb die Produktion bereits 1982 wieder eingestellt wurde.

Julien

Bevor sich Maurice A. Julien dem Bau eigener Automobile widmete, war er lange Jahre als Fahrzeug-Entwickler bei Citroën beschäftigt. In dieser Funktion hatte er auch maßgeblichen Anteil an der Entwicklung des Traction Avant. Nach dem Krieg sah er 1946 die Chance und Notwendigkeit, einen Kleinstwagen in eigener Regie zu entwickeln, der Frankreich wieder mobilisieren sollte.

Seine »Société des Études Automobiles M. A. Julien« entwickelte 1946 zwei Prototypen für einen zweisitzigen Kleinstwagen. Der Julien MM 5 und der VUP waren Autos, die dem damaligen Bedarf nach sehr preisgünstigen und wirtschaftlichen Mobilen entsprechen sollten. So besaßen die Prototypen kein Dach, waren mit einem 9-PS-Zweitakter (Hubraum 310 cm³, spätere Serie 325 cm³), einem

Der Julien MM5 mit 325-cm³-Viertakter sollte die Bedürfnisse der Nachkriegsbevölkerung befriedigen. (Ben van Meerendonk CC BY SA 3.0)

Dreiganggetriebe und nur dem zum Fahren Allernotwendigsten ausgestattet. Bei 2,87 Meter Länge wog das Fahrzeug kaum 300 kg und konnte daher auch mit dem kleinen Zweitakter akzeptable Fahrleistungen erreichen. Für einen Kleinstwagen jener Zeit bemerkenswert war die Ausrüstung mit vier Rädern, viele Vehikel dieser Klasse rollten auf nur drei Rädern.

1946/47 verhandelte Julien mit der französischen Regierung zwecks Zuteilung notwendiger Materialien für den Bau des Julien – Stahl war knapp und rationiert in der Nachkriegszeit. Die Verhandlungen verliefen erfolgreich, Julien konnte auf dem Pariser Autosalon 1947 den MM5 präsentieren. Die Produktion lief an, der große Erfolg allerdings blieb aus. Der vergleichbare Rovin D2 kam besser an beim Publikum. Letztlich blieb es bei kaum dreistelligen Produktionszahlen im Zeitraum von 1947 bis 1949. Aus diesem Grund stellte Julien die Produktion 1950 wieder ein, kurz nachdem noch eine 368 cm³-Variante mit 13 PS lanciert wurde. Auch die angedachte geschlossene Version des Julien gelangte nicht mehr auf den Markt.

Fußnote: Verschiedene Quellen sagen aus, dass Josef Ganz, einer der Vorväter des VW Käfer, an der Entwicklung der Julien MM5 und MM7 beteiligt gewesen sein soll. Ganz ließ sich nach dem Krieg in Frankreich nieder, daher wäre eine solche Verbindung naheliegend. Eine eindeutige Bestätigung dafür gibt es jedoch nicht.

Kikos

1979 in Antibes gegründet, startete Kikos 1980 mit der Herstellung von Automobilen. Zunächst beschränkte sich die Produktion auf Kleinstwagen, die entweder mit einem 50 cm³-Motobécane-Zweitakter (luftgekühlt) oder mit einem wassergekühlten 125 cm³-Zündapp-Zweitakter ausgerüstet waren. Der Motor war im Heck montiert und trieb lediglich ein Rad, nämlich das linke Hinterrad, an. Die Kraftübertragung erfolgte durch ein Automatikgetriebe.

Der Käufer konnte zwischen einer offenen und einer geschlossenen Karosserieform wählen, beide Varianten wurden aus Kunststoff hergestellt. Ab 1982 erfolgte dann die Produktion des IVE-RS 1982, der mit dem 1300 cm³-Motor des Renault R12 und einigen Bauteilen der Alpine A110 ausgerüstet war. Der 1985 erschienene IVE-RS 85 basierte auf dem Renault R5 der zweiten Baureihe und wurde nur noch in wenigen Exemplaren hergestellt, bevor die Marke im Spätjahr 1985 erlosch.

Kover

Nach den Anfängen 1949 mit dem Kleinstwagen Atlas lancierte die Societe Industrielle de Livry 1951 das zweite Modell in diesem Segment, den Kover. Wie bereits der Atlas und die Konkurrenten Rovin und Rolux präsentierte sich der Kover als Zweisitzer im Pedalauto-Stil mit Stoffverdeck.

Angetrieben wurde das minimalistische Kleinstauto von einem 125 cm³-Zweitakt-Motor mit 5,5 PS. Diese Motorleistung brachte das Auto – zumindest in der Theorie – auf 60 km/h. Immerhin verfügte der Kover über ein Vierganggetriebe mit Rückwärtsgang, in jenen Zeiten, als Dreiganggetriebe auch bei größeren Wagen noch häufiger zu finden waren, keine Selbstverständlichkeit. Recht modern mutete auch die Verwendung einer Zahnstangenlenkung an. Diese guten Ansätze halfen nichts, der Kover fand nur sehr wenige Käufer und so wurde die Produktion bereits im Jahr 1951 wieder eingestellt.

KVS

Die Société KVS mit Sitz in Lyon-Chassieu war ein Kleinstunternehmen in der Automobilbranche. KVS hatte seine Wurzeln in der »SA Fabrique Lyonnaise de Motocyclettes New-Map et Motosacoche«, die wiederum der Hersteller der New-Map-Motorräder sowie der Kleinstautos Rolux und Solyto war. 1973 begann man mit etwa 15 Mitarbeitern die Herstellung der Kleinstwagen Gad´Jet und Mini 125. Die Modelle wiesen eine Länge von 2,10 Metern auf und waren somit für den Einsatz in engen Großstädten konzipiert.

Der Gad´Jet war mit einem 49 cm³-Motor ausgestattet, der stärkere Mini 125 seinem Namen entsprechend mit 125 cm³. KVS produzierte die Motoren ebenfalls in Eigenregie. Die Bauweise der Karosserien war sehr schlicht und bestand hauptsächlich aus plangezogenen Blechen. Durch die Verwendung einer Metallkarosserie hob sich KVS allerdings von anderen Kleinstwagen-Herstellern Frankreichs ab, die zumeist Kunststoffe zum Bau ihrer Fahrzeuge verwendeten. Nach etwa 1700 gebauten Exemplaren wurde die Produktion der KV Mini 1982 durch den Konkurs von KVS beendet.

Es ging klein her im Frankreich der frühen 50er. Der SIL Kover mit seinem 175-cm³-AMC-Viertakter spielte in der Kleinstwagen-Szene nur eine bescheidene Rolle.

La Licorne

Um die Geschichte der Automobilwerke La Licorne vollständig zu etrachten, ist zunächst ein Sprung zurück zum Beginn des 20. Jahrhunderts notwendig. Der seinerzeit berühmte Radfahrer Jean-Marie Corre hatte sich mit der Produktion von Fahrrädern bereits einen Namen gemacht, ehe er sich 1901 an die Herstellung von Motorfahrzeugen wagte. Er baute in Levallois-Perret (Paris) eine Fabrik auf, in der er zunächst dreirädrige und vierrädrige Fahrräder mit Motor herstellte. Diese bemerkenswerten Fahrzeuge wurden 1903 durch »echte« Automobile ergänzt, die mit einem de Dion-Bouton-Motor ausgerüstet waren.

Jean-Marie Corre sah sich 1907 gezwungen, seine Fabrik zu veräußern – an Lestienne Firmin. Monsieur Firmin entstammte einer adligen Familie, deren Wappenzeichen ein Einhorn war, französisch »Licorne«. So wurde aus »Corre Automobile« »Corre La Licorne Automobile«. Lestienne Firmin stellte die Firma wieder auf gesunde finanzielle Füße. Im Laufe der 30er-Jahre schloss sich La Licorne immer mehr der Firma Citroën an, so wurden die Modelle 11 CV und 14 CV auf der Plattform des Citroën 11CV/15CV hergestellt. All dies half aber nur wenig: Die Verkaufszahlen von La Licorne gingen immer weiter zurück. In der Kriegszeit 1939 – 1945

Hier wird sehr anschaulich die Reibrollenübertragung auf die Hinterräder beim KVS Mini mit 125-cm³-Zweitakter deutlich. (Juergen Schiffmann CC BY SA 4.0)

verlegte man sich auf die Produktion eines Elektrofahrzeuges (mit Unterstützung von Milde-Krieger), die Produktionszahlen blieben sehr überschaubar.

In der Nachkriegszeit wurde der Pons-Plan entworfen, mit dessen Hilfe die angeschlagene französische Autoindustrie wieder aufsteigen sollte. La Licorne allerdings stand nicht auf der Liste der zu fördernden Autohersteller und erhielt keine Zuwendungen aus dem Pons-Plan. Dennoch präsentierte die Firma auf dem Pariser Autosalon den Typ 164 LR, eine Ableitung eines Vorkriegsmodells. Zu einer Produktion dieses Fahrzeugs kam es aber nicht mehr, lediglich einige wenige Vorkriegsmodelle gelangten noch bis 1949 auf den Markt. 1950 schloss Licorne für immer die Tore.

32 PS lieferte der 1,4-Liter-Motor des Licorne 164 LR. (Buch-t GFDL)

Der Lambert CS besaß einen 1087-cm³-Ruby-Motor mit 35 PS.

Ebenfalls mit 1087 cm³ und 35 PS ging dieses Lambert Coupé 6 CV an den Start. (Thesupermat CC BY-SA 3.0)

Lambert

Als findiger Ingenieur beschäftigte sich Germain Lambert (geb. 1904) bereits früh mit der Erfindung eines eigenen Automobils. So stellte er schon 1926 in Paris seinen ersten Sportwagen mit Frontantrieb vor und gründete in Mâcon an der Sâone seine eigene Autofabrik. Motorisiert wurden die Fahrzeuge durch einen 1,1-Liter-Motor von Ruby, eine recht fortschrittliche Einzelradaufhängung an Querblattfedern (»sans choc«) bildete die Fahrwerksbasis. 1929 erfolgte der Umzug nach Reims, dort residierte man bis 1948, um sich dann in Giromagny mit maximal sieben Mitarbeitern zu etablieren.

1949 nahm Lambert wieder die Produktion von sportlichen Zweisitzern mit 1100 cm³-Ruby-Motor auf. Die Produktionszahl beschränkte sich dabei auf ein Automobil pro Woche; die kleinen Sportzweisitzer wurden auch unter dem Doppelnamen Lambert-Ruby vertrieben. Die »Grand Sport« getauften Fahrzeuge vom Typ CS besaßen einen aufwendigen Rohrrahmen und eine teure Leichtmetall-Karosserie. Ein 1948 auf dem Pariser Salon ausgestelltes Coupé blieb ein Einzelstück.

Lamberts letzte Kreation war ein elegantes Stromlinien-Coupé, dessen Karosserie 1951 die Firma Schmitt in Colmar anfertigte. 1953 waren die finanziellen Mittel der Firma Lambert aufgebraucht, Fahrzeugbestand und Betriebsinventar mussten versteigert werden. Insgesamt hatte Lambert an die 150 Wagen unterschiedlicher Konzeption hergestellt.

Le Piaf

Die Société Industrielle de Livry Duriez begann 1949 in Paris mit der Produktion von Kleinstmobilen. Die Herstellung von Minimalfahrzeugen vor allem der Mangelwirtschaft in der Nachkriegszeit. Das erste Modell der Société, der Atlas, war ein offener Zweisitzer ohne Türen mit 125 cm³-AMC-Zweitaktmotor im Heck, technisch und optisch ganz im Stile der Konkurrenten von Rovin und Rolux.

Türen und ein Verdeck hielt man beim Le Piaf »Strandwagen« für verzichtbar. Als Antrieb diente ein 175-cm³-AMC-Zweitakter mit 8,5 PS.

1950 folgten 175 cm³ und 200 cm³-Versionen mit Vierganggetriebe. Dem Atlas wurde 1951 der noch schlichter gehaltene Kover zur Seite gestellt, der allerdings ebenso wenig zum Erfolg wurde. Er adoptierte den »Pedalauto-Stil« des Atlas, die Scheinwerfer saßen nun auf den Kotflügeln statt in der Karosserie. Das Getriebe war immerhin mit einem Rückwärtsgang ausgestattet, das war nicht bei allen Kleinstmobilen der Fall. Das dritte Automobil-Produkt der Société Livry war der Biscooter – ähnlich Le Piaf. Dieses Fahrzeug war gegenüber dem Atlas und Kover noch einmal minimaler ausgestattet, es besaß keine Türen, keine Bordwände, Sitze und Hauben bestanden aus Leinenstoff. Es sollte eine Art geländegängiges Kleinstmobil werden, motorisiert von einem 175 cm³-Zweitakter. Auch diesem Modell war kein Erfolg beschieden, sodass die Société Industrielle de Livry 1953 den Automobilbau einstellte.

Ligier

Der am 12. Juli 1930 in Vichy geborene Guy Ligier hatte anfänglich mit dem Automobil oder gar dem Motorsport nichts im Sinn. Seine sportlichen Fähigkeiten lagen beim Rugby. In dieser Sportart schaffte er es sogar in die französische Nationalmannschaft. Erst spät befasste er sich mit dem Motorsport, quasi ein Spätberufener. Er war schon 36 Jahre alt, als er erstmals in der Formel 1 startete. Und gar nicht mal so untalentiert. Von dreizehn Läufen in den Saisons 1966 und 1967 konnte er sich zwölfmal qualifizieren. Der große Coup indes blieb aus. Am Ende erkämpfte er sich einen WM-Punkt. Den erhielt er bei seinem besten Ergebnis, dem Großen Preis von Deutschland, wo er 1967 den sechsten Rang belegte.

Was macht nun ein Rennfahrer, dem der ganz große Sieg verwehrt bleibt? Genau, er baut seine eigenen Wettbewerbswagen und lässt andere für sich fahren. Ligier begann 1969 mit dem Bau von Sportwagen. Die Idee dazu hatte er schon 1968, aber erst Michel Tetu, der von Renault zu Ligier wechselte, brachte das Projekt richtig ans Laufen. Das Modell JS1 wurde im September 1969 auf dem Pariser Salon präsentiert. Es handelte sich um einen Mittelmotorsportwagen, dessen Karosserie auf einem Gitterrohrrahmen ruhte. Als Antrieb kam der 1,6-Liter-Motor des Capri zum Einsatz, später wurden auch andere Ford-Motoren verwendet.

Im Ligier JS 2 kam jener Citroën-Maserati-Motor zum Einsatz, der dem SM zum Verhängnis wurde. Zunächst aber hatte er 2670 cm³ und 170 Pferdestärken.

Trotzdem mit dem ersten Auto nicht alles glatt lief und man mit Ausfällen zu kämpfen hatte, konnte Ligier namhafte Piloten rekrutieren. Darunter befanden sich Fahrer wie Patrick Depailler, Jaques Laffite, Maurice Trintignant, Jean-Claude Andruet und einige andere. Mit dem JS2 sollte alles besser werden. Aber auch mit diesem Wagen reichte es nur zu kleineren Achtungserfolgen. 1975 stellte Ligier die Produktion des JS2 ein und konzentrierte sich auf die Formel 1. Die Équipe Ligier fuhr zwischen 1976 und 1996 325 Rennen in der Königsklasse, neun Siege konnten verbucht werden. In den ausgehenden 1970ern gehörte die Ligier zu den erfolgreichsten Rennställen, der Name war nun eine feste Größe im Rennzirkus. Aber die aufkommenden Turbo-Motoren machten Ligier das Leben immer schwerer. Nach etlichen Wirrungen und Irrungen verkaufte Guy Ligier 1992 seinen Rennstall.

1996 übernahm Alain Prost die Équipe Ligier. In weiser Voraussicht beackerten die Franzosen ein ganz anderes Fahrzeugsegment, nämlich das der Kleinstfahrzeuge. Diese City-Flitzer wurden durch Elektro- oder Verbrennungsmotoren angetrieben und durften ohne Führerschein oder mit einem Moped-Schein bewegt werden. Guy Ligiers Sohn Philippe entschied im April 2008, den Mitbewerber auf diesem Sektor – Microcar – aufzukaufen. Seit 2012 leitet der Enkel des am 23. August 2015 verstorbenen Firmengründers die Geschäfte. Ligier ist immer noch da. Und das recht erfolgreich.

Ligier JS 4 Sportwagen adieu, bonjour fahrende Traktorkabine. Mit 50 cm^3 und 3,5 PS nicht schnell, aber führerscheinfrei.

Den Ligier 7, hier ein Vor-FaceliftModell von 1987, gab es zumeist als 265-cm^3-Diesel mit 5,4 PS, in Deutschland auch mit 49-cm^3-Zweitakter. (A1AA1A CC BY SA 4.0)

Ligier JS 11 Rennwagen. Angetrieben von einem 3.0-Ford-Cosworth-V8, der ursprünglich für Lotus entwickelt worden war. Leistung zwischen 400 und 550 PS.

Lohr

1963 gründete Robert Lohr in Hangenbieten/Elsass die »Lohr Industrie S.A.« Das Hauptstandbein der Societe ist die Herstellung von Autotransportern. Deren Fertigung nimmt etwa 80 Prozent der Gesamtherstellung ein. Auch im Automobilbau war Lohr tätig: Von 1977 bis 1984 stellte man den geländegängigen Fardier FL 500/501 her. Dabei handelte es sich um ein quadähnliches, dem Faun Kraka nachempfundenes Amphibienfahrzeug mit vier gleich großen Rädern. Angetrieben wurde das Fahrzeug vom 602 cm^3-Motor der Citroën Dyane. Hauptabnehmer der FL-Modelle war das französische Militär, Lohr ist auch heute noch in diesem Bereich tätig.

Hauptabnehmer des Lohr FL 500/501 (1977-1984) war die Armee. Der 602-cm^3-Citroën-Boxer sorgte für gemütliche Fahrweise. (Buch-t pd self)

Établissements Manom

Anfang 1953 stellte die in Saint Ouen bei Paris ansässige Firma Manom einen dreirädrigen Zweisitzer unter dem Markennamen Manocar vor, dessen Einzelrad sich an der Frontseite befand. Der Motor war ein luftgekühlter Einzylinder-Zweitakter mit 125 cm^3 Hubraum. Der ohne Türen vorgestellte Prototyp hatte einen Aufbau aus Stahlblech, war 2,25 Meter lang und 1,40 Meter breit, die Höchstgeschwindigkeit wurde mit 55 km/h beziffert. Nur zwei Prototypen wurden gebaut, eine Serienproduktion kam nicht zustande.

Türen hatte Manom an den zwei Prototypen des Manocar nicht vorgesehen. Machte nichts, denn so hatte es der 125-cm^3-4 PS-Zweitakter leichter.

Marathon

Die Geschichte der Automobiles Marathon S.A. Paris ist unmittelbar mit dem deutschen Ingenieur Hans Trippel (1908 - 2001) verknüpft. Trippel, der in den 1960er-Jahren durch die Konstruktion des Schwimmwagens »Amphicar 770« bekannt wurde, war jahrzehntelang damit beschäftigt, außergewöhnliche Fahrzeuge zu entwerfen und auf den Markt zu bringen. Nach dem Zweiten Weltkrieg begann er erneut mit der Entwicklung eines eigenen Fahrzeuges, des SK10. Sein Schwiegervater hatte in Tuttlingen die Chiron-Werke aufgekauft, einen Hersteller chirurgischer Bestecke, in dessen ehemaligen Werkshallen sollte nun die Produktion des SK10 starten.

Beim SK10 handelte es sich um ein dreisitziges Coupé mit einer Flügeltür, wie sie später auch im Mercedes 300 SL zu finden war. Motorseitig war der SK10 zunächst mit einem Horex-, danach mit einem Zündapp-Motor ausgerüstet. Im März 1952 startete die Serienfertigung bei der Karosseriebaufirma Böbel in Laupheim und endete bereits nach vier Wochen im Desaster. Böbel musste Konkurs anmelden, nach nur 20 produzierten SK10. Hans Trippel knüpfte Kontakte nach Frankreich zu Bernard Denis, einem ehemaligen Rallyefahrer. Der leitete in Paris die Automobiles Marathon S.A. und war interessiert am Bau des SK10.

Aus Gewichtsgründen kleidete man den nun »Marathon Corsaire« genannten SK 10 mit einer Kunststoffkarosse ein. Zudem wurde der 600 cm^3-Zündapp-Motor durch einen luftgekühlten 850 cm^3-Zweizylinder aus dem Panhard X ersetzt. Für die Marathon-Corsaire-Produktion hatten die Mannen um Bernard Denis die bankrotten Rosengart-Werke erworben, mitsamt der 800 Mitarbeiter. Dieser Kauf erwies sich als großer Pferdefuß, der Bau des als »modernster Wagen der Welt« angepriesenen Corsaire und seiner Rennversion Pirate wurde nach nur wenigen Exemplaren wieder eingestellt, die Firma schloss 1954 ihre Pforten. Hans Trippel entwickelte den Corsaire weiter und präsentierte ihn wenig später als »750«, mit ebenso geringem Erfolg.

»Das modernste Auto der Welt« sei der Marathon Corsaire, so tönte die Werbung – eine selbstbewusste Aussage. Die Technik stammte vom Panhard Dyna X.

Die Basis des Marcadier Barquette FM01 war der Renault 8 oder Renault 8 Gordini mit 45 PS oder 86 PS. (Frank Bott)

Rund 50 Exemplare des Barquette FM 01 entstanden zwischen 1963 und 1966. (Frank Bott)

Marcadier (Fournier et Marcadier)

Erforscht man die Geschichte des Unternehmens Fournier-Marcadier, so kommt man nicht umhin, das rührige Wirken von Andre Marcadier näher zu beschreiben: 1925 in Lyon geboren, hatte er bereits früh Kontakt zu Mechanik. So absolvierte er eine Lehre als Monteur von Elektromotoren, wechselte später in die Luftfahrtindustrie, bevor er wieder zu den Elektromotoren zurückkehrte. Sein erster Kontakt mit dem Automobil führte ihn 1946 nach Villeurbanne, dort arbeitete er an der Produktion eines Rennwagens mit. 1948 dann die Gründung seines ersten eigenen Unternehmens: Zusammen mit Joachim Imbert baute er die Marke CMI (Cycles Mercadier Imbert) auf, die er einige Jahre erfolgreich führte, auch nach der Trennung von Jo Imbert 1950. Der Erfolg des Unternehmens ließ irgendwann nach, Mercadier schlug sich einige Zeit als Hersteller von Metallmöbeln durch.

1960 entdeckte er die aus Amerika kommende Begeisterung für das Go-Kart als Betätigungsfeld. Auch hier startete er sofort erfolgreich durch mit der Produktion von Go-Kart-Fahrgestellen, die sich im Rennbetrieb bewährten und ihm volle Auftragsbücher bescherten. Zumindest bis 1963, dann erließ das Verkehrsministerium ein Gesetz für ein Mindestgewicht eines Karts.

Zusammen mit seinem Freund Marcel Fournier gründete Andre Marcadier 1963 in Lyon eine Automobilfabrik, in der Sport- und Rennwagen mit Komponenten von Renault, Simca sowie BMW entstanden. Marcadier kümmerte sich um die Gestaltung der Sportwagen, Fournier übernahm den Part des Mechanikers und Patrick Leroc war mit dem Bau der ungewöhnlichen Fahrzeuge beschäftigt. So entstanden in sehr kleinem Rahmen eine geringe Anzahl reinrassiger Sportfahrzeuge, die sich auch im Rennbetrieb einen Namen machten. So war etwa der Monoposto Aral (1966 bis '69) ein Vorreiter für die Formel Frankreich. In dieser Klasse waren ausschließlich Fahrzeuge mit der Technik des R8 Gordini zugelassen, die nicht mehr als 20.000 Franc kosten durften.

Die Produktpalette wies eine ungewöhnliche Breite für ein solch kleines Unternehmen auf. Zahlreiche Monoposti, Barquette, Coupes (»Barzoi«) entstanden im Laufe der Jahre. Es begann 1963 mit dem FM 01, einem Bausatz-Fahrzeug, das für den Rennsport konzipiert war. Es trug eine auf einem Stahlrahmen montierte Fiberglas-Karosse, die Gesamthöhe des Fahrzeuges betrug nur 1,11 Meter. Ein Dach gab es nicht, dem Zweck des Rennsports entsprechend. Der 1100 cm³-Mittelmotor mit 70 PS stammte aus dem R8, ebenso Teile des Fahrwerks und der Bremsanlage.

Marden

Die französische Kleinwagenmarke Marden wurde 1975 von Teddy Marson und dessen Partner Denape gegründet. Marden spezialisierte sich auf den Bau von Stadtmobilen mit kompakten Außenmaßen. So war der Marden Espace ein Zweisitzer, den es offen und geschlossen gab und zu dessen Besonderheit zwei Elektromotoren gehörten. Es waren auch 125 cm³ und 500 cm³-Benzinmotoren lieferbar. Ab 1976 konnte der Espace II mit einem Sachs-Wankelmotor (23 PS) geliefert werden. 1978 kam eine Variante mit 2,65 Meter Gesamtlänge hinzu, die den Motor des Citroën 2 CV unter der Haube hatte.
Als sich die Firma Automobiles Marden in Neuilly nicht in der Lage sah, die Produktion fortzusetzen, übernahm diese im Oktober 1979 die neugegründete Firma S.E.M.A. (Société d'Exploitation Marden-Automobile) unter Robert Barret. Ab jetzt verwendete man 50 cm³-Motoren von Sachs und Motobécane. Im Juni 1991 meldete die Firma Konkurs an, dennoch wurde die Fertigung noch ein Jahr lang fortgesetzt. Es entstand unter anderem der Marden Alize, ein Elektro-Kleinwagen mit einem 14 kW-Motor, der dem Fahrzeug eine Geschwindigkeit von rund 80 km/h verlieh. Eine Version mit einem Einzylinder-Dieselmotor wurde ebenfalls gebaut.

Der Marden Espace I sei der Kleinste unter den Großen, behauptete die Werbung.

Marland / BSH

Im Jahr 1969 gründeten Francois Benais und Max Saint-Hilaire die Firma Issy Automobiles Plastiques. Issy produzierte als einziges Modell einen kleinen GFK-Sportwagen namens »BSH«, dessen Fahrwerk vom Renault 8 Gordini stammte (und somit für die Formule France geeignet war). Die Motoren kamen ebenfalls vom R8 Gordini 1300 oder vom Renault 16. Ab 1971 übernahm die Marland s.a.r.l. mit einer Filiale in Issy-les-Moulineaux die Produktion unter eigenem Namen.

Francois Benais schied zu diesem Zeitpunkt aus der Firma aus. Marland ergänzte das Programm im Laufe der Jahre mit Buggys/ Buggy-Bausätzen auf Basis des VW Käfers. Von amerikanischen Vorbildern unterschied sich der Marland durch seine integrierten Scheinwerfer und hohe Seitenteile. Statt eines VW-Motors wie beim Marland Monks wies der Marland Plus einen Renault-Motor von 845 oder 1289 cm³ auf, auch gab es Modelle mit Allradantrieb von Sinpar. Im Oktober 1971 folgte der Typ Jorgia als zweisitziger Sportwagen nach Vorkriegs-Baumuster mit einem Citroën-2 CV- oder Ami-6-Motor. Ende 1972 erschien der Marland Plus, ein kleiner Pick-Up mit Polyesterkarosse. Zwar basierte der Marland Plus auf dem Renault 4 oder Renault 6, optisch erinnerte er allerdings mehr an den Renault 5. Der Marland Plus wurde nur in sehr geringer Stückzahl gebaut, die genaue Anzahl der Exemplare bleibt unklar.

Wie die vorherigen Marland/BSH-Modelle ist der Marland Plus sowohl als Kit-Car als auch in Komplettform erhältlich. 1974 tauchte ein weiterer Name in der Marland-Geschichte auf: Jacques Riboud. Riboud, seines Zeichens ein bekannter Stadtplaner, hatte in den frühen 1970ern auf eigene Faust ein Stadtauto entwickelt. Sein Ergebnis stellte ihn nicht zufrieden, er wendete sich an Marland, dort wurde der Riboud-Wagen überarbeitet.

Die neue Version erschien 1974 als Marland-Riboud auf dem Markt. Es handelte sich um ein Dreirad-Kleinstfahrzeug mit knapp 2 Meter Länge und einem 47 cm³-Zweitakter, das ohne Fahrerlaubnis gefahren werden konnte. 1975 übernahm Vitrex die Industrie Marland S.A., wobei Marland als Markenname bestehen blieb. So lief auch die Produktion des Marland Ribouds und des Vitrex Ribouds parallel bis zur Produktionseinstellung 1982.

Der Marland Monks baute auf der Bodengruppe des Käfers auf und war mit VW-Boxer-Motoren erhältlich. (Abxbay CC BY SA 2.0)

Von 1965 bis 1972 baute Marsonetto den Mars I, hier ein überarbeitetes Model von 1968 mit großer Heckscheibe. (Buch-t pd-self)

Marsonetto

Mario Marsonetto gründete 1946 in Lyon seine Ateliers Marsonetto. Zunächst widmete er sich der Entwicklung und Reparatur von Industriefahrzeugen. Im Laufe der Jahre wuchs jedoch der Wunsch, ein eigenes Kleinserienfahrzeug zu bauen. 1958 erschuf er mithilfe des Formgestalters Baptiste Luciole ein kleines, zweisitziges Coupé in Leichtbauweise.

Die Karosserie bestand aus Fiberglas und war auf einen Rohrrahmen geklebt. Als Motorisierung diente standardmäßig ein 747 cm^3-Vierzylinder aus dem Renault 4 CV. Wahlweise war auch ein luftgekühlter 850 cm^3-Zweizylinder aus dem Panhard Dyna erhältlich. Nach 15 Exemplaren endete die Produktion 1959 und Marsonetto wendete sich zunächst wieder seinem ursprünglichen Geschäftszweig zu. 1965 begann Marsonetto erneut mit der Planung eines Sportcoupés. Er startete das Projekt »Mars-I«, wiederum ein kleines, dank Kunststoffkarosse sehr leichtes Fahrzeug auf Panhard-Dyna-Basis. Der offene Viersitzer verfügte über eine Einzelradaufhängung und Scheibenbremsen. Motorisiert wurde der Wagen durch einen 1,1-Liter-Motor aus dem Renault 8. Letztlich blieb es bei einem Prototyp des Mars I. In Serie ging schließlich der Marsonetto 1600 mit einem 1,6-Liter-Motor aus dem R16. Dieses Coupé wurde bis 1972 gebaut, ehe Marsonetto den Pkw-Bau endgültig einstellte.

Martin Automobiles

Bevor Georges Martin 1972 in Les Sables d'Olonne die Firma Martin Production gründete, war er unter anderem für Matra in der Motorenentwicklung tätig. Dort stand er Pate für die großen Erfolge in der Formel 1 und im Rennsport allgemein. Seine eigene Firma beschäftigte sich zunächst mit der Herstellung von Rohrrahmen für Motorräder und mit der Fabrikation von kompletten Motorrädern (ohne Motor).

1986 erfolgte eine Umfirmierung in Automobiles Martin, bevor man in die Automobilproduktion einstieg. Das erste Martin-Modell war der Martin TTM GM0 Super Seven, eine Replika des legendären Lotus Super Seven. Auf ein Rohrrahmenchassis befestigte man eine Karosserie aus genieteten Aluminiumplatten und Glasfaserteilen. Die Mechanik basierte auf dem Ford Sierra, als Antrieb kam der 1600 cm^3-Pinto-Motor mit 75 PS zum Einsatz, kombiniert mit einem Fünfganggetriebe. Später war auch ein 1,8 16V-Motor von Ford mit 131 PS erhältlich. Der GM0 war in drei Serien von 1986 bis 1996 zu haben, als Komplettfahrzeug oder als Kit. Insgesamt entstanden 550 Exemplare.

Als zweites Martin-Modell erschien der GM 1 als Replika der AC Cobra. Hier besteht die Karosserie aus Fiberglas und ist mit dem Rahmen verschraubt. Als technische Basis diente wiederum ein Ford-Modell, dieses Mal der Scorpio 2.9 V6. Der GM 1 verließ in etwa 90 Exemplaren das Band. Ebenfalls ein berühmtes Vorbild hatte der GM 3: den Ford GT. Auf einem Rohrrahmenchassis wurde eine Karosserie aus Aluminium und Fiberglas montiert, als Antrieb kamen ein Ford-Essex-V6 mit drei Litern Hubraum oder ein 5,0 Ford-V8 zum Einsatz. Bei diesem Modell gab es erhebliche Schwierigkeiten mit der Homologation, diese musste letztlich von den Kunden selbst übernommen werden. Das war der ausschlaggebende Grund, warum vom GM 3 nur sieben Exemplare entstanden.

Deutlich besser verkaufte sich der Martin Tilbury. Dieses Modell hatte Martin 1991 vom Kleinhersteller SMS Tilbury übernommen. Es handelte sich um einen Roadster im Stile englischer Wagen aus den 1930er-Jahren. Das Fahrzeug fiel durch ein luxuriöses Interieur mit Wurzelholz und Leder auf. Die technische Basis bildete der Renault 4 GTL mit 1100 cm^3 und 34 PS. Den Martin-Tilbury verkaufte man auch nach der Martin-Insolvenz 1996 und der Neugründung als Societe Vibraction in Roanne. Ab dann verfügte der Tilbury über eine aus dem Renault Clio stammende Mechanik (1,4 Liter/75 PS oder 1,7 Liter/109 PS). Hinzu kam ein Buggy auf Renault-Basis namens Pachiaudi.

Etwa 90 Exemplare der Martin GM 1 Cobra-Replika wurden mit 3.0-V6 und 5.0-V8-Ford-Motoren gebaut. (www.clubautomobilemartin.fr)

Der Martin GM0 ist inspiriert durch den Lotus Seven und war mit Ford Sierra 1.6 L oder Ford Zetec 1.8 L erhältlich. (www.clubautomobilemartin.fr)

Martin Spéciale

Eugène Martin, der Erbauer des Martin Spéciale, machte sich zunächst einen Namen als Rennfahrer. Er debütierte 1946 auf einem BMW 328 und gewann anschließend mehrere namhafte französische Rennveranstaltungen. Durch einen schweren Rennunfall für längere Zeit von Rennen ausgeschlossen, begann er einen eigenen Sportwagen zu entwickeln.

Die Basis seiner Überlegungen war der seinerzeit in Frankreich sehr populäre Peugeot 203. Dieser war – ganz der Peugeot-Tradition entsprechend – konservativ im Design und zurückhaltend in der Leistungsentfaltung. Martin gestaltete die viertürige Limousine zu einem gefälligen Coupé um. Es gelang ihm, den Hubraum des Motors von rund 1300 cm^3 auf knapp 1500 cm^3 zu erhöhen. Zudem konnte er die Leistung des Motors durch den Einbau eines Kompressors auf 90 PS steigern. Zugute kam ihm auch seine hauptberufliche technische Tätigkeit beim Vergaserspezialisten Solex.

So gerüstet erschien das 203 Coupé erstmals 1952 auf dem Pariser Autosalon in der Öffentlichkeit. Es gelang Martin allerdings nicht, die behördlichen Hürden für eine Serienproduktion zu überwinden. So wurden bis zum Produktionsende 1953 lediglich sieben Exemplare hergestellt. Die Arbeit von Martin erregte jedoch Aufmerksamkeit bei Salmson. Der traditionsreiche französische Hersteller engagierte Martin, der dann bei der Entwicklung des Salmson 2300 Sport half.

Mathis

Die Geschichte der Automobilwerke Émile Mathis ist die Geschichte eines visionären Autofanatikers. Émile Mathis, geboren 1880 in Straßburg, zeigte bereits in jungen Jahren eine große Leidenschaft für das gerade aufkommende Automobil. Als ausgelernter Techniker übernahm er 1898 in Straßburg eine Automobilhandlung mit angeschlossener Werkstatt. Er verkaufte dort recht erfolgreich Automobile mehrerer Marken. 1910 gründete Mathis sein eigenes Automobilwerk.

Drei Räder, drei Personen, drei Liter Verbrauch, so sollte das Motto des Mathis VL 333 lauten. Es kam nie zu einer Serienproduktion.

Während des Zweiten Weltkriegs immigrierte der Unternehmer in die USA. Nach seiner Rückkehr fand er in Straßburg sein stark zerstörtes Werk vor. Dennoch reifte in ihm der Plan, wieder Fahrzeuge zu bauen. Er erkannte die Zeichen der Zeit und das Bedürfnis nach einem sparsamen Kleinfahrzeug. Bereits während des Krieges hatten er und Jean Andreau an einem Fahrzeug dieser Gattung gearbeitet, welches sie VL 333 tauften. VL stand dabei für »Voiture legere« = »Leichtauto«. Diese Bezeichnung erklärt sich aus der Verwendung von Aluminium für die komplette Karosserie, seinerzeit eine revolutionäre Entwicklung. Die Zahl 333 ergab sich aus »drei Räder, drei Personen, drei Liter Benzin«. Letztlich ermittelte man für den VL 333 bei Testfahrten ein Verbrauch von etwa 3,5 Litern – ein hervorragender Wert für den 700 cm^3-Viertakt-Boxer mit 15 PS. Eine Ursache für diese niedrigen Verbrauchswerte war die sehr gute Aerodynamik des Fahrzeugs. Wie spätere Messungen ergaben, lag der cW-Wert bei 0,28. Alles in allem also ausgezeichnete Voraussetzungen für eine Serienproduktion. Mathis hätte dazu allerdings finanzielle Unterstützungen durch den Pons-Wiederaufbau-Plan benötigt, diese erhielt er nicht. Somit begrub er die VL 333-Pläne und wandte sich einem weiteren Projekt, dem VL 666 zu.

1949 bot der VL666 sechs Zylinder (2,8 Liter, 90 PS), sechs Gänge und Platz für sechs Personen! (www.mathis-auto.com)

Analog zum VL 333 stand die Zahl 666 für sechs Sitze, sechs Zylinder und sechs Gänge. Hydraulische Bremsen rundum und eine Einzelradaufhängung komplettieren das moderne Ensemble. Als Antrieb diente zunächst ein wassergekühlter Boxer mit 2,2 Litern Hubraum, zum Pariser Autosalon 1948 wurden daraus 2,8 Liter. Mathis bewarb den Wagen mit dem Slogan »Ein amerikanischer Wagen im europäischen Maßstab«. Der VL 666 blieb allerdings ebenso ein Prototyp wie eine weitere Mathis-Entwicklung, der Geländewagen VLR 86. Das französische Militär schrieb 1948 die Entwicklung eines Geländewagens aus, es bewarben sich Delahaye und Mathis. Mathis kam recht weit voran mit dem Prototyp, scheiterte aber letztlich an der Verfügbarkeit von Teilen aus amerikanischer Produktion, die der VLR 86 benötigte. Mathis konnte den vorgegebenen Zeitplan somit nicht einhalten, der Auftrag ging an Delahaye.

Von 1949 bis 1952 fertigte Mathis amerikanische Moline-Traktoren in Lizenz in nur 338 Einheiten als Mathis-Moline. Auch die Produktion von Flugzeugmotoren konnte Mathis nicht retten, so schloss die Firma 1953 endgültig die Pforten. Das Werk in Straßburg wurde 1954 an Citroën verkauft, Émile Mathis starb 1956 in Genf.

Der mit einer Aluminiumkarosserie versehene VL333 soll einen cW-Wert von 0,28 gehabt haben! (www.mathis-auto.com)

Matra

Die Bezeichnung Matra steht als Abkürzung für »Mécanique Aviation et Traction«. Das deutet auf die Ursprünge der Firma in der Luftfahrttechnik hin. Matra entstand 1941 in Paris aus dem Luftfahrtunternehmen CAPRA, dessen Gründer Marcel Chassagny war. Zunächst hatte die Firma den Auftrag, Waffen für die deutsche Besatzungsmacht herzustellen.

Nach dem Zweiten Weltkrieg stieg Matra neben der Luftfahrttechnik auch in die Produktion von Raketenwerfern ein. 1964 bot sich die Gelegenheit, dem vielfältigen Portfolio eine weitere Sparte anzufügen – den Automobilbau. Der Kleinserienhersteller René Bonnet war mit der Produktion seines Mittelmotor-Coupés »Djet« recht erfolgreich. Bei diesem Fahrzeug handelte es sich um ein 3,70 Meter kurzes Mittelmotor-Coupé auf Basis des 1962 erschienen Renault 8. So besaß der Djet I einen getunten 1108 cm³-70 PS-Motor der damals brandneuen Baureihe Cléon Fonte. Das Getriebe stammte aus dem Lieferwagen Renault Estafette. Recht modern mutete die Einzelradaufhängung rundum in Kombination mit vier

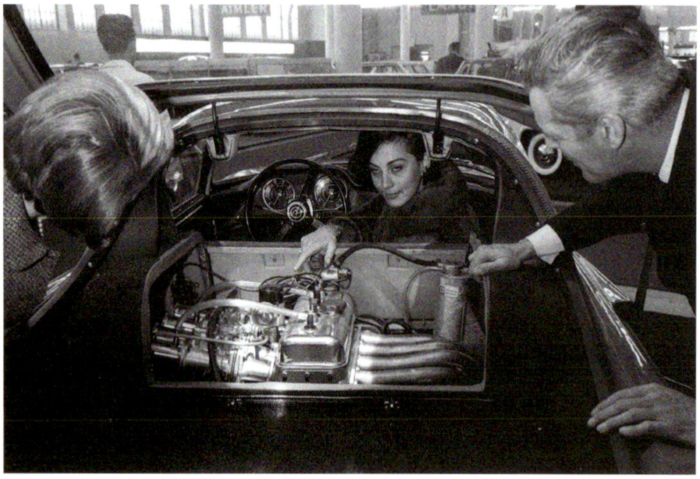

Direkt hinter den Köpfen der Fahrgäste kauerte der mit offenen Trichtern versehene Renault-8-Motor im Matra Djet.

Scheibenbremsen an. Die Fiberglas-Karosserie wurde bei Matra in Romorantin hergestellt und dort auch auf das Chassis geklebt, welches aus Bonnets Werk in Champigny-sur-Marne stammte. Eine

Mit dem Matra Djet 6, seinem Mittelmotor-Konzept, den 105 PS und der Einzelradaufhängung konnte man 1967 mächtig Spaß haben.

Im Gegensatz zum Matra M530 SX mit feststehenden Scheinwerfern hatte der LX modische Klappscheinwerfer. Für alle Modelle galt: Ford V4-Mittelmotor mit 1699 cm³ Hubraum und 73 PS.

Vereinbarung zwischen Bonnet und Renault legte fest, dass der Djet in Motorsport-Rennen verschiedener Klassen antreten solle. Das gelang, weswegen Bonnet bis 1964 fast 200 Djets verkaufen konnte. Dem Djet I folgten noch der Djet II mit 85 PS (996 oder 1108 cm³) und der Djet III mit 100 PS. Das alles genügte allerdings nicht, um das Unternehmen René Bonnet auf eine solide finanzielle Basis zu stellen. Daher kam Bonnet 1964 das Angebot von Matra recht, seinen Betrieb abzukaufen und die Produktion unter alleiniger Matra-Renault-Regie fortzusetzen.

Matra produzierte den Djet zunächst als Matra-Bonnet Djet weiter, bevor er 1965 dann zum Matra Sports Djet wurde. Den gab es als IV, V, VS, 5, 5 S und 6. Letzterer erhielt einen 1255 cm³-Cléon-Fonte-Motor mit 105 PS. Der Sportwagen zeigte sich mit seiner Einzelradaufhängung rundum sowie den vier Scheibenbremsen (auch Serie beim R8) recht fortschrittlich. Insgesamt brachte Matra bis 1968 etwa 1440 Exemplare des Djet an den Mann.

1968 zog bei Matra ein neuer Hausherr ein: Die Firma Simca kooperierte mit Matra, es entstand der neue Firmenname Matra-Simca. Das war auch das automatische Ende des Djets, ein Fahrzeug auf Renault-Basis mochte Simca nicht im Programm dulden. Als Nachfolger entstand der Matra 530, wie sein Vorgänger ein zweisitziges Mittelmotor-Coupé mit Fiberglas-Karosse. Der 530 war mit einem Ford-V4-Motor (1,7-Liter, 75 PS) ausgerüstet. Sein ungewöhnliches Design traf nicht jedermanns Geschmack, so blieben die Verkaufszahlen im vierstelligen Bereich. 1970 hatte sich via Simca der US-Konzern Chrysler bei Matra eingekauft, sodass Ford Motoren nicht mehr opportun waren.

Die Modellbezeichnung M530 sollte an die Matra-Luftwaffenrakete R530 erinnern. Das Fahrwerk des M530 war tatsächlich sportlich ausgelegt, der Motor weniger.

Besser sollte es 530-Nachfolger machen. Die Gestaltung des Fahrzeugs oblag der Matra-Entwicklungsabteilung unter der Leitung

Der M530 SX verfügte über feststehende Scheinwerfer. Er war ab 1971 das günstige Einstiegsmodell, das junge Käufer ansprechen sollte.

Feine Ausstattungsdetails wie Colorverglasung, Tweed, elektrische Fensterheber und Alufelgen zeichneten den Matra Bagheera S aus.

von Phillipe Guedon. Dieser war 1965 von Simca zu Matra gewechselt, kannte also die Gepflogenheiten des Hauses Simca bestens. Er hatte die Aufgabe, einen Mittelmotorwagen mit Kunststoffkarosse zu erschaffen, ganz dem Layout des 530 entsprechend. Am Ende der Entwicklung 1973 stand dann ein Fahrzeug, das diesen Vorgaben entsprach und doch wieder anders war. Bei der Präsentation auf dem Pariser Autosalon erregte das Fahrzeug Aufsehen durch seine ungewöhnliche Breite. Diese resultierte aus drei nebeneinander angeordneten Vordersitzen. Technisch basierte das Bagheera getaufte Coupé auf dem erfolgreichen Simca 1100. Von dem entlieh es sich mit leichten Veränderungen versehen die Poissy-Motoren mit 1294 und 1442 cm^3. So startete der Bagheera gut gerüstet in seine Laufbahn. Die Verkaufszahlen entwickelten sich ordentlich, bereits im ersten Jahr brachte man gut 11.000 Exemplare an die Kundschaft – und damit schon mehr als vom Matra 530 insgesamt. Auch im zweiten Jahr begann es gut, dann traten immer mehr eklatante Verarbeitungsmängel zu Tage, die den Ruf des Bagheera nachhaltig schädigten. Matra steuerte mit einem Sondermodell namens »Coréges« dagegen, das mit einer luxuriösen Ausstattung auf den Markt kam. Das half jedoch wenig. Das Image des Bagheera war stark beschädigt, auch der Nachfolger Talbot-Matra Murena konnte das trotz Vollverzinkung nicht aufholen.

Derweil befand sich das Mutterhaus Chrysler-Simca im Sinkflug. Peugeot erwarb die Marken von Chrysler-Simca 1978 und reaktivierte die Marke Talbot. Fortan firmierte der Bagheera als Talbot-Matra. Gleiches galt für den 1976 präsentierten Rancho. Dieser Wagen wird heute oftmals als Urmodell der SUV-Fahrzeuge dargestellt, was nicht ganz der Wahrheit entspricht. Die Idee hinter dem Fahrzeug war ein Freizeitmodell auf Basis des Simca 1100 Pick-Up. Anstelle der Ladefläche montierte man bei Matra einen Aufbau aus Kunststoff, dessen großzügige Abmessungen eine vielseitige Nutzung möglich machten. Angetrieben wurde das Fahrzeug von einem 1442 cm^3-Poissy-Motor mit 80 PS, wie er auch im Bagheera und im 1308 Dienst tat. Die Fahrwerksbasis stammte vom frontgetriebenen 1100, ursprüngliche Planungen zur Ausrüstung des Rancho mit einem Allradantrieb verwarf Matra aus Kostengründen wieder. Vom Rancho konnte Simca-Matra beziehungsweise ab 1979 Talbot-Matra etwa 56.000 Exemplare verkaufen, bevor die Produktion 1983 endgültig endete.

Doch noch ging es weiter: In den frühen 80ern hatte man das sehr fortschrittliche Konzept eines Achtsitzer-Vans entworfen. Diesen hatte man auch Peugeot präsentiert, dort sah man allerdings wenig Zukunftschancen für diesen Entwurf. Renault hingegen ergriff die Gelegenheit und erwarb das Konzept. Ab 1984 lief der Wagen bei Matra (mit Kunststoffkarosserie) als Renault Espace vom Band und wurde zu einem großen Erfolg. Bis 2002 produzierte man bei Matra weiter, dann übernahm Renault die Herstellung in seinen Werken. Matra blieb noch der Bau des futuristischen Renault Avantime. Finanzielle Gründe setzen dem 2003 auch ein Ende, Matra hörte endgültig auf als Automobilhersteller zu existieren. Pininfarina erwarb das Entwicklungszentrum Matras, in den Produktionshallen entstand ein Firmenmuseum.

(Fast) ganz in Weiß kam der Matra Bagheera Serie 1 »Courrèges« daher, der 1975/76 in 216 Exemplaren gebaut wurde.

1980 trat der Murena die Nachfolge des Bagheera an. Es gab ihn mit 1,6-Liter und 90 PS oder mit 2,2-Liter-Peugeot-505-Motor und 115 PS.

MD / Dubois

Das Nardi Peugeot 203 Dubois Coupé entsprang einer besonderen Zusammenarbeit verschiedener Autofanatiker und Genies. Zum einen ist Maurice Dubois zu nennen, in den 1950er-Jahren Peugeot-Händler in Argenteuil/Frankreich. Alltags brachte er die populären 203-Limousinen unters Volk, während er gleichzeitig von einem Sportcoupé auf 203-Basis träumte. Damit dieser Traum Wirklichkeit werden konnte, holte er keinen geringeren Designer als Pietro Frua in sein Haus. Dieser hatte sich bereits einen Namen mit mehreren Aufträgen für Fiat, Lancia sowie Maserati gemacht und begründete zu Beginn der 1950er-Jahre die sogenannte italienische Linie. Später entwickelte er sich zu einem der führenden Designer weltweit.

1952 entwarf er also eine hinreißende Coupé-Karosserie für den Peugeot 203, deren sehr sportliches Exterieur fast nichts von der Basis erkennen ließ. Ganz offensichtlich war das MD-Coupé von Beginn an als Wettbewerbsfahrzeug geplant, Fotos von Rennveranstaltungen beweisen das. Die Karosserie war auf einem Rohrrahmen aufgebaut, die Mechanik wurde grundlegend überarbeitet, um Sporterfolge möglich zu machen. Der Motor leistete mit einiger Feinarbeit sowie dem Einbau eines Kompressors 90 statt der serienmäßigen 42 PS. Der Hubraum blieb unverändert bei 1,3 Litern. Gebaut wurde das Coupé ab 1953 bei Nardi, nach dem es 1952 auf dem Turiner Autosalon ausgestellt wurde. Die Angaben zu der Anzahl der verkauften Wagen sind unterschiedlich: Manche Quellen sprechen von nur sieben Exemplaren, andere von 15 oder 16 Fahrzeugen als Gesamtproduktion. Fest steht, dass die Herstellung bereits 1954 wieder eingestellt wurde.

Meyrignac

Die Geschichte des Meyrignac-Sportwagens begann bereits im Jahr 1969. Der Teenager Denis Meyrignac träumte davon, ein ganz besonders niedriges Fahrzeug in Keilform zu erschaffen. So entwickelte er im heimischen Keller einen ultraflachen Wagen im Maßstab 1:5, der in seiner Gestaltung hypermodern wirkte. Es heißt, dass Jean Rédélé dieses Modell zu sehen bekommen hätte. Dieser habe Meyrignac dann ein Fahrgestell einer Alpine 310 zur Verfügung gestellt. Diesen Unterbau komplettierte Meyrignac; 1977 wurde der Wagen auf dem Genfer Autosalon ausgestellt. Er erregte viel Aufsehen, Türen besaß der Meyrignac nicht, zum Einsteigen klappte man die halbe Karosse nach vorne. Als Antrieb diente der bereits bekannte PRV-V6 aus der Alpine A310. Meyrignac gründete ein Unternehmen, um mit der Serienproduktion des Wagens zu beginnen. Allerdings machte ihm die französische Bürokratie einen Strich durch die Rechnung. Die Behörden verlangten eingehende Tests hinsichtlich der Geräuschentwicklung und der Emissionen des Motors. Das war nicht finanzierbar, 1982 endete der Traum. 2016 entdeckte Renault den Wagen und restaurierte ihn.

Als der von einem Alpine-A310-Motor angetriebene Meyrignac 1977 das erste Mal vorgestellt wurde, erregte das Design Aufsehen.

Mini-Comtesse / Acoma

Die Geschichte der Mini-Comtesse begann bereits vor der Gründung der Acoma S.A. in Saint-Barthélemy-d'Anjou. 1970 bat ein körperbehinderter Mann in Villeneuve-la-Comtesse den örtlichen Mechaniker, ihm ein behindertengerechtes Auto zu bauen. 1972 griff Acoma (Ateliers de Construction de Matériaux) diese Idee auf und entwickelte sie weiter. 1973 erschienen erste fahrfertige Acoma-Modelle, die zunächst noch einen entscheidenden Makel hatten: Der Hang zum Kippen. Bei falscher Bedienung in Kurven oder ungünstiger Gewichtsverlagerung neigte sich das Dreirad rasch zur Seite. Besonders ungünstig dann, wenn das Fahrzeug auf der Seite mit der damals noch einzigen Tür landete.

Acoma schaffte Abhilfe durch die Anbringung von je einem kleineren Rad rechts und links des Vorderrads. Diese Räder liefen bei der Fahrt nicht mit, sondern dienten der Abstützung bei starker Neigung. Den Makel mit der einzelnen Tür hob man auf besondere Art auf: Man brachte fahrerseitig eine Flügeltür an, die man auch dann öffnen konnte, wenn die Mini-Comtesse quer in einer engen Parklücke stand – was bei 2,25 Meter Baulänge sehr gut möglich war. Die zweite Tür verfügte über herkömmliche Scharniere. Aus sehr einfach verarbeiteten Polyestergemisch bestand die Karosserie, die gewisse Ähnlichkeit zum Peel Trident aus England nicht verleugnen konnte.

Den Antrieb stellte ein 50 cm³-Motobécane-Zweitakter oder ein gleichstarker Sachs-Motor dar, der am angetriebenen Vorderrad saß. Das Vehikel erreichte eine Höchstgeschwindigkeit von etwa 40 km/h. Es fiel unter die Fahrzeugkategorie »L« und durfte ohne Führerschein bewegt werden. Diese Einordnung verlangte, dass das Mobil ein Pedal besaß. Das aber war bei einem Fahrzeug mit Automatikgetriebe eigentlich nicht notwendig. Acoma montierte trotzdem ein Pedal. Wenn man dieses trat, bewegte sich die Mini-Comtesse einen Schritt vorwärts, der Motor startete damit. So ausgerüstet ging die Mini-Comtesse 1974 in Produktion. Acoma entwickelte sich zu einem führenden Hersteller in Frankreich für Kleinstwagen, man erreichte zeitweise einen Marktanteil von 30 Prozent.

Im Laufe der Zeit ergänzten fünf weitere Modelle das Programm. 1978 erschien ein Vierrad-Modell namens Super Comtesse, ebenfalls angetrieben von einem 50 cm³-Motor. Die Super Comtesse wurde 1980 von der Comtesse Berline abgelöst. Ebenfalls 1980 erschienen die Modelle Sport, der Kombi und das Coupé. Die

Der Mini Comtesse war ein Vierrad-Microcar mit Targa-Dach. Der Zweitakter stammte entweder von Motobecane oder von F+S.

Starlette von 1982 war eine größere Version des Coupés. Sie wurde auch mit einem 125 cm³-Motobécane-Zweitakter angeboten. 1984 schloss Acoma die Pforten.

Mini-Cat

1978 gründete sich in Valence die Firma Mini-Cat Automobiles. Unter der Leitung von Serge Aziosmanoff entstanden führerscheinlos zu fahrende Dreirad-Kleinstfahrzeuge. Das Gefährt wies eine Länge von nur 1,58 Meter auf, bei einer Breite von 1,12 Meter und einer Höhe von Einssechzig. Diese Abmessungen verliehen dem Mini-Cat eine ungewöhnliche Form, auch durch das Einzelrad vorne bedingt. Die Karosserie bestand aus Polyester, daher wog das Fahrzeug leer nur 125 kg. Als Antrieb diente ein 49 cm³-Zweitakter von Peugeot, verbunden mit einer Getriebeautomatik. Bemerkenswert ist die Tatsache, dass alle drei Räder Bremsen erhielten und die Aufhängung per Schwingarmen erfolgte. 1979 ergänzte das Vierradmodell AZ 79 das Programm.

1980 erfolgte ein Umzug nach Tain-l'Hermitage, noch im selben Jahr endete die Produktion bei Mini-Cat. Der bisherige Bootshersteller

Ein 49-cm³-Zweitakter aus dem Peugeot-Moped GL 10 trieb das Mini-Cat- Dreirad an. (Buch-T CC BY SA 3.0)

Jeanneau erwarb 1980 die Lizenz für den Bau des Mini-Cat und brachte ihn nach einigen Veränderungen wieder auf den Markt. Im Laufe der Jahrzehnte entwickelte sich die Firma Jeanneau-Microcar, die inzwischen zur Ligier-Gruppe gehört, zu einem führenden Microcar-Hersteller in Frankreich. Auch in Deutschland wurden die Jeanneau-Microcars vertrieben. Serge Aziosmanoff wurde zuvor als Gründer der GRAC-Rennwagen-Manufaktur bekannt.

Mochet

Die Firma Mochet bot in ihrem Programm im Laufe der Jahre eine Vielzahl von interessanten, teils revolutionären Motorfahrzeugen. Gegründet wurde die Société Mochet von den Gebrüdern Charles und Georges Mochet 1924 in Puteaux. Das erste Modell war ein sogenanntes Cyclecar, ein Kleinstauto mit einer fahrradähnlichen Karosse und einem Zweitakt-Motor im Heck. Das nächste Fahrzeug 1927 war nicht motorisiert. Es handelte sich um ein sogenanntes Velocar, also ein vierrädriges, autoähnliches Gefährt mit Fahrradreifen und Pedalantrieb. Das Velocar wurde bis 1945 gebaut. Auch im Bau »richtiger« Autos versuchte sich Mochet weiter. So erschien 1927 der 4 Chevaux C.M. Dieses vierrädrige Fahrzeug besaß eine Sperrholzkarosse und einen 350 cm³-Zweitaktmotor der Marke mit 3-Gang-Getriebe. Die genaue Stückzahl dieser Mobile ist nicht bekannt, fest steht, dass die Produktion 1934 endete.

Den Bau von motorisierten Fahrzeugen nahm Mochet 1946 mit dem Velocar Type H wieder auf. Dieses Modell war mit einem 100 cm³-Zürcher-Zweitakter ausgerüstet. Ihm folgte 1947 der Type K ohne Pedale, welcher über einen 125 cm³-Ydral-Zweitakter mit 3,5 PS verfügte. Dieser befand sich auch im CM 125, dessen Karosserie im modernen Ponton-Stil gestaltet war. So machte der CM 125 trotz seiner geringen Länge von 225 cm den Eindruck eines richtigen Autos. Im CM 125 Y ab 1954 entwickelte der Ydral-Motor nun fünf PS, im CM 175 J zehn PS bei 175 cm³. 1954 sollte ein besonderes Jahr für Mochet werden, man plante den Bau eines Kleinwagens mit 750 cm³ Hubraum. Mochet entwickelte einen Prototyp mit einer sehr erwachsenen Karosserie im Ponton-Stil. Den luftgekühlten 737 cm³-Zweizylinder mit 30 PS Leistung lieferte die Firma CEMEC. Der Wagen sollte bei ANTEM gefertigt werden, doch der Konkurs dieses Unternehmens verhinderte die Pläne. So baute man die CM-Modelle bis 1958 weiter, bevor man den Automobilbau aufgab und sich der Herstellung von Motorrädern zuwandte. Diese Entscheidung trug auf Grund des im Niedergang befindlichen Motorradmarktes jedoch keine Früchte, sodass Mochet 1969 für immer die Tore schloss.

Das Velocar war beinahe ein Auto, nur der Motor fehlte noch. Mochet baute übrigens schon 1934 etwas, das man heute Liegerad nennt. (Dave 7 CC BY 2.0)

Der Mochet CM 125 Y war 1954 ein beinahe erwachsenes Auto, das Mochets Werbeabteilung als 3-Liter-Auto pries.

Monica (Compagnie Française de Matériel Ferroviaire - C.F.M.F.)

Die Ursprünge des Monica-Sportwagens liegen in der Mitte der 1960er-Jahre. Der Auto-Enthusiast Jacques Tastevin legte sich einen Jaguar-Sportwagen zu, bedauerte aber zutiefst, kein ähnliches Auto aus französischer Produktion als Neuwagen erwerben zu können. Facel Vega hatte dieses Segment lange Jahre bedient, musste aber 1964 die Tore schließen.

Tastevin, seines Zeichens Inhaber zweier Fabriken für Eisenbahn-Kesselwagen und für Metallverarbeitung, beschloss nun den Bau eigener Sportwagen. Er engagierte seinen langjährigen Assistenten Henri Szykowski als Leiter des Projekts. Einen Namen für den Wagen wusste man bereits: Monica, wie die Gattin Tastevins. Die Entwicklung begann mithilfe des Rennfahrers und Autoingenieurs Chris Lawrence. Dieser hatte in seinen »Lawrence Tune Engines«-Werkstätten eine 2,6-Liter-Version des Triumph-TR4-Motors entwickelt, die 182 PS abgab. Das beeindruckte Tastevin und er orderte 250 dieser Motoren pro Jahr. Man entwickelte ein fahrfertiges Chassis, doch kurz vor dessen Realisierung überkamen Lawrence Zweifel, ob dieses kernige Aggregat das richtige für ein Luxusauto wäre. Daraufhin stellte er einen Kontakt zum Motorenentwickler Edward C. Martin her, der gerade einen modernen 3,0-Liter-OHC-V8 entworfen hatte.

Die Motoren überzeugten Tastevin und er erwarb vier Exemplare. Erste Versuche in Prototyp Nr.1 verliefen jedoch nicht zufriedenstellend, zudem gefiel Tastevin und seiner Ehefrau das Fahrzeugdesign noch nicht. Prototyp 2 wurde entworfen und gefiel mit seiner kantigeren Auslegung klar besser. Bei Prototyp 3 kam der Rumäne Tudor Rascanu als Designer zum Einsatz, Rascanu hatte sich zuvor bei Vignale in Italien einen Namen gemacht. Sein Entwurf mit den Klappscheinwerfern fand Tastevins Zustimmung. Man lieferte das Design zu Vignale, die daraus eine Stahlkarosse herstellten – mit gewichtigen Einlagen aus Blei im Schweller, wie sich bald herausstellte. Das drückte natürlich auf die Fahrleistungen, ohnehin war man ja nicht zufrieden mit dem Martin-V8. Prototyp 4 entstand, in Paris tobte die Studentenrevolution, man zog vorübergehend nach Genf um.

Rascanu starb überraschend 1970, fortan übernahm der Illustrator David Coward die Design-Leitung. Die Unruhen in Paris legten sich, die bei Tastevin und Monica nicht. Es folgte ein beispielloses Verwirrspiel um die Herstellung der Motoren und der Karossen. Das gipfelte darin, dass Tastevin kurz vor dem Pariser Salon 1971 sechs Matra-Fachleute zur Begutachtung des Monica engagierte. Diese kamen nach ausgiebiger Testfahrt zu dem Urteil, dass man den Wagen sehr gut verkaufen könne – nur nicht mit dem Martin-V8. Der Einbau eines Aston Martin V8 wurde aus Kostengründen verworfen, schließlich fand man im Chrysler 340-V8 den passenden Motor. Achtzylinder, 5,6 Liter Hubraum, Chrysler – so mancher mag sich da an die seligen Facel Vega V8 erinnert haben.

Der Monica 560 getaufte Wagen feierte auf dem Genfer Autosalon 1973 seine Premiere. Er präsentierte sich mit Velours, Leder, Echtholz, Klimaanlage, Servolenkung und vielen Goodies mehr im Luxusgewand. Das hatte mit 165.000 Franc seinen Preis. Einen Rolls Royce Silver Shadow konnte man für das gleiche Geld erwerben. Das mag einer der Sargnägel für das Projekt Monica 560 gewesen sein. Im Februar 1975 verkündete Jacques Tastevin das Ende der Monica-Produktion. Quellen geben an, dass sechs Monica 560 auf den Markt gelangt sind. 30 noch unfertige Fahrzeuge wurden an Guy Ligier verkauft, der die Produktion auch nicht mehr aufnahm.

165.000 Francs sollte der Monica 560 1974 kosten. Ein Rolls-Royce bot für das gleiche Geld noch mehr Prestige.

Zunächst war an den Einbau eines Chrysler-V8 mit 5,9 Litern Hubraum und 290 PS in den Monica 590 gedacht.

1974 war der Monica 560 serienreif mit einem Chrysler-V8, 5561 cm³ Hubraum und 305 PS. Die Käufer standen leider nicht Schlange. (Buch-t pd-self)

Motobécane

Nennt man den Namen Motobécane, so denkt man automatisch an die berühmte Fahrrad- und Motorzweirad-Produktion. Wer kennt sie nicht, die millionenfach produzierte Mobylette, die in früheren Zeiten quasi in jedem französischen Haushalt zu finden war? Von der Gründung 1923 (in Pantin) an rollte die Zweiradproduktion unaufhörlich. Die Gründer des Unternehmens »Ateliers de la Motobécane« waren Alphonse Tallet, Charles Benoît und Abel Bardin.

Man war so erfolgreich, dass zunächst gar kein Raum für eine Automobil-Idee vorhanden war. Das änderte sich gegen Ende der 50er-Jahre. Motobécane erkannte das Faible der Franzosen für Kleinstwagen, hervorgerufen auch durch den zunehmenden Verkehr gerade in Großstädten und die damit verbundene Parkproblematik. Außerdem ging es der Mehrzahl der französischen Haushalte in jener Zeit finanziell noch nicht so gut. So war die logische Konsequenz der Motobécane-Entwicklung der Kleinstwagen KM, auch Mobyquatre genannt. Bei der Vorstellung des Prototyps im Jahre 1958 sorgte der KM durchaus für Aufsehen. Eine schicke Ganzstahl-Karosserie mit 2,70 Meter Länge, als zweisitziges Cabriolet ausgelegt, hatte man mit einem 125 cm³-Motobecane-Zweitakter ausgerüstet. Der Clou des Fahrzeuges war sein automatisiertes Getriebe, das dem DAF-Variomatic-Getriebe ähnelte. Die Antriebskraft wurde über stufenlos verstellbare Riemenscheiben/Antriebsriemen an die Antriebsachse verteilt. Dieses Prinzip war zu jener Zeit beinahe revolutionär.

Zur Serienproduktion des KM kam es allerdings nicht, es wurden lediglich drei Pkw-Modelle sowie zwei KM-Kleinstlaster mit 150 kg Nutzlast hergestellt. Man entwickelte den KM weiter, 1965 erschien der KM 2v. Die Gedankengrundlage des KM 2v war ein Entschluss der Präfektur Paris, in bestimmten Bereichen der Stadt nur noch Fahrzeuge reduzierter Größe zuzulassen. So entstand ein 2,50 Meter kurzes Automobil, das voller fortschrittlicher Ideen steckte. Ein OHC-Motor mit unter dem Motor liegenden Getriebe (wie beim Austin Mini), eine McPherson-Radaufhängung vorne plus gezogene Lenker hinten, das waren 1965 schon bemerkenswerte Details. Hinzu kamen der variable Kofferraum und als Clou die Schiebetüren.

Alles in allem war hier ein mehr als vollwertiges Stadtauto zu sehen – was dem KM 2v aber nichts half. Motobécane entwickelte das Fahrzeug noch bis 1971 weiter, dann gab man das Projekt Autobau zugunsten der Motorradherstellung auf. Motobécane befindet sich seit 1984 unter dem Dach des Yamaha-Konzerns und firmiert heute als MBK Industries.

MVS / Venturi

Das Abenteuer MVS / Venturi startete im Jahr 1984. Die beiden Autoenthusiasten Claude Poiraud und Gérard Godfroy arbeiteten bei Heuliez, Poiraud in der Entwicklung und Godfroy in der Design-Abteilung. Godfroy gab den Anstoß, einen eigenen Sportwagen zu erschaffen. Ausgelöst wurde diese Idee durch eine simple Transportaufgabe: Die Heuliez-Chefetage bat Godfroy, einen Dino 246 GT, seinen Traumwagen, von der Heuliez-Fabrik Cerizay nach Paris zu fahren.

Die beiden Visionäre heuerten zwei weitere Heuliez-Mitstreiter an, Jean Pierre Sachot sowie Jean Jacques Turquand, und begaben sich

Das Venturi Coupé 260 APC war im Gegensatz zum 260 SCP mit einem 3-Wege-Kat ausgerüstet. Der PRV-V6 leistete damit 260 PS. (CjP24 CC BY SA 4.0)

mit Eifer ab die Entwicklung eines Sportwagens. Erfahrungen im Automobilbau besaß man ja, das mochte man unter Beweis stellen. In Rekordzeit entstand ein 1:1-Prototyp mit einer Polyesterkarosse, einem einfach zu handhabenden Baumaterial. Der Zusammenbau erfolgte in Poirauds Garage. Unterstützt wurde die Realisierung durch die Firma ATMC, deren Direktor Guy Prache ein Freund von Claude Poiraud ist. ATMC hilft auch in finanziellen Aspekten. So kann der »Ventury« getaufte Sportwagen noch 1984 auf dem Pariser Autosalon ausgestellt werden. Dort fand er regen Anklang, unter anderem bei potenziellen Geldgebern für eine Serienproduktion.

Poiraud und Godfroy, deren Anliegen es zunächst nur war, die Machbarkeit des Projekts darzustellen, schmeichelte dieses Interesse. Man verband sich mit dem Finanzier Herve Boulan und fasste die Konkurrenz von Porsche und Ferrari ins Auge. Die ersten Gelder flossen, man gründete die »Manufacture de voitures sport«, kurz MVS. Das Modell sollte künftig »Venturi« genannt werden. Einen Namen hatte das Auto, eine fertige Karosse auch, und mit dem Rennfahrer Jean Rondeau einen weiteren Finanzierer. Nur ein Motor fehlte noch. Nach diversen Versuchen mit Triebwerken des Golf GTI, des Citroën CX GTi sowie des Peugeot 505 Turbo landete man schließlich beim V6 Turbo des Renault Alpine. Nun endlich

Der Motor des MVS Venturi kam aus der Renault Alpine beziehungsweise dem R25 Turbo und leistete 200 PS. Topspeed waren 240 km/h.

konnte man auf dem Pariser Autosalon 1986 ein fahrfertiges Auto präsentieren, das Anklang erhielt.

Beflügelt von dem Beifall investierte MVS viel Geld in eine neue Autofabrik in Cholet. 50 Mitarbeiter sollten dort 1988 200 Exemplare des edlen Venturi herstellen, das gelang nicht ganz. Es entstanden etwa 110 Venturi, das war noch nicht gewinnbringend genug. Dennoch, die Entwicklung ging weiter, MVS wurde zu

1986 präsentierte MVS den Venturi 221 Cup Prototype, der ab 1987 in ganz ähnlicher Form gebaut wurde. (Blood Destructor CC BY SA 3.0)

17 Exemplare des 270 PS starken Venturi Transcup 260 Cabriolets entstanden.

Der Venturi 300 Atlantique produzierte 310 PS aus dem 3.0-V6-Turbo und entstand in einer Auflage von 200 Stück.

Venturi, ein Cabrio wurde geplant, der Prototyp eines 4x4-Wagens wurde präsentiert. 1990 erreichte die Produktion mit 174 Exemplaren ihren Höhepunkt. Das reichte immer noch nicht für große Margen, sodass 1991 der Umzug in ein bereits bestehendes, von der Stadt Coueron subventioniertes Werk anstand. Dort sollte der Venturi zusammen mit dem de la Chapelle Minivan, einem Produkt des neuen Anteilseigners Henri de la Chapelle, produziert werden. Bemerkenswert, dass sich Venturi trotz finanzieller Engpässe den Kauf von 65 Prozent der Anteile des Larousse-Formel-1-Teams für 28 Millionen Franc leistete. Dieses Abenteuer beendete man jedoch nach nur einem Jahr. Der Firma ging es schlecht, das Modell 500 LM warf nicht genügend Gewinn ab. Die Rettung nahte in Form

Vom Venturi 600LM entstanden ab 1993 insgesamt 17 Fahrzeuge, die in der ersten Saison 1994 auch noch recht erfolgreich waren.

Vom Venturi 400GT entstanden zwischen 1994 und 1999 rund 90 Exemplare, überwiegend für den Renneinsatz und 408 PS stark. (Ben CC BY SA 2.0)

der Venturi Trophy. Solvente Fahrer hatten für ein Jahr lang mit dem Einsatz von 100.000 Franc die Möglichkeit, an Rennen teilzunehmen. Das sorgte für eine Verkaufssteigerung. 400 LM, 500 LM, 600 LM, 400 GT, die Bandbreite wurde immer größer. Es half dennoch nichts, die Firma schlitterte 1996 dem Konkurs entgegen. In dieser Situation trat der thailändische Investor Serre Kravit auf und rettete Venturi mit einer Finanzspritze. Das half aber auch nur bis zum Jahr 2000, dann verschwand der Name Venturi als Sportwagenbauer endgültig vom Markt.

New Map

Die Geschichte von New Map ist geprägt durch einen wechselhaften Verlauf von Erfolg und Misserfolg. New Map entstand 1926 in Lyon, der englisch klingende Name sollte der damaligen Beliebtheit britischer Motorräder huldigen. MAP stand dabei als Abkürzung für Martin, Paul – dem Gründer von New Map.

Zunächst widmete man sich ganz dem Motorradbau, bevor man 1938 den Kleinwagen »Baby« auf den Markt brachte. Dieser offene Wagen ohne Türen bot zwei Personen Platz. Angetrieben wurde er von einem 100 cm³-Fichtel+Sachs-Zweitakter, dessen Kraft per Kette auf die Hinterräder gelenkt wurde. Die Ganzstahl-Karosserie ruhte auf einem Rohrrahmen. Der Kleinstwagen verkaufte sich bis 1946 in 1000 Exemplaren.

1947 erfolgte ein Umzug nach Clermont-Ferrand und eine Umfirmierung in Société Rolux. Fortan wurde das Baby als Rolux VB 60 (VB für »Voiturette Baby«) vermarktet. Eine Coupé-Version des VB 60 kam nicht über das Prototypen-Stadium hinaus. 1950 schied der Firmengründer Paul Martin nach Streitigkeiten aus dem Unternehmen aus. Im selben Jahr erhielt der VB 60 einen 125 cm³-Ydral-Mo-

Das Dreirad Solyto konnte mit unterschiedlichen Aufbauten geliefert werden und bot im Nachkriegsfrankreich einfache Mobilität.

Zwischen 1952 und 1961 entstanden rund 500 Exemplare des von einem Ydral-Zweitakter angetriebenen Solytos. (Dave7 CC BY 2.0)

Auch das »Voiturette Baby« VB 60 verfügte über einen Ydral-Zweitakter mit 4,5 oder 6 PS.

tor, das neue VB 61-Modell erschien mit einem 175 cm³-Ydral-Zweitakter. 1952 setzte man die Produktion in Puy de Dome fort, nun unter dem Firmennamen »Société de Construction du Centre«. Nach 300 hergestellten Nachkriegs-Exemplaren endete der Bau des Rolux Baby noch im Jahr 1952.

Die Motorradproduktion lief weiter, neu dazu kam der Lieferwagen »Solyto«. Dabei handelte es sich um ein dreirädriges Transportfahrzeug (ein Rad vorne, zwei hinten), das mit verschiedenen Aufbauten lieferbar war und eine Nutzlast von 200 kg hatte. Im Gegensatz zu manch anderen Konkurrenten war der Solyto ausschließlich mit einem geschlossenen Fahrerhaus lieferbar und bot ein gewisses Pkw-Flair. Der Solyto war mit dem 175 cm³-Ydral-Motor aus dem VB 61 motorisiert. Bis 1959 wurden 500 Exemplare des Solyto hergestellt, dann endete die New Map-Geschichte.

Ninon

Das Unternehmen Georges Vincent aus Nantes war lange Jahrzehnte ein etablierter Hersteller von (motorisierten) Zwei- und Dreirädern. 1908 begann man zunächst mit der Produktion von Fahrrädern unter dem Markennamen Ninon. Im Laufe der Zeit erhielten die Zweiräder Motoren bis zu 500 cm³. 1930 erschien dann das Fahrzeug, das bis heute am stärksten mit Ninon verbunden wird: Das Mototri. Offiziell als »Tricar« bezeichnet, kann man es auch im engeren Sinn als Automobil betrachten.
Dabei handelte es sich um ein Vehikel, das zur vorderen Hälfte ein Motorrad blieb und zur hinteren Hälfte ein offener Kastenwagen. Das rustikales zweisitzige Dreirad war auf Nutzlasten von 150, 250 und 500 kg ausgelegt, an Motorisierungen standen 250 cm³ und 500 cm³-Viertakter zur Verfügung. Ein Kleinwagen-Prototyp aus dem Jahr 1946 blieb ein Einzelstück. Die Gesamtproduktion von Ninon endete 1959.

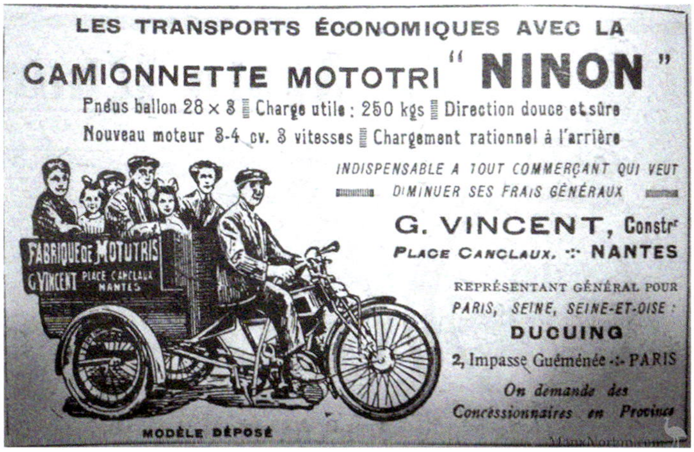

Ninon-Werbeanzeige für das Mototri mit 250 kg Nutzlast.

Noval

1982 gründete sich in Reuilly das Automobilunternehmen Noval. Noval zählte zur Vielzahl französischer Microcar-Hersteller, die sich im Laufe der Jahrzehnte mit dem Bau von Kleinstwagen versucht-en. Das einzige Modell wies eine Gesamtlänge von 225 Zentimeter auf. Seine Polyester-Karosse war auf einem Rohrrahmen aufgebaut. Als Motorisierung standen Zweitaktmotoren mit 50 und 125 cm³, ein Dieselmotor mit 231 cm³ und ein E-Motor mit 2,4 kW Leistung zur Auswahl. 1984 endete die Produktion.

Vom Noval Microcar gab es Zweitakter mit 50 cm³ oder 125 cm³, einen Diesel mit 231 cm³ und dazu zwei Elektroversionen.

O.T.I.

Die Abkürzung O.T.I. steht für Office Technique International. Dahinter verbirgt sich ein automobiles Unternehmen, das 1956 in Paris von Lucien Rolland gegründet wurde. Lucien Rolland war zuvor bei Rolland-Pilain tätig gewesen, einer Automobilfabrik mit fortschrittlichen und außergewöhnlichen Modellen im Programm.

Während bei Rolland-Pilain zwischen 1905 und 1931 eher größere Fahrzeuge entstanden, verlegte man sich bei O.T.I. auf Microcars. Deren Kunststoffkarosse, entworfen von den Ateliers des Muettes, wies ein ungewöhnliches Design mit vielen Ecken und Sicken auf. An der Ober- und Unterkante verlief eine Gummiwulst, die vor Parkremplern schützen sollte. Der Wagen hatte zwei Räder hinten und eines vorne, angetrieben wurde es von einem Gnome-et-Rhone-Zweitakter mit 125 cm³. Bei dem elsässischen Karossier Gangolf entstand ein weiterer Prototyp, der bei Bugatti in Molsheim vom Band laufen sollte. Die Gesamtproduktion endete 1959 und soll sich auf zehn Exemplare belaufen.

P. Vallée

1952 gründete Paul Vallée in Blois ein Unternehmen zur Herstellung von Motorfahrzeugen. Ganz dem Trend der Zeit entsprechend setzte er dabei auf die Produktion von kostengünstigen Kleinst-fahrzeugen. Nach Dreiradrollern und Lastenrädern war sein erstes Auto 1956 ein kleiner Dreiradwagen mit rundlicher Form und offener Karosse. Dieses Gefährt wurde von der Société Blois produziert, deren Inhaber ebenfalls Paul Vallée war.

Das Fahrzeug – Chantecler (»Hahn«) genannt – besaß zwei vordere und ein hinteres Rad und war mit einer Sitzbank für eine oder zwei Personen ausgestattet. Der Antrieb erfolgte per Kette auf das Hinterrad mittels eines 175 cm³-Ydral-Zweitakters. Dieser beschleunigte das 3,20 Meter lange Gefährt auf maximal 60 km/h. Der Chantecler war mit einer seinerzeit fortschrittlichen Zahnstangen-lenkung sowie mit einem nicht minder modernen Viergang-Getriebe ausgestattet. 1958 endete die Produktion nach 200 Exemplaren.

Gerade mal von 1956 bis 1957 entstand der Paul Vallée Chantecler mit 5- oder 8-PS-Zweitakter von Ydral.

Paul Vallée brachte 1952 seinen als Ein- oder Zweisitzer erhältlichen kleinen, unbenannten Sportwagen heraus. (Buch-t)

Pachiaudi

Schon lange bevor Yves Pachiaudi 1995 sein eigenes Unternehmen gründete, war er in der Autoherstellung tätig. Bereits 1970 entwickelte er mit zwei Brüdern unter dem Markennamen JIB einen Buggy auf VW-Käfer-Basis. Das entsprach voll und ganz dem damaligen Trend, die wenigen gebauten Fahrzeuge wurden erfolgreich auf Rallyes eingesetzt.

Nach einiger Zeit ohne eigene Fabrikation startete er also 1995 in Culoz erneut den Fahrzeugbau. Das einzige angebotene Modell präsentierte sich wiederum im VW-Buggy-Look, ohne allerdings die technische Basis des Volkswagens zu verwenden. Auf einen Rohrrahmen setzte Pachiaudi eine Kunststoffkarosse mit 3,70 Meter Gesamtlänge. In der Standardversion wirkte die Antriebskraft auf die Hinterräder, gegen Aufpreis war ein Allradsystem erhältlich. Als Basismotor diente ein Renault-2,1-Liter-Turbodiesel mit 88 PS, als Extra konnte ein 2,8 VR6-Benziner von VW geordert werden. 1997 übernahm die Société Vibraction aus Roanne, deren Leiter ebenfalls Yves Pachiaudi war, die Produktion. 2005 endete die Herstellung. Über die genaue Stückzahl ist nichts bekannt.

Der Pachiaudi Buggy mit abnehmbarem Dach und herausnehmbaren Türen kam mit 2,1 TD Renault-Motor (88 PS) oder 2,8 VR6 von VW daher und war auch als 4x4 lieferbar. (Joost J.Bakker CC BY 2.0)

Panhard & Levassor

Betrachtet man die Geschichte Panhards, so kommt man nicht umhin, zu den weit zurückliegenden Anfängen zu gehen: Alles begann im Jahr 1845, als die Zimmerleute Perin und Pauwels in Paris ein Unternehmen zur Herstellung von Bandsägen gründeten. 1867 übernahm Pauwels Part der 26-jährige Rene Panhard, Spross einer bekannten Kutschenbau-Familie. 1886 dann die Wendung zum Automobilbau: Rene Panhards Freund Emile Levassor besaß eine Lizenz für den Bau von Daimler-Motoren, gemeinsam richtete man im 13. Arondissement in Paris eine Automobilfabrik ein. So begann die beispiellose Karriere der Firma Panhard zunächst mit der Herstellung solide gefertigter Lizenzbauten.

Die beiden waagerechten Streben an der Front unterschieden den 1948er Panhard Dyna X84 vom 47er Modell. Er hat Frontantrieb sowie einen 610-cm³-Zweizylinder mit 24 PS.

Ab 1950 gab es den Panhard Dyna mit neuer Front und in den Modell-Varianten X 110 (610 cm³/28 PS), X 120 (745cm³/33PS) sowie 120 Sprint (745 cm³/37 PS).

Leider konnte Emile Levassor die Entwicklung von Panhard & Levassor nur kurze Zeit erleben, er erlag 1897 den Folgen seiner schweren Verletzungen, die er bei einem Rennunfall 1896 erlitten hatte. Dieses Ereignis führte 1897 zu Umstrukturierungen bei Panhard & Levassor, fortan firmierte man als »Société Anonyme des Anciens Etablissements Panhard et Levassor«. Die Firma entwickelte sich immer mehr zum Hersteller großer und luxuriöser Fahrzeuge, etwa einem Grand-Prix-Modell mit einem 18,3-Liter-Achtzylinder-Motor (1906). Auch nach dem Tod Rene Panhards im Jahr 1908 liefen die Geschäfte bei Panhard & Levassor glänzend.

Zu Zeiten des Zweiten Weltkrieges tat sich streng Geheimes bei Panhard: Man hatte den Frontantriebsspezialisten Jean-Albert Grégoire engagiert. Mit dessen Hilfe konstruierte man 1942/43 – ohne Kenntnis der deutschen Besatzungsmacht – den Prototyp eines Leichtbauwagens. Dabei hatte auch die Société Aluminium Francaise (SAF) mitgewirkt. Das Resultat war ein frontgetriebener Kleinwagen mit einem luftgekühlten 594 cm³-Boxermotor. Als Frankreich von der deutschen Besatzung befreit wurde, bot Grégoire diese Konstruktion Simca an. Dort hätte er sogar Generaldirektor werden können – wenn nicht der Simca-Eigner Theodore Pigozzi aus dem Exil zurückgekehrt wäre und diesen Posten wieder beansprucht hätte. So wanderte Grégoire zu Panhard ab und nahm seinen Prototypen dorthin mit.

Als Chefkonstrukteur bei Panhard perfektionierte er den Wagen, man brachte ihn schließlich als Panhard Dyna X84 (610 cm³, 24 PS) 1947 auf den Markt. Mit seinem Frontantrieb und vor allen Dingen dem Rahmen aus Leichtmetall bot er reichlich Fortschrittliches zu jener Zeit. Dass er auch standfest war, bewies der Dyna bei den 24 Stunden von Le Mans. Zwischen 1950 und 1962 gewann er zehn Mal in seiner Klasse. Das sorgte für gute Verkaufszahlen, von den X84/X85-Modellen (ab ´49) ließen sich bis 1953 immerhin 45.000 Exemplare absetzen. Auch Kleinserien-Modelle wie der Dyna Veritas oder die Deutsch-Bonnet-Coupes basierten auf dem Dyna. 1954 erschien der Dyna 54, der mit einer neuen Ponton-Karosserie und einem erstarkten Motor glänzen konnte.

Der Panhard Junior basierte zunächst auf dem Fahrgestell des Dyna X, dann auf dem des Dyna Z. Gebaut wurde er von 1952 bis 1956.

Dennoch, die Verkaufszahlen gingen stark zurück, man suchte nach einem Partner. Man fand ihn im Konkurrenten Citroën, der sich ab 1955 mit 25 Prozent an Panhard beteiligte. Außerdem ließ sich Citroën von 1955 an die 2 CV-Fourgonette im nicht mehr ausgelasteten Panhard-Werk Ivry produzieren. Die Nutzfahrzeugsparte hatte man bereits 1950 ausgegliedert in ein gemeinsames Unternehmen mit SOMUA und Willeme. 1960 ging mit dem PL17 ein neues Modell an den Start. Sein ausgefallenes Motorenkonzept mit zweizylindrigem, luftgekühltem Boxer, 850 cm³ Hubraum bei 42 PS Leistung sorgte für viel Lob und die ein oder andere Kritik. Man pries die Kultiviertheit und Spritzigkeit des Motors. Gleichzeitig kamen erste Beschwerden in puncto Standfestigkeit auf, das Aggregat musste stets an der oberen Drehzahlgrenze arbeiten, um ein gutes Vorankommen zu sichern. Das sorgte für erhöhten Verschleiß. Fatalerweise waren die Zylinder so konstruiert, dass sie im Falle des Falles nicht separat ausgetauscht werden konnten. Auch die Karosserie war nicht unumstritten. Das aerodynamische Design kam an, weniger Gefallen fanden die Käufer an der starken Rostanfälligkeit der PL17-Modelle. Das änderte sich auch nicht ab 1963 mit der Umbenennung in 24 B beziehungsweise 24BT (T=Tigre-Motor mit 60 PS). Zum 24 B / BT gesellte sich das Coupé 24 C / 24 CT.

Ebenso 1963 erschien der Panhard CD. Hierbei handelte es sich um ein Coupé aus der Feder von Charles Deutsch. Monsieur Deutsch

Weiterhin mit luftgekühltem Zweizylinder (42 PS) fuhr der 1953 neue Panhard Dyna Z vor. Das Modell Tigre leistete stramme 50 PS.

dachte daran, das CD-Coupé bei den 24 Stunden von Le Mans einzusetzen. Dementsprechend rüstete er es mit einer ultra-leichten Kunststoffkarosse (hergestellt in Italien) aus, als Motor kam der 60 PS starke 848 cm³-Boxer aus dem Tigre zum Einsatz. Der Panhard CD war erfolgreich bei den 24 Stunden von Le Mans. Einige wenige Modelle erhielten auch eine Straßenzulassung, man spricht von insgesamt 92 Fahrzeugen.

All diese Maßnahmen konnten den Niedergang Panhards nicht aufhalten, die Autos waren schlicht und einfach preislich nicht mehr

Von 1964 bis 1967 entstand der Panhard 24 in den Ausstattungslinien B, BA, BT, C und CT, wobei das »T« auf das Modell »Tigre« hindeutet, das den stärkeren Motor mit 60 PS aus 848 cm³ Hubraum besaß.

konkurrenzfähig. 1965 übernahm Citroën Panhard komplett, lediglich die Sparte der Militärfahrzeuge blieb ein eigenständiger Panhard-Zweig. 1967 lief der letzte Panhard, ein metallic-blauer 24 BT, vom Band. Damit endete still und heimlich die 76-jährige Geschichte eines großen, ungewöhnlichen Herstellers. Es heißt, dass manches vom Panhard-Geist sich im Citroën GS wiederfindet. Für wahre Panhard-Fans nur ein schwacher Trost.

Mit seinen fließenden Linien gehört das Panhard CD GT Coupé sicher zu den schönsten Wagen des französischen Herstellers.

Der sportliche Panhard 24 bei seiner Presse-Präsentation in einer Gartenanlage in der Nähe von Montlhéry 1963.

Der Panhard PL 17 war Nachfolger des Dyna Z und erhältlich mit Limousinen-, Kombi- oder Cabrio-Karosserie.

Panhard lobt die Zuverlässigkeit, Sparsamkeit und Wirtschaftlichkeit des Dyna.

Peugeot

Eine Beschreibung der Peugeot-Historie ist eine Aufgabe, mit der sich problemlos ganze Bücher füllen lassen (und bereits gefüllt wurden). Es ist die Historie eines Herstellers, dessen Produkttiefe beinahe unerreicht ist. Im Prinzip begann diese Geschichte im Jahr 1810, als die Brüder Jean-Frederic und Jean-Pierre Peugeot die familieneigene Mühle in Sous-Cratet in ein Stahlwerk umwandelten. Dort produzierten sie in den nächsten Jahrzehnten Dinge wie Uhrenfedern und anderes aus Metall.

1840 kamen die ersten berühmten Gewürzmühlen und Kaffeemühlen dazu, die heute noch von Peugeot hergestellt werden. Auch Werkzeuge, Sägeblätter und Metallreifen für Damenkorsetts fanden sich im Peugeot-Programm. Inspiriert durch die Ansicht eines Peugeot-Sägeblatts, das an ein Löwenmaul erinnerte, erschuf man 1858 das Firmenlogo mit dem Löwen. Ab 1881 ergänzte der Fahrradbau die Peugeot-Produktpalette.

Zum Automobil kam man 1889, als Armand Peugeot seine Société Anonyme des Automobiles Peugeot in Audincourt und Lille gründete, quasi die Keimzelle der heutigen Peugeot-Werke. 1929 präsentierte Peugeot den Typ 201, das erste Modell mit einer »0«in der Mitte einer dreiziffrigen Modellbezeichnung. Diese mittige 0 wurde fortan bis in die 2000er zu einem Markenzeichen Peugeots, bevor vierstellige Modellbezeichnungen Einzug hielten.

Sägeblätter, Gewürzmühlen, Fahrräder, Motorräder, Autos – Peugeot hat(te) ein ungeheuer breites Produktportfolio.

Auch nach dem Krieg wurden gut 75.000 Exemplare des 202er von 1946 bis 1949 hergestellt. Als Antrieb fungierte ein 1133-cm³-Motor mit 30 PS.

Nach dem Zweiten Weltkrieg begann die Produktion zunächst wieder mit dem bekannten 202-Modell. Ab 1946 startete Peugeot mit dem D3 eine sehr erfolgreiche »Karriere« als Hersteller von Kleintransportern. Dem D3 folgte 1955 der beliebte D4. Kaum ein französischer Gewerbetreibender, der nicht einen Peugeot-Kleintransporter mit der Frontlenker-Nase besaß. Das D3-Pendant auf dem Pkw-Segment bildete ab 1950 der 203.

Erzsolide konservative Technik brachte ihm den Beinamen »französischer Mercedes« ein. Er entwickelte sich zum Kassenschlager für die Franzosen. Nicht minder solide und beliebt war der 403 ab 1955. Mit den Karosserievarianten Limousine, Break, Pick-Up und Cabriolet entwickelte sich der 403 zum ersten Millionenseller Peugeots. Dazu trug auch die 1959 eingeführte Diesel-Variante bei, der erste Großserien-Selbstzünder im Sortiment. Die Cabrio-Variante war nicht als Diesel lieferbar. Dennoch erlangte sie eine gewisse Berühmtheit durch den Einsatz in der Krimiserie »Columbo«.

Sein Nachfolger 404 verewigte sich in den Firmenannalen durch eine der längsten Bauzeiten eines Peugeot-Modells überhaupt. Von 1960 bis 1975 rollte das schicke Fahrzeug von europäischen Fließbändern. In Südamerika und Afrika war der 404 sogar noch Jahre darüber hinaus als Neufahrzeug erhältlich.
Ein Erfolgsmodell par excellence war auch der 1968 erschienene 504. Im hocheleganten 504 Coupé/Cabriolet des »Hausdesigners« Pininfarina war tatsächlich zeitweise der PRV-V6 lieferbar. Im traditionell »Break« getauften Kombi-Modell fand sich der nicht, dafür war der Break auf Wunsch als Siebensitzer zu haben. Family first!

Eine Kombi-Option war beim 1975 präsentierten Oberklasse-Modell 604 undenkbar. Immerhin, er war als Diesel/Turbo-Diesel zu haben, seinerzeit in der europäischen Oberklasse ein Novum. Als Selbstzünder war der kleine, ab 1972 verkaufte 104 nicht erhältlich. Dafür bot er mit seinen serienmäßigen vier Türen und dem negativen Lenkrollradius in seiner Klasse etwas Besonderes. Nebenfact: Der 104 bildete in großen Teilen die technische Basis des Renault-Peugeot-Projekts Renault 14. Heute mag man sich bei beiden Herstellern nicht gerne an dieses Projekt erinnern.

Links im Bild ein Peugeot 202, außerdem das Modell 402, das von 1935 bis 1942 produziert wurde. Den 402 kennt man besonders als »Eclipse« mit versenkbarem Blechdach.

Peugeot übernahm den D3 von Chenard+Walcker, baute ihn von 1950 bis 1965 und stattete ihn mit Motoren aus dem 202, 203 und 403 aus. (Peugeot Presse)

Nach Jahrzehnten des Erfolgs zeigten sich Ende der 70er-Jahre dunkle Wolken über der Peugeot-Zentrale. 1974 hatte man den Konkurrenten Citroën übernommen, 1978 die Reste des Marken-Mischmaschs Chrysler-Simca-Rootes. Beide Einkäufe hatten die Geldbörse Peugeots stark belastet. Die Zusammenarbeit mit Citroën erwies sich zunächst als schwierig. Das Programm der beiden Marken hätte kaum unterschiedlicher sein können. Einerseits Citroën mit den immer wieder fortschrittlichen und ungewöhnlichen Ideen, andererseits die konservativen Peugeot-Produkte. Simca existierte nur noch als »Ruine«. Chrysler hatte mit Missmanagement Simca an die Wand gefahren. Die Zeit zwischen 1974 und 1983 waren somit für Peugeot Jahre der Existenzbedrohung. Zwar brachte man neue Modelle auf den Markt, aber den Fortschritt in Person stellten diese eher nicht dar. Der 1977 lancierte 305 wartete

Der Peugeot 404 bei der East African Safari. Er war nicht nur Familienkutsche, sondern auch bei Rallyeeinsätzen erfolgreich. (Peugeot Presse)

Treffen der Generationen auf der 1961er AutoRAI in Amsterdam: Der alte 403 (1955-1967) steht einträchtig neben dem 404 (1960-1975).

immerhin mit einer Frontantriebs-Konstruktion auf, aber in Sachen Design bot er doch Hausmannskost. Wenn nicht 1983 der 205 gekommen wäre, würde man möglicherweise heute nicht mehr über Peugeot als aktiven Hersteller reden.

205, eine simple Ziffer auf dem Papier, de facto ein Kassenschlager sondersgleichen. 5,7 Millionen verkaufte Exemplare zwischen 1983 und 1996, aufgeteilt in die unterschiedlichsten Varianten. Vom simplen 45 PS XE bis zum 130 PS GTI. Sparsam, rasant, sportlich, luxuriös – der 205 konnte einfach alles. Das gefällige Design aus der Feder von Gerard Welter tat ihr Übriges zum Erfolg. Die Anhänger des Diesel-Prinzips erlebten neue Welten: Plötzlich konnte ein relativ kleinvolumiger Diesel (zunächst 1,7 Liter, später 1,9 Liter) sparsam und spritzig und kultiviert sein. Damit setzte der

Der Peugeot 205 T16 mischte die Rallyewelt gehörig auf. Schon in der Straßenversion entwickelte er 200 PS aus 1775 cm³, als Gruppe-B-Rallye-Gerät locker anfänglich über 300, später weit mehr als 500 Pferdestärken.

XUD-Motor für lange Zeit Maßstäbe. Er war zwar seit 1981 bekannt aus dem 305, aber einen richtigen Schub erlebte er erst im ohnehin beliebteren 205. Alles in allem kann der 205 mit Fug und Recht als Rettungsanker für Peugeot bezeichnet werden.

1991 ergänzte der 106 das Programm nach unten. Wie es die Peugeot-Tradition vorgab, hielt auch ein Selbstzünder in den 106 Einzug. Mit zunächst 1,4 Litern, später 1,5 Litern Hubraum zählte er zu den kleinsten Pkw-Dieselmotoren Europas. Fans rühmen noch heute seine Zuverlässigkeit und Verbräuche um 3,5 Liter. Eine 106-Variante verbrauchte gar keinen Brennstoff: Der 106 »electrique«. Wie sein Schwestermodell Citroën Saxo »electrique« und sein Cousin Citroën AX »electrique« wurde er durch im Bug platzierte Batterien gespeist.

Das war mit dem 1993 präsentierten 306 nicht möglich. Er trug unter anderem den famosen 1,9 XUD unter der Haube, der sich problemlos mit fünf Litern bewegen ließ. Besonders reizvoll war dabei die Kombination aus dem XUD und dem Kombi-Modell »Break«. Die Fahrer des eleganten Cabriolets griffen häufig zum 2,0 Liter-Benziner. Kurz vor der Jahrtausendwende startete Peugeot noch einmal einen Volltreffer: 1998 erschien der 206 auf dem Markt. Der 205-Nachfolger konnte naturgemäß vieles besser als sein in Ehren ergrauter Vorgänger. Er bot zum Beispiel serienmäßige Airbags, die es beim 205 nicht mal gegen Geld gegeben hatte. Auch wagte sich Peugeot beim 206 an eine Kombi-Variante heran, die beim 205 nur als Prototyp existierte. So ging ein Peugeot-Jahrhundert zu Ende, dass legendärer kaum hätte sein können.

Die Zukunftsstudie Peugeot Proxima von 1986 wartete mit futuristischen Details wie Kollisionsradar und GPS auf. Für Vortrieb sorgte ein PRV-V6-Motor mit zwei Turboladern, 2849 cm³ und 680 PS.

Peugeot 202 und 203

Sochaux in den späten 40er-Jahren. Man könnte auch sagen, Paris oder Marseille oder irgendein anderer Ort in Europa. Beinahe überall beherrschten Trümmer, Chaos und Mangel den Alltag. Die Entwicklung eines neuen Automodells war in jenen Jahren gewiss keine leichte Aufgabe – und doch irgendwie einfach. Die Kapazitäten für vollkommen Neues waren begrenzt, also griff man auf das zurück, was man schon hatte.

So geschah es auch bei Peugeot in jenen Tagen. Die Mannen aus Sochaux waren ohnehin bekannt für ihr eher konservatives Handeln, das passte also zur Denkweise. Bereits von 1938 bis 1941 lief in Sochaux das Modell 202 vom Band, eine gediegene viertürige Limousine mit allen Qualitäten, für die die Marke mit dem Löwen stand. Sprich, erzsolide 1,1-Liter-OHV-Motoren (30 PS), robuste Kastenrahmenchassis und eine solide Verarbeitung. Einzelradaufhängung vorne, Starrachse hinten. Etwas ungewöhnliche Scheinwerfer, die sich hinter dem Kühlergrill verbargen. Keine Raketentechnik, gewiss, aber für den traditionell denkenden Peugeot-Kunden jener Jahre genau richtig. Also startete man 1946 erneut mit der Produktion des 202. Das Programm teilte sich auf in die erwähnte viertürige Limousine und in eine Cabriolimousine, einen Pick-Up und einen besonderen Break. Aus Mangel an Stahlblechen erschuf Peugeot den hinteren Aufbau mit Holzbeplankung, ganz im Stil der amerikanischen »Woodies«. Die vierfachen Trommelbremsen des 202 B getauften Modells arbeiteten noch nach dem Seilzugprinzip.

Den kleinen Peugeot 202 gab es gleich in drei Karosserievarianten – als Limousine, Cabriolimousine und Cabriolet.

Das änderte sich Ende 1946 mit der Einführung des 202 BH; hier stand das »H« für hydraulische Bremsen. Mit der bewährten Technik des 202 gelang Peugeot ein guter Wiedereinstieg nach dem Krieg. Nach insgesamt etwa 104.000 Exemplaren endete die 202-Produktion 1949.

Zu dieser Zeit befand sich der 202-Nachfolger 203 bereits seit einem Jahr auf dem Markt. Er verkörperte nach der Vorkriegskonstruktion 202 nun den Aufbruch in die Moderne. Sein Design griff die seinerzeit herrschende Mode der US-Fahrzeuge auf. Eine Garantie für modernes Denken, wie es viele sahen. Eine wuchtige Front mit einem großen Chromgrill, hervorstehende Scheinwerfer in bauchigen Kotflügeln, all das passte zum »US-Diktat« jener Zeit. Dabei hatte die Entwicklung des 203 bereits 1941 erste Anläufe genommen, allerdings machten dann die deutschen Besatzer den Mannen aus Sochaux zunächst einen Strich durch die Rechnung. Also musste das Projekt im Geheimen weitergeführt werden.

Die Peugeot 203 Cabriolimousine gab es von '48 bis '54, hier ein Auto von 1949/50, das noch die Zierleisten auf den Kotflügeln vorne trug.

Umso beachtlicher, dass man im Hause Peugeot 1946 bereits erste Prototypen des 203 testen konnte. Als der 203 1948 erschien, bot er neben der frischen Optik auch technisch einiges Neues: Im Heck bemühten sich nun Schraubenfedern um mehr Fahrkomfort der Starrachse. Der neue, seitengesteuerte TM-Motor (1,3 Liter, 45 PS) besaß einen Zylinderkopf aus der modernen Alpax-Legierung. Diese Metallmischung ist gleichzeitig hochfest und leicht, ein großer Vorteil im Motorenbau. Auch die 12-Volt-Elektrik war in Zeiten der üblichen 6-Volt-Anlagen ein bemerkenswertes Feature. Das herausragendste Merkmal jedoch war die erstmalige Verwendung einer selbsttragenden Karosserie in einem Peugeot-Großserienmodell. Angeboten wurde der 203 in den Versionen viertürige

Im Gegensatz zu anderen Kombi-Varianten wie Commerciale, Fourgonnette, Fourgon oder Camionnette verfügte der von 1950 bis 1956 produzierte Peugeot 203 Break Familiale stets über ausklappbare Sitze in der Ladefläche. (Peugeot Presse)

Dieses 203 Cabriolet stammt aus dem vorletzten Modelljahr, bevor die offene Variante im Juli 1956 eingestellt wurde. (Peugeot Presse)

Eine 203 Limousine, wie sie ab 1956 gebaut wurde – nämlich mit Blinkern. Die Winker entfielen entsprechend. (Peugeot Presse)

Limousine, Coupé, Cabriolet (1951 bis 1956), Cabriolimousine und Kombi (»Break«). Der Break war gegenüber der Limousine 18 Zentimeter länger (4,53 Meter), gleichzeitig wuchs der Radstand um 20 Zentimeter. Familienkombi, Geschäftskombi mit einfacher Ausstattung, Kastenwagen, Pick-Up – die Nutzfahrzeug-Varianten des 203 waren zahlreich und beliebt.

Ganz anderer Natur waren die Kreationen eines Herrn Darl'Mat. Er nahm sich den 203 vor, choppte das Dach um 14 (!) Zentimeter und erreichte damit eine verbesserte Aerodynamik. In Verbindung mit einer Erhöhung der Verdichtung kam der 203 so nun auf eine Höchstgeschwindigkeit von 140 km/h. Noch lebendiger war der ab 1952 lieferbare 1.5-Liter mit 70 PS. Etwa 250 dieser Fahrzeuge entstanden von 1949 bis 1954. Die Karriere des serienmäßigen 203 verläuft unspektakulär, als beinahe wichtigste Neuerung ist die Einführung des Vierganggetriebes 1954 zu nennen. Ansonsten beschränken sich die Verbesserungen auf kleinere optische Änderungen. Warum sollte man auch viel erneuern? Der Erfolg gab Peugeot recht. Die zwischen 1948 und 1960 gebauten 680.000 Exemplare sprechen für sich.

Peugeot 403

Ganz einer guten Peugeot-Tradition entsprechend, brachte man den Nachfolger des 203 bereits einige Zeit vor dessen Ablösung auf den Markt. Was da ab 1955 von den Bändern in Sochaux lief, darf mit Fug und Recht als Meilenstein im Peugeot-Programm bezeichnet werden. Zum einen, weil mit dem (von Pininfarina entworfenen) 403 die hochmoderne Pontonmode ins Portfolio einzog, zum anderen, weil der 403 das erste Peugeot-Modell war, das sich mehr als eine Million Mal verkaufen ließ. 1,2 Millionen, um genau zu sein. Peugeot hatte es verstanden, eine moderne Karosserie mit bewährter Technik zu verbinden – was besonders die zahlreichen konservativen Peugeot-Kunden überzeugte. So setzte man in Sochaux weiterhin auf die Einzelradaufhängung vorne, im Verbund mit einer Starrachse hinten (schraubengefedert). Auch ein Wechsel vom Heckantrieb auf den Frontantrieb war längst noch kein Thema.

Der TM/TN-Motor wurde bereits beim 203 eingeführt und hatte sich dort als zuverlässige Antriebsquelle etabliert. Dem üblichen Peugeot-Kunden ging es nicht so sehr um rasante Beschleunigung oder sportliches Fahren, zuverlässig musste das Fahrzeug sein. So genügte es, dass der 1,5-Liter-Motor mit seinen 58 PS eine Höchstgeschwindigkeit von 135 km/h ermöglichte. Wer tatsächlich

Der 403 war der erste Peugeot, dessen Stückzahl die Millionengrenze überschritt – insgesamt über 1,2 Millionen Fahrzeuge. (Peugeot Presse)

TV-Star Inspektor Columbo machte das Peugeot 403 Cabriolet berühmt. Dieses Exemplar trägt Blinker (ab 1957) sowie gesuchte Robergel-Speichenfelgen. (Peugeot Presse)

nach mehr Leistung verlangte, konnte ab 1960 zufriedengestellt werden: Von dort an leistete der 1,5er 65 PS und brachte den 403 auf 140 km/h. Aber auch der umgekehrte Weg war möglich: Ebenfalls ab 1960 war der aus dem 203 bekannte 1,3-Liter-Motor erhältlich, im 403/7 benannten Modell mit 54 PS. Diese Option war nur für die Limousine verfügbar und als Ersatz für den ausgelaufenen 203 gedacht. Den Versionen Cabriolet (1956 bis 1961), Familiale, Commerciale, Kastenwagen und Pick-Up enthielt man dieses Aggregat vor. Die Nutzfahrzeuge und die Limousine profitierten hingegen ab 1959 von einer absoluten Neuheit im Peugeot-Programm: dem Dieselmotor. Mit dem 1,8-Liter-TMD-Aggregat war man eine der weltweit ersten Firmen, die ein Dieselmodell in Großserie herstellten. Zuvor hatten das nur Mercedes, Fiat und in kleinerem Maßstab Borgward geleistet. Gleichzeitig begründete der TMD-Motor den legendären Ruf Peugeots im Bau von sehr zuverlässigen Dieselaggregaten.

Zwar kam der 403-Selbstzünder mit seinen 48 beziehungsweise 55 PS (ab 1961) kaum über 100 km/h, aber das störte die Zielgruppe nicht. Neun bis zehn Liter Verbrauch und ein schier unzerstörbarer Motor waren die kaufentscheidenden Argumente. Ansonsten hielten sich – auch das entsprach einer Peugeot-Tradition – die Änderungen am Erfolgsmodell in Grenzen. Die Produktion der 403-Nutzfahrzeuge endete 1962, die Limousine lief noch bis 1966 vom Band. Ihre Beliebtheit dauert bis heute an.

Kein Problem, wenn die Kinderschar größer war, der 403 Familiale bot Platz für sieben. (Peugeot Presse)

Sowohl die französische Polizei als auch die Gendarmerie setzte auf die Geräumigkeit und Zuverlässigkeit des 403 Breaks. Platz bot er genug – auch für geschnappte Gangster.

Peugeot 403 Cabriolet 1956-1960. Modell ab 1957 mit Blinkern. (Citroen Presse)

Die 403 de-Luxe-Limousine mit Zierleisten an der Flanke unterschied sich deutlich vom Einstiegsmodell Peugeot 403/7 (rechts, ab 1960).

Peugeot 404

Auch beim 404 praktizierte Peugeot das Vorgehen, den Nachfolger lange vor der Ablösung des Vorgängers zu präsentieren. So brachte man den 404 bereits 1960 auf den Markt, nur fünf Jahre nach dem 403 und sechs Jahre vor dessen endgültiger Demission.

Als der 404 erschien, war noch nicht abzusehen, dass er sich zum einen im doppelten Sinne als Langzeitauto und zum anderen als buchstäblich weltumspannendes Fahrzeug erweisen sollte. Zunächst war da eine gefällige Limousine zu sehen, von Pininfarina ganz im Stil der damals modernen Trapezlinie gezeichnet. Mercedes und Fiat hatten ähnlich gestaltete Modelle im Portfolio, andere Hersteller auch, also konnte die Sache nicht falsch sein. Technisch gesehen bot der 404 ein bekanntes und bewährtes Programm. Einzelradaufhängung vorne (nun mit Schraubenfedern), eine Starrachse hinten, Heckantrieb. Die Motoren beruhten auf der erprobten Technik der 403- und 203-Modelle. Alles in allem also solide Kost, ganz so, wie es der Peugeot-Kunde erwartete. Das war während der Entwicklungsphase allerdings nicht immer 100-prozentig sicher. Manchen Kräften in der Peugeot-Führungsetage schwebte ein Luxuswagen mit V8-Motor und hydropneumatischer Federung vor. Offensichtlich mochte man der Citroën DS Kontra geben und in die Oberklasse vordringen. Diese Kräfte setzten sich nicht durch, es blieb bei einem bodenständigen Modell.
So startete das Programm 1960 mit dem neuen XC-Motor, der als Weiterentwicklung des bekannten TN-Motors zu sehen ist. Er teilt sich etliche Komponenten mit dem TN, unter anderem den Alpax-Zylinderblock. Durch eine Erweiterung des Hubs kam der XC auf 1618 cm³, er leistete dabei 72 PS. Lieferbar war das Modell als »Grand Tourisme« (Basisausstattung) und als »Super Luxe«.

Peugeot fertigte den 404 Pick Up von 1967 bis 1978, in Nigeria sogar bis 1988! Je nach Ausführung verfügten die Pritschen-Modelle über 850 bis 1000 Kilo Nutzlast.

Das 404 Cabriolet, hier ein Modell vor Mitte 1966, erkennbar an den fehlenden Zusatzscheinwerfern, baute Peugeot von 1961 bis 1968.

Letzterer beinhaltete Nettigkeiten wie eine Armlehne und Teppichboden vorne, Metallic-Lackierung, Schiebedach und Echtleder. Gebremst wurde allerdings in beiden Modellen immer noch mit Trommelbremsen rundum, das änderte sich erst 1968 mit der Einführung der vorderen Scheibenbremsen. Immerhin, der geneigte Kunde hatte die Wahl zwischen einem manuellen Vierganggetriebe, einer Jaeger-Halbautomatik oder einer Vollautomatik. Weiterhin konnte die Limousine auch mit dem XCKF-Einspritzmotor (System Kugelfischer) geordert werden, dann lagen 86 PS aus 1618 cm^3 an (ab 1964 96 PS). Das 1961 präsentierte Cabriolet war ebenfalls als »Injection« lieferbar.

Ein Jahr später eroberte das hinreißend gezeichnete 404-Coupé den Markt. Die bei Pininfarina hergestellten Coupé- und Cabriolet-Varianten brachten den Schuss mondäne Welt ins 404-Programm, das sich der ein oder andere Kunde doch ersehnte. Durch ihren hohen Produktionsaufwand – Vormontage bei Pininfarina, Endmontage in Sochaux – waren die Zweitürer eine teure Angelegenheit und blieben bis zu ihrem Bauende 1968 eine Seltenheit im 404-Verkauf. Eine andere Karosserievariante entwickelte sich hingegen zum Kassenschlager: 1962 erschien die traditionell »Break« getaufte Kombiversion auf dem Markt und erfreute sich als fünf- bis sechssitziger »Familiale« sowie als Gewerbeversion »Commerciale« großer Beliebtheit. Besonders in Kombination mit dem ebenfalls 1962 eingeführten Diesel-Motor XD85 (1816 cm^3, 55 PS) beziehungsweise XD88 (1948 cm^3, 63 bis 68 PS) erwies sich der Break als robuster Lastesel mit Komfort.

In Sachen Langlebigkeit konnten die Diesel-Break allerdings noch von einer Version getoppt werden: 1967 brachte Peugeot den 404 U8/U8D Pick-Up heraus, ein wahres Arbeitstier. Es konnte mit 1468 cm^3-Benziner mit 53 PS, 1618 cm^3-Benziner mit 62 Pferdestärken oder mit 1948 cm^3-Diesel und 49 PS geordert werden und schaffte stolze 850 kg Nutzlast – was besonders in afrikanischen Ländern häufig überschritten wurde. Der 404 U10/U10 D war sogar mit 950 kg Nutzlast angegeben. Für diese Version gab es nur den auf 70 PS erstarkten 1618 cm^3-Benziner und den Diesel, der 57 PS leistete. So blieb der Pick-Up bis 1979 im französischen 404-Programm bestehen, während die Break-Varianten bereits 1971 ausliefen. In Argentinien rollte der Pick-Up von 1973 bis 1983 vom Band, in Kenia gar von 1967 bis 1988.

In der Limousine hielt 1968 der 1,5 -Liter-Motor mit 58 PS im 404/8 fröhliche Urstände. Dieses Modell diente als vereinfachte Einstiegsversion. Von 1970 bis 1975 gab es den Viertürer nur noch als Grand Tourisme mit 1,6-Liter-Vergaser und mit Diesel-Motor. 1975 war dann in Europa Schluss mit der Limousine, 1988 dann auch endgültig im restlichen Teil der Welt mit allen Modellen. Das mit dem »restlichen Teil« ist dabei wahrhaftig treffend: Frankreich, Argentinien, Australien, Belgien, Kanada, Chile, Irland, Malaysia, Madagaskar, Portugal, Peru, Südafrika… Die Zahl der Produktionsstandorte ist lang und illuster. Rund 2,9 Millionen Mal lief der 404 weltweit vom Band – so manches Exemplar findet sich heute noch putzmunter in entlegenen Winkeln dieser Erde.

Eine edle Innenausstattung, Chromradkappen und weitere Ausstattungsmerkmale zeichneten den von 1964 bis 1970 angebotenen Peugeot 404 Break Super Luxe aus.

Wie schon der Aufbau des Peugeot 403, stammte die Karosserie des 404 aus der Feder des italienischen Designers Pininfarina. Es gab auch eine noch elegantere Coupé-Version mit Hüftschwung.

Peugeot 204

Sochaux 1965 im Hause Peugeot. Bisher war die Marke bekannt für solide Hausmannskost, die immer einen gesunden Abstand zu den neuesten Errungenschaften der Technik hielt. Die Kundschaft verlangte eher nach Bewährtem, jetzt aber kam Revolutionäres ins Haus. Frontantrieb, quer eingebaute OHC-Motoren mit Aluminiumblock, Einzelradaufhängung rundum – lauter Dinge, die man bei Peugeot so noch nicht gesehen hatte.

Der 204 war somit ganz vorne dabei in der »kleinen Klasse«. Diese Kategorie hatte Peugeot beinahe 20 Jahre nicht bedient. Zuletzt gab es mit dem 202 in der Nachkriegszeit ein Modell in diesem Segment. Eine kompakte Länge von 3,99 Meter, eine großzügige Breite von 1,56 Meter, das alles war gepaart mit einem großzügigen Radstand von 2,60 Meter. Das sorgte für erstaunlich gute Raumverhältnisse und ausgezeichneten Komfort. Damit der Antriebsstrang kompakt baute, ordnete man das Getriebe und das Differenzial unterhalb des Motors an. Pininfarina hatte ein Design erschaffen, dass in ähnlicher Form für die nächsten 20 Jahre bei Peugeot prägend blieb.

Das Hauptaugenmerk richtete sich zunächst auf die Limousine. Mit den serienmäßigen vier Türen hob man sich von vielen Konkurrenten, besonders denen deutscher Herkunft, ab. Aber nicht nur die Limousine, sondern auch der Break war ab Werk mit vier Türen ausgestattet (plus großzügiger Heckklappe). Zu Zeiten, als viele Kombis noch nicht einmal gegen Aufpreis fünftürig zu haben waren, ein bemerkenswertes Detail. Für preisbewusste Unternehmer, die mit zwei Portalen zurechtkamen (und keine hintere Verglasung benötigten), bot Peugeot ab 1966 die Version »Service« an.

Ebenfalls 1966 gelangten das Coupé und das formschöne Cabriolet ins Programm. Speziell der offene 204 blieb allerdings mit rund 18.000 Exemplaren (Bauzeit 1966 bis 1970) eine Seltenheit.

Als Antriebsquelle stand für alle Modelle während der gesamten Produktionszeitzeit ein 1130 cm³-Benziner mit 53 PS zur Wahl. Ab 1969 mobilisierte dieser Motor 55 PS, 1975-1976 installierte Peugeot ein anderes Aggregat mit 1127 cm³ und 59 PS. Das alles genügte, um den 204 auf rund 140 km/h Höchstgeschwindigkeit zu bringen, seinerzeit ein respektabler Wert. Dabei zeigten sich die XK-Motoren erstaunlich kultiviert und mit etwa neun Litern Verbrauch auch recht sparsam. Sparen war eine absolute Qualität des XLD-Dieselmotors, der ab 1968 im Break verfügbar war. Mit 1255 cm³ Hubraum und 40 PS Leistung war er lange Zeit der kleinste Dieselmotor weltweit in einem Großserien-Pkw. Mit sechs bis 6,5 Litern ließ er sich sehr gut 100 km weit bewegen. 1973 erhöhte Peugeot den Hubraum auf 1357 cm³, die Leistung stieg auf 45 PS. Erst ab 1974 profitierte auch die Limousine vom kleinen Dieselwunder. Die Cabriolets und Coupés wurden aus verständlichen Gründen nie als Diesel angeboten. Ihre Produktion lief bereits 1970 zugunsten der 304 Cabriolets und Coupés wieder aus. Die Limousinen und Breaks/Service wurden bis 1976 produziert, dann endete die Herstellung nach etwa 1,6 Millionen Exemplaren.

Das 204 Coupé (1966-1970) war nur mit 1130-cm³-Benziner und 53/55 PS lieferbar. Es wurde 1970 zugunsten des 304 Coupés eingestellt.

In Frankreich war der ab Ende 1966 angebotene Peugeot 204 Fourgonnette (ohne hintere Sitzbank und Verglasung) für Gewerbetreibende steuervergünstigt.

16.000 Exemplare fertigte Peugeot vom offenen 204 zwischen 1966 und 1970. Für Vortrieb sorgte ein 1,1-Liter-Benziner mit 53 PS.

Der Peugeot 204 war mit all seinen Karosserievarianten (Limousine, Break, Coupé und Cabrio) zwischen 1969 und 1971 das meistverkaufte Auto Frankreichs.

Auch dem Peugeot 504 waren aufgrund seiner Zuverlässigkeit und Robustheit lange Bauzeiten beschieden. In Europa lief er von 1968 bis 1983 vom Band, in Argentinien bis 1999, in Nigeria bis 2005.

Peugeot 504

1968. Ein interessantes Jahr in der Autowelt. Mercedes erneuerte seine Mittelklasse und präsentierte den später legendären W114/ W115, im Volksmund auch Strichacht genannt. Er setzte Maßstäbe in Sachen Fahrsicherheit und Solidität. Peugeot musste sich etwas einfallen lassen, um gegen den Konkurrenten jenseits des Rheins anzukommen. Der 404 war ein gutes Auto, ohne Frage. Aber technisch und optisch gesehen gelangte er mit seiner Starrachse und dem Trapezdesign immer mehr ins Hintertreffen.

Die Konsequenz der Überlegungen war die Konzeption des 504, der einiges an Neuheiten aufwies. Auf den ersten Blick stach die besondere Formensprache ins Auge. Peugeots »Stammdesigner« Pininfarina (beziehungsweise dessen Mitarbeiter Aldo Brovarone) hatte eine gefällige Stufenhecklimousine gezeichnet, die erstmals aus trapezförmigen Scheinwerfern mit dem später typischen Peugeot-Augenaufschlag blickte. Außerdem fiel der 504 durch das abfallende Heck auf, das ihm eine einzigartige Note verlieh. Unter dem Blech tat sich auch einiges: Peugeot hatte beim 204 bereits die Einzelradaufhängung rundum eingeführt, der 504 folgte ihm nun mit dieser Komfort-Errungenschaft. Auch die Fahrsicherheit profitierte deutlich von dieser Verbesserung. Der 404 bremste bis 1968 noch mit Trommeln rundum, beim 504 setzte Peugeot von Beginn an auf vier Scheibenbremsen – sicherlich mit Seitenblick auf den /8, der das ebenfalls bot. Unter der Motorhaube war Peugeot zurückhaltender in Sachen Fortschritt. Man entwickelte den 404-Motor weiter, brachte ihn auf 1796 cm³ und 86 PS in der Vergaserversion. Auch ein Einspritzer war lieferbar, der leistete bei gleichem Hubraum 97 PS.

Die 1969 präsentierten Coupés und Cabriolets waren zunächst ausschließlich als »Injection« zu haben. Das Design der schicken Zweitürer hatte Pininfarina selbst übernommen. Sie rangierten stets weit über dem üblichen 504-Programm und blieben damit eher eine exklusive Seltenheit. Das Gegenteil war der ab 1971 lieferbare Kombi, bei Peugeot traditionell »Break« genannt. Der normale Break bot fünf Türen und fünf Sitzplätze mit umklappbarer Rückbank, ideal für die Normalfamilie. Kinderreichen Eltern offerierte Peugeot mit dem Modell »Familiale« einen Siebensitzer mit ausklappbarer dritter Sitzreihe. Gewerbetreibende griffen gerne zum »Commerciale« mit vereinfachter Ausstattung. Alle Kombi-Käufer mussten sich mit einer Starrachse und Trommelbremsen hinten begnügen.

Unter der Haube werkelten entweder der 1796 cm³-Benziner mit 73 PS, ein 1971 cm³-Vergaser-Motor mit 93 PS oder der neue 2112 cm³-Diesel mit 65 PS. Auch die übrigen 504-Varianten profitierten ab 1970 vom nochmals verbesserten 404-Motor mit nun 1971 cm³ und 97 PS in der Vergaserversion. Die Injection-Modelle brachten es jetzt auf 104 PS. Der Diesel hielt 1971 auch Einzug in die Limousine. 1973 geschah Einschneidendes in der Welt: Die Ölkrise ließ Kraftstoffe knapp und teuer werden. Das brachte Peugeot auf die Idee eines preisgünstigen und sparsamen Einstiegsmodells »504 L«. Hier tauchte der 1,8-Liter-Benziner mit 79 PS in der Limousine wieder auf. Auch die hintere Starrachse des 404 samt Trommelbremsen feierte eine Wiederauferstehung. Dieses Sparmodell hielt sich immerhin bis 1980 im 504-Programm.

Der Ölkrise zum Trotz installierte die Marke mit dem Löwen in die Coupés und Cabriolets ab 1974 (nach einem Facelift) den PRV-V6-Benziner. Die Abkürzung PRV stand für Peugeot, Renault und Volvo. Diese Firmen hatten ursprünglich die Entwicklung eines

Auffälligstes äußeres Merkmal der zweiten Serie ab '75: flache Türgriffe.

Die Limousine mit ihrer von Pininfarina entworfenen Karosserie wurde 1969 zum »Auto des Jahres« gewählt.

gemeinsamen Achtzylinders im Sinn. Letztlich kappte man den V8 aus Verbrauchsgründen um zwei Zylinder, übrig blieb ein V6 mit etwas rauem Motorlauf. Der Sechszylinder kam dann im Volvo 264, Renault 30 und eben bei Peugeot zum Einsatz. Mit einem Solex-Doppelvergaser ausgerüstet, leistete der 2664 cm^3-Motor 136 PS. In Verbindung mit einem Viergang-Schaltgetriebe oder einer Dreigang-Automatik waren nun etwa 190 km/h möglich. Theoretisch verbrauchte der V6 etwa zwölf Liter auf 100 km, in der Praxis tendierte die Nadel eher zu 16 bis 18 Liter. Was Peugeot nicht davon abhielt, den V6 zwischen 1974 und 1978 als einzige Antriebsquelle für die Coupés und Cabriolets anzubieten.

1978 hatte man ein Einsehen und bot für die flachen 504er auch wieder den 2.0-Vierzylinder-Einspritzer an. So liefen sie bis 1983 vom Band. Der V6, ab 1978 mit einer Einspritzung ausgerüstet, hielt sich bis 1980 im Coupé- Programm. Inzwischen hatte 1979 mit dem Pick-Up eine weitere 504-Variante Einzug ins Programm gehalten. Dazu schnitt Peugeot eine Limousine hinter den Vordertüren ab und setzte einen stabilen Pritschenaufbau daran. Die hintere Starrachse lieferte – mit Verstärkungen – der Break beziehungsweise der 404. Sehr weit ins Archiv griff Peugeot bei der Motorisierung des Pick-Up: Als Antriebsquelle dienten zum einen der 1,6-Liter-XC-Benziner mit 62 PS aus den frühen Tagen des 404. Oder zum anderen der XD85-Dieselmotor mit 1948 cm^3 und hier 50 PS, ebenfalls aus den Frühtagen des 404 stammend. Immerhin, 1982 hatte Peugeot ein Einsehen und erhöhte die Leistung des Benziners auf 79 PS aus

Der Prospekt bewirbt die ab 1972 für alle Benzin-Modelle mit zwei Litern Hubraum serienmäßige Mittelschaltung.

Das Fahrwerk des 504 war sehr modern, mit MacPherson-Federbeinen und Quer- und Schräglenkern vorne sowie einer Schräglenkerachse hinten und Scheibenbremsen rundum.

Zunächst war der Peugeot 504 Pick Up mit 1,6-Liter-Benziner und 1,9-Liter-Diesel zu haben, später mit stärkeren 1,8-Liter-Benzinern sowie 2,1er und 2,3er Diesel-Triebwerken.

1618 cm³ Hubraum. Der Diesel kam erst 1988 in den Genuss eines Updates auf 2112 cm³ und 62 PS.

Zu diesem Zeitpunkt lief der Pick-Up allerdings bereits seit fünf Jahren nur noch von argentinischen Bändern, in Europa endete die 504-Produktion 1983. Eine besondere 504-/504-Pick-Up-Variante erschuf der Allradspezialist Dangel. Dort versah man die Wagen mit einem martialischen Fahrwerk samt Allradantrieb. Reif für die Wüste und die Atlantikdünen. Und noch robuster als der gewöhnliche 504. Diese Unzerstörbarkeit brachte dem Auto vor allem in Südamerika und in Afrika einen Ruf wie Donnerhall ein. Grund genug, den Peugeot noch bis 1999 (Argentinien) und in Kenia bis 2005 weiter zu bauen. Nach knapp 3,7 Millionen Exemplaren war dann endgültig Schluss – zumindest am Band. Auf den südlichen

Der Peugeot 504 Kombi war mit unzähligen Motorvarianten lieferbar als Break, Commerciale und Familiale (7-Sitzer).

Straßen lebt er immer noch weiter, der Mythos 504.

Das Coupé wie auch das bei Pininfarina in Grugliasco gefertigte Cabriolet nahmen wegen ihrer attraktiven Erscheinung eine Sonderstellung ein, ihre Formgebung erinnerte nur entfernt an die Limousine.Der über die Front gestreckte Kühlergrill mit eingepassten Doppelscheinwerfern und niedriger Silhouette sowie die edel wirkende Innenausstattung erleichterten vielfach die Kaufentscheidung mindestens in ebensolchem Maße wie die zu erwartenden Fahrleistungen. Tatsächlich hinterließ der Einspritzmotor einen fast sportlichen Eindruck, der durch das hervorragend komponierte Fahrwerk mit Einzelradaufhängung auch hinten voll zur Geltung kam. Wie bei der Limousine besaßen die Antriebswellen homokinetische Gelenke. Auch die durch Servo unterstützten Bremsen ernteten Lob.

Die Einführung des neuen V6-Motors bescherte den Luxusmodellen einen erheblicher Kräftezuwachs. Allerdings wurde der neue Schwung mit mehr Verbrauch erkauft, was sich besonders bemerkbar machte, wenn beim Gasgeben die zweite Stufe des Registervergasers aktiviert wurde. Der Motor lief in gewissen Drehzahlbereichen ziemlich rauh. Diese Unart wurde erst 1980 beseitigt, als der Motor mit versetzten Kurbelzapfen und entsprechender Zündfolge im 604 arbeitete. Deshalb beurteilten Autotester die TI-Varianten von Cabrio und Coupé mit dem 2-l-Einspritzmotor von 1976 deutlich besser als die V6-Modelle.

Auch das zwischen 1969 und 1983 gebaute Peugeot 504 Coupé erhielt im Laufe seiner Bauzeit versenkte Türgriffen – und zudem ab Hebst 1979 noch moderne Kunststoffstoßfänger.

Der 504 war auch im Motorsport sehr erfolgreich, hier das siegreiche 2,7er 504 Coupé bei der Bandama-Rallye 1978.

Coupé und Cabrio des 504 zeichnete Sergio Pininfarina selbst, während die Limousine von Aldo Brovarone (für Pininfarina) entworfen wurde.

Bis 1974 hatten 504 Coupé und Cabrio vier einzelne Scheinwerfer, ab 1974 verschwanden sie unter einem gemeinsamen Deckglas.

Peugeot 304

1969 hatte Peugeot das, was man heute als »Flow« bezeichnen würde. Die Modelle 204 und 504 verkauften sich wie ofenfrisches Baguette. Kein Wunder, boten sie doch viel Fortschrittliches, zuverlässige Technik und eine elegante Form auf einen Schlag. Nun hatte Peugeot also die »kleine Klasse« mit dem 204 und die Mittelklasse mit dem 504 erfolgreich besetzt. Was noch fehlte, war ein Modell dazwischen. Also platzierte man zwischen die beiden Erfolgsautos den 304.

Dieser, in gewohnt gefälliger Manier von Pininfarina gezeichnet, kam auch optisch wie eine Mischung zwischen seinen Brüdern daher. Vorne der 504-Augenaufschlag, die restliche Karosserie im 204-Stil gehalten, nur eben ein wenig größer. Auch das technische Layout übernahm der 304 von seinem kleineren Bruder. Das hieß quer eingebaute Motoren, Frontantrieb und Einzelradaufhängung rundum. Viele Bauteile wurden sogar 1:1 übernommen, etwa die Windschutzscheibe und das Chassis. Um einen kompakten Einbau zu ermöglichen, wurden auch beim 304 das Getriebe und Differenzial unterhalb des Motors angeordnet. Die Leichtmetallmotoren zeichneten sich durch einen ausgesprochen kultivierten Lauf aus. Zunächst war mit dem 1288 cm³-65 PS-Aggregat lediglich eine Antriebsvariante erhältlich. Da 1969 auch nur eine Ausstattungsvariante (GL) und eine Karosserie (viertürige Limousine) zu haben war, überforderte das potenzielle Käufer bei der Wahl des richtigen 304 sicherlich nicht.

Ab 1972 erhielten Peugeot 304 Cabriolet und Coupé serienmäßig Kopfstützen und geänderte Felgen.

Die Zusammenarbeit von Peugeot und Pininfaria hatte sich bewährt, weshalb das Design des 304 ebenfalls in Turin entstand.

1970 änderte sich das: Nun stießen die Karosserievarianten Break, Coupé und Cabriolet hinzu. Motorseitig blieb es weiterhin bei der 65 PS-Maschine als einziges Aggregat für alle Modelle. 1972 hatte Peugeot ein Einsehen und führte mit dem 304 S eine »schärfere« Variante ein. Bei gleichem Hubraum leistete diese Maschine – frisiert durch einen Doppelvergaser – nun 75 PS. Lieferbar war diese Kraftmaschine für alle Modelle, außer dem Break. Knüppelschaltung statt Lenkradschaltung, neue Rückleuchten, ein paar optische Detailänderungen, das waren die wesentlichen Entwicklungen zwischen 1972 und 1976.

Dann tat sich etwas, was auf den ersten Blick sehr unscheinbar wirkte: Der Hubraum erhöhte sich um exakt zwei Kubikzentimeter auf 1290 cm³. Schaut man näher auf die technischen Daten, entdeckt man Interessantes: Die Hubraumveränderung wurde durch eine Erhöhung der Bohrung und eine Senkung des Hubs erreicht. Dadurch ergab sich eine deutlich andere Motorcharakteristik. Mehr Drehfreude war die Folge. Die 65 PS-Variante nannte sich fortan »SL« statt GL, die S-Variante firmierte nun als SLS. Coupés und Cabriolets fanden sich jetzt nicht mehr im 304-Programm. Dafür nagelte es ab 1976 auf Wunsch kräftig unter der Haube. Der bereits vom 204 bekannte XL4D-Diesel mit 1357 cm³ und 45 PS begeisterte fortan 304-Sparfüchse. Im Break der Jahre 1979 und 1980 zog der XIDL-Diesel aus dem 305 mit 1548 cm³ und 49 PS ein. Im Break standen ihm von 1976 bis '80 der erwähnte 1290 cm³-Motor und ein 1127 cm³-Aggregat aus dem 204 zur Seite. 1980 endete die Karriere des Breaks, die Limousine verschwand bereits 1979 aus dem Programm. Knapp 1,2 Millionen gebaute Exemplare hatten die Bänder verlassen, heute ist davon nur noch ein Promillewert erhalten.

Peugeot 104

Mitte der 1960er-Jahre legte Peugeot ein enormes Arbeitspensum vor. Die Modelle 204 und 304 erschienen oder waren in Planung, außerdem hatte man den 504 in der Entwicklung. Die Kompaktklasse, die untere Mittelklasse und die Mittelklasse selbst waren somit abgedeckt. Was noch fehlte, war ein Fahrzeug der »3,60 Meter-Klasse«. Hier hatte Peugeot bislang gar keine Erfahrungen, im Gegensatz etwa zu Renault oder anderen Herstellern. Zudem waren die Entwicklungskapazitäten aus besagten Gründen nur noch begrenzt vorhanden. Was also tun?

Peugeot ging einen seinerzeit sicherlich mutigen Schritt: Man schloss 1966 ausgerechnet mit Renault, einem der schärfsten Konkurrenten, einen Kooperationsvertrag ab. Dieser mündete in der Gründung der »Société Française de Mecanique« (SFM), einer Gesellschaft mit dem Ziel der Entwicklung gemeinsamer Projekte und des technischen Austauschs. Doch keine Kooperation ohne Auflagen: Damit man sich nicht gegenseitig die Kunden abspenstig machen könnte, wurden genaue Pläne entworfen, wie künftige Fahrzeugmodelle gestaltet sein sollten. So war es seitens Peugeot beispielsweise nicht erwünscht, dass der künftige Renault 5 als Fünftürer zu haben wäre. Ein Ergebnis der Zusammenarbeit von Peugeot und Renault war die Entwicklung der »X«-Motorenfamilie mit Hubräumen von 954 bis 1360 cm³. Diese kamen von 1972 bis 1988 in zahlreichen PSA-Modellen sowie (mit 1,2 und 1,.4 Liter) in einem einzigen Renault-Modell, dem R14, zum Einsatz. Darüber

In dieser Werbeanzeige von 1972 zur Einführung des Peugeot 104 wurde auf die moderne Ausrüstung des 104 mit vier Türen, Frontantrieb und Einzelradaufhängung hingewiesen.

Der Peugeot 104 bekam die neue »X«-Motorengeneration mit zunächst 954 cm³ und 45 PS. (Peugeot Presse)

Die rechteckigen Scheinwerfer gab es schon ab 1976, 1981 wurde der Kühlergrill (silberfarbener Löwe) des Peugeot 104 leicht verändert. (Peugeot Presse)

hinaus erschuf man die Douvrin-Motorenfamilie mit 2,0 und 2,2 Liter Hubraum (Benziner) und 2,1-Liter-Diesel. Diese Aggregate kamen überwiegend bei Renault zum Einsatz.

Zurück zum Peugeot 104: 1972 erschien der von Pininfarina gestaltet Peugeot-Mini auf dem Markt. Einerseits bot er mit den quer eingebauten Motoren, den vier Türen und der Einzelradaufhängung durchaus Fortschrittliches. Andererseits war sein Äußeres eher konservativ-zurückhaltend gestaltet. Ein Eindruck, der durch die fehlende Heckklappe noch verstärkt wurde. Zunächst war der 104 in einer Ausstattungsvariante und mit einer Motorisierung erhältlich, einem 954 cm³-Aggregat mit 45 PS. Bereits 1973 kam der 104 dann doch zu seiner großen Kofferraumklappe, wenn auch nur mit einem kleinen Trick. Peugeot kürzte die Gesamtlänge des 104 um 28 Zentimeter auf 3,32 Meter, verzichtete auf hintere Türen und baute dafür eine Heckklappe ein. Man taufte das Ganze 104 Coupé, ab 1975 hieß es 104 Z.

Auch der Dreitürer erhielt zunächst ausschließlich den 954 cm³-Motor. Die Limousine war ab 1974 als 104 L und besser ausgestatteter als GL zu haben, immer noch mit dem einen Hubraum. Das änderte sich bei den Viertürern erst 1976, als der 104 SL und GL6 eingeführt wurde. Diese verfügten nun über eine 1124 cm³-Maschine mit 57 PS. Nicht nur das, nun erhielt auch die Limousine endlich die lang ersehnte große Heckklappe und firmierte fortan als Fünftürer. Dem Dreitürer war der 1124 cm³-Motor bereits 1975 zuteilgeworden, der 104 ZS mobilisierte sogar 66 PS. Im Laufe der Jahre steigerte Peugeot das Potenzial des 104 ZS noch auf 1360 cm³ mit 72, 80 und 93 PS (ZS2, 1979). Ganz so heiß ging es im Fünftürer nicht zu, hier waren 1360 cm³ und 72 PS (104 S, 1979 bis '83) das Maximum. Jener Motor kam im Übrigen auch im Renault 14 zum Einsatz, neben dem 1219 cm³-Aggregat mit 57 PS aus dem 104 SR.

Besonders erwähnt sei noch das Sondermodell 104 »Sundgau«. Limitiert auf 1200 Exemplare für den französischen Markt, bot der Sundgau mit Colorscheiben, Halogen-Scheinwerfern, Alufelgen und Metalliclackierung eine seinerzeit üppige Ausstattung. Unter der Haube werkelte der 1124 cm³-66 PS-Motor. Mit dem 104 ZA lieferte Peugeot ab 1977 das glatte Gegenteil dazu. Nullausstattung, mit reaktiviertem 954 cm³-Maschinchen, Autofahren pur eben. Etwas netter ausgestattet war der 104 ZL ab 1978 mit 57 PS. Im Style Z (1982 bis 1988) ging es dann schon wieder luxuriöser zu. Alle 104-Varianten aufzuzählen, würde den Rahmen sprengen, ganz abgesehen von den 1975 gebauten Stufenheck- und Kombi-Prototypen. Es sei aber gesagt, dass es um den kleinen Peugeot in den 80ern deutlich stiller wurde. In den letzten Jahren beschränkte sich das Programm im Wesentlichen auf den 104 GLS (1984 bis 1988, 5-Gang-Getriebe) und den Z / Style Z. 1988 hatten auch hausinterne Konkurrenten wie der Peugeot 205 dem alt bewährten 104 den Rang abgelaufen. So endete die Produktion nach gut 1,6 Millionen 1988 still und leise.

Der dreitürige Peugeot 104 »C« von 1973 hatte eine um 28 Zentimeter kürzere Wagenlänge. 1975 erfolgte die Umbenennung in »Z«. 1979 gab es ihn als ZS2 mit 93 PS. (Peugeot Presse)

Peugeot 604

Mini-Klasse, Kompaktklasse, untere Mittelklasse, Mittelklasse, all das hatte man sich bei Peugeot in einer enormen Kraftanstrengung in rund zehn Jahren erschaffen. Fehlte noch die Oberklasse. Das letzte Modell einer solchen Art – mit mehr als zwei Litern Hubraum – war der 402 gewesen. Dessen Zeit lag allerdings gut 30 Jahre zurück.

Mittlerweile hatte die Konkurrenz aufgeholt, Mercedes war ohnehin in der Oberklasse, aber nun fanden sich dort auch Hersteller wie BMW oder künftig Renault. Da wollte Peugeot nicht untätig zusehen. Die Entwicklung begann 1970, als man wie so oft Pininfarina mit der Gestaltung der 604-Form beauftragte. Peugeot-Kunden waren in jenen Tagen eher konservativer Natur, besonders die mit gut gefüllter Geldbörse. Für diese Klientel wäre eine Schräghecklimousine, wie Renault sie mit dem R30 später lancierte, nie in Frage gekommen. Also beließ man es bei der klassischen viertürigen Stufenhecklimousine mit gediegenem Äußeren. 4,72 Meter Länge, stolze 1,77 Meter Breite, versehen mit 2,80 Meter Radstand. Das zielte eindeutig auf die Konkurrenz jenseits des Rheins. In Frankreich funktionierte das recht gut, anderswo kämpfte man vergeblich gegen den Stern und andere an.

Der Einstieg in die Oberklasse erfolgte 1975 mit dem 604 SL. Einzelradaufhängung und Scheibenbremsen rundum, ein bequemer Innenraum, gestaltet vom Ex-Mercedes-Mann Paul Bracq – und ein Sechszylinder unter der Haube. So die Eckdaten des 604 SL. Beim V6 handelte es sich um jenen PRV-Motor, der in Kooperation von Peugeot, Renault und Volvo zu Beginn der 70er-Jahre entstanden war. Eigentlich sollte es sogar ein V8 werden, aber die Energiekrise raubte dem Motor zwei Zylinder. Übrig blieb ein V6 mit rauem Lauf und gesundem Durst. Der 604 SL war entweder mit einem manuellen Vierganggetriebe oder mit einer 3-Gang-Automatik ausgerüstet. Die Leistungsdaten: 2664 cm³, 136 PS, 180 km/h Höchstgeschwindigkeit (Bauzeit 1975 bis 1985). 1977 lancierte Peugeot den 604 TI mit Bosch K-Jetronic. Er leistete 144 PS und bot mit serienmäßigem Fünfganggetriebe, elektrischen Fensterhebern hinten (!) und Zentralverriegelung eine reichhaltige Ausstattung.

Eine klare Verbesserung in Fragen des Verbrauchs bot ab 1979 der 604 D Turbo (später unterteilt in GRD/SRD Turbo). Der aus dem 504/505 bekannte Motor leistete 80 PS aus 2304 cm³ Hubraum und machte Fahrten mit acht Litern Diesel auf 100 km möglich. Nebenbei war der 604 D Turbo das erste Serienfahrzeug Europas mit einem Turbodiesel-Motor. Der ab 1981 lieferbare STI bot noch einiges mehr an Serienextras, wie beispielsweise TRX-Räder. Das völlige Gegenteil dazu – und deswegen auch nur versteckt in den

Pininfarina entwarf mit dem 604 einen eleganten Reisewagen mit glatten, klaren Linien. Der große Peugeot war von 1975 bis 1985 im Portfolio der Franzosen. (Peugeot Presse)

Preislisten aufgeführt – war eine Behördenversion namens 604 SR. Sie verfügte über wenig Ausstattung und wenig Motor – genau gesagt den 2,0-Liter-Vierzylinder aus dem Peugeot 505. Zu Beginn der 1980er-Jahre ging es steil bergab mit den 604-Verkäufen, daran konnte auch der 604 GTI (2849 cm³, 155 PS, 1983 bis '85) nichts ändern. Auch der auf 2498 cm³ und 95 PS erstarkte Turbo-D (1983 bis '85) hatte keine Chance mehr.

1985 rollten noch exakt 581 Peugeot 604 vom Band, dann war nach gut 150.000 Exemplaren Schluss. Darin enthalten sind auch einige bemerkenswerte Aufbauten wie die um 62 Zentimeter verlängerte Version von Heuliez, von der etwa 120 Modelle entstanden. Auch Chapron nahm sich des 604 an und zauberte ein Landaulet hervor. Nicht nur das, selbst gepanzerte 604 konnte Chapron liefern. Verschiedene Hersteller versuchten sich an Kombi-Umbauten, beispielsweise mit dem Heck des Ford Granada. Viel mehr als eine Randnotiz blieben sie alles in allem nicht, die Peugeot 604.

Bei diesem Peugeot 604 Heuliez Présidentielle handelt es sich um eine Sonderanfertigung für den französischen Staat. (Peugeot Presse)

Peugeot 305

Mitte der 70er-Jahre neigte sich die Karriere des Peugeot 304 dem Ende zu. Er fand zwar immer noch seine Käufer, war jedoch stilistisch und technisch in den 60er-Jahren verhaftet. Es bedurfte eines neuen Modells. Wieder einmal beauftragte Peugeot das Designstudio Pininfarina mit den Entwürfen. Ganz im Sinne der traditionsbewussten Peugeot-Kunden erschuf der Maestro eine klassische Stufenhecklimousine ohne effekthaschende Eigenschaften. Der gut eingeführte »Augenaufschlag« der Scheinwerfer war auch hier wieder zu sehen. Unter dem Blech des Viertürers gab es Bewährtes und Neues: Bekannt waren die Einzelradaufhängung rundum, der Frontantrieb samt quer eingebauter Motoren sowie die Triebwerke selbst. Neu war die Sicherheitstechnik, die sich unter dem Blechkleid verbarg.

1974 hatte Peugeot den VSS-Prototyp vorgestellt. Dieser besaß einen speziell verformbaren Front-und Heckbereich, der im Falle eines Unfalls mehr Schutz für die Insassen bot. Diese Veränderungen übernahmen die Franzosen in die Serienproduktion des 305. 1977 startete die Fertigung des Viertürers in den Versionen GL und GR (1290 cm³, 65 PS) sowie der Top-Version SR (1490 cm³ und 74 PS). Bei dieser übersichtlichen Auswahl blieb es bis 1979, ehe der 305 GRD dazustieß. Der XIDL-Diesel mit 1548 cm³ und 49 PS wurde vom 1,5 -Liter-Benziner abgeleitet und teilte etliche Bauteile mit ihm. Dieses Aggregat wurde auch dem ab 1980 lieferbaren fünftürigen Break in den Versionen 305 GLD und SRD zuteil. Der Kombi wurde darüber hinaus als 305 GL (1290 cm³, 65 PS) und 305 SR (1472 cm³, 74 PS) angeboten, ebenso der dreitürige »Service«.

Ab 1980 wuchs die Zahl der 305-Varianten rasant an, hier Auszüge davon: 305 S Limousine, 1980 bis 1982, 1472 cm³ und 89 PS.

Im Herbst 1982 wurde der Peugeot 305 einem Facelift mit aerodynamischerer Front unterzogen, hier ein GTX mit feiner Ausstattung wie elektrische Fensterheber und Zentralverriegelung. (Peugeot Presse)

Wenig Ausstattung, dafür viel Kraft unter der Haube. Aber es ging noch kräftiger: 305 GT, 1982 bis 1985, 1580 cm³ und 94 PS. Von 1983 bis 1986 auch für den Break zu haben. 1982 war ein wichtiges Jahr für den 305: Ein Facelift brachte eine voluminösere Front und Kosmetik rund um das Auto. Unter der Haube machte sich ein Motor zu einer sagenhaften Karriere auf – der XUD9-Diesel. Jener Selbstzünder vereinte ganz neue Diesel-Tugenden wie Kraft, Spritzigkeit und Kultiviertheit in sich. Im 305 leistete er 65 PS aus 1905 cm³ Hubraum. Fortan beflügelte er zahlreiche PSA-Fahrzeuge (zusätzlich als kleinerer XUD7) und festigte Peugeots Ruf als glänzender Hersteller von Dieselmotoren.

Bei diesem 78er Modell handelt es sich um das Basismodell 305 GL, das mit 1,3 Liter Hubraum und 60 PS ausgerüstet war. (Peugeot Presse)

Hatten die Kombis bei Peugeot oft größere Abmessung als die entsprechenden Limousinen, betrug der Längenunterschied zwischen dem 305 Stufenheck und dem 305 Break nur vier Zentimeter. (Peugeot Presse)

Selbstverständlich war der XUD9 auch im Break zu haben. Der konnte (wie die Limousine) ab 1984 auf Wunsch als Automatic geordert werden, zunächst mit 1580 cm^3 und 94 PS, später mit 1905 cm^3 und 105 PS. Gegen Ende seiner Karriere erlebte der 305 noch den Beginn des Katalysator-Zeitalters. Dem trug Peugeot in Deutschland ab 1986 mit dem Modell SR Rechnung, das mithilfe des 1905 cm^3-Aggregats 98 PS bereitstellte. Mittlerweile war der 309 erschienen, der 405 stand in den Startlöchern. Starke Konkurrenz für den in die Jahre gekommenen 305. So lief die Produktion nach gut 1,6 Millionen Exemplaren 1989 aus.

Besonders beliebt war der Peugeot 305 Break mit dem legendären XUD-Diesel, der auch im 205, 405 und Citroën BX Dienst tat. (Peugeot Presse)

Peugeot 505

Als der Peugeot 505 das Erbe des 504 antrat, trat er in sehr große Fußstapfen. Der 504 hatte Maßstäbe gesetzt mit seiner eleganten Karosserieform und den fortschrittlichen technischen Merkmalen. Nicht umsonst erfreute sich der 504 auch nach elf Produktionsjahren großer Beliebtheit. In Südamerika und Afrika setzte man seine Fertigung kurzerhand fort. Konnte der 505 nun in Sachen Beliebtheit mit dem 504 gleichziehen?

Etwa ab Mitte der 1970er-Jahre machte sich das Peugeot-Team daran – wie so oft mithilfe von Pininfarina – eine Mischung aus Konservative und Moderne zu erschaffen. Beim Design orientierte man sich einerseits am 1975 lancierten 604, um einen Schuss Oberklasse einzubringen, andererseits stand auch der in Planung befindliche 305 Pate. Der 505 behielt den inzwischen markentypischen Augenaufschlag, der das Peugeot-Programm etwa 20 Jahre lang prägte. Technisch gesehen ging die Evolution gegenüber dem 504 in behutsamen Schritten voran: Es blieb bei der McPherson-Vorderachse, Einzelradaufhängung hinten und Heckantrieb. Der 2,0-Liter-Motor mit Vergaser und 96 PS war bereits aus dem 504 bekannt. Auch der 2.3 D mit 70 PS entstammte dem 504.

Neu hingegen war der 2.0i-Benziner mit 110 PS, der in einer Zusammenarbeit mit Renault entstand und auch im Renault 20 sowie im Citroën CX zu haben war. Dieser Motor wurde in den Ausstattungsvariante TI/STI angeboten, die sich durch serienmäßige Extras wie Servolenkung, Fünfganggetriebe, elektrische Fensterhebern vorne (STI), bronzefarbenes Colorglas (STI), Drehzahlmesser und vier Scheibenbremsen auszeichneten. Den Versionen GR/GRD und selbst den Luxusvarianten SR/SRD(Ausstattung wie STI) gestand man nur vier Gänge, Scheiben vorne und Trommeln hinten zu. Ein klarer Rückschritt gegenüber dem 504, der – außer in der »L«-Version – stets über vier Scheibenbremsen verfügte. Immerhin, den Diesel brachte man 1981 von 70 auf 76 PS. Im gleichen Atemzug erhielt der TI/STI sieben Pferdestärken mehr und 2165 cm³.

1982 war die Produktionszeit des 504 Break abgelaufen, der sich bis dahin immer noch großer Beliebtheit erfreute. Nun kam der 505 Break auf den Markt, auch als Achtsitzer »Familial«. Beide waren sie stattliche Erscheinungen mit großem Platzangebot, hatte Peugeot doch den Radstand gegenüber der Limousine um satte 16 Zentimeter verlängert (Gesamtlänge 4,90 Meter statt 4,60 Meter). Der »gewöhnliche« Break war als GR und SR zu haben (1971 cm³, 96 PS), sowie kurzzeitig als GLD mit dem bekannten 2,3-Liter-Diesel. Darüber hinaus auch als GRD/SRD mit dem neuen 2,5-Liter-Diesel und 76 PS. Ein besonderes Break-Schmankerl hielt Peugeot für

Dieser Peugeot 505 GTi entstand noch vor dem Facelift 1985, erkennbar an den vertikalen Blinkern. Mit seinen 123 PS aus 2165 cm³ lief er 183 km/h schnell. (Peugeot Presse)

den US-amerikanischen und kanadischen Markt bereit: Den 505 Break SW8. Hierbei handelte es sich um einen luxuriös ausgestatteten Break mit 2,2-Liter-Turbo-Benziner und 180 PS. Der Achtsitzer Familiale kam nicht in den Genuss dieser Maschine. Ihm gestand man zunächst lediglich den 2,0-Benziner, kurzzeitig den 2.3 D und dann den 2.5 D zu.

Unter der Limousinenhaube wurde es ab 1983 heißer: 123 PS und 2165 cm³ machten den 505 GTI zum Sportwagen für Familienväter. Noch flotter (und durstiger) ging es mit dem 505 Turbo Injection. Dazu hatte Peugeot ins Archiv gegriffen und den Motor des 1970 er-

Der 505 V6 trug natürlich den bekannten PRV-V6 unter der Haube, der auch bei Renault und Volvo zum Einsatz kam. (Peugeot Presse)

Alle 505 Break verfügten über 17 Zentimeter mehr Radstand, wie auch dieser GL mit 1971 cm³-Vergaser-Motor und 108 PS. (Peugeot Presse)

Der Peugeot 505 war der letzte heckgetriebene Peugeot und der letzte mit dem Markengesicht der 1970er-Jahre. (Peugeot Presse)

Der Peugeot 505 Break war damals der einzige Kombi in Europa, der mit acht Sitzplätzen zu haben war. (Peugeot Presse)

schienen Chrysler 2 Litres hervorgezaubert. Auf 2155 cm³ aufgebohrt und aufgeladen, leistete dieses nun gar nicht mehr brave Aggregat 150 PS (später sogar bis zu 200 PS). Peugeot versprach einen Normverbrauch von 11,1 Litern, der wurde aber in der Regel ein wenig überschritten. Dieser Turbo gelangte im Übrigen in den 80er-Jahren noch einmal zu Ehren als Antriebsquelle für den Guppe-B Citroën BX 4 TC. Als deutlich weniger trinkfest, aber auch recht flott erwies sich der 1985 eingeführte 2.5 Turbo-Diesel mit 95 PS (Nachfolger des 2.3 TD/80 PS). Als dann 1987 noch der Intercooler dazukam, knackte der Turbo-Diesel die 180 km/h-Marke, sattes Drehmoment inklusive. Auch der Break/Familiale konnte mit diesem Motor bestellt werden.

Der V6-Benziner mit 2849 cm³ und 170 PS blieb der Limousine vorbehalten. Es war jener PRV-Motor, der in den frühen Siebzigern aus einer Kooperation von Peugeot, Renault und Volvo entstand, zunächst mit 2664 cm³ und 136 PS. Im Laufe der Jahre verbesserte man die Laufkultur des etwas rauen V6, sodass er im 505 zum sanften Löwen wurde. So bog der 505 auf die Zielgerade ein. 1985 hatten alle Benzin-Varianten (außer GL/GR 1.8) endlich Scheibenbremsen rundum erhalten. Eine Maßnahme, die den Dieseln (außer Turbo Intercooler) bis zum Schluss verwehrt wurde.

1985 erfuhr der 505 auch sein einziges Facelift mit optischen Retuschen rundum. Gegen Ende der 1980er-Jahre machte sich das

Pininfarina entwarf ein 505 Cabriolet sowie ein 505 Coupé, die für den amerikanischen Markt angedacht waren. Es blieb bei den Prototypen.

1985 gab es beim Peugeot 505 optische Retuschen wie überarbeitete Front- und Heckpartien, neue Seitenschutzleisten und einen serienmäßigen Heckspoiler für die Limousine.

Alter des 505 bemerkbar, die Verkaufszahlen sanken. Einen wirklichen Nachfolger hatte man allerdings nicht, als 1990 die letzten Limousinen und 1992 die letzten Break vom Band liefen. So blieb es bei gut 1,3 Millionen des letzten echten Peugeots, wie manche Fans sagten. Als »echte Peugeot« dürfen sicherlich auch die 505 des Allradherstellers Dangel bezeichnet werden. Der nahm sich einige Exemplare vor, versah sie mit einer stark erhöhten Bodenfreiheit und einem wüstengerechten Allradantrieb. Sicherlich nicht für die Wüste geeignet waren die 505 Coupé und Cabriolet-Prototypen. Grundsätzlich bot der 505 vieles von dem, was man von einem Peugeot erwartete. Und heute? Bietet er es auch noch, wenn man einen findet.

Ab Herbst 1985 entfielen beim 505 die kleinen Motorvarianten, weil er höher positioniert wurde.

Von '83 bis '98 war der 205 als Kassenschlager Peugeots unterwegs. Selbst in einfachern Ausstattunge wie »Look« oder »Junior« machte er viel her.

Peugeot 205

Dunkle Wolken hingen über Sochaux und seiner berühmtesten Firma in den späten 70ern. 1974 hatte man sich den Konkurrenten Citroën einverleibt, eine Ehe, die eher als kühl zu bezeichnen war. Die Übernahme hatte eine Menge Geld gekostet. Geld, das jetzt bei der Entwicklung neuer Modelle fehlte. Zudem ließen sich zwischen Citroën und Peugeot noch keine Synergien finden. Zu unterschiedlich waren die Ansichten über »richtige Autos« in beiden Häusern. Auf der einen Seite die konservativen Peugeot-Mannen, die sich eher selten an extravagante Experimente wagten, andererseits die progressiven Citroën-Köpfe, die sich mit Freude an Projekte wie den 2 CV, die DS oder die GS begaben. Als ob das noch nicht genug Belastung wäre, plante Peugeot darüber hinaus auch die Übernahme des maroden Chrysler-Simca-Rootes-Konglomerats. Es gab wahrlich bessere Zeiten, sich an die Planung eines Lebensretters zu wagen.

Ja, Lebensretter, dazu hatte Peugeot das Projekt M24 auserkoren, aus dem später der 205 werden sollte. Der 104 war ein nettes Wägelchen, ganz klar, aber mit seinem etwas altbackenen Layout riss er kaum jemand vom Hocker. Citroëns Kleinwagen basierten samt und sonders auf der 2 CV-Technik, und die konnte ihr Alter mittlerweile nicht mehr verleugnen. Etwas ganz Neues musste es werden, etwas, das wie eine Bombe einschlägt. Ansonsten würden die Sterbeglocken über Peugeot leuten, fürchtete man. Also machte sich das Team um Gerard Welter daran, den Peugeot-Kleinwagen neu zu definieren. Pininfarina hatte zwar Vorschläge eingereicht, blieb aber beim

Nach den Ölkrisen in den 1970er-Jahren entschied sich Peugeot dazu, für Praxistests eine Kleinserie von 205 mit Elektroantrieb zu bauen.

Unter dem Top-Sportler GTi war der 205 GT angesiedelt, der aus 1360 cm³ Hubraum immerhin 85 PS generierte.

M24 eher im Hintergrund der Entwicklung. Für das Interieur war Paul Bracq zuständig, ein früherer Mercedes-Designer. Man nutzte die neueste Computertechnik zur Gestaltung des M24-Projekts.

Als der 205 1983 der Autowelt vorgestellt wurde, kannte die Begeisterung keine Grenzen. Ein dynamisches und hübsches Design hatten die Mannen um Gerard Welter auf die Beine gestellt, die Käufer griffen massenweise zu. Was auch an den guten technischen Eigenschaften des Wagens lag: Einzelradaufhängung rundum, eine Hinterachse mit Längslenkern und Drehstäben, perfekt abgestimmt zwischen Komfort und Handling. Der 205 fuhr Kreise um die Konkurrenz, selbst in der leistungsschwächsten Ausführung – und das mit großem Komfort. Unter der Motorhaube fand sich zunächst Bewährtes: Die Benziner der X-Baureihe taten auch bereits im 104 Dienst, im 205 waren sie in folgenden Abstufungen erhältlich: 954 cm³/45 PS; 1124 cm³/50 PS; 1360 cm³/60 und 80 PS. Zahlreiche Ausstattungsvarianten vom einfach gehaltenen XE-Modell über XL, GL, GR bis zu den gut ausstaffierten SR/GT-Versionen boten für jeden Geschmack etwas. Die dreitürigen Varianten waren an der mit »X« beginnenden Modellbezeichnung zu erkennen, die Fünftürer erkannte man am »G« im Emblem.

Im spanischen Peugeot-Werk entstanden 205 mit Simca-Motoren für den dortigen Markt. Im September 1983 lancierte Peugeot ein epochales Modell, den 205 Diesel. Dessen XUD-Selbstzünder war bereits aus dem 305 bekannt und glänzte dort mit Dynamik und Laufkultur. Auf 1769 cm³ und 60 PS verkleinert, tat der XUD fortan im 205 seinen Dienst. Er entwickelte sich zu einem der beliebtesten 205-Modelle. Damit stand er in harter Konkurrenz zum 1984 vorgestell-

Der Peugeot 205 F war der Nachfolger des 205 Multi und ähnlich wie dieser wenig erfolgreich. Nach rund 14.000 Exemplaren endete die Produktion nach nur vier Jahren 1998 wieder.

Das 205 Sondermodell »Roland Garros« verfügte über eine Teilleder-Ausstattung , metallicgrünen Lack und weitere Extras.

Der 200 PS starke Peugeot 205 T16 wurde 1984 in 220 Exemplaren zu Homologationszwecken gebaut.

ten 205 GTI. 1,6 Liter Hubraum, 105 PS, gepaart mit dem Handling eines Go-Karts, eine treffliche Mischung zum Straßenräubern. Noch besser konnte das ab 1986 der 1.9 GTI, der 128 PS zur Verfügung stellte. Das alles war noch nichts gegen den 205 Turbo 16, der 1984 erschien. 1775 cm³, Turbo, Ladeluftkühler, 200 PS, Mittelmotor, 215 km/h Vmax, 6,8 Sekunden von 0 auf 100. Der berühmte Ritt auf der Kanonenkugel, den dann auch vorwiegend Rallye-Fahrer der Gruppe B wagten. 200 Straßenautos mussten aus Homologationsgründen gebaut werden.

Deutlich zahmer konnte der 205 Multi bewegt werden, ein interessantes 205-Nutzfahrzeug. Peugeot hatte bei der Entwicklung auch eine Kombi-Variante entworfen, letztlich fehlte aber der Mut, diese auf den Markt zu bringen. Stattdessen setzte man sich mit den Karosseriebauern Gruau und Durisotti zusammen, diese sollten nun den »etwas anderen« 205-Kombi entwickeln. Gesagt, getan. Man nahm eine Nullausstatter-XA/XAD-Limousine, schnitt das Heck etwa auf der Hälfte der hinteren Seitenscheibe ab und setzte ein gerades Heck aus GFK daran. Nicht ohne zuvor das rückwärtige Dachteil um

Mit 105 PS gehörte der Peugeot 205 GTi 1.6. zu den Leistungsträgern in seiner Klasse. Ab 1985 kamen dann noch mal zehn Pferdestärken dazu.

zehn Zentimeter zu erhöhen. Die 205-Kunden fremdelten allerdings mit dem Multi, so blieb es bei gut 8000 Exemplaren bis 1992. Etwas besser machte es sein Nachfolger 205 F mit Kastenaufbau (vom Citroën C15), der sich gut 14.000-mal verkaufte.
Großer Beliebtheit erfreute sich das 1986 eingeführte Cabriolet »CJ«, das mit 75 bis 115 PS lieferbar war. Das Jahr 1987 brachte einige Änderungen unter der vorderen Haube: Die Motoren der X-Baureihe wichen den neuen TU-Maschinen, die in den nächsten 20 Jahren prägend für PSA werden sollten. 1990 unterzog sich der 205 einem gründlichen Facelift, erkennbar unter anderem an den jetzt weißen vorderen Blinkern. Verschiedene Sondermodelle wie »Junior«, »Roland Garros« und »Lacoste« hielten Einzug. Die Zahl der Modellvarianten wuchs ins Unübersichtliche. Technisch gesehen tat sich nicht mehr viel, den Übergang ins Katalysator-Zeitalter hatte der 205 problemlos geschafft. Gegen Ende seiner Laufbahn machten ihm allerdings seine fehlenden Sicherheitsfeatures zu schaffen. Airbags und ABS waren nicht zu haben im 205, im Gegensatz zur Konkurrenz. 1998 startete die Produktion des 206, zugleich lief der letzte von knapp 5,3 Millionen 205 vom Band.

1986 präsentierte Peugeot das sehr populäre 205 Cabriolet, zunächst in den Varianten CT und CTi. 1988 kam der kleine CJ mit 1,4 Litern und 65 PS dazu.

Optisch präsentierte sich das Peugeot 205 CTi Cabrio genauso sportlich wie die GTi-Brüder mit Radlaufverbreiterungen und Alufelgen.

Peugeot 309

Sochaux zu Beginn der 1980er-Jahre. Noch immer hingen dunkle Wolken über den Dächern von Peugeot. Der Aufkauf von Citroën und Chrysler-Simca-Rootes hatte eine große Menge Kapital verschlungen, die Zahlen waren tiefrot. Gleichzeitig war die Modellpalette stark erneuerungsbedürftig. Der 305 lief noch gut, aber der 104 und der 604 dümpelten nur noch vor sich hin. Die Marke Talbot, die man mit Chrysler-Simca-Rootes erworben hatte, erwies sich auch nicht als Retter in der Not. Talbot 1510, Tagora und Solara waren Flops, der Horizon hatte einen schweren Stand in seiner Klasse gegen VW Golf und Co. Wenn man den Horizon durch ein neues Modell ersetzen würde, so das Kalkül von Peugeot, könnte man in dieser Fahrzeugklasse frischen Schwung erhalten.

Also begann man um 1981 herum mit der Entwicklung eines neuen Fahrzeugtyps, zunächst mit dem Willen, es unter der Marke Talbot zu vermarkten. Aus Gründen der Kontinuität wählte man daher auch Simca-Motoren als Einstiegsvariante des künftigen 309. Im Laufe der Zeit erkannte man, dass ein ausschließlich Talbot/Simca-basiertes Modell dem Verkaufserfolg abträglich sein könnte – die beiden Marken genossen nicht mehr den besten Ruf. Zur gleichen Zeit war die Entwicklung des 205 weit vorangeschritten. Man beschloss nun, dessen Chassis und Fahrwerk als Grundlage zu nehmen. Gerüchten zufolge sollte der neue Wagen als Talbot Arizona vermarktet werden, davon rückte Peugeot ebenfalls aus Imagegründen ab. Der neue Typ würde nun also eine Nummernbezeichnung mit einer »0« in der Mitte erhalten, wie es seit 1929 bei Peugeot üblich war.

Es wäre zu erwarten gewesen, dass der neue Peugeot nun 306 heißen sollte. Mit der Benennung 309 schuf Peugeot eine Abgrenzung zum übrigen Programm und so möglicherweise ein Verkaufshemmnis. 1986 erschien der 309 auf dem Markt. Die Designlinie lehnte sich im Frontbereich stark an den 205 an, das Heck des 309 ging eigene Wege – etwas langweilige, war man der Meinung, Wege im Vergleich zum 205. Einzelradaufhängung rundum, Querlenker hinten, der Peugeot-übliche Standard sorgte für gute Fahreigenschaften. Unter der Motorhaube klang es mitunter etwas kernig. Die 1100er- und 1300er-Einstiegsversionen (55 und 65 PS) verrichteten ihr vernehmliches Werk in ähnlicher Form bereits seit Mitte der 1960er-Jahre in verschiedenen Simca/Talbot-Modellen. Deutlich kultivierter verhielten sich die 1,6-Liter- und 1,9-Liter-XU-Aggregate (80 und 105 PS). Die XU-Motoren hatten erst 1982 bei PSA Einzug gehalten und trieben bis 2005 die verschiedensten Konzernmodelle an.

Der Fünftürer war in insgesamt sechs Ausstattungsvarianten vom Basismodell über den GL, GR, SR bis hin zum sportlich-luxuriösen GT erhältlich. In der Version SR waren elektrische Fensterheber vorne, Zentralverriegelung, Alufelgen und andere Extras serienmäßig. In der ab 1986 angebotenen Dieselversion nannte sich das dann »SRD«, auch ein GLD und ein GRD waren lieferbar. Als Antrieb diente der mittlerweile hunderttausendfach in 205, 305 und BX bewährte 1,9-Liter Diesel mit 65 PS. Seine brillanten Eigenschaften ließen auch den 309 Selbstzünder schnell zu einem beliebten Modell werden. Für den deutschen Markt gab es ab 1986 den SRI mit dem 1,6-Liter-GTI-Motor aus dem 205. Damit war der Einbau eines G-Kats möglich. Ab 1987 gab es alle genannten Varianten auch als Dreitürer. Fortan bezeichnete das »X« im Ausstattungscode den Dreitürer und das

Der sportliche Peugeot 309 GTi hatte einen 1905-cm³-Motor mit 130 PS aus dem Citroen BX GTi.

Beim 309 SR handelte es sich um eine höhere Ausstattungsvariante mit Velours, Alufelgen, Nebelscheinwerfern und 80 PS (ab '88 dann 92 PS). Insgesamt stellte Peugeot 1.635.132 Fahrzeuge vom Typ 309 her.

»G« den Fünftürer (GT und SRD nur Fünftürer). Obwohl er den Buchstaben »G« in der Bezeichnung trug, kam der 309 GTI ab 1987 zunächst nur als Dreitürer. Mit dem aus dem 205 bekannten 1,9-Liter und 130 PS entwickelte sich der brave 309 zum Wolf im Familien-Schafspelz.

Betulicher ging es ab 1987 im 309 Automatic zu, der aus 1580 cm³ 80 PS bereitstellte. Hauptsächlich dem französischen Markt vorbehalten war der 309-Dreitürer mit geschlossenen hinteren Seitenscheiben und fehlender Rückbank. 1988 ersetzten die luxuriösen SX (5-Türer) und XS (3-Türer) den GT. Sie trugen das auf 105 PS reduzierte 1,9-Liter-Aggregat des GTI unter der Haube. 1989 folgte ein Facelift mit veränderten Rückleuchten, einem anderen Kühlergrill und neuen Motoren. Die alten Simca-Maschinen wurden in Pension geschickt und durch neue 1.1er – und 1.4er-Motoren der TU-Generation ersetzt. Der »gewöhnliche« GTI ließ aufgrund geänderter Abgasregeln ein paar Federn und hatte nur noch 122 PS. Aber aus Ausgleich dafür lancierte Peugeot einen wahrhaften Donnervogel namens 309 GTI 16V. 1905 cm³, 16 Ventile, 160 PS. 220 km/h V-Max, 7,8 Sekunden von 0 auf 100. Keine weiteren Fragen!

Ab 1990 wurde es immer stiller um den 309. Damit die Einstiegsvariante XE/GE nicht mehr zu sehr nach Basisversion klang, nannte sie Peugeot ab 1991 »Graffic«. Ab 1992 hießen dann die XL/GL »Vital«, ein Jahr später ersetzte der GRX die XR/GR-Versionen. Der 306 stand in den Startlöchern, der 309 dankte alsbald ab. Gut 1,6 Millionen gebaute Exemplare sind kein schlechter Wert für ein Auto, das eigentlich kein Peugeot werden sollte.

Die zweitniedrigste Ausstattung beim Peugeot 309 hörte auf die Bezeichnung GL und verfügte noch über eine Analoguhr.

Peugeot 405

1987 waren die roten Zahlen bei Peugeot zwar noch nicht ganz verschwunden, aber es ging deutlich aufwärts. Der 309 verkaufte sich ordentlich, der 205 wurde den Franzosen aus den Händen gerissen. Man war nun wieder moderner aufgestellt. Was man bisher noch nicht hatte, war ein Nachfolger für den 305. Dessen Popularität sank zunehmend, Ersatz tat not.

Folglich lancierte Peugeot den 405. Bei dessen Gestaltung hatte traditionell Pininfarina eine maßgebliche Rolle gespielt. Allerdings nahm das Team um den Peugeot-Chefdesigner Gerard Welter ebenfalls Einfluss auf die 405-Form. Am Ende folgte die Linie der durch den 205 und den 309 bereits vorgegebenen Marschroute – auch im Hinblick auf das kommende Spitzenmodell 605. Vor der Markteinführung des 405 stand eine beispiellose Werbekampagne, bei der 480.000 Peugeot-Kunden angeschrieben wurden und nach ihrer Meinung zum neuen 405 gefragt wurden. Dem folgten 8000 Bestellungen. Der geneigte Käufer erblickte 1987 einen gefällig gezeichneten, viertürigen Wagen im traditionellen Stufenheck-Stil. Man könnte den 405 als Cousin des Citroën BX bezeichnen, beide benutzten die gleiche Plattform. Das hieß, quer eingebauter Motor mit Frontantrieb. Auch der 405 besaß eine Einzelradaufhängung rundum, im Gegensatz zum BX jedoch auf einem Stahlfahrwerk basierend (McPherson vorne, Drehstäbe hinten).
Zu Beginn seiner Laufbahn konnte der 405 mit folgenden Motorisierungen gewählt werden: 1360 cm³/65 PS; 1580 cm³/92 PS; 1905 cm³/105 PS mit Vergaser; 1905 cm³/125 PS mit Einspritzung (und Kat in manchen Märkten); 1905 cm³ 16V Einspritzer/160 PS (»Mi16«).

Wie es bei Peugeot Tradition war, hatte Pininfarina auch bei der Gestaltung des 405 wieder seine Hände im Spiel.

Peugeot-typisch konnte der 405 in vielen Ausstattungsvarianten gewählt werden: GL (nur für 1.4 und 1.6, keine Servolenkung); GR (mit Servo, Zentralverriegelung und elektrischen Fensterhebern vorne), SR (plus elektrische Fensterheber rundum), SRi (in Kombination mit 1.9i), Mi16. 1988 stieß der fünftürige Break dazu, der bis auf den 1.4 und Mi16 in allen Varianten lieferbar war. Dazu gehörten dann auch die neu im Programm befindlichen Saugdiesel (1905 cm³, 71 PS) und Turbo-Diesel (1769 cm³, 90 PS). Ebenfalls 1989 eingeführt wurden die Allradversionen GR X4/SR X4/Mi 16 X4 mit 1905 cm³/110 PS/160 PS, die zunächst der Limousine vorbehalten blieben. Gleiches galt bis 1991 für den 405 Automatic.

1992 erfolgte ein größeres Facelift, das auch neue Motorisierungen mit sich brachte. Der Katalysator war nun Standard, das machte

Peugeot 405 Limousine und Break aus dem Jahr 1988, als der Kombi neu auf den Markt kam. Beide Fahrzeuge sind SRD-Turbo-Modelle mit 1,8er-Motoren und 92 PS.

Zwischen 1988 und 1990 nahm Peugeot mit dem 405 Turbo 16 Coupé an der Rallye Paris-Dakar teil und gewann ale drei Veranstaltungen.

Mit einem 1,9-Liter-16V und 160 PS trat der Peugeot 405 Mi16 an, den es ab 1989 auch als Mi16 4x4 gab.

eine Umstellung des Benzinmotoren-Programms von Vergaser auf eine elektronische Einspritzung notwendig. So ersetzte der 1998 cm³-Benziner mit 120 PS die bisherigen 1,9-Liter-Benziner mit Vergaser. Neu im Programm auch der 1761 cm³-Benziner mit 101 PS. Der 1769 cm³-Turbo-Diesel wurde durch einen 1905 cm³-TD mit gleicher PS-Leistung ersetzt. Der Break war bereits ab 1991 als 4x4 oder Automatic zu haben. 1993 brachte noch einen Aufreger namens 405 Turbo 16. 1998 cm³, Turbo, Ladeluftkühler, 16 Ventile, 200 PS. Als Straßenvariante schon sehr reizvoll, in der nochmals aufgeheizten Rallye-Variante mit Coupé-Karosserie ein brutales Geschoss. Ari Vatanen weiß das – und die französische Gendarmerie ebenfalls. Die erhielt nämlich 46 der 1046 produzierten 405 T16. In der Straßenvariante, bien sur, aber auch damit ließen sich trefflich Kriminelle jagen.

Im Iran hätte man das möglicherweise auch gerne getan, dort wurden allerdings nur die »zivile«" Varianten des 405 produziert. Und zwar bis 2020! Immerhin von 1987 bis 2002 rollten in Simbabwe 405 vom Band. In Europa war für die Limousine 1995 Schluss, einige Break-Varianten waren noch bis 1997 zu haben. Mit den Lizenzbauten in aller Welt kommt der 405 auf gut 5,1 Millionen Exemplare – eine wahre Weltnummer.

Ohne Turbolader musste der Peugeot 405 Break SRD auskommen, was für behäbige 71 PS aus 1905 cm³ Hubraum sorgte.

In der Rallyeversion, wie hier bei der Paris-Dakar 1990, hatte der 405 T16 Grand Raid einen Mittelmotor mit 1,8 Litern Hubraum und 400 PS, in der Pikes-Peak-Variante sogar über 600 Pferdestärken.

Peugeot 106

1991 konnte Peugeot/PSA wieder in eine rosigere Zukunft blicken. Die Altlasten der Citroën- und Chrysler-Simca-Rootes-Übernahmen waren allmählich getilgt. Dazu hatte auch die geschickte Modellpolitik der letzten gut zehn Jahre beigetragen. Der 405 kam gut an, der 309 verkaufte sich ordentlich und machte den Talbot Horizon schnell vergessen. Ganz besonders aber der 205 erwies sich als Volltreffer im Peugeot-Programm. Seine äußerst gelungene Form und sein Variantenreichtum ließen ihn zum Verkaufsschlager aufsteigen. Was noch fehlte, war ein Einstiegsmodell etwas unterhalb des 205.

Also machte sich das Peugeot-Team ans Werk und schuf den 106. Die erste Serie griff dabei das Designthema Peugeots der 80er mit den trapezförmigen Scheinwerfern auf. Allzu tief mussten sie nicht ins Technik-Regal greifen. Die 106-Basis bildete der 1986 erschienene Citroën AX, ein beliebter Kleinwagen im PSA-Programm. Das bedeutete ein agiles und gleichzeitig komfortables Fahrwerk mit Längslenkern und Drehstäben hinten. Die Motoren entstammten der 1986 mit dem AX eingeführten TU-Baureihe und staffelten sich zunächst wie folgt auf: 954 cm³/45 PS; 1124 cm³/60 PS; 1360 cm³/75 PS-Benziner und ein 1360 cm³-Diesel mit 50 PS. Mit einem der weltweit kleinsten Seriendiesel ließen sich problemlos Verbrauchswerte von 3,5 Litern erreichen.

Auch die Ausstattungsvarianten waren traditionell fein gegliedert: Mit der XN-Basisvariante (1.0 Benziner und Diesel) ließen sich die Grundbedürfnisse befriedigen. Etwas nobler ging es schon in der XR/XRD-Variante zu (1.1i-Benziner und Diesel). Die XT-Variante war die Luxusausführung (1.1i-Benziner), der XS kombinierte Luxus mit Sport (1360 cm³-Benziner). Noch 1991 gelangte ein heißes Eisen namens 106 XSi ins Programm. 1360 cm³, 98 PS, 190 km/h. Das alles bei einem Leergewicht von 850 kg! 1992 gab es erstmals fünftürige Versionen. 1993 wurde es noch sportlicher, der 106 Rallye kam ins Programm. Dazu hatte Peugeot ins 205-Sortiment geschaut und dort den 205 Rallye als ideale Vorlage entdeckt. Spartanische Innenausstattung und dadurch noch weniger Gewicht, 1294 cm³-Einspritzmotor, 98 PS, 9,3 Sekunden auf 100, Vmax 190. Auf der Straße schon ein starkes Gerät, im Rallye-Betrieb (etwas frisiert) eine Waffe, wie sich bald zeigte.

Offensichtlich lag Peugeot das Thema Sportlichkeit beim 106 am Herzen: 1994 ergänzte der 106 1.6 XSi das Programm. 1587 cm³, 103 PS, es wurde immer wilder. Dem 1.6 XSi folgte 1996 der 106 1.6i Rallye mit gleicher Motorisierung. Die Krönung der Wildheit waren die 1.6i 16V GTI (1996 bis '98) und 1.6 i 16V Rallye mit 1587 cm³ und 118 PS. Diese 106 überschritten leicht die 200 km/h-Marke. Zwar erstarkt, aber dennoch wesentlich zahmer ging es ab 1995 im neuen 1.5 Diesel zu. Ganz und gar behutsam kam ab 1995 eine besondere 106-Variante daher, der 106 »electrique«. Statt eines Verbrenners saß unter der Motorhaube ein 20 kW-Elektromotor, gespeist von Batterien des Herstellers S.A.F.T. Peugeot versprach eine Höchstgeschwindigkeit von 90 km/h und eine Reichweite von 75 bis 100 Kilometer. Von 1995 bis 2003 wurden etwa 3500 Exemplare produziert, die hauptsächlich an französische Behörden gingen.

Der 106 »electrique« erlebte somit auch das Facelift 1996 mit. Dieses brachte eine optische Angleichung an die aktuelle Peugeot-Designsprache. Man führte den 106 1.6 Automatic ein, der 1997 vom 1.4 Automatic abgelöst wurde. Ab 1998, mit der Einführung des 206, wurde das 106-Programm peu à peu ausgedünnt. Ab 2001 blieben dann noch der 1.1i, 1.4i, 1.6 16V Rallye und 1.5 D übrig. 2004 endete die Produktion nach knapp 2,8 Millionen Exemplaren.

Auch den Peugeot 106 konnte man als Sondermodell »Roland Garros« mit umfangreicher Serienausstattung bekommen

Das Facelift 1996 bescherte dem Peugeot 106 abgerundete Scheinwerfer, modifizierte Heckleuchten und eine geänderte Heckklappe.

Peugeot 306 XTdT schnell erklärt: XT gleich mittlere Ausstattungsvariante, dT gleich Diesel-Turbo.

Mit dem 1993 eingeführten 306 machte sich Peugeot auf, gegen den erfolgreichen VW Golf 3 anzutreten. Die Einstiegsmotorisierungen bestanden aus einem 1,1-Liter-Benziner sowie einem Saug-Diesel.

Peugeot 306

In der Golf-Klasse zu konkurrieren, ist eine wahre Herausforderung. Und nichts anderes wollte der 1993 vorgestellte Peugeot 306. Dem 309 war das nicht ganz gelungen. Sicher war er kein schlechtes Auto, aber sein Ursprung als Nachfolger des Talbot Horizon nagte an seinem Image. Etwas bieder kam er daher, der 309. Das sollte sich beim 306 ändern.

Pininfarina widmete sich der Gestaltung des Projekts N3. Heraus kam eine gefällige fünftürige Limousine, die das Peugeot-Designthema der 80er und 90 er zitierte. 205, 405, 605 und 106 hatten beste Anleihen geliefert. Die technische Basis des N3 steuert der Konzernbruder Citroën ZX bei. Das hieß, Einzelradaufhängung rundum mit Längslenkern und Drehstäben hinten. Dessen selbstlenkende Hinterachse übernahm der 306 allerdings nicht. Bei der Motorisierung wiederum nutzte Peugeot die Aggregate des ZX, die hier vom Start weg mit einer elektronischen Einspritzung ausgerüstet waren. Zu Beginn standen folgende Antriebe zur Verfügung: 1360 cm³/75 PS; 1587 cm³/88 PS; 1761 cm³/101 PS-Benziner; 1905 cm³/70 PS-Saugdiesel. Beim Diesel handelte es sich also immer noch um den brillanten XUD-Motor, der auch 1993 mit Dynamik und Laufkultur zu überzeugen wusste.

Mit den Ausstattungsvarianten XN, XT und XS war für jeden Geschmack etwas dabei. 1994 brachte einige Neuerungen im Programm: Für einige Märkte war nun auch der 1.1-Liter-Benziner mit 60 PS zu haben. Auf mehr Interesse stieß der 1.9 Turbo-Diesel mit 92 PS, der aus dem 306 ein 180 km/h schnelles Auto machte. Das war aber noch wenig gegen den 306 2.0 XSi mit 123 PS oder den 306 2.0i S 16 mit 152 PS. Letzterer brachte es auf 215 km/h Vmax. Der S16 diente ganz der Peugeot-Tradition entsprechend als Basisfahrzeug für den Rallyesport. Die Freunde des Automatik-Getriebes konnten es im neuen 306 Automatic mit 1.8 Litern und 101 PS ruhiger angehen lassen. Das passte im Prinzip auch sehr gut zur Klientel der Stufenheck-Limousine, die ab 1994 lieferbar war.

Das 1994 eingeführte 306 Stufenheck spielte in Deutschland keine Rolle, hatte aber vor allem in Südeuropa viele Fans.

Auch für das Peugeot 306 Cabriolet zeichnete die Designschmiede von Pininfarina verantwortlich, hier als Sondermodell »Roland Garros«.

Allerdings konnte die auf Wunsch auch mit dem 2.0 i S16 durch die Camargue räubern. Wem drei Türen genügten, konnte ebenfalls ab 1994 eine solche Version ordern.

Über zwei Türen verfügte das gleichfalls 1994 vorgestellte, sehr überzeugend gestaltete Cabriolet, das wiederum von Pininfarina gestaltet wurde. Eine große Motorenauswahl gab es im offenen 306 zunächst nicht, nur der 1.8 8V mit 101 PS wurde angeboten. Erst 1996 war auch der 2.0-Liter-Benziner mit 121 PS im Cabriolet zu haben. Das Jahr 1997 brachte neben einem umfangreichen Facelift endlich die Kombi-Variante »Break«. Der Break war mit dem 1,4/1,6/1,8/1.8 16V-Benzinern lieferbar, 1.6 und 1.8 auch mit Automatik. Ebenso konnte der Break mit dem 1,9-Liter-Saugdiesel beziehungsweise Turbodiesel geordert werden.

Erst im Rahmen des Facelifts 1997 wurde der Peugeot 306 Break nachgereicht und von der Kundschaft begeistert aufgenommen.

Die Zeit des XUD-Diesels war Ende der 1990er-Jahre abgelaufen, er wurde durch den DW8 ersetzt, der aber auch noch mit dem Prinzip der indirekten Einspritzung funktionierte. Ganz modern wurde es dann 1999 mit der Einführung des DW10, dieser verfügte (neben einem Turbolader) über die Common-Rail-Technik. Mit zwei Litern Hubraum und 90 beziehungsweise 118 PS (mit Intercooler) erreichte er 180 respektive 210 km/h Höchstgeschwindigkeit, bei Verbrauchswerten um 5,5 Liter. 1999 folgte ein weiteres Facelift, bevor der 306 allmählich dem Ende seiner Laufbahn entgegenging. Die Produktion des Schrägheck-306 endete 2001, das Cabriolet und der Break rollten noch ein Jahr länger vom Band. Nach gut 2,8 Millionen Exemplaren war dann 2002 Schluss.

Peugeot 806

Sich mit dem Renault Espace messen zu wollen, war in den 90er-Jahren eine hohe Aufgabe. Der Pionier in Sachen Siebensitzer-Familienvan hatte sich seit 1984 beinahe eine Monopolstellung erarbeitet. Wer also gegen den Primus ankommen wollte, musste einiges an Energie und Know-how anbieten. Ein einzelner Hersteller alleine hätte da seine Schwierigkeiten gehabt. Peugeot allerdings war seit den 1970ern Teil des Joint-Ventures Sevel mit Produktionsstätten in Italien und Frankreich. Ziel dieser Verbindung zwischen Peugeot, Citroën, Fiat und Lancia war der gemeinsame Bau von Nutzfahrzeugen. So entwickelte man zusammen auch einen Kleintransporter, der unter den Namen Fiat Ducato/Peugeot J5/Citroën C25/Alfa Romeo AR 6 Berühmtheit erlangte.

Zu Beginn der 90er beschloss Sevel nun, dem Espace gemeinsam etwas entgegen zu setzen. Die Idee des Eurovans war geboren. Das hieß: eine gemeinsame Grundkarosserie, die unter dem jeweiligen Label ein wenig an den Kundengeschmack angepasst wurde. Alle Sevel-Vans boten bei recht kompakten Außenmaßen (4,46 Meter Länge) ein großzügiges Raumangebot. Sieben Personen hatten bequem Platz, bestellte man die dritte Reihe mit drei Plätzen, kamen auch acht Insassen unter. Im Gegensatz zum großen Konkurrenten Espace verfügten die Sevel-Vans über Schiebetüren hinten, in der Stadt ein Vorteil. Das Fahrwerk bot mit einer Einzelradaufhängung vorn und einer Starrachse hinten ausreichenden Komfort.

Motorseitig kamen zunächst beim Peugeot 806 (und auch bei Fiat/Lancia/Citroën) die Aggregate der XU-Baureihe (Benziner) sowie der XUD-Serie (Diesel) zum Einsatz. Diese staffelten sich wie folgt: 2.0i 1998 cm³/121 PS, 2.0i Turbo 1998 cm³/147 PS-Benziner; 1905 cm³/92 PS und 2088 cm³/110 PS-Turbo-Diesel. Für den 2-Liter-Saugmotor war neben dem 5-Gang-Getriebe auch eine Automatik verfügbar. Entgegen der üblichen Weise bei Peugeot gab es keine Staffelung nach Ausstattungsvarianten, Extras konnten beliebig dazu bestellt werden. Eine übermäßige Evolution fand beim 806 nicht statt, zu erwähnen ist noch der 1.8i-Benziner mit 100 PS, der ab 1996 bestellt werden konnte. 1999 neigte sich die Karriere des XUD-Diesels dem Ende zu, die 1.9 TD und 2.1 TD wurden durch einen 2.0 HDi-Motor mit Common-Rail-Technik ersetzt. 2002 endete die Produktion des 806, er wurde vom 807 beerbt.

Mehr als ein Achtungserfolg gegen den übermächtigen Renault Espace war für den Peugeot 806 (1994-2002) nicht drin.

Den 1996 eingeführten Peugeot 406 Break gab es wie von den Franzosen gewohnt auch als 7-Sitzer mit klappbarer Bank im Kofferraum.

Peugeot 406

Bereits 1990 begann die Entwicklung des 406 unter dem Projektnamen D80. Er sollte etwas größer ausfallen als der populäre 405. Peugeot wollte sich näher an Konkurrenten wie den 5er BMW oder den Mercedes W124 bewegen. Das Team um Chefdesigner Gerard Welter machte sich mithilfe von Pininfarina ans Werk.

Man orientierte sich am Stil des 605, am Ende stand eine viertürige Limousine, die gegenüber dem 405 gut 15 Zentimeter an Länge zugelegt hatte. Die technische Basis entlieh man sich beim Citroën Xantia. Allerdings verzichtete Peugeot auf die Verwendung eines hydropneumatischen Federungssystems. Das Fahrwerk bestand aus einer Einzelradaufhängung rundum mit einer neuen Mehrlenker-Hinterachse. Diese bedeutete einen weiteren Fortschritt in Sachen Fahrsicherheit und Komfort. Die Kundschaft bemängelte bei den einfacher motorisierten 406 die fehlenden hinteren Scheibenbremsen sowie das dort nicht serienmäßige ABS.

Die Motorisierung war vertraut: Es handelte sich beim Serienstart um die bekannte XU-Benziner- und XUD-Diesel-Baureihe. Diese staffelte sich zunächst wie folgt: 406 1.6i/88 PS, 1.8i 16V/110 PS, 2.0i 16V/132 PS; 406 1.9 TD/90 PS und 2.1 TD/110 PS. Alle Ausstattungsvarianten SL, SV und ST boten ein ordentliches Maß an serienmäßigen Extras. 1996 folgten mit der Präsentation des Breaks weitere Motorvarianten, zum Beispiel der 2.0i 16V Turbo mit 152 PS. Der 406 verkaufte sich von Beginn an gut, das steigerte sich 1997 mit der Einführung des Coupés noch. Pininfarina hatte – in der Tradition der 404 und 504 Coupé – einen sehr gelungenen Zweitürer entworfen, der auf große Begeisterung stieß. Das Coupé wurde mit dem 2.0i 16V-Benziner und mit dem neuen 3.0i V6 24V/190 PS angeboten. Dieser Sechszylinder (ebenfalls in der Limousine und im Break zu haben) wurde in Zusammenarbeit mit Renault entworfen und im Motorenwerk Douvrin gebaut. Er fand sich auch im Peugeot 605, Citroën Xantia, XM, Renault Laguna, Safrane und Espace wieder. Eine Abwandlung dieses Aggregats wurde später im Renault Clio V6 als Rennportfahrzeug eingesetzt.

Wie auch bei anderen Fahrzeugen der PSA-Gruppe neigte sich der Einsatz des XUD-Diesels im 406 1999 dem Ende zu. Er wurde im Zuge eines Facelifts durch den 2.0 HDi mit Common-Rail-Technik ersetzt, später folgte ein 2.2 HDi. Auch bei den Benzinmotoren hielt die Direkteinspritzung Einzug. Der 2.0i 16V HPi leistete 140 PS und versprach Verbrauchswerte von 7,5 Litern. Das Versprechen konnte er halten, allerdings nicht ohne durch eine gewisse Defektanfälligkeit aufzufallen. Die Gesamtproduktion des 406 endete 2004 nach rund 2,7 Millionen Exemplaren.

In Deutschland hatte es der Peugeot 406 nicht leicht gegen die Konkurrenz aus Wolfsburg (VW Passat) und Rüsselsheim (Opel Vectra).

Peugeot setzte die 310 PS starken 406 STW in dem zwischen 1994 und 1999 ausgetragenen Super-Tourenwagen-Cup ein und konnte 1997 mit Laurent Aiello die Meisterschaft gewinnen.

1997 erschien das von Pininfarina gestaltete und produziert 406 Coupé. Es blieb, ab 2001 facegliftet, bis 2003 im Programm.

Nur etwa ein Prozent der Käufer entschied sich für die Farbe »Louxor« auf ihrem Peugeot 406 Coupé, entsprechend selten sind solche Autos heute.

Peugeot 206

Man kann sagen, der Peugeot 206 trat 1998 ein schweres und gleichzeitig leichtes Erbe an. Schwer deswegen, weil der 205 ein Millionenseller war und Maßstäbe gesetzt hatte in Sachen Styling, Handling und Dynamik. Leicht deswegen, weil der 205 einen guten Weg bereitet hatte für Peugeot. Das Vertrauen der Kundschaft war mittlerweile fast unerschütterlich, was in früheren Zeiten in Sachen Kleinwagen nicht immer der Fall war. Also konnte das Peugeot-Team im Prinzip alles richtig und alles falsch machen.

Die Überlegungen für einen 205-Nachfolger begannen um 1994 herum. Der Designer Murat Günak ließ einen Mix aus 106, 306 und 406 einfließen. 1998 präsentierte Peugeot dann einen Wagen, der optisch nur noch entfernt etwas mit dem 205 zu tun hatte und in allen Belangen moderner war. Mechanisch gesehen handelte es sich beim 206 um einen etwas verkleinerten 306. So fand sich auch beim 206 die Einzelradaufhängung rundum mit Drehstäben an der Hinterachse – ein bewährtes Peugeot-Konzept. Die zunächst angebotenen Motoren entstammten der bekannten TU-Baureihe (Benziner) beziehungsweise der neu installierten DW-Baureihe (Diesel). Dieser war zwar eine Weiterentwicklung des XUD-Diesels, setzte aber immer noch auf das indirekte Einspritzverfahren.

Zunächst fanden sich folgende Motoren im Programm: 1.1i/60 PS; 1.4i/75 PS; 1,6i/88 PS; 1.9 Turbo-Diesel/68 PS, 2.0 HDi mit direkter

Der 206 CC war der erste Peugeot mit elektrisch versenkbarem Blechdach seit dem 402 Eclipse von 1937. Es gab ihn mit nur drei Motoren: 1,6 16V, 2,0 16V und 1,6 HDi.

Ab 1998 ersetzte der zunächst als 3- und 5-türige Schräghecklimousine angebotene Peugeot 206 den 15 Jahre lang gebauten Vorgänger 205.

Nach dem Facelift 2003 zierte die Heckklappe des 206 nun der Peugeot-Löwe, die HDi-Motoren waren mit 1,4-Liter/70 PS, 1,6-Liter 16V/110 PS und 2,0-Liter/90 PS erhältlich.

Einspritzung. Ebenso hielten der 2.0i GT/GTi 16V mit 136 PS Einzug. Als Nachfolger des offenen 205 präsentierte Peugeot im Jahr 2000 den 206 CC. Hierbei handelte es sich nicht um ein übliches Cabriolet mit Stoffdach, sondern um ein Coupé mit elektrisch klappbarem Hardtop. Diese Idee war nicht neu bei Peugeot, schon in den 1930ern hatte man das mit dem 402 Eclipse gewagt.

Der Peugeot 206 SW verfügte zwar über den identischen Radstand der Schräghecklimousine, aber der hintere Überhang wuchs um 19,3 Zentimeter.

Die Basis des PGO-Speedster II ist kein Käfer, wie man meinen könnte, sondern ein Peugeot 206. Der lieferte Achsen, Motor und Getriebe.

PGO

Die Brüder Patrick, Gilles und Olivier Prévot gründten 1980 in Alés das Unternehmen PGO-Automobiles. Das zunächst einzige Modell war der C 427, eine Replika der AC Cobra 427. Motorisiert wurde er von jenem Rover-V 8, der auf eine Buick-Konstruktion zurückging und bereits im Rover P6 3500 verwendet wurde. Beim Fahrwerk griff PGO auf den europäischen Ford Granada (Einzelradaufhängung rundum, Schräglenker hinten) zurück. 1998 kauften sich die Herren Laurent Skrzypczak und Olivier Baudouin in das Unternehmen ein. Zukünftig stellte man eine Replika her, die optisch an den Porsche 356 Speedster angelehnt war. Die technische Basis bildete der VW 1303 S. Seit Mitte der 2000er-Jahre durchlebte PGO verschiedene Besitzerwechselund einem Beinahe-Konkurs. Aktuell werden unterschiedliche Modelle mit BMW/PSA-Motoren produziert.

Poinard

Nachdem man zuvor Beiwagen für Motorräder hergestellt hatte, begann die Firma Poinard aus Cachan/Val-de-Marne 1951 mit dem Automobilbau. Eines der Modelle war ein Dreiradwagen mit einer besonderen Karosserie. Der rundlich geformte Zweisitzer hatte eine halb geschlossene Form, der vordere Bereich war mit einem Rolldach abgedeckt. Eine Tür fand sich nur rechtsseitig. Lenker, Federung des einzelnen Vorderrades und die Aufhängungen waren wie beim Motorrad gestaltet. Das Gefährt war mit einem 125 cm^3-Ydral-Zweitakter motorisiert, der vier PS leistete. Daneben gab es eine Art Motorroller mit Platz für den Fahrer und Zweier-Sitzbank für die Passagiere . Der Verkaufserfolg beider Varianten hielt sich in Grenzen, weshalb der Automobilbau bereits 1953 wieder eingestellt wurde. Ob eine Verwandtschaft mit dem Motorradhersteller Poinard aus Frentin vorhanden war, kann nicht sicher belegt werden.

Podvin

Der italienische Techniker und Designer Franco Sbarro erschuf in seinem Berufsleben zahlreiche Ikonen wie den Rennwagen Lola T1 oder den Chalenge III. Ab 1974 wendete er sich dem Bau von Replicas auf Basis berühmter Roadster zu. Sein erstes Modell war dabei ein Nachbau des BMW 328 von 1936. Den Rahmen beplankte er mit einer leichten Kunststoffkarosse, angetrieben wurde die Replica von einem BMW-Sechszylinder mit zwei oder 2,5 Litern Hubraum (122 beziehungsweise 150 PS).

Diese Hommage wiederum produzierte der Franzose Podvin in Lizenz. Das geschah zunächst 1983 bis 1985 bei A.C.A. Podvin in Joigny, anschließend beim Hersteller von landwirtschaftlichen Maschinen Société Le Sphinx in Looze und von 1986 bis etwa 1989 bei A.C.A.P. Le Sphinx in Mortagne. Außerdem entstanden Nachbauten des Peugeot 302 Darl´Mat von 1936. Dieser wurde entweder von einem Vierzylinder aus dem Peugeot 505 GTi oder dem PRV-V6 (2,8 Liter Hubraum) angetrieben.

Poirier

1920 wurde in Fondettes / Indre-et-Loire die Etablissements Gustave Poirier gegründet. Zunächst widmete man sich dem Bau

Gustave Poirier erfand 1934 dieses Dreirad, um seinem Sohn das Fahrradfahren zu erleichtern. (Buch-t GFDL)

von Motorrädern bis 350 cm³, ab 1928 entstanden parallel dazu Kleinfahrzeuge für (Kriegs-)Invaliden. Es handelte sich dabei um ein – oder zweisitzige Voituretten mit einer speziell für die Bedienung durch körperbehinderte Fahrer ausgelegte Fahrzeuge.

Nach dem Krieg nahm Poirier die Produktion der bekannten Modelle XW 5 und XW 6 wieder auf, 1958 beendete man die Fahrzeugproduktion. Poirier verlegte sich auf die Herstellung von Rollstühlen und anderen Artikeln für körperbehinderte Menschen. In den 80er-Jahren übernahm der US-Hersteller Invacare das Unternehmen, das Werk existiert noch heute.

Polycarters

Das Automobil-Unternehmen SARL Polycarters wurde 1970 von Gustave de Tayrac in Sorigny gegründet. Im Portfolio standen zwei Modelle: Zum einen das Microcar, ausgerüstet mit einem 50 cm³-Sachs-Zweitaktmotor. Solche Fahrzeuge durften seinerzeit in Frankreich ohne Führerschein gefahren werden. Beim zweiten Modell handelte es sich um einen Strandwagen auf R4-Basis, der mit einer Kunststoff-Karosserie versehen war, ähnlich dem Renault Rodeo. Dieses Fahrzeug wurde bis 1972 in einigen Dutzend Exemplaren hergestellt. Im selben Jahr endete die Automobil-Produktion bei Polycarters. Das Unternehmen wendete sich fortan ausschließlich dem Motoren- und Turbinenbau zu, in dieser Form existiert es bis heute.

Poncin

Der Unternehmer Gilles Poncin ist ein Musterbeispiel für Leidenschaft, Kreativität und Arbeitseinsatz. Als Ingenieur für Straßen- und Brückenbau gründete er 1976 in Tournes die Firma Ardenne Équipement. Dieser Betrieb beschäftigte sich mit der Herstellung von Ausrüstungen für Baumaschinen wie Mulden, Greifer und Baggerlöffel. Innerhalb von zwei Jahren entwickelte sich Poncin in Frankreich zum Marktführer seiner Branche. 1980 arbeiteten bereits über 100 Angestellte für Ardenne Équipement.

Poncin war nicht nur leidenschaftlicher Unternehmer der Baubranche, sondern auch passionierter Automobilist. Für Dienstfahrten auf Baustellen nutzte er ein leichtes, geländegängiges Fahrzeug, das ihm gutes Vorankommen auf losem Grund sicherte. Gilles Poncin erwarb Ende der 70er-Jahre bei einer Auktion ein amerikanisches 6x6-Amphibienfahrzeug, das sich als wenig standhaft erwies. Nach einer ausgiebigen Nutzung an einem Wochenende erlitt der Motor irreparable Schäden. Daher keimte in ihm der Wunsch auf, in eigener Regie ein zuverlässigeres Fahrzeug dieser Art zu bauen.

Um diesen Wunsch realisieren zu können, gründete er 1980 in Tournes das Automobilunternehmen »Gilles Poncin S.A.«. Poncins Pläne wichen deutlich von den üblichen Schemata ab, daher entstand als Erstentwurf ein Fahrzeug, das eher einem Mondfahrzeug ähnelte: Der VP 2000. Drei Achsen, sechs angetriebene Räder, ein sehr stabiler Rohrrahmen mit Beplankung, eine Steigfähigkeit von 100 Prozent. Für den Antrieb sorgte der luftgekühlte (und daher in rauem Gelände unempfindliche) Zweizylinder-Boxer mit 29 PS aus der Citroën Dyane. Auf Wunsch war dieses Auto auch mit zwei Schiffsschrauben oder als Kettenfahrzeug erhältlich. Mit 580 Kilo Leergewicht war der VP 2000 genau das leichte Geländefahrzeug, das Poncin im Kopf gehabt hatte.

Landwirtschaft, Forst, Wasserfahrten – der Poncin VP konnte sehr viel. Und das alles mit einem 2 CV-Motor.

1987 erschien der 4x4 Poncin, im Jahr darauf der 6x6 mit Renault 25-Benziner (2,2 Liter, 107 PS) oder R25-Diesel (2,1 TD/87 PS).

Allerdings ging es auch noch leichter: Durch Einsparung der Verblechung wog das Modell VP 2000 S nur 400 Kilo. Poncin richtete sich mit dem VP 2000 S besonders an die Fahrer, die ihr Geländeauto hauptsächlich als Freizeitfahrzeug nutzten. Die Poncin-Werbung versprach ein »unbesorgtes Überschlagen« im Gelände, weil der Rohrrahmen sehr stabil gebaut war. Auf Basis des VP 2000 S realisierte Poncin das Modell VP 2000 »Super Snowfly« mit großer Frontscheibe. Auf Wunsch war dieses Fahrzeug mit Ketten und Schneeschild zu haben, für die Arbeit als Räumfahrzeug. Wegen seines 35 PS-Motors aus dem Citroën Visa wurde der Super Snowfly vom Poncin-Marketing auch als »La GTI des Neiges« bezeichnet. Immerhin 60 km/h waren mit dem VP 2000 auf der Straße erreichbar, das entsprach auch den Geschwindigkeitsvorschriften für Amphibienfahrzeuge in Frankreich. Der VP 2025 – ansonsten baugleich mit dem VP 2000 – beließ es bei 25 km/h Höchstgeschwindigkeit. Einen weiteren bemerkenswerten Entwicklungsschritt markierte das Modell VP 2800. Es war das erste 8x8-Modell aus dem Hause Poncin. Aber nicht nur 6x6 und 8x8 konnte man aufbieten, ab 1984 bereicherten die 4x4-Modelle GP 35 und GP 65 das Programm. Außerdem wurde die Jeep-Idee ausgebaut. Poncin besorgte sich sechs Mutt A2 Geländewagen der amerikanischen Armeen und testete sie auf härteste Weise. Als Ergebnis verstärkte er die eigene Karosserie an zahlreichen Punkten, um die gewünschte Festigkeit zu erhalten. Die Antriebsquelle war ein 2,2-Liter-Einspritzmotor aus dem R 25, die Verzögerung erfolgte durch vier Scheibenbremsen aus dem Renault Master. Nach einer optischen Veränderung der Karosserie und einer Motorenergänzung durch den 2,1-Liter-Turbodiesel aus dem Hause Renault erschien 1987 der Jeep 4x4 Poncin, ein Jahr später folgte der Jeep 6x6 mit drei Achsen. Damit neigte sich das automobile Abenteuer des Gilles Poncin dem Ende zu. 1991 übernahm die USM SA die Vehicules Poncin und führte die Geschäfte noch bis 2005 weiter. Gilles Poncin widmete sich wieder verstärkt seinem ersten Unternehmen Ardenne Equipement.

Ungewöhnliches Design, profaner Antrieb: 50-cm³-Zweitakter, 3 PS. In Frankreich führerscheinfrei zu bewegen.

Puma

Die Puma-Geschichte beginnt 1973 mit der Société Vitrex S.A.. Diese Firma begann 1974 mit dem Bau von Kleinstmobilen. Der Firmengründer Jacques Riboud hatte dabei besonders den Pariser Stadtverkehr im Sinn. Für diese Verkehrsverhältnisse konstruierte er Dreirad-Fahrzeuge, die mit 50 cm³-Peugeot-Motoren ausgerüstet waren. Eines dieser Fahrzeuge war der 1980 präsentierte »Garbo«. Dieses Modell übernahm die MDP Transmission, ein Getriebehersteller aus Neaufles-Saint-Martin. Nach einer optischen Überarbeitung brachte MDP 1981 seine Version des Garbo unter dem Markennamen Puma auf den Markt. Mit einer Länge von nur 216 Zentimetern und dem automatischen Getriebe war es ideal für den Stadtverkehr ausgerüstet. Dennoch war dem MDP Garbo kein Erfolg beschieden, nach wenigen Exemplaren lief die Produktion 1982 wieder aus.

Vom Rafale-Panhard wurden nur 15 Exemplare produziert, die alle optisch unterschiedlich waren. Den Antrieb übernahm ein Panhard-Zweizylinder mit 745 cm³ Hubraum und 37 PS. (Frank Bott)

Rafale

Der Markenname Rafale wurde von der Sociéte Dijon-Tourisme aus Dijon verwendet. Dieses Unternehmen wurde 1952 gegründet und beendete die Produktion bereits 1955 wieder. Über die exakte Stückzahl ist nichts bekannt, die Quellenangaben schwanken zwischen 15 und 60 Exemplaren.

Das einzige Rafale-Modell ist technisch bemerkenswert: Es handelt sich um ein kleines Sportcoupé (in zwei Fällen Cabriolets) auf Basis des Panhard Dyna X. Rafale kleidete den Rahmen des Dyna X in ein neues Kleid ein, das komplett (!) aus Aluminium bestand. Durch diese Maßnahme wurde der Rafale zum superleichten Sprinter. Ausgerüstet mit dem S3-Sprint- 750 cm³-Motor erreichte er die beachtliche Höchstgeschwindigkeit von 140 km/h. Die wenigen Rafale-Exemplare unterschieden sich beinahe alle in Details, so gab es unterschiedliche Kühlergrills, Selbstmördertüren oder normale Türen, unterschiedliche hintere Überhänge etc. So blieb beinahe jeder Rafale ein Unikat. Zurzeit ist ein überlebendes Exemplar bekannt.

REAC

Hinter der Abkürzung REAC verbarg sich das Institut »Recherches et Etudes Automobiles Chérifiennes«. Der Begriff Chérifiennes deutet auf das Volk der Sherifen hin, eine in Marokko ansässige Bevölkerungsgruppe. Im Oktober 1952 begannen mehrere Techniker in Casablanca mit der Entwicklung eines leichten Kunststoffchassis, dass an die Rahmengruppe eines Panhard Dyna angepasst werden konnte. Kunststoff war zu jener Zeit ein aufstrebender Baustoff im Automobilbau, gerade erst hatte Chevrolet in den USA eine Kleinserie von Corvette aufgelegt. Der französische »Marathon« erschien ebenfalls im Kunststoffgewand, Facel-Metalon versuchte sich ebenfalls mit einem Prototyp.

Ein unbestreitbarer Vorteil der Kunststoffkarosse war ihr geringes Gewicht; so brachten die ersten REAC-Karossen gerade einmal 85 Kilo auf die Waage. Zusammen mit Motor und Fahrgestell ergab das 460 Kilo Leergewicht. Ein Wert, der auch auf gute Fahrleistungen hoffen ließ. Die Forschungen gingen weiter, man entwickelte einen noch leichteren Prototyp, der Endgeschwindigkeiten von 160 km/h erreicht. Das Design erregte Aufsehen mit seinen Flügeltüren á la Mercedes 300 SL. Zunächst plante REAC eine Kleinserie von 50 Exemplaren.

Eine Schwierigkeit blieb bei der Fertigung von Kunststoffkarossen noch: Der Anteil an Handarbeit war relativ hoch, was sich wiederum auf den Endpreis des Fahrzeugs auswirkte. Die REAC-Mannen schätzten den Verkaufspreis einer Dyna REAC auf 825.000 Franc (alte Währung), was etwa 20 Prozent über dem Preis einer handelsüblichen Dyna lag. Es galt also, das Verfahren effektiver zu gestalten. Das gelang mit der Entwicklung von Metallformen für die Herstellung der »Negative«. 1953 begann man in Champigny-sur-Marne mit der Produktion. Insgesamt entstanden bis 15 Exemplare, zumeist als Roadster. 1955 wurde die REAC aufgelöst. Der Karossier Robert Sobeau interessierte sich für die Entwicklungen der REAC und griff diese für Arbeiten an Modellen des Herstellers DB auf.

Renault

Am 25. Februar 1899 standen drei Herren im Büro des bekannten Pariser Notars Maurice Boullaire und bekundeten ihren festen Willen, ein Automobilwerk aus der Taufe zu heben. Es handelte sich um die Brüder Fernand, Marcel und Louis Renault. Rückwirkend zum 1. Oktober 1898 wurde so die Société Renault Frères gegründet.

In den frühen Jahren gelangen Renault einige epochale Erfindungen, etwa die einschraubbare Zündkerze (die bislang von Klammern gehalten wurde), die Innenbacken-Trommelbremse, die heute vom Prinzip her im Automobilbau noch Usus ist, den Vorläufer des Sicherheitsgurtes und den Turbolader. Am 24. Mai 1903 starb Marcel Renault beim Rennen Paris-Madrid in der Nähe von Bordeaux. Er erlag den Folgen eines Unfalls, sechs Jahre später segnete Fernand krankheitsbedingt das Zeitliche: Elf Jahre nach der Gründung war Louis Renault nun alleiniger Inhaber des Unternehmens, das inzwischen auch ein Taxiunternehmen betrieb, Lkw und Busse baute sowie Flugmotoren und Eisenbahntriebwerke im Portfolio hatte.

1937 reiste Louis Renault zur Automobilausstellung ins Deutsche Reich und traf Adolf Hitler. Über was der Diktator und der Patron sprachen, ist heute nicht mehr überliefert. Sicher ist nur, dass der Reichskanzler dem Auto-Magnaten Pläne des KdF-Wagens zeigte, was wiederum Renault zum 4 CV inspirierte. Der Krieg aber brachte Louis Renault um sein Lebenswerk: Im besetzten Frankreich von der Gestapo verhaftet und der französischen Marionettenregierung gedrängt, begann er mit der Produktion von Rüstungsgütern für die Wehrmacht. Trotz eines Verbots der Besatzer, zivile Fahrzeuge zu entwickeln und zu bauen, gab Renault den Startschuss für gleich zwei Projekte, den 4CV und einen 11CV-Wagen, aus dem später die Frégate entstehen sollte. Die Renault-Werke, als kriegswichtige Produktionsstätte der Wehrmacht, fielen 1942 und 1943 alliierten Bomber-Verbänden zum Opfer, die Prototypen aber überlebten. Inzwischen schwer krank, wurde Renault nach der Befreiung 1944 als angeblicher Kollaborateur und Nazi-Freund am 23. September 1944 inhaftiert, einen Monat später starb er im Krankenhaus. Zu dem Zeitpunkt war klar, dass das Unternehmen verstaatlicht werden sollte.

Zu Nachfolger des Firmengründers wurde Pierre Lefaucheux bestimmt, der den noch von Renault angestoßenen 4CV zur Serienreife bringen ließ. Auf dem ersten Pariser Automobilsalon nah dem Krieg konnte das Unternehmen dann, trotz einiger Schwierigkeiten, den kleinen Wagen präsentieren. Es war die einzige Neuentwicklung, die es auf jenem Salon zu sehen gab. Dementsprechend umlagert war der Stand des nun verstaatlichten Unternehmens. Aber Lefaucheux wusste, dass da noch mehr kommen musste. Neben dem auf Anhieb erfolgreichen 4CV erschienen der eher verhalten angenommen Mittelklassewagen Frégate, während die Vorkriegskonstruktion Juvaquatre als Kombi und Lieferwagen zum Einsatz kam. Kurz vor der Frégate hatte Lefaucheux noch den Colorale lanciert, der in unzähligen Karosserievarianten und sogar als Allrad-Modell »Toutes Terrain« Handwerk und Handel unterstützte. Selbst als Taxi und Abschleppwagen rollte der Colorale über Frankreichs Straßen. Auch vom 4CV gab es eine Lieferwagenausführung mit nur einem Sitz und Blech statt Fenstern in den hinteren Türen.

Mit 4CV-Komponenten bestückt wurde auch eine neue Baureihe, welche die Lücke zwischen dem französischen Volkswagen und der Frégate schließen sollte. Sie erhielt die Bezeichnung »Dauphine«. Ihr geistiger Vater Pierre Lefaucheux allerdings erlebte die Premiere und auch ihren Erfolg nicht mehr. Am 11. Februar 1955 verunglückte Lefaucheux auf dem Weg nach Straßburg. Bei St. Dizier kam seine Frégate auf Glatteis ins Schleudern, überschlug sich und blieb in einem Acker liegen. Ein Koffer auf dem Rücksitz traf Lefaucheux im Nacken. Er war auf der Stelle tot.

Die Suche nach einem Nachfolger gestaltete sich schwierig, bis am Ende schließlich der bisherige Stellvertreter Pierre Dreyfus antrat und 20 erfolgreiche Jahre lang die Geschicke des Unternehmens lenkte. Eine seiner ersten Taten bestand in der Gründung des Lkw-Herstellers »Société Anonyme de Véhicules Industriels et d'Equipements Mécaniques«, kurz SAVIEM. Die Pkw-Modelle, die während seiner Regentschaft entstanden, hießen Floride, Caravelle und Estafette. Als absolute Geniestreiche galten die Modelle R4, R16, R5 und R6. Die Baureihen R8, R10 und R12 machten das Programm der 1960er komplett. Die Coupés R15 und R17, das Stiefkind R14 und die großen Limousinen R20 und R30 erschienen in den 1970ern gegen Ende seiner Amtszeit. Auch wenn ihm nicht alles geglückt war, man erinnere sich an das Dauphine-Desater in den USA, so hinterließ er dennoch ein wohl bestelltes Feld.

Sein Nachfolger Bernard Vernier-Palliez versuchte den Neustart in den USA. Er blieb nicht lange, doch Renault ging in der Zeit eine Kooperation mit dem US-Hersteller AMC ein. Man kannte sich von früher, wenn man das so ausdrücken möchte. Renault vertrieb in einigen europäischen Ländern den AMC Rambler. Nun entwickelten beide Unternehmen sogar gemeinsam Fahrzeuge. Das Ergebnis waren die Modelle AMC Alliance und AMC Encore, die in Europa als Renault 9 und Renault 11 zu Erfolgsmodellen avancierten; über das europäische Renault-Netz wurde der Jeep Cherokee verkauft. Ende 1984 löste Bernard Hanon »VP« ab, er setzte die Amerika-Politik seines Vorgängers fort. Hanon hatte einen schweren Start, denn trotz aller Erfolge in den 1970ern geriet die »Régie Nationale des Usines Renault« in den 1980ern in eine heftige Krise. 1984 schrieb der Konzern rote Zahlen in Milliardenhöhe. Der Hauptanteilseigner, der Staat, zog die Notbremse und setzte Hanon vor die Tür, der noch einige erfolgreiche Modelle, wie den Supercinq, den Renault 25, Renault 21 und Espace angestoßen hatte.

Sein Nachfolger Georges Besse stellte einen rigorosen Sparkurs auf, was dem Ruf der Marke – die Modelle der Hanon-Ära litten unter zum Teil erheblichen Qualitätsmängel – auch nicht zuträglich war. Unter neuer Leitung trennte sich der Staatskonzern von weltweiten Beteiligungen, entließ massenhaft Arbeitskräfte und führte neue Qualitätsstandards ein. Das sollte Wirkung zeigen, doch freuen konnte sich Georges Besse darüber nicht. Er fiel am 17. November 1986 einem Attentat zum Opfer. Sein Nachfolger Raymond Levy setzte mit neuen Modellen wie R19 und Clio die Qualitätsoffensive fort.

Die 1990er standen im Zeichen des Aufschwungs, bereits 1987 konnte der Staatskonzern wieder schwarze Zahlen vermelden. Mit dem Laguna, dem Mégane und dem Twingo schufen die Franzosen echte Dauerbrenner. Der Erfolg des Espace, dem Ur-Vater der europäischen Vans, ermutigte die Renault-Mannen zur Schaffung eines »Mini-Espace«. Auf Basis des R19-Nachfolgers Mégane lancierte Billancourt den »Mega-Mini-Van« Mégane Scénic. Der wurde so erfolgreich, dass er ab der zweiten Generation eine eigenständige Modellfamilie begründete.

Levys Nachfolger, Louis Schweitzer, hatte nicht nur berühmte Verwandte (er ist mit dem »Urwalddoktor« Albert Schweitzer und dem Autor Jean-Paul Sartre verwandt), sondern sorgte auch für spektakuläre Maßnahmen zur Stärkung des Unternehmens. In seine Amtszeit fiel die Reprivatisierung Renaults und die Fusion mit Nissan. Die Renault-Nissan-Group avancierte zum weltweit viertgrößten Automobilhersteller. Zur Gruppe gehören heute Dacia, Mitsubishi, Lada, Nissan, Alpine, Renault und noch ein paar kleinere Hersteller wie Samsung Motors. Der Konzern hat rund 180.000 Mitarbeiter und einen Umsatz von rund 56 Milliarden Euro – trotz aller Turbulenzen muss man konstatieren: Bei Renault waren immer die richtigen Männer zur richtigen Zeit am richtigen Platz.

1977 hatte Renault elf verschiedene Modellreihen am Stand der AutoRAI in Amsterdam. Ganz vorne kann man den damals brandneuen R14 sehen.

Renault Juvaquatre

1937 entstand bei Renault eine Vorserie von zwölf Fahrzeugen im Stile des Olympia von Opel mit selbsttragender Karosserie und Einzelradaufhängung. Der 1003-cm³-Motor leistete 23 PS und sorgte so für eine Spitze von 100 km/h. Die ersten Juvaquatre waren nur als zweitüriger Coach zu bekommen, schnell jedoch folgten weitere Ausführungen wie eine viertürige Limousine, ein Cabriolet sowie eine Lieferwagen-Version »250 kg«.

Nach der kriegsbedingten Produktionsunterbrechung zwischen 1942 und 1945 lief der »Juva4« in Vorkriegs-Ausführung bis 1948 nahezu unverändert vom Band, um dann vom 4CV abgelöst zu werden. Lediglich die Lieferwagenausführung hielt sich bis zum 10. März 1960 im Programm. Die wichtigsten Stationen der Modellpflege brachten 1950 eine Erhöhung der Nutzlast auf 300 Kilogramm, 1954 erhielt der Fourgonette den 4CV-Motor mit 747 cm³, 1956 das neue 845-cm³-Aggregat der Dauphine. Im Zuge dieser Maßnahme erfolgte auch eine Namensänderung von »Juvaquatre Break« auf »Juvaquatre Dauphinoise Break«.

Ende 1950 ergänzte ein viersitziger Kombi mit hinteren Seitenscheiben auf Basis des Juvaquattre Kastenwagens das Sortiment.

Beim Renault Juvaquattre handelte es sich um eine Vorkriegskonstruktion, die aber auch nach dem Weltkrieg zwischen 1946 und 1948 gefertigt wurde. Es gab ihn als Limousine, Cabriolimousine (wie hier) und Coupé. (ETH Zürch/Bildarchiv)

Renault 4CV

Anfang 1942 startete Louis Renault das Projekt 106, inspiriert von der Idee des KdF-Wagens. Der Entwurf gelangte trotz der kriegsbedingten Schwierigkeiten zur Serienreife und war die erste französische Neukonstruktion der Nachkriegszeit. 1947 ging der 4CV, den man aufgrund der zunächst einzig lieferbaren beigefarbenen Lackierung schnell »Butterklumpen« (in Deutschland »Crémeschnittchen«) nannte, in Serie. Und er wurde auf Anhieb zum Erfolg.

Anfänglich verfügte der wassergekühlte Reihen-Vierzylinder über 760 cm^3, später reduzierte man den Hubraum auf 747 cm^3, um auch in der Motorsportklasse bis 750 Kubik starten zu können. 1949 gelang Renault damit der Sieg in der Klasse bis 1100 Kubik bei der Rallye Monte Carlo. Außerdem diente er als Basis für einen lupenreinen Sportwagen: die Alpine A106. Der Firmengründer Jean Rédélé selbst fuhr etliche Siege auf dem 4CV ein, von seinem Sieg beim Alpenpokal leitete er den Firmennamen »Alpine« ab.

4-CV-Modelle ab 1954 erkennt man an den drei horizontalen Zierleisten an der Front – hier eine Normal-Version ohne Stoßstangenhörner.

Dieser 4 CV »Luxe« mit Leinen-Rolldach stammt noch aus der ersten Serie, die von 1946 bis 1953 gebaut wurde, was die sechs filigranen Leisten, die einen Grill andeuten sollen, verraten.

Der 4CV erreichte als erster Renault die Produktionsmarke von einer Million gefertigter Fahrzeuge. Insgesamt entstanden 1.105.547 Exemplare.

Der zivile 4CV erhielt ständige Neuerungen und Verbesserungen und war auch im Export erfolgreich. Er lief in den USA (»the lowest-priced 4-door, 4-passenger sedan in america«), der japanische Hersteller HINO Diesel fertigte ihn in Lizenz, ebenso vermarktete der spanische Produzent FASA den Wagen als »4/4« auf der iberischen Halbinsel. Die französische Polizei nutzte speziell ausgerüstete 4CV mit Ausschnitten in den Türen und damit einhergehend niedrigen B-Säulen sowie 33-PS-Motor. Eine Cabriolimousine, eine sportliche Version mit R1063-Triebwerk samt Doppelvergasern (32 SAE-PS, 5-Gang-Getriebe) und eine Lieferwagen-Ausführung ergänzten die Limousine. Bis 1961 entstanden mehr als 1,1 Millionen Exemplare, wobei lediglich eine größere Modellpflege zu vermerken ist, die auch optisch zu sehen war: Seit 1954 schmückten drei breite Zierleisten die Front des 4CV, zuvor waren es sieben schmale gewesen.

Bei der Pariser Polizei entstanden 73 Exemplare des 4CV PIE (Abkürzung für Police), alle mit den charakteristischen Tür-Ausschnitten.

Renault Frégate

Im November 1951 wurden die ersten Frégate ausgeliefert. Sie sollte an die Tradition Renaults als Hersteller von luxuriösen Autos anknüpfen. Renaults erste Ponton-Baureihe erschien als viertürige Limousine in Normal- (»Affaires«) und Luxus-Ausstattung (»Amiral«), dann auch als zweitüriges Cabriolet. Ursprünglich einfarbig lackiert, wurden zum Modelljahr 1957 dann zursätzlich zweifarbige Ausführungen angeboten, wobei die Luxus-Ausgabe des Affaires die Zusatzbezeichnung »Caravelle« erhielt. Zum Vierzylinder-Motor mit einem Hubraum von 1996 cm³ und 60 PS gab es zunächst keine Alternative.

1956 gesellte sich als dritte Karosserievariante ein Oberklasse-Kombi namens Frégate Domaine mit geteilter Heckklappe hinzu. Mit dem Kombi rückte eine Motoralternative ins Programm, ein Vierzylinder mit 2141 cm³, der 77 PS mobilisierte. Der Wagen hatte eine Viergang-Lenkradschaltung. Auch eine dreistufige Automatik-Version mit Flüssigkeitskupplung – im Gegensatz zur elektromagnetischen Ferlec-Kupplung, die für 4CV und Dauphine zu haben war – wurde offeriert, die auf die Bezeichnung »Transfluide« hörte. Sedan und Convertible wurden auch in den USA angeboten, der Station Wagon aber nicht. Den ganz großen Durchbruch verhinderten die Nachkriegswirren und der eingeschränkte Bedarf nach Oberklassewagen. Zudem erwies sich insbesondere das Transfluide-Modell als störanfällig, konträr zum guten Ruf der Renault-Fahrzeuge in Sachen Zuverlässigkeit. Nach neun Jahren und 163.383 Einheiten endete die Produktion.

69 Exemplare stellte Letourneur & Marchand zwischen 1953 und 1959 vom Renault Frégate Cabriolet in Handarbeit her.

Renault Dauphine

Die Dauphine (französisch für »Thronfolgerin«) schloss die Lücke zwischen 4CV und Frégate. Gemäß der allgemein noch üblichen Bauweise erschien auch die Dauphine als Heckmotor-Fahrzeug. Die Karosserieform galt schon damals als zeitlos-schön. Zum eleganten Blechkleid kam der ausgereifte, langhubig ausgelegte Vierzylinder-Motor mit Wasserkühlung, dem man 845 cm³ spendierte und der dem Viertürer zu einer Leistung von 26,5 PS verhalf. Federung und Dämpfung galten als vorbildlich in dieser Klasse, für 1960 wurde eine optionale »Luftfederung« eingeführt. Diese »Aérostable«-Zusatzfederung durch Gummipuffer verbesserte den Komfort noch einmal.

Tuner Amédée Gordini (»Der Hexer«) möbelte die Prinzessin ordentlich auf und zauberte zehn Mehr-PS aus den vier Zylindern. Weitere Ausführungen: Werkseigene Sportversion »R1093« mit 49 PS, Luxusversion Ondine. Die Dauphine wurde zum Erfolg und überflügelte schon bald den 4CV. Auch in den USA wurde sie populär. Die Kehrseite der Medaille bildete der hastige Ausbau des Händlernetzes, schlecht geschultes Personal und eine noch schlechtere Ersatzteillage. Das führte zu starken Auftragsrückgängen, auf die Billancourt zu spät reagierte. In den französischen Atlantikhäfen rosten die für den Export bestimmten, aber nicht abgenommenen Wagen vor sich hin, der Schaden war immens. Doch die übrigen Qualitäten überwogen, die Dauphine erhielt bis zur Produktionseinstellung 1968 zahlreiche Verbesserungen, mehr Ausstattung, mehr Leistung. Letztlich wurden mehr als zwei Millionen Dauphine verkauft.

Die Luxusversion der Dauphine hörte auf den Namen »Ondine« und wurde von Ende 1960 bis Anfang 1963 im Sortiment geführt.

Fußnote: Von 1959 bis 1964 entstanden im Alfa-Werk Dauphine und Ondine als Alfa Romeo-Renault Dauphine/Ondine. Alfa und Renault schlossen 1959 ein Joint-Venture, Alfa baute in Lizenz Renault-Modelle für den italienischen Markt und Renault vertrieb Alfa-Modelle über sein Händlernetz. Auch der R4 wurde von 1962 bis 1964 bei Alfa gebaut. Auch FASA in Spanien stellte Dauphine und R4 für Spanien her.

Die Dauphine aus dem Baujahr 1957 kam schon mit Scheibenrädern daher, verfügte aber noch über die Zierleiste auf der Fronthaube.

Die ersten vier Jahre seiner Bauzeit wurde das von Pietro Frua gezeichnete Renault Coupé als »Floride« verkauft, danach als »Caravelle«.

Renault Floride / Caravelle

Im März 1958 in Genf, im Oktober darauf in Paris für den heimischen Markt vorgestellt, feierte die sportliche Floride auf Basis der Dauphine ihre Deutschlandpremiere zur IAA im September 1959. Es gab sie als Coupé und Cabrio, wahlweise mit 3- oder 4-Gang-Getriebe, aber – ab 1960 – in jedem Fall mit Aerostable-Federung. Außerdem bekam sie nun auch ein abnehmbares Hardtop.

Mit Einführung der Floride S vom März 1962 wurden für Cabriolet und Coupé die neue Bezeichnunge »Caravelle« verwendet. Letzteres hatte nun ein weiter nach hinten gezogenes Dach. Erkennungszeichen der überarbeiteten Modelle waren die fehlenden seitlichen Lufteinlässe, die Verwendung des neuen, kurzhubig ausgelegten Cléon-Vierzylinders mit 956 cm³ und 46 PS machte diese überflüssig. Im Oktober 1963 erschien die Caravelle mit standesgemäßem 1,1-Liter-Motor wobei der Hubraum-Zuwachs zunächst kaum etwas an der Motorleistung – 47 PS – änderte. Zum Modelljahr 1966 wurde der Caravelle 1100 S mit Doppelvergas-

Die Floride-Modelle lassen sich ganz leicht an den seitlichen Lufteinlässen erkennen. Sie verschwanden mit der Umbenennung.

Am Bug der Floride prangte zunächst das Dauphine-Emblem, auf deren technischer Grundlage mit wassergekühltem Vierzylinder-Reihenmotor und Heckantrieb das hübsche Cabrio und sein geschlossener Zwilling basierten.

er-Motor vorgestellt, die Leistung stieg auf 52 PS bei 5400 Umdrehungen. Die Baureihe lief zum Juli 1968 aus.

Die erwähnten Motoren der Cléon-Fonte-Baureihe (auch »C-Baureihe« oder »Sierra«-Motoren genannt) hingegen starteten eine beispiellose, jahrzehntelange Karriere bei Renault. Angefangen eben bei der Caravelle, hielten sie kurz danach im brandneuen R8 Einzug, sowie später im R10, R12/Dacia 1300, R5, R6 und unzähligen weiteren Renault-Modellen. Sogar im DAF- und Volvo-Programm waren sie zu finden. Auch der Matra Djet wurde von frisierten Cléon-Aggregaten bewegt. Die letzten Motoren dieser Baureihe fanden sich 1996 im Twingo beziehungsweise 2004 bei Dacia.

Die Caravelle lässt sich an den nicht vorhandenen Lufteinlässen vor den Hinterrädern identifizieren.

Renault 4

1958 verlangte Renault-Chef Pierre Dreyfus einen praktischen Stadtwagen, der kompakt sein sollte und doch Platz für vier Personen und Gepäck haben musste. Und außerdem sollte er autobahntauglich sein. Drei Jahre später, 1961, feierte der Renault 4 auf der IAA in Frankfurt Weltpremiere. Bei der Markteinführung dieses ersten Fronttrieblers der Marke gab es vier Versionen, den abgespeckten Renault 3 mit 0,6-Liter-Motor, den R4 mit 747 cm^3-Motor, dem ebenfalls, wie dem R3, das dritte Seitenfenster fehlte, den R4L und den R4L SuperConfort. Den Motor nahm man vom 4CV, baute ihn aber samt Getriebe um 180 Grad gedreht ein.

26 Zentimeter lange Federwege und eine weich ansprechende Federung machten aus dem Kleinwagen eine veritable Komfortlimousine, die durch die hohe Verschränkungsfähigkeit im Verbund mit dem Frontantrieb auch erstklassige Geländetauglichkeit bot. Absolut ungewöhnlich in jener Zeit wirkte die Kombination aus Limousine und weit öffnender Heckklappe. Ebenso vielfältig wie die Einsatzmöglichkeiten waren die Modellvarianten des R4. Der R3 als Einstiegsversion mit 21 PS wurde auf dem deutschen Markt nicht angeboten, auch in Frankreich hat man ihn nur bis September 1962 in 2500 Exemplaren verkauft. Kurz darauf, anlässlich des Pariser Automobil-Salons, wurde die Transporter-Ausführung Fourgonette Renault 4F4 vorgestellt (zunächst als Kastenwagen, später auch mit hinterer Verglasung und Sitzbank). Außerdem bereicherte der R4 Super die Modell-Familie. Neben einer verbesserten Ausstattung (zum Beispiel Doppelstoßstangen) bekam er einen größeren Motor,

Über acht Millionen R4 produzierte Renault auf der ganzen Welt und auch in Deutschland war der spartanische Franzose sehr erfolgreich.

Renault wollte 1963 zusammen mit der Zeitschrift Elle mehr weibliche Käufer anlocken und entwickelten den R4 »La Parisienne«. Das Dekor auf der Lüftungsklappe sowie oberhalb der Zierleiste verschwanden in der Serie ganz oder teilweise.

der nun aus 845 cm^3 26 PS schöpfte. Der Clou des R4 Super war seine – nach amerikanischem Vorbild – unten angelenkte Heckklappe mit versenkbarer Heckscheibe. Dieses modische Merkmal erwies sich jedoch eher als verkaufshemmend, 1964 endete die Produktion des R4 Super wieder nach nur 2500 Exemplaren.

In den folgenden Jahren erschienen verschiedene Weiterentwicklungen und Sondermodelle, so der »Parisienne« mit Korbgeflecht- oder Schottenmuster auf den Türen (1963), die Allrad-Ausführung »Renault 4 Sinpar« (1964) sowie das Cabrio-Modell »Plein Air« ohne Türen, aber mit Faltverdeck (1969). Ab 1965 hieß der R4 offiziell nur noch »Renault 4«. Und auch wenn das Kürzel »R« entfiel, für die meisten blieb er einfach der »R4«. Im Laufe seiner langen Bauzeit gab es ihn mit Hubräumen zwischen 747 und 1108 cm^3. Die populärste Version war die Ausführung mit dem von der Dauphine bekannten 845er Motor und 34 PS.

Optisch änderte sich über die Jahre gar nicht so viel, zum Modelljahr 1968 gab es einen neuen Chrom-Kühlergrill, der nun auch die Scheinwerfer integrierte, sowie neue Stoßstangen mit Gummipuffern vorn und hinten. 1974 rückte im Chrom-Grill der Renault-Rhombus nach links, 1975 kam dann ein schwarzer Kunststoff-Grill mit mittig angeordnetem Emblem. Eine weitere optische Änderung ging 1982 in Serie. Sie betraf vor allen Dingen den Innenraum mit einem neu gestalteten Armaturenbrett mit Rundinstrumenten.

Die erste einschneidende technische Änderung geschah 1967: Das bisherige Dreigang-Getriebe wurde durch ein zeitgemäßeres Viergang-Getriebe ersetzt, damit war ein stetiger Mangel gegenüber dem großen Konkurrenten Citroën 2 CV (Viergang serienmäßig seit 1948) beseitigt. Aber noch wies das Getriebe – analog zum 2 CV – eine Eigenheit auf: Entgegen üblicher Getriebe-Schemata

Allez, allez! Los gehts an den Strand. Oder zum Umzug. Oder zur Familienfeier. Der R4 war beliebt bei Alt und Jung dank seiner Variabilität und Robustheit. Kein Wunder, dass er über drei Jahrzehnte lang produziert wurde.

lag der erste Gang links hinten und der zweite Gang vorne. Diese etwas gewöhnungsbedürftige Anordnung änderte sich erst im Jahr 1972 mit der Einführung des Renault 6-Getriebes. Diese Schaltbox verfügte auch nicht mehr über einen Aufnahmezapfen für eine Anlasskurbel. 1971 wurde die 6 V-Elektrik durch eine 12 V-Elektrik ersetzt. Bemerkenswertes Detail am Rande: Der R4 besaß bereits einen stufenlos wirkenden Bremskraftregler an der Hinterachse, als dies bei wesentlich teureren Modellen noch längst nicht serienmäßig war. 1975 kam eine um 20 Zentimeter verlängerte Variante der Fourgonette auf den Markt, die den Namen R4 F6 erhielt. Auch der R4 F6 war als Kastenwagen sowie mit hinterer Verglasung erhältlich. Er war von Beginn an ausschließlich mit dem 1108cm³-R5-Motor lieferbar, der im F6 auf 34 PS gedrosselt wurde. Dieser Motor war in der Limousine erst ab 1978 in Verbindung mit dem neuen R4 GTL zu haben.

Bis 1982 bremsten alle R4 mit vier Trommelbremsen, dann erhielten die 34 PS-Modelle vordere Scheibenbremsen. Wesentliche technische Punkte änderten sich während der gesamten

Von 1968 bis 1971 verkaufte Renault den offenen R4 Plain Air und beteiligte sich damit an der Buggy- und Strandwagen-Welle.

Dieses frühe Modell der Fourgonette verfügt über die Leiterklappe (»Girafon«) im Dach, die den Transport von langen Gegenständen ermöglichte.

Das Renault 4 Sondermodell »Carte Jeunes« entstand 1991 auf der Basis des R4 TL Savane mit 956 cm³-Motor und 34 PS.

Ab Modelljahr 1975 trugen die R4-Modelle einen schwarzen Kunststoffgrill, rechteckige Blinker kamen 1976 dazu.

Der Renault 4 Pick Up wurde bis 1979 bei Sinpar gebaut, ab dann bei Teilhol, wie das hier abgebildete Modell.

Bauzeit nicht: Noch 1992 arbeitete die technisch gleiche Drehstabfederung mit langen Federwegen unter dem Blech des R4, die gleiche Schaltführung über den Motor hinweg mitsamt Revolverschaltung. Ende der 80er-Jahre ließen die aufkommende Katalysatortechnik sowie verschärfte Sicherheitsbestimmungen der R4-Zukunft dunkel aussehen. 1988 endete mit dem Sondermodell »Salü« der Deutschland-Import nach rund 900.300 verkauften Exemplaren, 1992 hat Renault nach exakt 8.135.424 auch die Produktion in Frankreich eingestellt, 1994 die Fertigung in Marokko und Slowenien.

Renault Rambler

Der Renault Rambler war eine buchstäblich große Erscheinung im Renault-Programm des Jahres 1962. Er entstand aus einer Kooperation mit dem amerikanischen Massenhersteller AMC. Renault hatte in jenen Jahren ein Fiasko auf dem US-Markt erlebt. Qualitätseinbrüche hatten für Tausende von unverkäuflichen, im Freien verrostenden Dauphine gesorgt. Es galt, schnell wieder einen Fuß in den wichtigen US-Markt zu bekommen, nun mithilfe eines einheimischen Autoherstellers.

AMC verfügte mit dem Rambler bereits über ein Modell der amerikanischen Mittelklasse. Die Neuauflage 1962 sollte nun auch als Renault Rambler in Europa verfügbar sein. Der Rambler erschien als gefällige viertürige Limousine der ausgehenden Heckflossenzeit. Keine Auswüchse mehr, sondern ein sachliches Design. Für damalige europäische Verhältnisse war der Rambler mit 4, 83 Meter Länge und 1,84 Meter Breite ein sehr ausgewachsenes Auto. Auch die Motorisierung fiel mit 129 Sechszylinder-PS aus 3,5 Litern Hubraum großzügig aus. Ein manuelles Dreigang-Getriebe mit Overdrive übertrug die Kraft an die Hinterachse. Zunächst war der Renault Rambler nur in Frankreich, dem Benelux, Österreich und Algerien erhältlich. Gebaut wurden die Rambler – sowie verschiedene AMC-Modelle für Europa – im Renault-Werk Haren/Belgien aus CKD (Completely Knocked Down)-Teilen. Dieses Verfahren vermied hohe Einfuhrzölle für Komplettwagen. Zum Serienstart kostete der Rambler in Frankreich dennoch 18.000 Franc, etwa 5000 Franc mehr als eine gut ausgestattete Citroën DS. Das erwies sich trotz aller Qualitäten des Ramblers als Pferdefuß.

Selbst ein dezentes Facelift mit verändertem Kühlergrill brachte 1965 keine wesentliche Änderung. Der nun 140 PS leistende Rambler war ab da auch in Deutschland erhältlich. Eine Dreigang-Automatik (Extra) ergänzte das Getriebeprogramm. 1967, kurz vor Bauende, erfuhr der Renault Rambler ein weiteres Facelift und eine Leistungssteigerung auf 3,8 Liter/155 PS. Damit ließ sich der Franco-Amerikaner auf 170 km/h beschleunigen. Nach nur gut 6000 Exemplaren endete die Geschichte des Renault Rambler 1967 bereits wieder.

Zuerst war der Rambler nur in Frankreich, Benelux, Österreich und Algerien verfügbar, 1965 kam er auch nach Deutschland. Mehr als 6000 Stück wurden nicht produziert.

Renault 8

Beim Dauphine-Nachfolger handelte es sich um einen ursprünglich von Kooperationspartner Alfa Romeo entwickelten Entwurf, der die in Mailand unter Lizenz gebaute Dauphine hatte ersetzen sollen. Doch die Italiener schwenkten um auf Frontantrieb, da passte das Projekt »Tipo 103« nicht mehr ins Konzept und wurde in der Pariser Vorstadt zur Serienreife geführt.

Der Dauphine-Erbe erhielt die Bezeichnung »Renault 8« und debütierte 1962. Der neue Motor mit fünffach gelagerter Kurbelwelle und einem Hubraum von 956 cm³ leistete 40 PS. Nur kurz darauf bot man ihn mit einer Automatik an, die über Drucktasten am Armaturenbrett gesteuert wurde. 1964 folgte die besser ausgestattete Version »Major« mit dem 1108 cm³-Motor der Caravelle. Ihr Erkennungszeichen waren der geänderte Lufteinlass und Chromblenden an der C-Säule. Im gleichen Jahr widmete sich auch Gordini dem scheinbar biederen Familienwägelchen und entlockte ihm, mit neuem Zylinderkopf, sensationelle 86 PS. Er

Der Renault R8 S mit Doppelscheinwerfern und 50 PS wurde von 1969 bis 1971 gebaut und war zumeist gelb lackiert.

Die Renault 8 Basisversion, wie sie bis 1964 aussah, danach fehlten die Radkappen in der Serienausstattung.

wurde werkseitig im Motorsport eingesetzt, nach 1965 stand der 8 Gordini in den Schaufenstern. Der ab März 1965 lieferbare Gordini 1300 kam mit seinem 1254 cm³-Motor und mit seinem Doppelvergaserpaar dann sogar auf 88 PS. Der Basis-R8 fiel 1966 aus dem Programm, jeder Renault 8 hatte nun den 1,1-Liter-Heckmotor des 8 Major. Wer auf die weißen Gordini-Streifen des Gordini 1300 verzichten konnte, griff zum knallgelb lackierten R8S mit 50 PS starkem 1100er Motor, aber den 1300er Zusatzscheinwerfern im Frontblech.

Der R8 blieb bis 1973 im Programm (bei FASA in Spanien bis 1976). Auch Dacia baute den Renault 8 in Lizenz, dort unter der Bezeichnung »Dacia 1100«. Allerdings war dem Dacia 1100 keine lange Karriere beschieden, nur von 1967 bis 1968 wurde dieses Modell hergestellt. Dann konzentrierte man sich auf die Herstellung des R12-Lizenzbaus Dacia 1300.

Den Renault 8 Major erkannte man äußerlich an dem üppigeren Chromzierrat. Er verfügte über den 1108-cm³-Motor, lief maximal 132 km/h und wurde nur 1964 und 1965 produziert.

Fast alle Renault 8 Gordini (1964 bis 1970) trugen Blau (Farbcode 418) mit zwei weißen Streifen über Hauben und Dach. Je nach Baujahr hatten sie 86 oder 88 PS.

Runde Scheinwerfer zeichneten die erste Serie des Renault 10 aus, ab 1967 kamen rechteckige Leuchten zum Einsatz.

Renault 10

Der Renault 10 vom September 1965 war technisch ein Zwilling des erfolgreichen R8. Heckmotor, Einzelradaufhängung und Scheibenbremsen rundum gehörten genauso zum Repertoire wie die Drucktastenautomatik von Jaeger. Allerdings war die Karosserie gewachsen, vorne um zwölf, hinten um sieben und in der Breite um vier Zentimeter.

Auffallend waren der fehlende Knick in der vorderen Haube und die um die Ecke gezogenen Blinker der ersten Serie, angeordnet neben runden Scheinwerfern. 1967 ersetzten Rechteckscheinwerfer die runden Leuchten und die Blinkereinheit wanderte nach unten. Ab 1969 erhielt der R10 einen 1300er-Motor, der dem Wagen 52 PS bescherte. Die Produktion endete 1971 nach nahezu 700.000 Einheiten. Zusammen mit dem R8 waren rund 1,9 Millionen Stück vom Band gelaufen. In Rumänien hat man den R10 als Dacia 1100 in Lizenz gebaut (1968 bis 1970) und in Bulgarien als Bulgarenault (1967 bis 1971).

Renault 16

1965 präsentierte Renault den von Gaston Juchet und Claude Prost-Dame entwickelten Renault 16. Charakteristisch war sein Schrägheck mit großer Klappe, nicht minder typisch – man kannte das schon vom Renault 4 – waren die unterschiedlichen Radstände links und rechts, die aus nebeneinander liegenden Drehstäben resultierten. Beim Motor handelte es sich um einen Vollaluminium-Vierzylinder; serienmäßig war eine Drehstrom-Lichtmaschine verbaut, womit der Renault 16 eine Vorreiterrolle in Europa einnahm.

Auch die Gewichtsverteilung des Fahrzeuges ist erwähnenswert. Das Getriebe saß vor dem Motor, was dem Renault zu seinem ausgezeichneten Handling verhalf. Der Fahrkomfort war außerordentlich, selbst die sonst so kritische deutsche Fachpresse lobte das »rollende Wohnzimmer« (auto motor und sport). Auch die Fahrleistungen des »Auto des Jahres 1966« überzeugten, das neu entwickelte 1470 cm³-Triebwerk leistete 55 PS. Dieser erste Aluminium-Motor in einem Renault fand sich später auch im Lotus Europa wieder und trieb die Alpine-Modelle A110 und die Vierzylinder-Ausführung der A310 an.

1968 erschien die luxuriösere TS-Ausstattung, kenntlich an den serienmäßigen Zusatzscheinwerfern. Ausgerüstet war er mit einem auf 1565 cm³ vergrößerten Vierzylinder, der Motor leistete 83 PS. Es folgten eine Automatik-Ausführung mit 67 PS und 1973 als Topmodell der TX mit 93 PS. Zum Modelljahr 1971 erhielten alle 16 neue rechteckige Rückleuchten und einen mattschwarzen Heckklappenabschluss, 1975 wiesen alle Modelle einen schwarzen Kunststoff-Grill auf. Der R16 wurde bis 1980 in den Ausführungen R16, R16 L, R16 TL, R16 TS, R16 TA (Automatik) und R16 TX produziert, er kam auf rund 1,85 Millionen Exemplare.

In der extrem langen Bauzeit des Renault 16 entstanden von Januar 1965 bis Januar 1980 rund 1.850.000 Exemplare.

Der von Gaston Juchet entworfene Renault 16 gilt als die erste fünftürige Schräghecklimousine der Mittelklasse.

Nicht mehr ganz so elegant und filigran wirkten die ab Oktober 1970 eingeführten Leuchten am Heck der R16-Modelle.

Renault 6

Am Beginn der Entwicklung des R6 stand die Einsicht der Konzernspitze, dass R8 und R10 sowie die noch lieferbare Dauphine von ihrem Konzept her total veraltet waren. Etwas Moderneres muss also her. Und dieser neue Wagen sollte außerdem die Lücke zwischen R4 und R16 schließen. Diese Aufgabenstellung löste Renault schnell und kostengünstig, denn im Prinzip nahm man den R4 und versah diesen mit einer geräumigeren Karosserie im Stil des R16 und kam im Ergebnis zu einem perfekten Lückenfüller.

Anfänglich übernahm er den 845er-Motor des Organspenders R4 mit den R4-üblichen 34 PS. Aber schon bald merkte man, dass die Zielgruppe, nämlich die junge Familie, auch gerne flotter unterwegs wäre. Man implantierte einen 1108-cm^3-Motor, der 45 PS, später auch 47 PS leistete. 1973 frischte man den Hauptgewinn auf, hübschte ihn auf mit einem modischen Plastik-Kühlergrill, quadratischen Scheinwerfern und einer geänderten Kennzeichenbeleuchtung mit integrierten Rückfahrleuchten. 1973 präsentierte Sinpar den R6 in 4x4-Variante vor. Beim letzten großen Facelift 1978 lancierte Renault den GTL mit 1397 cm^3 und 60 PS, stellte aber 1980 die Produktion in Frankreich ein. In Spanien hat man ihn noch bis 1986 produziert, ebenso in Südamerika und bei Sinpar. Einen direkten Nachfolger hat es nicht gegeben, die Rolle übernahmen der 1976 vorgestellte R14 und der 1979 lancierte Renault 5 mit vier Türen.

Der Prototyp 118 des Renault 6 hat mit dem späteren Serienmodell nicht viel gemeinsam, außer vielleicht der Silhouette.

Bis Juli 1963 trug der R6, hier ein Renault 6 TL, einen zierlichen Grill, flankiert von Rundscheinwerfern.

Renault 12

Bereits 1964 dachten die Entwickler in Billancourt über einen Wagen speziell für die afrikanischen Märkte nach. Ziemlich bald aber entschloss man sich, aus diesem Projekt 117 einen Nachfolger für die betagten Schwestern R8 und R10 sowie die greise Dauphine zu entwickeln. Außerdem erreichte Renault mit dem 12 konservativere Kunden, welche die Heckklappenmodelle R6 und R16 ablehnten.

Wie bei den anderen Renault-Modellen gehörten Frontantrieb und vier Türen zum Standard, eher antiquiert hingegen wirkte die hintere Starrachse – ein Erbe des Afrika-Entwurfs, denn eine solche Hinterachskonstruktion gilt auf schlechten Straßen noch immer als erste Wahl. Das Grundmodell 12 L leistete zunächst 54 PS, zum Modelljahr 1976 wurde sie auf versicherungsgünstigere 50 PS zurückgenommen. Zuvor aber, 1970, war die Modellpalette um eine Kombiversion, in Deutschland »Variable« genannt, ergänzt worden; 1971 folgte der R12 Gordini mit dem R16-TS-Motor (113 PS) im typischen Blau mit weißen Streifen, der den äußerst beliebten 8 Gordini ablöst.

In Frankreich wurden zwischen 1969 und 1980 mehr als 4,2 Millionen Fahrzeuge des R12 als Limousine und Kombi produziert.

Den Renault 12 Gordini traf man häufig im Motorsport an. Er schöpfte aus 1,6 Litern Hubraum stramme 113 PS.

Im August 1975 wurde ein überarbeiteter R12 eingeführt, mit neu gestalteten Stoßfängern, Scheinwerfern und Rückleuchten.

Im August 1975 erhielt die Renault 12-Baureihe ein umfassendes Facelift. Kennzeichen des 1976er Modells waren der neue, geglättete Grill, die größeren Rückleuchten, ein neues Armaturenbrett und Ausstattungsverbesserungen wie eine jetzt serienmäßige heizbare Heckscheibe. Der Import nach Westdeutschland endete im Frühjahr 1979. Alleine bei Renault entstanden von 1969 bis 1980 mehr als 4,2 Millionen Einheiten, Dacia produzierte in Rumänien bis 2004 fast zwei Millionen Stück, bis 2006 gab es dort sogar einen Pick-Up auf R12-Basis.

Die Türkei fertigte ihn von 1971 bis 1989 als Renault 12, bis 2000 als Renault 12 Toros. Selbst in Heidelberg wurde er hergestellt. Allerdings im Stadtteil Heidelberg der australischen Metropole Melbourne, wo er ab 1978 auf den Namen »Virage« hörte. Und nicht zuletzt entstand auf Basis des Renault 12 1968 in Südamerika der kurzlebige Ford Corcel. Seine Nachfolge trat der Renault 18 an.

Die zwischen R6 und R16 klaffende Lücke sollte der R12 erfolgreich schließen und gleichzeitig die Heckmotor-Vorgänger R8 und R10 ersetzen.

Renault Rodéo

1970 lancierte Renault ein Freizeitmobil, dessen kantiges Design sich abhob vom üblichen europäischen Fahrzeugalltag. Geplant als Gegenspieler zum 1968 präsentierten Citroën Méhari, sollte er wie dieser Strandfahrer und Gemüsehändler gleichermaßen ansprechen, bei denen Renault einen erhöhten Bedarf an »Leichtmobilen« sah. Man hatte das R4-Cabriolet »Plein Air« im Programm, das sich aber wegen seiner Blechkarosse als zu teuer erwies. Also fasste man Kunststoff als Karosseriematerial ins Auge.

Zur Unterstützung beim Bau der Rodéo-Kunststoffkarossen wendete sich Renault an den Spezialisten Raul Teilhol, der sich bereits einen Namen im Umgang mit der Herstellung solcher Aufbauten gemacht hatte. So entstanden ab 1970 in dessen Firma ACL die Rodéo-Karosserien, die mit R4-Technik komplettiert wurden. Das hieß konkret: Plattformrahmen, das Fahrwerk des R4 Fourgonette mit Einzelradaufhängung rundum, und die bewährten Billancourt-Motoren. Unter der Haube des Rodéo fand sich der 850 cm³-Motor

Der Rodeo 6 entstand zwischen 1972 und 1981 und verfügte über den 1108-cm³-Cleon-Motor (später 1289 cm³), der bereits zwei Jahre früher lancierte Rodeo 4 (rechts) begnügte sich mit dem 845-cm³-R4-Motor.

mit 34 PS, der auch im R4 TL arbeitete. Das reichte für eine Höchstgeschwindigkeit von 110 km/h, die aber ohne solide Bedachung kein wahres Vergnügen war. Als Regenschutz gab es ein flatterhaftes Steckverdeck, passend für mediterrane Wetterverhältnisse.

1972, einhergehend mit der Umfirmierung von ACL zu Teilhol, erschien das Modell Rodéo 6. Dessen Technik leitete sich vom Renault 6 ab, das heißt wiederum Plattformrahmen, Einzelradaufhängung rundum sowie hier der 1108 cm³-Cléon-Motor mit 47 PS. Statt der Rundscheinwerfer des schwächeren Modells besaß der Rodeo 6 rechteckige Scheinwerfer. Mit Erscheinen des Rodéo 6 wurde die kleine Variante in Rodeo 4 umbenannt. Im Laufe der Jahre änderte man verschiedene Details, so brachte ein Facelift 1976 dem Rodéo 4 die Heckpartie des Rodéo 6. 1979 bescherte auch dem Rodéo 6 ein Facelift mit einer veränderten Front.

1980 erhielt der Rodéo 6 den Motor des R5 GTL, der 45 PS leistete und 1289 cm³-Hubraum besaß. 1981 endete die Produktion beider Baureihen zugunsten des neuen »Einheitsmodells« Rodéo 5. Wie der Vierer basierte der Rodéo 5 weiterhin auf der R4 Fourgonette. Das hieß immer noch Plattformrahmen und eine sehr schluckfreudige Einzelradaufhängung rundum. Motorisiert wurde der Rodéo 5 durch das R4-GTL-Aggregat mit 1108 cm³ und 34 PS. Die Unterschiede zu den vorherigen Modellen bestanden hauptsächlich in der Art des Aufbaus. Der Rodéo 5 besaß einen Rohrskelettaufbau, an den Kunststoff-Formteile angehängt wurden. Bei den älteren Modellen bestand der Aufbau aus einem Stück. Stets zweifarbig lackiert (für jedes Baujahr eine andere zweite Farbe), wurde der Rodéo 5 ohne größere Änderungen bis 1986 produziert.

Gegenüber dem erfolgreichen Citroën Mehari hatten alle Rodéo -Modelle einen schweren Stand. Die Gesamtproduktion belief sich auf rund 60.000 Exemplare, die des Méhari auf gute 150.000. Teilhol wendete sich ab 1986 Citroën zu, die Renault Rodéo erhielten keinen Nachfolger.

Renault 15 / 17

Die Renault-Zwillinge 15 und 17 ergänzten zum Modelljahr 1972 die Angebotspalette des Staatskonzerns. Die beiden viersitzigen Schrägheck-Coupés entstanden auf Basis des Renault 12. Der Renault 15 war die familienfreundlichere und komfortable Variante. Es gab ihn zunächst als TL und TS, wobei die Basis über den 60 PS starken 1,3-Liter-Motor des Renault 12 und der TS über das 1600er-Aggregat des Renault 16 TS verfügte.

Deutlich sportiver indessen geriet der zusammen mit dem 15 vorgestellte Renault 17.

In der TS-Ausführung verfügte er zunächst über den TL-Motor des 15, kam aber zum Modelljahr 1974 in den Genuss des stärkeren Gordini-Triebwerks mit Einspritzung. Zwei Jahre später, nach einer erneuten Motor-Modifikation (das Aggregat entsprach nun dem des 16 TX) wurde wieder auf Vergaser zurückgerüstet. Dadurch sank die Leistung auf 98 PS. Nach einem großen Facelift zum März 1976 hin (betreffend Stoßstange, Grill, größere Heckklappe, neue Instrumententafel) verschwanden die beiden Coupé-Modelle 1979 aus dem Programm.

Renaults Coupé-Familie 1972 bestand aus dem Renault 17 TS mit elektrischem Faltdach (vorne), dem Renault 17 TL mit 90 PS (links) und dem weniger sportlichen Renault 15 TS, ebenfalls mit 90 PS.

Der Renault 17 TS hatte dank einer D-Jetronic eine Leistung von 108 PS und erreichte eine Höchstgeschwindigkeit von 180 km/h.

Renault 5

1967 gab die Konzernleitung die Entwicklung eines modernen Kleinwagens in Auftrag, der auf Sicht gesehen den doch schon etwas betagten R4 wie auch den etwas größeren R6 beerben sollte. Aus Kostengründen wurden möglichst viel Komponenten und Teile beider Baureihen übernommen, am augenfälligsten an der Krückstockschaltung zu bemerken. Am 28. Januar 1972 feierte dann der neue, dreieinhalb Meter lange Fronttriebler mit den längs eingebauten Motoren Premiere.

Sein Publikumsdebüt fand auf dem Genfer Salon im März 1972 statt. Die Basisausführung 5 L hatte für Frankreich den 782er Motor (R 1220), in Deutschland war die L-Ausstattung an den 845er Motor gekoppelt, die Motorleistung lag bei 36 PS. Anfangs nur dreitürig lieferbar, darf der Renault 5 für sich in Anspruch nehmen, das erste Auto mit Kunststoff-Stoßfängern gewesen zu sein. In den folgenden Jahren fächerte sich das Programm immer breiter auf, wobei die Motoren zunächst aus dem Teileregal von Floride und Renault 8 stammten. Ab März 1976 zu haben war der Renault 5 Alpine (per Dekor als »A 5« ausgewiesen), der mit dem aufgebohrten Renault-12-TS-Motor und Renault-16-Fünfganggetriebe auf 93 PS kam und eine Höchstgeschwindigkeit von 173 km/h erreichte.

Dieser Renault 5 wurde in den ersten 10 Produktionsmonaten gebaut, erkennbar an dem später geänderten »Kent«-Logo auf der Haube.

Von 1977 bis 1981 wurde der Renault 5 Alpine noch ohne Turbo gebaut, leistetet aber schon beachtliche 93 PS.

1982 wurde er zum R 5 Alpine Turbo mit 108 PS weiterentwickelt, die Höchstgeschwindigkeit stieg dann auf 185 km/h. Stärkstes Stück aber – und bis heute legendär – ist der 5 Turbo, der als Mittelmotor-Zweisitzer 1978 zunächst für den Rallyesport entstanden war. Zwischen 1980 und 1983 konnte man den 160-PS-Boliden mit Alu-Dach und -Haube sowie Kunststoff-Kotflügelverbreiterungen auch beim Renault-Händler kaufen, 1690 Fahrzeuge wurden produziert. Der Turbo 2 von 1983 verzichtete auf jegliche Alu-Komponenten und konnte dafür billiger angeboten werden. Ihn gab es zudem in einer auf 200 Stück limitierten Serie als Maxi 5 Turbo, homologiert für die Gruppe B. Der Turbo 2 überlebte den Modellwechsel, seine Produktion im Alpine-Werke Dieppe endete 1986 nach 3180 Exemplaren.

Eine geplante Stufenheck-Version hatte man übrigens verworfen, die kam erst 1974 und wurde als Renault 7 bei FASA in Spanien gebaut und blieb auch auf der iberischen Halbinsel. Überall zu haben und sehr erfolgreich agierte hingegen die 1979 lancierte fünftürige Variante. Bis zur Ablösung wurden über 5,5 Millionen Renault 5 gebaut.

Das Werbefoto von Renault stellte bildlich dar, was viele Franzosen empfanden: Der Renault 5 war ein Mitglied der Familie.

Renault 30

Im Jahr 1966 taten sich die Rivalen Peugeot und Renault zusammen, um einen gemeinsamen V8-Motor zu entwickeln. 1971 schloss sich Volvo an. Das Ziel war, zumindest bei Renault, klar formuliert: Rückkehr in die Oberklasse, eine Klasse, in dem das Unternehmen vor dem Krieg mit Modellen wie Vivastella, Reinastella und Suprastella stark vertreten gewesen war. Allerdings schob die Ölkrise des Jahres 1973 allen Ambitionen einen Riegel vor, V8-Motoren waren verpönt. Daher entschlossen sich die Entwicklungspartner, ihren fast serienreifen Entwurf um Zylinder zu kürzen. Den zum Sechszylinder degradierten V-Motor implantierte Renault in das 1975 präsentierte neue Flaggschiff Renault 30.

Die Erwartungen seitens des Konzerns waren hoch, die Presseabteilung der Deutschen Renault AG erklärte ihn zum Wagen »für den viel fahrenden Manager und Unternehmer«. Jene Wirtschaftsbosse mussten aber anfänglich mit nur einer Version auskommen, dem Modell TS. Die Ausstattung immerhin war luxuriös, die Leistung des 2,7-Liter-Aggregates lag bei 136 PS, wobei die Vergaserausstattung zunächst für Ärger sorgte. Daher wurde 1977 auf einen Zweistufen-Webervergaser umgerüstet. Es folgten weitere Varianten wie im Oktober 1978 der TX mit Bosch K-Jetronic, der eine Leistung von 143 PS aufwies. Darüber hinaus war die Heckklappen-Limousine auch mit Vierzylinder-Diesel erhältlich. Dieses Modell hieß »TurboD« und schöpfte aus 2,1 Litern Hubraum etwas dürftige 86 PS.

Der R30 sollte außerdem – zusammen mit der kleinen Schwester R20 – den schon etwas in die Jahre gekommenen Renault 16 beerben. Doch viele R16-Aufsteiger entschieden sich lieber für den 1978 vorgestellten Renault 18; Fahrzeuggröße und -leistung passten besser zum Portemonnaie und Selbstverständnis der Stammkundschaft. Und wenn sich denn jemand zum Umstieg überreden ließ, dann griff dieser in der Regel zum preiswerteren Renault 20, der Vierzylinder-Ausführung. Erschwerend kam hinzu: Es gab die Baureihe nur mit Heckklappe, weder ein Stufenheck noch ein Kombi standen zur Wahl. Ein echter Erfolg war der R30 daher nicht. In neun Jahren entstanden lediglich 145.000 Einheiten, und die Deutsche Renault vermochte lediglich 18.000 Stück an das bundesrepublikanische Führungspersonal abzusetzen.

Der PRV-Sechszylinder mit 131 PS sorgte dafür, dass der Renault 30 eine standesgemäße Motorisierung vorweisen konnte.

Bis auf den V6 war der R30 baugleich mit dem ein halbes Jahr später erschienenen R20 mit vier Zylindern.

Ab Modelljahr 1977 erhielt der R20 reguläre Türgriffe sowie eine Tankklappe statt des bislang freiliegenden Drehverschlusses.

Renault 20

Im Herbst 1975 folgte dem Sechszylinder-Renault die bürgerliche Vierzylinder-Ausführung. Sie sollte den R16 ablösen, diesen Urvater der Schrägheck-Mittelklasse. So bekam der R20 in den Ausstattungsversionen L, TL und GTL den Motor des R16 TX, der hier erst 90, ab 1977 dann 96 PS leistete. Gleichzeitig erschien mit dem TS ein Modell, das Sechszylinder-Luxus – von der Ausstattung her entsprach der 20 TS nahezu dem 30 TS – in die Vierzylinder-Reihe bracht.

Doch etwas mehr Leistung durfte es schon sein, daher erhielten LS und TS einen neu entwickelten Vierzylindermotor mit 1995 cm³. Dieser Motor – Kennung »R1272« – leistete 109 PS, ab 1980 als R1277 dann 103 PS. 1980 lancierte Renault die Top-Version TX, die einen 2165-cm³-Motor mit 115 PS bekam. Der R20 mit dem Turbodiesel blieb dem deutschen Markt vorenthalten, deutsche Fahrer erhielten nur den 2068 cm³ großen Diesel als Sauger mit kümmerlichen 64 PS.

Der Renault 20 machte im Gegensatz zum V6 auch jenseits des eisernen Vorhangs Karriere. Dacia baute ihn in Lizenz, allerdings durften nur höhere Kader einen Dacia 2000 fahren. Aber noch etwas unterschied den R20 vom R30: Die brave Heckklappen-Karosse mutierte in kundigen Händen zum Motorsport-Monster: 1982 gewannen die Brüder Marreau die Rallye Paris–Dakar auf einem eigens präparierten Renault 20 Turbo 4x4.

Äußerlich unterschied sich der R20 vom R30 durch eine modifizierte Front mit Breitbandscheinwerfern statt runder Doppelscheinwerfer.

Renault 14

Bereits in den 1950ern bemühten sich die Konkurrenten Peugeot und Renault um eine Annäherung. Zunächst versuchte man es auf der Vertriebsebene. Ausgewählte Renault-Partner boten den Peugeot 403 an, umgekehrt verkauften selektierte Peugeot-Händler die Dauphine. Doch die Bemühungen versandeten.

In den 1960ern versuchten beide durch die Entwicklung eines gemeinsamen V8-Motors Synergien zu schaffen. Doch auch dieser Ansatz scheiterte, führte aber letztlich zu den eng verwandten Baureihen Peugeot 104 und Renault 14. Das Fahrwerk stammte im Wesentlichen vom Peugeot 104, eine Einzelradaufhängung rundum sorgte für gehobenen Komfort. Die Motoren mit 1,2 und 1,4 Litern Hubraum (57 bis 72 PS) wurden gar 1:1 vom 104 übernommen. Der Renault erschien 1976 als »L« sowie »TL« und überzeugte durch sein durchdachtes Konzept und die hervorragende Raumausnutzung – die Folge des eigenwilligen Designs war.

Die Marketingkampagne zur Einführung missglückte – man warb mit einer Birne – und machte den Renault zu einem der größten automobilen Misserfolge der Siebziger. Denn der potenzielle Käufer sah in der Birne eher ein Symbol für mangelnde Seriosität und fehlende Reife. Und das nicht ganz zu Unrecht, die Qualität war nicht gut und die Rostanfälligkeit hoch.

Die ungewöhnliche Karosserie mit der sanft keilförmig ansteigenden Seitenlinie bot praktische Vorteile, kam aber beim Publikum nicht an.

Da half es auch nichts, dass man rasch eine »TS«-Ausführung mit 72 PS und exklusiven Features wie elektrischen Fensterhebern nachschob. Selbst der GTL konnte das sinkende Schiff nicht aufhalten. Das alles hatte zur Folge, dass »la poire« (die Birne) nach nur sechs Jahren und etwas mehr als 999.000 Einheiten ein frühes Ende fand, trotz eines Facelifts 1979. Seinen Platz im Modellprogramm übernahmen die Renault-Zwillinge 9 und 11.

Nach nur etwas mehr als sechs Jahren Bauzeit und knapp einer Million gefertigter Autos endete die Produktion des Renault 14 im Dezember 1982.

Renault 18

Renaults Gegenstück zum teutonischen Audi 80 trug die Ordnungszahl 18 und startete 1978 in den Verkauf. Die Designer hatten den R12-Nachfolger (Radstand und Hinterachse übernahm der R18 vom Vorgänger) sehr harmonisch gezeichnet. Keine Ecken, keine Kanten – keine Experimente: Die Proportionen der exakt 4,40 Meter langen Limousine leisteten sich nicht den geringsten Hauch von Extravaganz.

Zum Verkaufsstart konnte der Kunde zwischen zwei Motoren und zwei Ausstattungslinien wählen, nämlich TL/GTL und TS/GTS. Die L-Ausführungen besaßen einen 1400er-Motor mit 64 PS, die S-Modelle einen 1,6-Liter-Motor mit 79 PS. GTL und GTS verfügten bereits ab Werk über Stoßstangen mit Gummileisten, elektrische Fensterheber, Zentralverriegelung, Scheinwerfer-Wischwaschanlage und dergleichen mehr. Der Erfolg blieb nicht aus, schon 1980 legte man nach und implantierte dem R18 den Saugdiesel aus dem R20, der hier 67 PS leistete. Neues Topmodell wurde der Turbo, der zunächst 110 PS, später dann 125 PS mobilisierte.
Im Jahr zuvor hatte Renault die Modellfamilie um einen Kombi erweitert, der in Frankreich »Break« und in Deutschland »Variable« hieß. 1982 erhielt er die Bezeichnung »Combi«, und zwar allerorten.

Im Jahr darauf bekam jener Kombi einen Allrad-Antrieb, allerdings nicht vom Haus- und Hoflieferanten Sinpar, sondern von Steyr-Daimler-Puch. Und so nebenbei gab es für alle Modelle breitere Stoßstangen, gefolgt von einem leichten Facelift 1984 und Innenraumretuschen im Fuego-Stil.

In jenem Jahr kam eine weitere Turbodiesel-Version mit 88 PS hinzu, und kurz vor Bauzeitende – der Renault 21 als Nachfolger war schon präsentiert – stieß der R18 TX Combi mit Katalysator zur Familie. Im Gepäck hatte er einen Zweiliter-Motor und anständige 105 PS. In Frankreich wurde er bis 1989, in Argentinien gar bis 1994 weitergebaut.

Gut ein halbes Jahr nach dem Verkaufsstart der R18-Limousine folgte der – wie erwartet – Break genannte Kombi.

Anfänglich 109 PS stark, leistete der R18 Turbo ab 1982 stattliche 125 Pferdestärken.

Der Fuego GT hatte einen Leichtmetallmotor mit 1955 cm³ und 110 PS, die Leichtmetallfefelgen gehörten zum Serienumfang.

Renault Fuego

1980 erschien ein feuriges Coupé auf R18-Basis, dem man deshalb auch das spanische Wort für »Feuer« ins Taufbuch schrieb: Fuego. Die Flamme entzündete Renault für die Öffentlichkeit Anfang März 1980 auf dem Genfer Salon, die Coupés 15 und 17 gingen in Rente. Die Basismodelle Fuego TL und GTL mit 1397-cm³-Motor und 64 PS gelangten nicht nach Deutschland, der Sport-Renault ging hierzulande mit mindestens 1,6 Litern und 96 PS und vier (TS) oder fünf (GTS) Gangstufen ins Rennen. Für Schaltfaule gab es auch eine Automatic-Variante.

Darüber angesiedelt waren die Zweiliter-Fuego TX und GTX. Ein für 1983 nachgereichter Fuego Turbodiesel gelangte nicht nach Deutschland, während der 1986er Fuego GTX Kat mit 2,2-Liter-Motor (102 PS) eine rein deutsche Veranstaltung war. Die heißeste Version war aber der für 1984 lieferbare Fuego Turbo mit dem Grundmotor des Renault 18 Turbo und hinteren Scheibenbremsen. Das 132 PS starke und knapp 200 km/h schnelle Flaggschiff der Modellreihe war unübersehbar mit Turbo-Schriftzügen dekoriert worden und rollte auf exklusiven Speichen-Alus vor – nicht übertrieben angesichts eines Basispreises von rund 26.000 Mark.

1986 wurde die Produktion des Fuegos nach sieben Jahren und 265.257 Exemplaren ohne Nachfolger eingestellt.

Renault 9 / Renault 11

Nach dem Totalschaden, den Renault mit dem 14 erlitt, schickte der Staatskonzern bereits 1981 den Nachfolger auf die Straße. Seine Aufgabe bestand darin, dem mittlerweile schier übermächtig scheinenden Golf Paroli zu bieten – was ihm nicht gelang. Doch er markierte einen wesentlichen Fortschritt gegenüber dem Renault 14. Einen kapitalen Fehler wies der Neue allerdings auf: Mit seinem konventionellen Stufenheck fand er vielleicht Anklang bei Jetta-, aber nicht bei Golf-Käufern. Er sprach nur eine schmale Zielgruppe an, jene Klientel, denen ein R18 zu groß geraten schien: In Billancourt musste man nachsitzen. Die Hausaufgaben, gelöst für 1983, brachten den lange ersehnten Renault in der Golf-Klasse.

Bei dem weinroten Renault Allianca handelt es sich um das US-Modell des R9, der dahinter in GTS-Ausführung abgebildet ist.

Der R11 mit seiner charakteristischen verglasten Heckkuppel war als Drei- und als Fünftürer erhältlich. Eine Besonderheit dieser Baureihe waren das vordere Gestühl, die nur mit je einer mittleren Sitzschiene auskam. Dadurch ließen sich die Sessel wie bei einem Schaukelstuhl komplett neigen, was den Fondpassagieren zu mehr Beinfreiheit verhalf. Für die neue Baureihe stand ein sehr breites Motorangebot zur Verfügung. Am unteren Ende erfüllten die 1,1-Liter-Motoren (ab 1985 in der neuen Spar-Ausstattung C/TC zu haben) die Basisanforderungen an Mobilität, am oberen forderte der 115 PS starke Turbo den GTI heraus. Dazwischen rangierten die 1,4-Liter-Benziner mit 68 beziehungsweise 72 PS. Diese Maschinen waren wie der 1100 sogenannte Cléon-Motoren, die seit 1962 in zahlreichen Renault-Modellen verbaut wurden.

72 PS brachten den Renault GTS auf eine Vmax von 161 km/h, da halfen auch die serienmäßigen Leichtmetallräder nicht weiter.

Im Oktober 1986 erhielt der R9 ein Facelift, wobei insbesondere die Front aerodynamischer gestaltet wurde.

Das auf dem US-Markt erhältliche Renault Alliance Convertible hatte kein Renault-Derivat in Europa.

Auch das Topmodell, der gutausgestattete R9 Turbo mit 105 PS (ab Herbst 1986 115 PS), hatte keinen rechten Außenspiegel serienmäßig.

Für ein neues Fahrgefühl sorgte der ab 1982 erhältliche 1.6 D mit 54 PS, der später auch im R5 zu haben war. Dieser Diesel-Motor war ein Vorbote der »F«-Motorengeneration, deren benzinbetriebene Variante mit 1,7 Litern Hubraum ab 1986 im R9/R11-Programm zu finden war. Renault-typisch erschienen diverse Sondermodelle, wie zum Beispiel »Spring«, »Cheverny« oder »Louisiane«. Einige der Sondermodelle und auch Serienmodelle glänzten mit serienmäßigen Extras wie elektrischen Fensterhebern und Zentralverriegelung durch Fernbedienung. Der R9 erlebte 1985 und 1986 ein Facelift, der R11 wurde 1986 modernisiert.

1988 wurde die Reihe durch den Renault 19 ersetzt. In der Türkei und in Argentinien entstand der R9 noch einige Jahre in abgewandelter Form.

Im Mai 1983 erschien der drei- oder fünftürige R11 mit Fließheck und großer, gläserner Heckklappe.

Renault Espace

Europas erster Onebox-Design-Pkw – »Minivan« – hatte der Raumfahrt- und Rüstungskonzern Matra eigentlich 1982 für Peugeot entwickelt. Allerdings bekam man in Socheaux kalte Füße und wollte davon nichts mehr wissen, daher sicherte sich Renault die Rechte. Dort tauscht man die Peugeot-Komponenten der Prototypen gegen Renault-Ingredienzien, hauptsächlich aus dem R18, aber auch von Renault 20 und präsentierte den Familientransporter im März 1984.

Zunächst nur mit Zweiliter-Benzinmotor in den Versionen GTS und TSE erhältlich, folgt der Turbo D (mit längerem Vorbau und modifizierter Front) im Dezember. Das formidable Gesamtkonzept mit dem riesigen Innenraum – bis zu drei Sitzreihen, variable Einzelsitze, Fahrer- und Beifahrersitz drehbar – überzeugte rasch. Eine weitere Besonderheit stellte die Karosserie dar. Nur die Karosseriestruktur bestand aus gepressten und teilweise feuerverzinkten Stahlblechteilen, die Außenhaut war aus Kunststoff. 1988 hat man den Espace etwas überarbeitet.

Allein durch die Änderung der Heckklappe und der Rückleuchten gewann man zehn Zentimeter an Länge. Bei ausgebauten Fondsitzen fasste der Espace nun mehr als 3000 Liter. Damit einhergehend lancierte man ein Allrad-Modell. Bis zum Modellwechsel baute Matra 190.000 Espace.

Der Espace II ging, technisch nur wenig verändert, aber um 18 Zentimeter länger, zum Genfer Salon 1991 mit 2,2-Liter-Benziner,

Die 18 Zentimeter längere zweite Serie war eine Weiterentwicklung auf der J11-Plattform und wurde von 1991 bis 1996 gebaut.

Wegbereitend war nicht allein das Raumkonzept des ersten Espace, sondern besonders der mehrschichtige Polyesteraufbau.

Turbodiesel und V6-Motor (2963 cm^3, 167 PS) an den Start. Die Ausstattungslinien hießen nun RN, RT und RXE, wobei nicht jede Linie mit jedem Motor zu kombinieren war. Den Allrad zum Beispiel gab es nur in Kombination mit dem 2,2-Liter. Zum Modelljahr 1995 wurden die Ausstattungslinien neu geordnet, die Modellbezeichnungen lauteten nun Family, Limited und Elysée. Rund 316.000 Exemplare verkaufte Renault.

Die dritte Espace-Serie ging im Januar 1997 in Deutschland an den Start. Hier saß die Antriebseinheit quer im Bug, was größere Eingriffe in den Vorderwagen notwendig gemacht hatte und dem Familienvan eine frische Optik bescherte. Es fanden neue oder modifizierte Motoren Verwendung, außerdem lancierte man den um 27 Zentimeter längeren »Grand Espace«. Nach gut 357.000 verkauften Fahrzeugen folgte im Sommer 2002 die Ablösung.

Anfang 1988 wurde die Frontpartie des Espace I verändert, das Heck verlängert (90 mm) und eine Version mit Allradantrieb eingeführt.

Renault 25

1977 begannen die Arbeiten an einem Nachfolger für die »Großen Renault« 20 und 30. Er hieß Renault 25, und von der Bezeichnung her war jetzt nicht mehr zu unterscheiden, ob es sich bei diesem Modell nun um einen Vier- oder einen Sechszylinderwagen handelte. Klar war aber: Er war mit einem cW-Wert von 0,28 ungemein windschlüpfrig geworden. Für den Karosserieentwurf hatte man Giugiaro verpflichtet.

Nicht ganz so fortschrittlich waren die Motoren. Im Prinzip stammten diese aus den Vorgängern, durch diverse Maßnahmen auf die Höhe der Zeit gebracht. Der V6 allerdings war für ein Fahrzeug des Jahres 1984 etwas antiquiert, während die Vierzylinder über Zahnriemen die Ventile steuerten, rasselte hier noch eine Steuerkette. Bis 1992 gab es den Renault mit verschiedenen Vierzylinder- und Sechszylindern, Diesel sowie mit und ohne Katalysator. 1988 erfuhr der R25 ein größeres Facelift, nach acht Jahren wurde er vom Modell Safrane abgelöst.

Zu den erhältlichen Versionen zählten der 25 TS/GTS, TX/TXE Kat (2165 cm³, 107 PS, ab 1986), der TX/GTX/TXE ohne Kat (1995 cm³, 120 PS, ab 1987), der TI/TXI (1995 cm³, 140 PS, ab 1988), der TI Kat (135 PS, ab 1989) sowie V6 Injection (2664 cm³, 141 PS), V6 Injection (2849 cm³, 156 PS, ab 1987), V6 Injection TX Kat (150 PS), TD/GTD (2068 cm³, 63 PS / 69 PS) und der TurboD/TurboDX (2068 cm³, 86 PS).

Der Renault 25 beerbte den R20 und den R30 gleichzeitig und wurde von 1984 bis 1992 im nordfranzösischen Sandouville hergestellt.

Den facegelifteten Renault 5 Supercinq GT Turbo (ab '87) erkennt man am Kühlergrill mit drei Streben statt Fächern.

Zunächst wurde der Nachfolger des Renault 5 nur als Dreitürer verkauft, der Fünftürer folgte später mit längerem Radstand.

Renault 5 (Supercinq)

Nach zwölf Jahren löste der »Supercinq« den bisherigen Renault 5 ab. Das Design stammte von Bertone-Designer Marcello Gandini, der für BMW die erste Fünfer-Generation in Form brachte, für Fiat den 132 und vor allem den ikonischen Lamborghini Countach maßgeblich verantwortete. Ohne den Vorgänger zu kopieren, gelang es Gandini, die auffälligsten Stilelemente modernisiert zu übernehmen.

Die von Marcello Gandini gestaltete Karosserie des 1984 lancierten „Supercinq" war 8,5 cm länger, aber der R5-Urform angeglichen.

Technisch indessen offenbarte der ab Januar 1985 verkaufte »Kleine Freund« deutliche Unterschied zum ersten R5, denn im Großen und Ganzen baute der »Super5« auf dem R9 auf, die Motoren waren quer eingebaut und erstmals nagelte sogar ein Selbstzünder unter der Haube. Zahlreiche Ausstattungsvarianten vom einfachen »C« über die TL/GTL/GTS-Versionen bis hin zum luxuriösen Baccara mit Lederpolstern fanden sich im Programm. Je nach Ausstattungsvariante war der Supercinq mit dem bewährten »kleinen« Cléon-Motor und 956/1108/1372 cm³ ausgerüstet oder mit den kräftigen 1,7-Liter-Motoren der neuen »F«-Generation. Diese waren zahnriemengesteuert und verfügten über ein Leistungsspektrum von 73 bis 115 PS, besonders zu beachten war hier die Turbo-Version.

Außerdem wuchs die Karosserievielfalt, neben den Drei- respektive Fünftürern kamen eine bei EBS in Belgien gebaute Cabrio-Variante sowie eine ungleich häufiger gefertigte Nutzwert-Variante hinzu. Der »Rapid« (in vielen anderen Ländern als »Express«, in Großbritannien und Irland »Extra« benannt) als Hochdachkombi löste außerdem den Fourgonette auf R4-Basis ab. Zum Modelljahr 1988 erfolgte ein Facelift, zu erkennen am asymmetrisch im Grill platzierten Rhombus. Gegen Aufpreis konnte man den R5 nun auch mit Katalysator erwerben. Darüber hinaus lockte Renault potenzielle Neukunden mit einer Vielzahl von Sondermodellen, speziell zum Ende der Bauzeit hin. Einige Modelle wie der GTE oder das Sondermodell »Campus« überlebten den offiziellen Produktionsauslauf zum Dezember 1990, in einigen Ländern wurde der R5 sogar bis 1996 weitergebaut. Sein Nachfolger verzichtete auf die Nummer 5 und trug fortan einen Namen. Bis heute heißt er Clio.

Bei Einführung des Renault 21 war der Mittelklassewagen nur als Stufenheck erhältlich, die Schrägheckvariante folgte erst mit dem Facelift 1989.

Renault 21

Im März 1986 trat der Renault 21 die Nachfolge des beliebten Renault 18 an. Optisch ein typischer Entwurf der 1980er mit Ecken und Kanten, konnten sowohl Längs- als auch Quermotoren installiert werden, was zu zwei verschiedenen Vorderwagen-Versionen führte. Die Modelle mit Längsmotor verfügten über einen geringfügig kürzeren Radstand, was am vorderen Kotflügel durch den kürzeren Abstand des Rads zur A-Säule sichtbar ist.

Das Motorenprogramm umfasste zunächst einen Vierzylinder-Benziner mit 1721 cm³, der in den Leistungsstufen 75, 89 und 115 PS geliefert wurde plus entsprechende Ausführungen mit G-Kat (dann 95 und 110 PS) sowie den 2068 cm³ großen Diesel mit und ohne Turbo. Bereits im Juni 1986 erweitert Renault die R21-Familie und stellte den Kombi vor, der entgegen der bisherigen Gepflogenheiten »Nevada« hieß.

Es gab ihn optional auch mit sieben Sitzen – der französischen Kombi-Tradition folgend. Insgesamt bot Renault acht Ausstattungen an, ab der Version GTS gehörten ABS, Servolenkung und eine Infrarot-Fernbedienung zum Lieferumfang
1989 kam ein Facelift mit retuschierter Front- und Heckpartie. Gleichzeitig mit Präsentation der Phase-II-Modelle erfolgte auch die Einführung des Renault 21 mit Fließheck.

Ab Januar 1994 wurden der Renault Laguna verkauft, zunächst als Limousine, der Kombi (der seit Mai 1993 nur »Nevada« hieß; hielt noch bis Ende 1995 durch.

Der Kombi des R21 hörte auf den Namen Nevada und war gegen Aufpreis auch mit Allradantrieb bestellbar.

Renault 19

Als 1983 der Renault 11 als Ergänzung zum R9 die Bühne betrat, fiel bereits der Startschuss für den Nachfolger. Im Juni 1988 ging er an den Start, eingekleidet von Giugiaro. Viel Sorgfalt und Mühe investierte Renault auch in die Innenraumgestaltung, schließlich sollte der Qualitätseindruck auf Golf-Niveau liegen. Von Anfang an mit eingeplant – siehe Golf – war auch ein Cabriolet. Das wurde bei Karmann in Osnabrück entwickelt und im Werk Rheine produziert – Band an Band mit dem offenen Golf und dem Stoffdach-Ford-Escort.

Ab Sommer 1991 konnte man das französische Cabrio erwerben. Etwas früher, im September 1989, stellte Renault die R9-Anhänger zufrieden und brachte den R19 mit Stufenheck, der den Namenszusatz »Chamade« (zu Deutsch »Herzflimmern«) erhielt. Das Grundmodell wurde als Drei- und Fünftürer angeboten und zusammen mit den erwähnten Derivaten zu einem fulminanten Erfolg. Was auch der vielfältigen Ausstattungs- und Motorisierungsauswahl zu verdanken war. Vom einfach gehaltenen »TR« mit dem bewährten 1400er-Cléon-Motor bis zum GTX und 16V mit üppiger Ausstattung war alles dabei.

1992 unterzog Renault den R19 einem Facelift, was sich hauptsächlich durch geschwungene Scheinwerfer bemerkbar machte. Vier Jahre in Folge, 1990 bis 1994, war er dank des Chamade meistverkaufter Importwagen Deutschlands, und in den neuen Bundesländern lag er sogar noch vor dem Golf und auch nur knapp hinter dem Opel Astra. Der wurde aber in Eisenach gebaut und hatte daher ein Heimspiel. 1995 ging das letzte Renault-Modell mit einer Ziffer als Name in den Ruhestand, das Cabrio lief bis 1997. In der Türkei und in Argentinien rollte der R19 noch bis zum Jahr 2000 vom Band.

Bei der Präsentation des R19 im Jahr 1988 ging nur das Fließheck an den Start, das Stufenheck mit dem Zusatz »Chamade« folgte '89.

Serienmäßig trug der R19 Chamade 1.8 16V seine Sportlichkeit mit einem Heckspoiler zur Schau.

Im April 1992 wurde der R19 einem umfassenden Facelift unterzogen, bei Renault typischerweise Phase 2 genannt.

Die Phase-2-Cabriolets konnte man an der Blende zwischen den Rücklichtern und dem Nummernschild in der Schürze erkennen.

Das R19 Cabriolet wurde ab 1991 bei Karmann gefertigt. Hier sind ein 1.8 16V (vorne) und ein TXE zu sehen, beide Phase-1-Modelle.

Renault Clio

Der Clio trat ein schweres Erbe in noch schwereren Zeiten an: Renault musste den langsam in Jahre gekommenen Supercinq ersetzten und überdies den Konzern vor dem vollständigen Absturz bewahren, denn das Unternehmen schrieb seit 1984 rote Zahlen. Doch die Entwickler und Designer unter Patrick le Quement lieferten: Der Kleinwagen mit dem Namen einer griechischen Muse war weit mehr als ein vollwertiger Ersatz für den Fünfer (auch wenn bestimmte Renault 5-Varianten weiterhin in Deutschland verkauft wurden, die Diesel sogar noch bis 1994) und sollte in Sachen Geräuschkomfort in seiner Klasse neue Maßstäbe setzen.

Gekennzeichnet durch die betont kurze Motorhaube und die keilförmig zum Heck hin ansteigende Gürtellinie, bot der 3,70 Meter lange Fronttriebler mit dem ungewöhnlich langen Radstand viel Platz im Innenraum.

Der Clio RT gehörte zu den besser ausgestatteten Kleinwagen und verfügte über Zentralverriegelung mit Fernbedienung - 1990!

Von 1994 bis 1997 wurde der Clio Williams als limitiertes Sondermodell gebaut. Alle 5000 Stück verfügten über den 2,0-Liter-16V-Motor mit 147 PS.

Die Rücksitzbank war geteilt vorklappbar, auch das keine Selbstverständlichkeit in dieser Klasse. Weitere Ausstattungsdetails wie ABS, Klima, Servolenkung, elektrisch verstellbare und beheizbare Außenspiegel gehörten ebenfalls zum Standard. Zu haben mit zwei und vier Türen, fuhr die in drei Modellvarianten (RL, RN, RT) lieferbare Baureihe mit drei neuen Katalysator-Benzinmotoren und einem 1,9-Liter-Diesel vor, dieser ebenfalls mit Abgasnachbehandlung. Eine 135 PS starke 16V-Ausführung kam kurz nach Start der Deutschland-Auslieferung (Januar 1991) in den Handel.

Auf dem Genfer Salon 1993 war dann der Clio Williams mit 147 PS starkem Zweiliter-Motor zu sehen, im Herbst dieses Jahres folgte der 1.8 RSi mit 109 PS. Zu dem Zeitpunkt gab es ein erstes Facelift, 1996 ein weiteres. Die erste Clio-Generation wurde 1998 abgelöst, nicht zuletzt nachdem eine Vielzahl von Sondermodellen und Ausstattungspaketen wie Prima, Campus, Baccara, Mexx, Chiemsee, Grand Prix oder Caribe die Clio-Käufer bei Laune gehalten hatten. Allerdings gab es nicht für alle Motorisierungen das gewünschte Paket.

Mit dem Modellwechsel kamen nicht nur eine markantere Frontpartie und ein bulligeres Heck mit abfallender Hecklinie, sondern vor allem auch ein wesentlich hochwertiger wirkender Innenraum. Außerdem war der Fahrkomfort noch einmal gestiegen. Ab Herbst 1998 hierzulande zu haben, bildete die Basis-Motorisierung der Clio 1.2 als RN und RT. Darüber angesiedelt waren der 1.4 als RT, RXE und SI, während es den 1.6 in den Versionen SI und Initiale gab. Topmodell waren die Sechzehnventiler 1.6 16V, letzteren gab es nur als Zweitürer. Für den süd- und osteuropäischen Markt lieferte Renault eine Stufenheckvariante namens Thalia. Ebenfalls im Programm zu finden war noch der 1.9 D, der für 2001 einem kultivierteren 1.5 dCi mit 65 PS gewichen war. Bei dieser Gelegenheit hatten alle Clio-Modelle Klarglas-Scheinwerfer erhalten, für 2002 erfolgte eine neue Frontpartie mit einem durch einen breiten Mittelsteg getrennten Kühlergrill. An der Spitze des Clio-Angebots stand nun der 169 PS starke Clio RS 2.0 16V mit 1998 cm³ und einer Höchstgeschwindigkeit von 220 km/h. Der Nachfolger Clio III kam 2004.

14 Jahre lang, von 1998 bis 2012, blieb der erfolgreiche Clio II im Renault-Programm und wurde dabei über fünf Millionen mal gebaut.

Für Aufsehen sorgte der Clio V6, der als Phase 1 mit 226 PS und als Phase 2 mit 254 PS und verlängertem Radstand zu haben war.

Renault Safrane

Der Safrane als Nachfolger des Renault 25 erschien im Juni 1992, und auch ihm gelang es nicht, Renault im automobilen Oberhaus zu etablieren. Das lag nicht zuletzt daran, dass Renault an der unpopulären Heckklappe festhielt, die doch als Alleinstellungsmerkmal in dieser Fahrzeugklasse so gar nicht taugte – weder in Deutschland noch sonstwo, abgesehen vielleicht von England und Frankreich. Da half auch die feine Ausstattung nur wenig. Die Ausstattungslinien wurden mit RN, RT und RXE bezeichnet, die Luxusversion, erkennbar am geänderten Grill mit Mittelsteg, hieß Baccara. In kleiner Stückzahl entstand auch ein Allrad-Safrane.

Nicht minder exklusiv war das Resultat der Zusammenarbeit von BMW-Veredler Hartge und Opel-Haustuner Irmscher: der Safrane Biturbo. Er leistete 263 PS und kam auf eine Spitze von rund 250 km/h. Irmscher baute eine Kleinserie von 640 Exemplaren, die auch über Renault-Händler zu haben waren. Zum Modelljahr 1997 erfolgte die Präsentation der überarbeiteten Safrane-Baureihe mit Änderungen an Front und Heck. Die wenig gefragte Allrad-Version verschwand, die Niveauregulierung gehörte dafür nun zur Serien-Ausstattung der verbliebenen Modelle. Neu eingeführt wurde mit dem 2.5 20v ein 5-Zylinder-Vierventil-Benziner, wie er auch bei Volvo im Programm zu finden war, sowie ein 2,2-Liter-Turbodiesel. Im Mai 1999 kam ein neuer Vierventil-V6 mit 190 PS (194 PS in Frankreich) mit 4-Gang-Automatik. Nach der Premiere des Vel Satis im März 2001 lief die Safrane-Produktion zum Sommer 2001 aus.

Ausschließlich der Safrane mit Sechszylinder-Motor war auch mit Allradantrieb zu haben und trug dann den Zusatz »Quadra«.

Mit dem Facelift zum Modelljahr 1997 kamen beim Safrane endlich moderne Motoren mit Vierventiltechnik zum Einsatz.

Der Safrane traf als Fahrzeug der oberen Mittelklasse mit seinem Fließheck nur auf den Geschmack der Franzosen und Engländer, der Rest Europas bevorzugte klassische Stufenheck-Autos.

Renault Twingo

Der Renault Twingo hatte Premiere auf dem Pariser Salon am 5. Oktober 1992. Sein Debüt sorgte für eine Sensation, denn der stets zweitürige Kleinwagen unterhalb des Clio übertrug das Onebox-Design des Espace in die Kleinwagenklasse. Dieser Geniestreich führte dazu, dass der Twingo, zumindest optisch kaum gealtert, bis 2003 gebaut wurde.
Seine Geschichte begann rund zehn Jahre früher mit dem Prototyp Beskid 106, mit dem der polnische Hersteller FSM den Fiat-Lizenzbau 126p ersetzen wollte. Für diesen polnischen Miniatur-Espace mit seinem Mono-Box-Raumkonzept war bei Renault eine Lizenz angefragt worden. Nachdem es jedoch nie zu einem Serienbau kam, griff Renault die Idee auf. Um sich von der Konkurrenz abzugrenzen, verlieh Renault dem kulleräugigen Kleinwagen ein fröhlich-junges Image und präsentierte ihn in frischen und grellen Farben. Zum jugendlichen Nimbus gesellten sich handfeste praktische Werte, eine verschiebbare Rückbank hatte kein anderes Auto in der 3,50-Meter-Klasse.

Der erste Twingo eroberte die Herzen im Sturm. Allein in Deutschland wurden über eine halbe Million des Kleinwagens abgesetzt.

Der Twingo-Verkauf startete in Deutschland im Frühsommer 1993. Im Verlauf seiner 15-jährigen Karriere gab es eine Vielzahl an Versionen und Ausführungen, mal besonders luxuriös, mal mit Faltschiebedach und diverse Sondermodelle wie »Kenzo«, »Elite« oder »Benetton«. Zu den wichtigsten technischen Änderungen gehörte der für das Modelljahr 1997 eingeführte neue OHC-Vierzylinder mit 60 PS und 1149 cm³ (Bezeichnung nun Twingo 1.2) sowie die Einführung einer Vollautomatik. Bis zur großen Modellpflege 1998 waren 1.306.363 Twingo gebaut worden.

Der »Phase II« genannte überarbeitete Twingo hatte sich äußerlich wenig verändert: Einteilige Scheinwerfer mit integrierten weißen Blinkern, andere Rückleuchten und neue Stoßfänger – mehr sah man nicht. Wesentlich verbessert worden war die Insassen-Sicherheit, etwa durch Airbags, Gurtstaffer und dergleichen, ein ABS gab es dann zum Modelljahr 2000. Für 2001 folgte mit dem 1.2 16v auch eine leistungsstärkere Version mit 75 PS.

Bunt, frech und fröhlich, so verkaufte Renault den Clio der ersten Generation. Vor allem junges Publikum stand auf den Zwerg, der das Faltschiebedach wieder in Mode brachte.

Teillackierte und geänderte Stoßfänger sowie in die Scheinwerfer integrierte Blinker zeichnen die Twingo-Modelle ab 1998 aus (Phase 2).

Renault Laguna

Man verzieh einem Franzosen ja vieles, und es gab Zeiten, da waren gammeligen Enten und klapprige R4 ein Statement und Zeichen des Nonkonformismus. Und die Krone der französischen Auto-Schöpfung, Citroëns DS, galt trotz aller Schwächen unumstritten als »Göttin«. Doch je näher das neue Jahrtausend rückte, desto mehr wandelten sich die Ansprüche. Was einst »trés chic« war, das wurde mit der Zeit lästig. Vor allem der eminent wichtige deutsche Markt reagierte inzwischen genervt. Aber auch weltweit veränderten sich die Maßstäbe. So geriet Renault unter Druck, der Traditions-Hersteller wankte und stand in der Pflicht, die Fertigungsqualität zu steigern.

Die Modelle Renault 19, Clio und Twingo markierten einen zaghaften Anfang, mit dem Renault-21-Nachfolger »Laguna« 1993 machte sich die Qualitätsoffensive auch in der Passat-Klasse bemerkbar. Renault punktete durch ein chices Design, das praktischen Nutzen und Funktionalität vereinen sollte. Der 1995 vorgestellten Kombi mit bis zu 1850 Liter Volumen, der in Frankreich wie schon sein Vorgänger »Nevada« genannt wurde und in Deutschland »Grandtour« hieß, war für hiesige Märkte wesentlich wichtiger als eine klassische Stufenhecklimousine – weshalb Renault sie auch nicht baute. Als Zeichen der gestiegenen Qualität und des neu gewonnenen Selbstvertrauens verlängerten die Franzosen beim Laguna die Wartungsintervalle auf 15.000 Kilometer. 1998 erfolgte ein Facelift, erkenntlich an den neuen Stoßfängern. Außerdem bekam die Laguna-Familie neue Motoren und eine verbesserte Ausstattung. Dank dieses stimmigen Gesamtpakets konnte Renault bis 2001 mehr als 1,5 Millionen Exemplare fertigen. Anders als beim R21 war Rost hier kein Thema.

Die erste Generation Lagune erschien 1993 und sollte nicht mehr als Stufenheck kommen (wie der R21), sondern nur als Fließheck.

1995 erschien der Laguna Grandtour, der in Frankreich wie sein Vorgänger R21 »Nevada« genannt wurde

Renault Mégane / Renault Mégane Scénic

Renault setzte bei seiner neuen Kompaktklasse auf Vielfalt. Sie löste den Renault 19 ab und startete damit in der »Golf-Klasse«, dem am härtesten umkämpften Automobil-Segment. Um dort punkten zu können, entwickelte Renault ein variantenreiches Programm aus Limousine, Coupé, Kombi, Cabriolet und Van. Natürlich standen aber nicht als Ausführungen zum Produktionsanlauf zur Verfügung. Den Anfang machte der Mégane als Fünftürer (Schrägheck-Limousine) und Dreitürer (Coupé). Im September 1996 folgte das Stufenheck, im April 1997 das Cabrio – so weit, so bekannt. Doch der Minivan Mégane Scénic vom November 1996 war eine echte Überraschung, und vor allem in seiner Klasse absolut konkurrenzlos.

Mit dem Mégane Scénic schuf Renault 1996 eine neue Fahrzeugklasse. Zu Recht wurde er 1997 zum »Auto des Jahres« gewählt.

Das Facelift 1998 fiel mit Einführung der Kombi-Baureihe »Grandtour« zusammen, dazu kamen moderne Motoren mit zeitgemäßer Abgastechnik. Zwei Airbags waren Standard, ab Anfang 1997 auch ein ABS und seit Ende 1998 auch Sidebags. Das Leistungsspektrum reichte vom 1400er mit 69 PS bis zum knapp 150 PS starken Zweiliter-Topmodell. Dazu gesellte sich ein 1900 cm^3-Diesel mit 64 PS für die Selbstzünder-Fraktion. 2003 folgte die nächste Generation.

Die Mégane-Familie bestand Mitte 1997 aus 3- und 5-türigem Fließheck, Stufenheck Classic, Minivan Scénic und Cabriolet.

Renault Sport Spider

Komfortabel? Kompromissbereit? Das waren eindeutig nicht die Vorgaben, die Renault Sport seinem Spider in die Wiege legte. Er sollte von Beginn an nichts anderes als ein veritables »Sportgerät« für die Rennserie »Renault Sport Spider Trophy« sein. Deswegen fiel seine Konzeption gerade im Vergleich zu Konkurrenten wie der Fiat Barchetta oder dem Mazda MX 5 radikaler aus.

Die futuristische Karosserie des Renault Sport Spider hat in der ursprünglichen Ausführung keine Windschutzscheibe!

Mittelmotor, flache Leichtbaukarosserie und Rennfahrwerk machten aus dem Spider ein Fahrzeug, das im Grunde nur begrenzt für den öffentlichen Verkehr geeignet war. Den Spider-Fans gelang es, Renault zu einer Produktion von straßentauglichen Spidern zu drängen – ohne dass dabei das Konzept verweichlicht wurde. Eine Windschutzscheibe gab es auch in der zulassungsfähigen Version nur gegen Aufpreis, dann immerhin serienmäßig beheizt. Eine Wärmequelle oder ein Verdeck für die Passagiere hielt Renault für entbehrlich, sie waren ebenso wie die Servolenkung, ABS und Bremskraftverstärker nicht für Geld und gute Worte zu bekommen. Dafür erhielt der geneigte Kunde eine atemberaubende Kunststoffkarosserie mit Scherentüren, die aus Gründen der Reparaturerleichterung aus nur drei Teilen bestand. Dieser Aufbau brachte zusammen mit dem Gitterrohrchassis und der restlichen Technik lediglich 930 kg auf die Waage. Das machte es dem 2.0-Liter-Motor mit 147 PS leicht, den 3,79 Meter kurzen Spider in nur 6,9 Sekunden von 0 auf 100 zu beschleunigen. Ein Kaufpreis von gut 56.000 Mark hielt 1430 Käufer bis 1999 nicht davon ab, sich einen Sport Spider zuzulegen.

Der 2,0-Liter-16V mit 147 PS war im Sport Spider die einzig verfügbare Motorisierung, im Mégane Cabrio verfügte die Top-Version darüber.

Renault Kangoo

Renault hatte Großes vor im Jahr 1997. Der Kangoo kam auf den Markt und wurde nicht weniger als der ideelle Nachfolger des R4 angepriesen. Ein genügsames und vor allen Dingen geräumiges Allzweckfahrzeug sei der Kangoo, hieß es. Werbeanzeigen mit Kangoos und Nashörnern machten die Runde. Das Konzept war im Grunde simpel: Ein gewöhnlicher Vorderbau mit zwei normal öffnenden Türen wurde mit einem erhöhten Kombiaufbau kombiniert. Den gab es mit oder ohne Fenstern, als Normal- oder Langversion. Auf jeden Fall fand sich im hinteren Aufbau eine Schiebetür, ideal für enge Parklücken in der Stadt. Nach dem Citroën Berlingo war der Kangoo erst das zweite europäische Modell mit dieser Konzeption. Technisch basierte der Kangoo I weitestgehend auf dem Clio II. Das hieß konkret, Einzelradaufhängung rundum (Drehstabfederung hinten) und Motoren aus dem Pkw-Programm.

Die kleinste Motorisierung entwickelte dabei zunächst 58 PS aus 1149 cm³ (lieferbar von 1997 bis 2001). Etwas gelassener ließ sich der 75 PS-Motor mit 1390 cm³ (1997 bis 2001) fahren, der später von einem 1.2 16V mit gleicher Nennleistung ersetzt wurde. Der 1,6-Liter-Motor war als einzige Benzin-Variante entweder mit 4x4-Antrieb oder mit 4-Gang-Automatik lieferbar. Der französischen Tradition entsprechend fanden sich auch Dieselmodelle im Programm. Der 1.9 D (1870 cm³, 64 PS) entstammte der F8Q-Baureihe, die bereits seit 1988 in verschiedenen Renault-Modellen arbeitete und eine Weiterentwicklung der F8M-Baureihe von 1982 war.

Im Laufe der Jahre wurden die bewährten indirekten Diesel von modernen (und noch sparsameren) Direkteinspritzern mit 1,5 Litern Hubraum und 65 bis 85 PS abgelöst. Auch die Selbstzünder-Modelle waren als 4x4 lieferbar. Bemerkenswert neben der vielfältigen Benzin – und Diesel-Motorisierung waren die CNG/LPG-Varianten sowie die Hybrid – und die reinen Elektrofahrzeuge. Kangoo Elect´road RE (Hybrid) und Electri´ Cite (Elektro) wurden ausschließlich in Frankreich offeriert und sollten dort besonders Behörden ansprechen. Die Elektromotoren dazu lieferte die französische Firma S.A.F.T., was in Deutschland ein reizvolles Wortspiel ergeben hätte.

Zwei Facelifts im Jahre 2003 und 2005 brachten sowohl dezente optische Veränderungen als auch Wechsel in den Motorisierungen. So gerüstet brachte es der Kangoo 1 auf eine ansehnliche Bauzeit von zwölf Jahren bis 2009. Seine Beliebtheit ergab sich neben seinem praktischen Nutzen auch aus seiner Vielfalt an Motorisierungen und Ausstattungen. Einfache Bedürfnisse konnten in der Pkw-Version mit der Version »Campus« zufriedengestellt werden, wer mehr wollte, der griff zum RT, RTE, Privilége oder dem luxuriösen RXE.

Mit dem Hochdachkombi Kangoo begründete Renault 1997 eine neue Klasse und wendete sich damit an junge Familien und Freizeitsportler.

René Bonnet

1938 erschuf René Bonnet mit seinem Neffen Charles Deutsch das berühmte Unternehmen »DB«. Kleine, feine Sportwagen waren das Programm der beiden exzellenten Techniker. Auf der Rennstrecke und auch im Straßenalltag wussten die Panhard-basierten Wagen zu überzeugen. So hielt die Bonnet-Deutsch-Ehe immerhin bis zum Jahr 1961.

Irgendwann passten die Designgedanken von Bonnet und Deutsch nicht mehr überein, man trennte sich einvernehmlich. Deutsch fand eine neue Anstellung bei Matra. Bonnet widmete sich in Champigny-sur-Marne eigenen Projekten und näherte sich Renault an. Dort zeigte man sich stark interessiert an den Arbeiten Bonnets. Ein Sportwagen für Rallyes und Rundstrecken könnte eine gute Image-Politur sein, so das Renault-Kalkül. So richtig feurig waren schließlich selbst die Gordini-Versionen der Dauphine nicht. 36 PS aus 750 cm³ brannten keine Löcher in den Asphalt, erst recht nicht bei den 24 Stunden von Le Mans. Die peilte Renault nun mit Bonnet an, außerdem die Targa Florio und die 1000 km von Deutschland.

Dabei wollte man sich in den Hubraumklassen 700 und 1000 cm³ bewegen, mit sehr modernen DOHC-Motoren. Idee gut, Umsetzung schwierig. Diese besonderen Aggregate brachten es mit sich, dass sie größtenteils auf besondere Bauteile angewiesen waren. So traf es sich gut, dass 1961/1962 ein epochaler Motor die Bühne betrat – der Renault Cléon-Fonte. Er beflügelte über 30 Jahre lang in unzähligen Ablegern ebenso unzählige Renault-Modelle von klein bis groß. Noch 1996 konnte man im Twingo I den freundlichen Klängen des Cléon lauschen. Seine Karriere begann in der hübschen Caravelle, hier im Heck platziert und mit sanften 956 cm³ aus 40 PS ausgestattet. Der Cléon konnte einiges besser als die alten Billancourt-Motoren: Fünf statt drei Kurbelwellenlager, Einlass und Auslass gegenüber (optimierte Strömungsverhältnisse), mehr Laufruhe. Daher fand dieser Motor auch Einzug in die von DB übernommenen »Missile« und »Le Mans« (Cabriolet), die bis 1964 gebaut wurden.

Als komplette Neuentwicklung zeigte sich im Juni 1962 das erste Djet-Modell bei den 24 Stunden von Le Mans. 996 cm³, 70 PS. Nüchterne Fakten, die sich im Djet etwas anders angefühlt haben dürften. Besonders wegen seiner einzigartigen Fahrwerksauslegung. Vier einzeln aufgehängte Räder, hinter denen je eine Scheibenbremse zu finden war. 1962! Nicht genug damit: Der Djet war nicht weniger als das erste in Serie gebaute Mittelmotor-Fahrzeug der Welt. Da gab es zwar einen gewissen De Tomaso Vallelunga, der das auch konnte – aber eben erst ein paar Monate später. Die Mittelmotor-Anordnung sorgte für einen hohen Grenzbereich und damit für hohe Kurvengeschwindigkeiten. Bonnet und seine Fahrer testeten das zunächst ausgiebig auf der Rennstrecke aus, bevor man 1963 den Schritt in die Serienproduktion wagte.

Aus dem 996 cm³-Hubräumchen war nun ein 1108 cm³-Hubraum geworden, dem Spender Renault Estafette sei Dank. Aus dem

René Bonnet (Zweiter v. R.) hat gut lachen: Von drei Autos kamen 1962 bei Le Mans zwei in Ziel, wobei Nr.46 die Experimental-1000-Klasse gewann.

Von 1962 bis 1964 entstand der Bonnet Missile. Die Technik stammte vom R4 (845 cm³, 55 PS), der Missile Le Mans legte mit 1108 cm³ Hubraum und 65 bis 75 PS noch eins drauf. (Frank Bott)

Lieferwagen stammte auch das Getriebe. 72 PS (Djet I) oder 80 PS (Djet II) zerrten recht ordentlich an den Zahnrädern der Transporter-Box. Viel Gewicht hatten die Cléon-Motoren nicht zu bewegen. Auf das Renault-Chassis setzte Bonnet eine Fiberglas-Karosse, die von Matra aus Romoranthin zugeliefert wurde. Matra war versiert im Bau von Kunststoffkarossen, René Bonnet hingegen weniger begabt im Verwalten von Geld. Das führte Ende 1964 zur Übernahme von Bonnet durch Matra. Bis dorthin waren exakt 198 Bonnet-Djet vom Band gerollt, darunter neun Exemplare namens »Aerodjet«. Diese Straßenfeger waren 1963 speziell für die 24 Stunden von Le Mans modifiziert worden. Aerodynamisch noch ausgefeilter (cW 0,25!) als die Basis-Djets, rannten die Coupés je nach Ausführung zwischen 200 und 225 km/h. Das alles mit einem 1100 cm-³ beziehungsweise 1150 cm³-Cléon-Motor.

1963 nahmen Gérard Laureau und Jean Vinatier mit einem Bonnet Djet beim 1000-Kilometer-Rennen auf dem Nürburgring teil.

Das Le-Mans-Rennen von 1963 ging als Horror-Rennen in die Geschichte ein. Zahlreiche Unfälle mit Verletzten und Toten prägten den Rennverlauf. Aber auch technische Ausfälle en gros. Nicht so bei Bonnet: Als einziges französisches Auto erreichte der Aerodjet LM6 nach 24 Stunden die Ziellinie. Unter den 198 Bonnet-Djets befanden sich auch die Modelle Djet III und Djet IV. 998 cm³ (Djet III) und 1108 cm³ (Djet IV) mit offiziell eher tiefgestapelte 80 bis 100 PS machten aus den Leichtrennern (500 bis 550 Kilo Leergewicht) wahre Bodenraketen.

Ab 1965 setzte sich die Djet-Geschichte als Matra-Bonnet Djet V(S)/Djet 5(S)/Matra Sports Djet 5(S) fort. Matra nahm Designänderungen vor, die technische Basis bildete weiterhin der R8. Das hieß 1108 cm³ bei 70 PS im Djet V sowie 1108 cm³ mit 95 PS im Djet VS. Die Krönung der Djet-Reihe bildeten ab 1966 die Djet 6. Ein gewisser Monsieur Gordini hatte hier seine Finger mit im Spiel und brachte den Cléon auf 1255 cm³ und 103 PS. Immerhin 222 Besitzer eines Djet 6 durften sich die Großpackung Gute-Laune-Auto abholen, bevor der Djet Ende 1967 ausgedüst hatte. Ein neues Matra-Coupé namens 530 erschien, das mit einem 1,7-Liter-Ford-V4 angeschoben wurde. René Bonnet zog sich aus der Öffentlichkeit zurück und trat nicht mehr mit einer Neuentwicklung in Erscheinung.

Reyonnah

Die Gründung des Reyonnah-Unternehmens geht zurück auf den Techniker Robert Hannoyer. Dieser beobachtete in den 1940er-Jahren, dass immer mehr Autofahrer alleine in ihren Fahrzeugen unterwegs waren und gleichzeitig die Fahrzeuge immer größer wurden. Daraus resultierte – Hannoyers Meinung nach – eine unnötige Belastung des städtischen Verkehrs durch eng parkende Autos. In der Nachkriegszeit herrschte zudem ein großer Bedarf an wirtschaftlichen Transportmitteln, sprich Kleinstwagen.

Hannoyer machte sich in seiner heimischen Garage an die Entwicklung eines besonderen Gefährts, des Reyonnah-Klappmobils. Drei Jahre lang tüftelte er daran, schraubte es in seinem Werkstattbetrieb zusammen und präsentierte es 1950 der staunenden Öffentlichkeit. Das Besondere an diesem Gefährt war der Mechanismus, mit dem man es in engen Parklücken an der Längsachse zusammenfalten konnte. Ein Sperrmechanismus ließ das Fahrzeug dann in der oberen Position verharren, bei der Fahrt verhinderte eine Verriegelung, dass das Fahrzeug ungewollt einklappte.

Der Reyonnah erhielt große Resonanz auf dem Pariser Autosalon, Hannoyer machte sich sofort an die Serienvorbereitung. Mitte 1950 war das kleine Auto mit seitlich aufklappbarem Verdeck und Duralinox-Karosserie serienreif. Als Antrieb diente ihm ein 175 cm³-AMC-Zweitakter, eine ähnliche Konfiguration wie beim Messerschmitt Kabinenroller. Letztlich verhinderten organisatorische Gründe die Großproduktion des Reyonnah. Einige Quellen gehen von etwa zehn produzierten Exemplaren aus. Der erste Prototyp von 1950 ist weiterhin funktionstüchtig und befindet sich im Besitz des Sohnes von Robert Hannoyer.

»Reyonnah, ein Fahrzeug, das überall durchkommt«, so die Werbung. Mit faltbarer Vorderachse galt das auf jeden Fall für Parklücken.

Hier ist sie zu sehen, die faltbare Vorderachse. Die Spurweite verringerte sich dann von 132 auf 75 cm. Nur etwa 16 Autobesitzer kamen in diesen Genuss.

Rosengart

Die große Zeit der Firma Rosengart war zwischen den beiden Weltkriegen. Lucien Rosengart (1881-1976) gehörte zu den bekanntesten Unternehmerpersönlichkeiten Frankreichs und begann 1928 mit den Fahrzeugbau unter eigenem Namen, nachdem er bereits bei Citroën und Peugeot gearbeitet hatte. Er kaufte die Bellanger-Fabriken in Neuilly-sur-Seine, die bisher mit der Rahmenproduktion für de Dion beauftragt waren. Hier sollte nun eine Fabrikation für Rosengart-Automobile beginnen. Das erste echte eigene Serienfahrzeug war der LR2, einer Austin Seven-Lizenz, die um fortschrittliche Details wie Elektrostarter, Kilometerzähler und Amperemeter ergänzt worden war.

Die Artenvielfalt des ursprünglichen LR2-Konzepts komplettieren kurz vor dem Krieg der LR 49 (1933-1936) und der LR4N2 (Facelift-Variante, ab 1935), wobei in jedem Fall der Austin Seven-Motor die Basis bildete. Die geplanten Nachkriegsmodelle »Ariette« und »Sagaie« nutzten ebenfalls noch den kleinen Austin-Motor. Die geplanten Sechszylindermodelle wurden ebenso wenig eine Erfolg wie die Rosengart-Fronttriebler auf Basis des Adler Trumpf und des Citroen 11CV. 1955 zog sich Rosengart zurück und widmete sich der Malerei.

Der Mercury 3,9-Liter-V8-Motor des 46er Rosengart Supertrahuit leistete 90 PS. (Stefan Müller)

Warum Rosengart das Modell Sagaie (Lanze) nannte, bleibt unklar. Mit dem 745 cm³-Panhard-Zweizylinder-Boxer und 37 PS war er sicher nicht die Speerspitze des Unternehmens.

Rousseau

Das Unternehmen Rousseau aus Vincennes begann 1982 mit der Produktion von Automobilen auf Basis des VW Käfer. Dabei handelte es sich um eine Nachbildung des Jaguar SS 100, der auch als Bausatz erhältlich war. Die Fiberglas-Karosse wurde dabei auf den VW-Plattformrahmen gesetzt. Im Heck arbeitete ein maximal 50 PS starker Käfer-Motor – eine magere Leistungsausbeute für einen vermeintlichen Sportwagen. Hinzu kam ein relativ hoher Einstandspreis. Im Juli 1983 kostete ein Bausatz 18.390 Franc. Bis das Fahrzeug dann auf den Rädern stand, konnten 30.000 Franc veranschlagt werden. Zum Vergleich: Ein Peugeot 205 mit 45 PS kostete rund 33.000 Franc. Das erklärt, warum der Rousseau-Replika kein großer Erfolg beschieden war.

Roussey

1931 startete das Unternehmen von Pierre und Paul Roussey in Dijon. Die »Société S.A. P.P. Roussey« wurde in der Hauptsache durch die Produktion von Motorrädern und Rollern bekannt. Die Automobilproduktion bei Roussey blieb in den Anfängen stecken. 1948 präsentierte man auf dem Pariser Autosalon eine viersitzige Limousine mit einem luftgekühlten Zweizylinder-Zweitakt-Motor. Der Antrieb erfolgte per Kette. Bemerkenswert waren die Frontantriebs-Auslegung und das Viergang-Getriebe. Die Quellenlage der Stückzahl ist unterschiedlich, manche sprechen von einem Einzelstück, andere von wenigen Exemplaren. 1950 beendete Roussey die Autoproduktion.

Rovin

Raoul Pegulu de Rovin machte sich im Alter von nur 25 Jahren zusammen mit seinem Bruder ab 1921 mit einem Konstruktionsbüro für Motorräder einen Namen. Der Bedarf nach Zweirädern war in jenen Tagen sehr groß, de Rovin traf also genau den Nerv der Zeit mit seinen Plänen. In Folge der Wirtschaftskrise 1929 gingen die Geschäfte deutlich zurück, bevor 1934 sich dann die Pforten für den Motorradbau bei de Rovin schlossen.

Das Rovin Motocar verfügte bereits 1946 über 12 Volt Bordspannung! (Englebert GPL)

Beim Rovin D2 handelte es sich um eine zweisitzigen Kleinstwagen mit wassergekühltem Viertakt-Motor. Der 10 PS starke Twin mit 425 Kubik stammte von Fiat 500.

Als der Rovin D4 1950 erschien, galt er auch mit nur 3,06 Meter Länge als vollständiges Auto.

Erst 1946 tauchte Rovin wieder als Fahrzeughersteller auf. Robert de Rovin konstruierte einen Kleinstwagen, der auf den ersten Blick einem Kinderkarussell entsprungen zu sein schien. Ein Zylinder, Platz für zwei Personen und ganz wenig Gepäck, 6,5 PS und 1,50 Meter Radstand. Die Konstruktion stand ganz im damaligen Zeichen der Sparsamkeit und Einfachheit. Hauptsache Auto, dachte man, da waren Kleinigkeiten wie ein Dach verzichtbar. Die Presse sah das dann doch anders und kritisierte den Entwurf als etwas zu schlicht. Die Rovins nahmen sich die Kritik zu Herzen und präsentierten im folgenden Jahr Auf dem Pariser Auto-
salon Rovin den neuen Kleinstwagen D2. Auf 425 cm³ und zehn PS erstarkt, konnte der Zweizylinder-Boxer-D2 (zumindest theoretisch) 75 km/h erreichen. Viel wichtiger war der genügsame Verbrauch von 4,5 Litern, ein schlagendes Argument in jenen Tagen der Rohst-offknappheit. Im Gegensatz zum Ur-Entwurf brachte es der D2 nun auf zwei Scheinwerfer, ein geschlossenes Dach erschien weiterhin verzichtbar, ebenso wie jegliche Andeutung von Luxus. Ein Blinker pro Seite musste genügen, immerhin wurde dieser bereits von einer 12V – Anlage gespeist. Zu einer Zeit, als 95 Prozent aller Autos sich noch mit sechs Volt begnügen mussten, war das ein bemerkenswertes Detail.

Durchaus bemerkenswert auch die Wasserkühlung des kleinen Boxers, schließlich besaßen die größere Ente und der Käfer noch eine Luftkühlung. Alles in allem war der D2 also gut durchdacht und mit seinen geschwungenen Formen auch hübsch gezeichnet. Produziert wurde der Rovin-Spatz im neu erworbenen Werk des ehemaligen Herstellers Delaunay-Belleville in St. Denis. Dabei beschäftigte man 2200 Angestellte, 200 davon bauten den D2, die restlichen 2000 waren mit der Aufarbeitung von ausgedienten Militärfahrzeugen beauftragt. Das war noch lukrativer als der eigene Fahrzeugbau.

Der automobile Zwerg wurde von einem wassergekühlten Zweitakter mit 462 cm³ Hubraum und 13 PS angetrieben. Die Stückzahlen des Rovin D4 blieben im kleinen dreistelligen Bereich. (Alf van Beem)

Etwa 700 D2 entstanden von 1947 bis 1948, bevor auf dem Autosalon 1948 der Nachfolger D3 präsentiert wurde. Der D3 war im hochmodernen Pontonstil gezeichnet. Eigentlich machte man bei Rovin alles richtig, aber es zeigte sich doch ein Problem: Die Konkurrenz. Der 2 CV und der Renault 4CV waren die Könige der unteren Autoklasse in Frankreich, deren Erbauer konnten durch große Stückzahlen die Preise relativ niedrig halten. Ein Rovin D3 hingegen kostete fast genauso viel ein 2 CV, der dem berühmten Bauern und dem Korb Eiern deutlich mehr Platz bot. Der Rovin hatte den Vorteil, dass er sofort lieferbar war – der 2 CV wies in jenen Jahren teilweise astronomische Lieferzeiten auf.

1950 erschien die letzte Evolutionsstufe des Rovin, der D4. Jetzt mit 462 cm³, 13 PS und vorn angeschlagene Türen besserten das gute Konzept des Rovin noch einmal auf. Etwas mehr Platz für den Marktkorb war nun auch vorhanden. Die Produktion des D4 lief konstant auf kleiner Stückzahl weiter. Irgendwann Mitte der Fünfziger wandelte sich das Image des Kleinstautos. Immer mehr potenzielle Käufer betrachteten den Rovin als »Spielzeugauto«, in dem die eigenen Kinder spielen. Es blieb eine kleine Fangemeinde, die das moderne Design des D4 und sein technisches Konzept schätzte. Diese Fangruppe wurde kleiner und kleiner, bis in den späten Fünfzigern das Ende des Fahrzeugbaus bei Rovin beschloss. Der Reparaturbetrieb lief weiter, von 1959 bis 1961 wurden noch ein paar Exemplare aus Restbeständen montiert, dann war Rovin Automobiles nach etwa 2300 Einheiten Geschichte.

Saga

Jean-Louis Baud aus Laons/Aisne gründete 1980 eine Sportwagenfirma. Beim Entwurf der Karosserie aus Fiberglas orientierte sich Baud optisch am Bugatti Type 55 aus dem Jahre 1932. Auf einen Stahlrohrrahmen setzte er eine gegenüber dem Original um etwa zehn Prozent verkleinerte Karosserie. Als Antrieb dienten Motoren von Alfa Romeo mit 2000 cm³ und Leistungen von 130 bis 176 PS.

Als zweites Modell komplettierte der Saga P3 das Programm. Hierbei handelte es sich um eine Replik des Rennwagens Alfa Romeo P3 aus den 1930er-Jahren. Die Karosserie bestand aus Aluminium und Polyester, die Motoren entsprachen dem Saga Type 55. Zum Produktionsende gibt es unterschiedliche Angaben, manche Quellen sprechen von 1991, andere von 1994.

Die elegant gestaltete, achtseitige Salmson-Katalog bewarb 1951 den Platz und die Vorzüge des im Vorjahr erschienen Randonnée.

Salmson

Die Geschichte der Salmson Cie. ist geprägt von einem wechselhaften Verlauf und einem stillen Ende. Alles begann im Jahre 1890 in Paris als »Émile Salmson Ing«. Nach dem Ersten Weltkrieg befand sich die Automobilbranche im Aufwind und Salmson beschloss sich diesem Trend anzuschließen. 1922 gliederte Salmson den Automobilbau aus der Firma aus und gründete die »Salmson Société des Moteurs«. In den 20er-Jahren fuhren die Salmson-Automobile etliche Siege bei französischen Rennveranstaltungen ein. 1937 erschien das Modell S4E, ein Vierzylinder-Wagen mit mächtigen 2312 cm³, der das Zeug zum Superstar gehabt hätte. Neben der Ausrüstung mit einem DOHC-Motor bot der S4E weitere fortschrittliche Details wie halbkugelförmige Brennköpfe, eine Zahnstangenlenkung und eine vordere Einzelradaufhängung. Leider wurde der teure S4E nicht zum Verkaufsschlager. Gleiches gilt für den 1939 eingeführten S4-61. Der S4E wurde bis 1942 produziert, der S4-61 in sehr kleinen Stückzahlen bis zum Kriegsende.

In den Nachkriegsjahren nahm Salmson die Produktion der S4-61 und S4E auf, hatte aber mit erheblichen finanziellen Schwierigkeiten zu kämpfen. Die staatlichen Wiederaufbauhilfen konzentrierten sich

507 Exemplare des Salmson Randonnée Cabriolets mit 2,2-Liter-Vierzylinder und 70 PS entstanden zwischen 1950 und 1954.

auf jene Hersteller, die kleine und kostengünstige Modelle anboten. Dazu gehörte Salmson nicht, eine Umstellung auf die Produktion günstigerer Autos war nicht ohne Weiteres möglich. Der S4-61 behielt seinen 1731 cm³- Vierzylindermotor und war sowohl als viertürige Limousine wie auch als Coupé lieferbar. Lediglich einige wenige Cabriolets verließen das Band. Gegenüber den Vorkriegsmodellen hatte der S4-61 einige optische Retuschen erfahren. So wurden die Radhäuser stärker betont und die Scheinwerfer in die Kotflügel eingelassen. Fortan war der S4-61 auch auf den ersten Blick vom S4-E zu unterscheiden. Die Jahresproduktion 1948 belief sich auf 336 Exemplare, wovon etwa zwei Drittel auf den kleineren S4-61 entfielen – kein Volumenwert.

1950 präsentierte Salmson ein weiteres Luxusmodell, den Randonnée E-72 mit einem 2218 cm³-Vierzylindermotor und serienmäßigem Cotal-Vorwahlgetriebe. Selbiges Jahr wurde erfolgreich, Salmson produzierte 1162 Autos. 1951 (nach der Präsentation des G72) waren es noch 817 Fahrzeuge, 1952 gerade mal 89. Zeitweilig musste die Automobilproduktion unterbrochen werden, um der lukrativeren Herstellung von Flugzeugmotoren Raum zu geben. Auch das 1953 präsentierte mondäne 2300 S Coupé konnte keine Abhilfe mehr schaffen, 1957 endete die Automobilproduktion bei Salmson, Renault erwarb die Restfirma. Salmson verlegte sich fortan wieder auf das ursprüngliche Kerngeschäft der Pumpenproduktion, in dieser Branche ist das Unternehmen bis heute tätig.

Zum Abgesang der großen Marke präsentierte man 1954 noch das hinreißende 2300 S Coupé mit 2,3-Liter-Motor und 110 PS. Nur 227 Stück entstanden.

Ja, auch das ist ein Salmson. 1952 kopierte die T.A.I SA den 1951er GM Le Sabre und nutzte als technische Basis den Salmson S4-E mit dem 70 PS starken 2,3-Liter-Vierzylinder.

Jean Paul Colas mit seinem Salmson 2300 Spyder (Startnummer 27) wird hier in Le Mans am 11. Juni 1955 gerade von den beiden Mercedes 300 SLR mit Kling/Simon (Startnummer 21) und Levegh/Fitch (Startnummer 20) überholt. Wenig später sterben Pierre Levegh und 84 Zuschauer beim schlimmsten Unfall der Motorsportgeschichte.

Sarap stellte erst seit 1974 unter eigenem Markenname Buggys her, nachdem Buffalo wegen der Ölkrise aus der Produktion ausgestiegen war. Man verwendete ausschließlich französische Teile, um einer Forderung der Politik zu entsprechen.

Der Spacia entstand zunächst bei Erad, seit 1997 bei Savel.

SARAP

Die Geschichte der SARAP (»Société Alsacienne de Recherches et d'Application des Plastiques«) ist eng verbunden mit dem Engagement des Technik-Enthusiasten André Koenig. Schon einige Jahre vor der Gründung der SARAP beschäftigte er sich mit dem Bau von Kunststoff-Karosserien, zu jener Zeit allerdings noch welche für Flugzeug. Sein erstes Ziel in der Mitte der 60er-Jahre war die Herstellung eines ultraleichten Kleinflugzeugs.

André Koenig besaß keine Ausbildung im eigentlichen Sinne in diesem Gebiet, sondern brachte sich die notwendigen Kenntnisse autodidaktisch bei. Etwa 1968 begann er in Breitenbach/Elsass mit dem Bau eines Rennwagens, stilistisch orientierte er sich dabei an erfolgreichen Le-Mans-Boliden wie dem Ferrari P4, dem Porsche 906 und dem Matra 630. Zahlreiche Rennfahrer-Größen statteten Koenig in der Entwicklungsphase einen Besuch ab, was ihn dazu veranlasste, die Entwicklung zu intensivieren. Schließlich gründete er 1969 in Colroy die SARAP, um in die Serienproduktion einzusteigen.
Zunächst entwickelte man mit der Unterstützung von Roland Beile die Prototypen 671 und 691, die in einer Kleinserie von insgesamt 17 Exemplaren entstanden. Sie wurden als Bausatz ausgeliefert, dem Käufer oblagen die Montage sowie die Zulassung des Fahrzeugs. Dadurch geschah es, dass manche 671 und 691 erst Jahre später auf die Straße kamen. Hatten 671 und 691 noch mehr Limousinen-Charakter, so war der Nachfolger 701 eindeutig als Coupé ausgelegt. André Koenig hatte den Bausatz der Kunststoffkarosse vereinfacht, um der Kundschaft die Montage zu erleichtern. Technisch fußte das 701-Coupé auf dem R16 TS und R17 TS. Es kam der 1600 cm³-Cléon-Alu mit Benzineinspritzung und 108 PS zum Einsatz.

Das Modell 701 blieb eine absolute Rarität, es wurden nur sechs Exemplare hergestellt. Ab 1974 übernahm man von Automobiles Buffalo die Produktion des Buffalo Buggy. Hierbei handelte es sich um ein Geländefahrzeug mit Rohrrahmen und offener Kunststoffkarosserie. Angetrieben wurde dieser Buggy von einem Renault-Cléon-Motor mit 1100 oder 1300 cm³. Die Produktion des Buggys endete 1977, weil die Typenzulassung auslief und eine neue, sehr kostenaufwändige Crashversuche nötig gemacht hätte. Die Gesamtproduktion von SARAP lief bis 1979 weiter, dann beendete die Firma ihre Automobilproduktion.

SAVEL

Die Société Savel (»S.A. Véhicules Européens Légers«) wurde 1997 in Aniche gegründet. Savel übernahm den in eine finanzielle Schieflage geratenen Microcar-Hersteller Automobiles Erad (Inhaber Daniel Renard). Erad hatte unter anderem die Modelle Agora und Spacia hergestellt, diese nahm Savel in seine Produktion auf. Der Agora war mit 2,25 Meter Gesamtlänge ein ultrakurzes Modell, der Spacia maß in der Länge 2,57 Meter. Angetrieben wurden beide Modelle entweder von einem 315 cm³-Einzylinder-Diesel oder einem 505 cm³-Zweizylinder-Diesel der Marke Lombardini. 1998 kam der Sisma hinzu, ein Fahrzeug, das vom »Institut Supérieur de Design« entwickelt wurde. Der Sisma hatte eine Gesamtlänge von 2,50 Meter und wurde ebenfalls von den 505 cm³-Lombardini-Dieseln angetrieben. Die Savel-Produktion endete 2002, es gelang dem früheren Automobiles-Erad-Eigner Daniel Renard Savel aufzukaufen und die Produktion unter dem Firmendach der bis heute bestehenden SECMA S.A. fortzusetzen.

SECMA

Die SECMA (Société d'Étude et Construction Mécanique Automobile) wurde 1995 in Lambres von Daniel Renard, ebenfalls Initiator von Automobiles Erad, gegründet. Kurze Zeit später erfolgte der Umzug nach Aniche/Nordfrankreich. Das Programm der SECMA bestand aus einem Dreirad mit hinterem Einzelrad, das durch einen 49 cm³-Zweitakter der Firma Morini angetrieben wurde.

Später ging man zum Bau von Quad-ähnlichen, vierrädrigen Fun-Mobilen über. Zu nennen ist hier unter anderem das FunTech-Quad 340 mit namensgebendem 340 cm³-Lombardini-Motor. Von diesem Modell wurde auch eine Elektro-Version namens Fun Elec` abgeleitet. Sogar ein 6x4-Modell war lieferbar! Aktuell stehen verschiedene Fun-Mobile mit 1600 cm³-Renault-Motor im Programm. Unter dem Dach der SECMA fungierte auch die SAVEL S.A, ein weiterer Kleinstwagen-Hersteller.

Auch mit einem 340 cm³-Lombardini-Diesel bereitete das Secma Fun Tech Quad sicherlich Spaß.

SERA

Die 1959 erfolgte Gründung der »Société d'Études et de Réalisations Automobiles, Société Anonyme« (SERA) geht zurück auf die Initiative des Fahrzeugingenieurs M.G. Rey und des Industriellen Francois Arbel. Das Unternehmen hatte seinen Sitz in Porte de Villiers nahe Paris. Francois Arbel hatte sich einige Jahre zuvor durch die Gründung der »Société Symetric-Arbel« einen Namen gemacht. Für das Projekt eine Sportwagens verpflichtete Arbel den Stylisten Jacques Durand. 1957 entwarf er den Atla, einen kleinen Sportwagen auf Renault-Basis mit Flügeltüren. Der SERA sollte ebenfalls eine GFK-Karosserie besitzen, seine Basis bildete der Panhard PL 17.

Jacques Durand ließ sich bei der Formgestaltung von Vorbildern aus dem Hause Jaguar leiten. Die formschöne Karosserie wurde um einen Rahmenträger des Panhard PL 17 herum aufgebaut und war zwecks Kostensenkung mit etlichen Teilen aus der Großserie »garniert«. So stammte die Windschutzscheibe von der Simca Océane, die Heckscheibe des Hardtops bezog man von der Citroën DS. Die Fahrwerks- und Antriebsmechanik kam wiederum von Panhard. Das bedeutete 850 cm³ Hubraum, 42 PS und zwei luftgekühlte Boxer-Zylinder. Diese Motoren waren bekannt für ihre Drehfreudigkeit bei gleichzeitiger Standfestigkeit. Das Kunststoffkleid ließ den Wagen zu einem Leichtgewicht werden, lediglich 550 Kilo brachte der SERA auf die Waage. Das alles ermöglichte eine beachtliche Höchstgeschwindigkeit von 160 km/h. Somit wäre der SERA einer der Stars des Pariser Autosalons 1959 gewesen. Jedoch erhielt SERA keinen Stand im Salon und musste sich mit einer improvisierten Standfläche vor den Hallen begnügen.

Die Basis des 550 Kilo leichten Sera-Panhard bildete ein Panhard PL 17 mit 850 cm³ und 42 PS.

Dennoch, die fünf präsentierten SERA erregten durchaus Aufsehen – und das trotz eines relativ hohen Preises von 14.000 Franc. Die positive Resonanz ermutigte SERA, die Serienproduktion zu beginnen. Exakt acht Fahrzeuge wurden in Paris zusammengebaut, bevor man die Herstellung in den ehemaligen Motobloc-Werkstätten unweit von Bordeaux fortsetzte. Die Herstellung kam dort nur schleppend in Gang, lediglich 15 Exemplare wurden in einem Jahr produziert. Das eigentliche Ziel von einem Auto pro Arbeitstag verfehlte man damit deutlich.

Die Finanzlage verschlechterte sich, in dieser Situation trat ein spanischer Industrieller an SERA heran und verhandelte über eine Lizenzproduktion in Spanien. Es ergab sich die Schwierigkeit, dass der Panhard-Motor nicht nach Spanien importiert werden durfte. An seiner Stelle wurde ein DKW-Aggregat (aus spanischer Produktion) mit einem Liter Hubraum in den Sera eingebaut. Die Leistung dieses Motors erwies sich im Vergleich zum Panhard-Triebwerk als zu schwach. Auch ein Prototyp mit einem Fiat-Motor gelangte nicht zur Serienreife. Letztlich stellte SERA die Herstellung 1961 nach 20 Exemplaren ein. Jacques Durand wechselte zu SOVAM, bevor er seine eigene Marke »Jide« gründete.

Simca

Der Name Simca steht für einen beinahe beispiellosen Lebenslauf vom ruhmreichen Aufstieg zum ruhmlosen Ende. Begleitet wird diese sehr wechselvolle Geschichte gleichermaßen von Pionierleistungen im Automobilbau wie von Misswirtschaft und groben Fehlentscheidungen im Management. Blenden wir zunächst zurück ins Jahr 1934. Am 2. November 1934 rief Henri-Théodore Pigozzi, mit freundlicher Unterstützung des Staates und Fiat, die »Société industrielle de Méchanique et Carosserie automobile« (SIMCA) ins Leben. Die ersten Lizenz-Fiat »Made by Simca« erschienen im Frühjahr 1935. Fiat hielt größere Anteile am neuen Werk und »verrechnete« damit die Simca-Lizenzen für die Simca-Fiat-Modelle.

Das Portfolio ergänzte nach 1938 der 8CV (Fiat 1100), der als Simca 8 am Beginn der Nachkriegsgeschichte der Firma stand. Er hielt sich bis 1951 im Programm, zuletzt mit dem 41 PS starken 1221 cm^3-Motor aus dem Fiat 1200, der sich dann auch im Nachfolgemodell Simca 9/Aronde fand. 1947 kam der Simca 6 auf den Markt, der dem überarbeiteten Topolino entsprach. Zu der Zeit hatte Henri Pigozzi begonnen, die Bindungen zum übermächtigen Fiat-Konzern zu lösen. Erste eigene Schöpfung war der in vielen Varianten erhältliche Aronde von 1951.

Die von Simca weiterentwickelte Motorengeneration ab 1955 C»Flash«-Motoren) präsentierte sich sehr standfest. Das Aronde-Angebot ergänzten die großen V8-Modelle Vedette/Chambord, die Simca nach dem Kauf von Ford France 1954 ins Programm nehmen konnte. 1952 hatte das Unternehmen mit Sitz in Nanterre bereits das Traktorenwerk FAF übernommen und später, 1959, den insolventen Autohersteller Talbot-Lago. Allerdings verstand es Simca nie, aus dieser Vielfalt Kapital zu schlagen und Synergien zu nutzen. Stattdessen verzettelte man sich im Wust der Marken, bot zu viele Modelle und behielt ineffiziente Doppelstrukturen bei, kurzum: Noch nicht einmal Firmenchef Henri Pigozzi machte den Anschein, Überblick zu haben. Sollte Chrysler die Rettung sein? Der amerikanische Automobilhersteller wollte wie General Motors und Ford ein Standbein im europäischen Markt schaffen. Detroits Nummer Drei übernahm 1959 von Ford deren 15 Prozent an den Simca-Anteilen. Eine Maßnahme, die besonders von Fiat mit Argwohn betrachtet wurde, verlor man doch den noch über Simca bestehenden Zugriff auf den französischen Markt.

Chrysler indessen, im Versuch, den Produktionsstandort Europa weiter zu festigen und seine Marktanteile diesseits des Atlantiks zu erhöhen, kaufte in England die englische Rootes-Gruppe auf, zu der die Marken Hillman, Humber, Sunbeam, Commer, Karrier, Singer und Clément-Talbot (der englischer Teil von Talbot) gehörten. Dieses Markenkonglomerat, scheinbar ohne System zusammengekauft und ohne Vision einer zukünftigen Produktstrategie, brachte später das Aus für (fast) alle Beteiligten.

Simca arbeitete unterdessen weiter am Erfolg des Konzerns und lancierte 1960 abermals eine neue Motorengeneration namens »Rush«. Diese verfügte nun über fünf Kurbelwellenlager anstelle der dreifach gelagerten Welle im »Flash«. Sowohl Flash als auch Rush basierten letztlich aber noch auf dem Fiat 108C-Motor aus dem Jahre 1937. Ihre Standfestigkeit war enorm, die Laufkultur dagegen nicht mehr zeitgemäß. Letzteres hielt Simca nicht davon ab, den Rush ab 1963 auch in den Aronde-Nachfolger 1300/1500 zu verbauen. Dieses Modell verhalf Simca noch einmal mehr zu Erfolg. Die sehr elegant gezeichnete viertürige Limousine wie auch der ebenso sehenswerte Break glänzten mit guten Raumverhältnissen, solider Bauweise und komfortabler Ausstattung.

Mit Starrachse und Hinterradantrieb waren sie zwar nicht sonderlich fortschrittlich in Sachen Fahrwerk, die Kundschaft indessen liebte sie. Dies galt auch für den 1961 lancierten Simca 1000, einem Kleinwagen der Einliter-Klasse. Der 1000 war ein entfernter Verwandter des Fiat 850 und wies somit auch dessen Heckmotor-Layout auf. Henri Pigozzi war ein enger Vertrauter des Fiat-Chefs Umberto Agnelli, daher wusste er, wie ein künftiger Fiat 850 aussehen würde. Der ursprüngliche Gedanke, ein gemeinsames Fiat-Simca-Modell zu entwickeln, wurde aber alsbald zu den Akten gelegt, denn Fiat favorisierte einen Zweitürer, während Pigozzi auf vier Türen und Familientauglichkeit bestand. So streckte er den Fiat-Entwurf auch in Sachen Motorisierung. In den Simca 1000 (und dessen Coupé-Ableger 1000 beziehungsweise 1200) hielt eine komplett neue Motorenreihe Einzug, die den Namen »Poissy« trug, denn in der ehemaligen Ford-Fabrik Poissy wurde sie auch gebaut.

Der Poissy-Motor wurde von 1961 bis etwa 1991 in zahlreichen kleineren und größeren Versionen in viele Simca-/PSA-Modelle eingebaut. Der 1000 selbst entwickelte sich zu einem großen

1948 war Simca noch zu 100 Prozent eine Fiat-Tochter. Da war es legitim, den Fiat 1100 508 C »Nuova Balilla« als Simca 8 in zahlreichen – hier dargestellten – Varianten zu bauen.

Erfolg. Auch die Nachfolger der Simca-Modelle 1300/1500, die 1966 renoviert wurden und nun den Namen 1301/1501 trugen, verkauften sich bestens. Zu dem Zeitpunkt hielt Chrysler nahezu 100 Prozent der Simca-Anteile, die Amerikaner legten ihre französischen wie auch die britischen Werke in der neu gegründeten Chrysler Europe zusammen.

Anfang der 60er Jahre war das Werk unbestritten die Nummer 4 auf dem Heimatmarkt, zum Simca-Verbund gehörten neben den beiden Werken in La Rochelle und Poissy verschiedene kleinere Zulieferbetriebe, eine Versuchsanlage und diverse Montagefabriken in Nord- und Südafrika, in Lateinamerika, in Portugal und in Asien. 1962 hatte Simca 252.802 Autos (davon 89.363 für den Export)

Atomenergie, Elektroantrieb, Radarbildschirm, Fernsteuerung – was die Mannen um Robert Opron 1958 mit dem Simca Fulgur geschaffen hatten, war überfuturistisch in jener Zeit.

produziert und das beste Jahr in der Firmengeschichte verzeichnet. Zum Vergleich: Peugeot vermeldete damals 258.870 Einheiten, wovon 102.326 exportiert wurden.

Der Chrysler-Einstieg sorgte für einigen Wirbel auch innerhalb von Simca: Zweiter Großaktionär war nach wie vor die Fiat-Gruppe, die 32 Prozent hielt und in die Entwicklung des neuen »Großen Simca«, des Typs 1300/1500 maßgeblich involviert war. Der neue Wagen hätte eigentlich den Motor des Fiat 1500 erhalten und das notwendige Kapital für die Erneuerung der Produktpalette beisteuern sollen. Daraus wurde nun nichts, der Fahrzeug erhielt eine Weiterentwicklung des bekannten Aronde-Motors. Bei der 1967 übernommenen brasilianischen Simca-Dependance wurden übrigens von Chrysler do Brasil SA jene V8-Modelle weiterproduziert, deren Motoren einst von Ford entwickelt worden waren.

Allen Schwierigkeiten zum Trotz baute Chrysler seinen Einfluss bei Simca Zug um Zug aus, zumal auch in den Folgejahren die Simca ihrem Ruf als »typische Franzosen« mehr als gerecht wurden: Gut im Platzangebot, nachlässig in der Verarbeitung. Das war allerdings in den USA weniger ein Thema. Dort wurden ab 1959 die ersten Simca-Modelle über ausgesuchte Chrysler-/Plymouth-Händler vermarktet. In Deutschland gelang Simca nach 1962 mit Aufbau eines eigenen Händlernetzes der Durchbruch, die Zusammenarbeit zwischen NSU-Fiat und Simca hatte sich nicht bewährt. Der Errichtung ging rasch vonstatten, es dauerte keine zehn Jahre, bis bundesweit 1000 Servicestationen zur Verfügung standen.

Im Sommer 1967 übernahm die Deutsche Simca auch den Vertrieb der Sunbeam-Typen Alpine, Sceptre und Rapier. 1968 folgten Barracuda Fastback, Plymouth Satellite und Dodge Dart; US-Modelle wurden bereits Anfang der 60er über Fendler & Lüdemann, Hamburg, importiert. Ende der 60er Jahre konzentrierte Chrysler seine europäischen Liegenschaften unter dem Dach der neu geschaffenen Chrysler Europe. Man verfügte über 120 Produktionsstätten in 18 Ländern, in Europa gehörten – neben den unabhängigen Montagewerken in den Niederlanden und der Türkei – auch die Lastwagenbauer von Barreiros in Spanien dazu.

Schon der Sprache wegen wurde das Mehrmarkenschiff von England aus gesteuert – keine gute Idee, um auf dem Kontinent zu bestehen. Zumal das britisch-französische Verhältnis mehr als unterkühlt war und die Unternehmenskulturen nicht sonderlich harmonierten. Mitten in die Zeit dieser Neuausrichtung präsentierte Simca ein Modell, das richtungsweisender nicht sein konnte: den Simca 1100.

Knapp vier Meter Fahrzeuglänge, fünf Türen und ein Schrägheck samt großer Heckklappe. Dank umklappbarer Rücksitze eine große Variabilität ohne Handwerker-Kombi-Image. Narrensicherer Frontantrieb, komfortable Einzelradaufhängung – in dieser Fahrzeugklasse ein absolutes Novum, eine Pionierleistung. Die Kundschaft griff begeistert zu, auch diesseits des Rheins. Chrysler indessen zog daraus keine Lehren, der englische Einfluss und Automobilgeschmack sollte dominieren. Ausgerüstet mit den Poissy-Motoren von 944 bis 1290 cm³, waren die Simca 1100 über Jahre zuverlässige Alltagsgefährten. Lediglich der starke Hang zum Rostbefall trübte die Bilanz ein wenig. Die letzten 1100 verließen erst 1985 in Gestalt der Citylaster VF3 (Kastenwagen) das Band.

Zum Zeitpunkt der Übernahme gliederte sich das französische Chrysler-Programm in die Typen Simca 1000, Simca 1000 Coupé, Simca 1100 und 1301/1501 auf, und für 1969/70 war die Ablösung des 1301/1501 zugunsten eines modernen Frontantrieb-Fahrzeugs geplant. Dieses »Projet 929«, eine gefällige Mittelklasse-Limousine, war bereits weit gediehen. Gleichzeitig aber entwickelte der britische Chrysler-Zweig ebenfalls eine Limousine in diesem

Segment, denn Chrysler GB und Chrysler-Simca agierten eher als Konkurrenten denn als sich ergänzende Konzernbrüder. Letztlich gab die Mutter in den USA dem britischen Entwurf den Vorzug, der dann 1970 als Chrysler-Simca 160/180/2L auf dem Markt erschien (in GB nur »Chrysler«).

Die Karosserie war typisch britisch-amerikanisch gezeichnet, mit einem deutlichen Hüftschwung à la Opel Rekord C. Das Antriebskonzept war konservativ: Starre angetriebene Hinterachse, vorne McPherson-Federbeine. Nur bei den Motoren setzte sich Simca durch und platzierte moderne OHC-Motoren mit 1,6, 1,8 und zwei Litern Hubraum unter der Haube.
Der 160/180/2 L glänzte mit guter Ausstattung und ansprechendem Komfort. Insgesamt aber fiel der Wagen bei Kunden wie Testern durch, ohne richtig schlecht zu sein. Richtig gut war er aber auch nicht. Dementsprechend schleppend liefen die Verkäufe an, die eigentlich geplante Ablösung der 1301/1501 verzögerte sich bis 1976. Die 160/180/2L wurden noch bis 1981 produziert (ab 1976 Chrysler-Simca 1610/2L) und erlebten somit 1978 noch die Chrysler-Europe-Übernahme durch Peugeot. Peugeot reaktivierte für die Ex-Chrysler-Modelle den alten Markennamen Talbot, somit trugen die 1610/2L ab 1979 den Markennamen Talbot-Simca beziehungsweise ab 1980 Talbot.

Etwas besser im Verkauf schlug sich die ab 1976 angebotene Baureihe 1307/1308/1309. Unter der Regie von Chrysler GB/Rootes entstand eine formal ansprechende Karosserie, die mit einem modernen Schrägheck samt variablem Kofferraum aufwarten konnte. Deshalb avancierte die Baureihe zum »Auto des Jahres 1976« – und zum veritablen VW Passat-Konkurrenten. Die Verkaufszahlen waren in den ersten beiden Jahren gut, dann aber führten Klagen über eine mangelnde Rostbeständigkeit und gravierende Verarbeitungsmängel zu Einbrüchen in den Verkaufszahlen. Das schlechte Image haftete der Modellfamilie auch nach der Übernahme durch Peugeot 1978 und den Markenwechsel hin zu Talbot an. Auch ein Facelift und die Umbenennung in Talbot 1510 und Talbot Solara (Stufenheck) vermochten die Situation nicht mehr zu retten. Zwar wurde der 1510 noch bis 1986 gebaut, der Absatz blieb allerdings sehr niedrig – möglicherweise auch, weil mit dem neuen Horizon 1978 eine modernere Alternative zur Verfügung stand.

Der neue Kompakte erhielt allenthalben Lob für sein gefälliges Design und den guten Komfort. Wie beim 1307/1308/1309 litt auch er unter qualitativen Mängeln, die den Verkauf hemmten. 1986 lief die Produktion des ab 1980 Talbot getauften Horizon aus, den Chrysler in den USA als »Dodge Omni« verkaufte. So endet eine ruhmreiche Marke ganz im Stillen, in den Ruin getrieben durch Misswirtschaft und eine unglückliche Modellpolitik.

Dieser Simca Aronde P60 (links) und sein rechts dahinter stehender Nachfolger Simca 1300 wurden hier 1968 auf dem Place Marcadieu in Tarbes für Studentenproteste mit Parolen gegen den Vietnamkrieg dekoriert.

Bei der Simca 5 Cabriolimousine oben im Bild handelt es sich um einen Lizenzbau des Fiat 500 Topolino A. Der Simca 6 unten war ein Ableger des Topolino C.

Simca 5 / Simca 6

Beim Simca Typ 5 handelte es sich um den in Frankreich 1936 bis 1948 gebauten Fiat 500 Topolino. Der Simca 6 hingegen war ein grundlegend modernisierter Fiat 500 A, wobei in diesem Falle erstmals Simca die Linie vorgab, der sich dann Fiat anschloss. Gebaut zwischen 1948 und 1950, hatte der französische Entwurf Modifikationen an Front und Heck aufzuweisen, auch Tank und Reserverad waren neu platziert worden. Der OHV-Motor war ebenfalls neu, ihn hatte man unverändert vom Fiat 500 B übernommen. In den Karosserieausführungen Limousine, »Decapotable« und »Fourgon« lieferbar, blieb er nur zwei Jahre lang im Programm, der 2 CV von Citroën und der Renault 4CV waren wesentlich gefragter.

Ein Kritikpunkt am Simca 5 war der beengte Raum, der nur zwei Personen Platz bot. (CjP24 CC BY SA 4.0)

Auch nach dem Krieg baute Simca das Erfolgsmodell Simca 8 weiter, nun mit einem 1221-cm³-Fiat-108c-Motor, der 41 PS leistete.

Simca 8

Der Simca Huit war ein in Lizenz gebauter Fiat 1100/508 Ballila. Die technischen Daten und Abmessungen entsprachen dem Fiat-Entwurf. Wie das Original gab es auch hier keine B-Säule, die Türen waren an den A- und C-Säulen angeschlagen. Anfangs befeuert durch den Fiat-Vierzylinder mit 1089 cm³ und 32 PS bei 4200/min, gehörten eine Einzelradaufhängung vorn mit einer Starrachse hinten zu den Merkmalen dieses Entwurfs. Verzögert wurde über hydraulisch betätigte Trommelbremsen an allen vier Rädern. Mit zeitlichem Versatz vollzog der Huit die Modelländerungen nach, die erst zum Typ Fiat 1100 B – Facelift an Front und Heck – sowie zum 1100 C (1221 cm³, 40 PS) führten.

Eine Eigenkonstruktion indessen stellte das bildschöne Simca 8 Cabriolet dar, das Simca auf dem Pariser Salon 1948 präsentierte. Der Entwurf ging auf Farina zurück, den Bau übernahmen die Karosserie-Spezialisten von Facel-Métallon, die auch die regulären Simca-8-Karosserien fertigten. Pate hatte der Ferrari 166 gestanden. Das Cabrio mit Aluminium-Karosserie baute auf der technischen Plattform der Simca 8 Limousine auf, der Fiat-Motor war auf 50 PS gebracht worden. Damit schaffte der Zweisitzer rund 135 km/h. Neben dem Cabriolet gab es auch ein Coupé. An der Rallye Monte Carlo 1950 kamen die Coupés (werksunterstützt) auf die Ränge 4 und 5, ein Simca Sport gewann die Atlas-Rallye, vier weitere beendeten die Tour de France für Automobile 1951. Die Produktion endete im Januar 1952. Von allen Baureihen zusammen wurden 89.457 Einheiten produziert, andere Quellen nennen eine Gesamtstückzahl von 113.165 Fahrzeugen.

Die Werbezeichner streckten mit ihren Federstrichen die Form des Simca 8 noch ein wenig. Das betonte die großzügigen Raumverhältnisse gegenüber den Simca 5 und 6.

Die Simca Aronde wurde zum ersten Volumenmodell Simcas. Hier die Frontansicht der Serie 9 Aronde von 1951 bis 1955.

1955 erhielt die Aronde ihr erstes Facelift. Die folgende Serie wurde Aronde 90 A genannt.

Simca Neuf / Aronde

Dem Simca 8 folgte der Simca Neuf »Aronde« von 1951, eine selbsttragende Stahlblech-Konstruktion mit 45 PS/1,2-Liter-Motor, die ohne Anlehnung an Fiat entstanden war. Knapp zwei Jahre nach der Premiere – am 17. März 1953 – verließ die 100.000. Aronde das Werk. Die modern und formschön gezeichnete Limousine erwies sich vom Start weg als großer Wurf, die Käufer goutieren die Kombination aus Ansehnlichkeit und technischer Solidität.

Verkaufsfördernd wirkte sicherlich auch die große Vielfalt an Karosserievarianten (Viertürer, Coupé, Cabriolet, verschiedene Kombis, Pick-Up), und dank der zahllosen Ausstattungsvarianten platzte die Firma in Nanterre aus allen Nähten. Abhilfe schaffte im Juli 1954 die Fusion mit der französischen Ford-Tochter SAF. Dadurch verfügte nun Simca über das 1940 in Betrieb genommene große Automobilwerk bei Poissy (Departement Seine-et-Oise) mit genügend Platz zur Kapazitätserweiterung. Der erste Simca Neuf Sport auf der Aronde-Plattform wurde aber noch an alter Stelle im April 1952 gebaut.

Die Facelift-Variante zum Modelljahr 1956 erhielt, neben Modifikationen an Front und Heck, den 1,3-Liter-Motor Flash-Motor. Eine hinreißende Kreation war das Cabriolet Oceane.

Der Simca Aronde 90 A Oceane Cabriolet war ein Traumwagen jener Zeit, auch wenn nur 57 PS aus 1290 cm³ unter der Haube werkelten.

Die geteilte Heckklappe ist typisch für den Aronde 90 A Kombi, bei Simca Châtelaine genannt.

1959 erhielt die Aronde einen modernen Look und hörte jetzt auf die Bezeichnung Aronde P60. Erkennbar ist sie am größerem Kühlergrill und den glatteren Flanken.

Das Simca Aronde Coupé »Plein Ciel« wurde bei Facel-Metal gefertigt, ausgerüstet mit dem 1290-cm³-Motor.

Simca Vedette

Die Übernahme der französischen Ford-Tochter verhalf Simca zur Luxuswagen-Baureihe »Vedette«. 1948 erstmals vorgestellt, beeindruckte dieser »französische Mercedes« mit einen 2,2 Liter V8-Motor – Ventile seitlich, zentrale Nockenwelle –, der sich eng an den Ford-V8 aus dem Jahr 1932 anlehnte, aber ursprünglich von Matford entwickelt worden war. Mit 60 PS galt er damals als richtig leistungsstark.

Dieser V8-Motor, jetzt mit knapp 2,4 Liter Hubraum, war auch das Kennzeichen der zweiten Vedette-Generation, die dann nicht mehr als Ford, sondern als Simca in den Handel gelangte.

Bemerkenswerte Features neben der stark amerikanisierten Optik mit Heckflösschen, Lampenschirmchen und pastelligen Farben war die Vorderachskonstruktion des Sechssitzers, denn als erstes französisches Auto kam hier eine McPherson-Achse zum Einsatz. Die Ausstattungen hießen Trianon, Versailles und Régence, dazu gab es den Luxuskombi namens Marly. Die Motorleistung lag anfangs bei 80, später 84 PS, ohne dass man dem schweren Viertürer einen Hang zu sportlichen Umtrieben unterstellen mochte.

Der Simca für Besserverdiener wurde 1958 noch einmal überarbeitet – Ausstattungslinien Beaulieu, Chambord und Présidence – und stand bis 1961 im Programm, zuletzt zunehmend gehemmt durch das uralte, trinkfreudige Grauguss-Aggregat. Danach wurden Pressen und Motoren an die brasilianische Tochter abgegeben, wo der Simca dann vor allem als Taxi noch bis 1969 gebaut wurde.

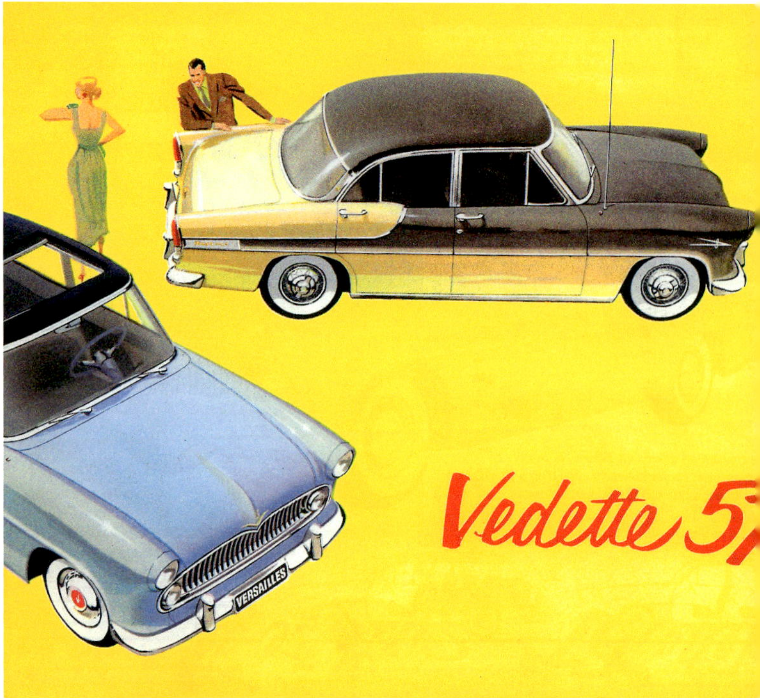

Zuckerbäcker-Design lag im Trend, und das präsentierte die franko-amerikanische Vedette 1957 reichlich. Der 2,4-Liter-V8 leistete 84 PS.

1957 gesellte sich auch ein Kombi-Modell ins Vedette-Programm. Der Marly hatte natürlich ebenfalls die todschicke und praktische geteilte Heckklappe.

Simca Ariane

Die Ariane, 1957 präsentiert, kombinierte die Karosserie der ersten Vedette-Serie mit dem 1,3-Liter-Rush-Motor. Mit einer Leistung von 55 PS eigentlich untermotorisiert, war der stattliche Sechssitzer vor allem unter Taxifahrern sehr beliebt. Entstanden war diese Variante im Gefolge der Suezkrise von 1956, als die Nachfrage nach großvolumigen, durstigen Benzinern kurzfristig einbrach.

Ab 1958 bekam die Ariane ein »Ariane 4«-Emblem auf dem hinteren Seitenteil, wenn sie mit dem kleinen Motor unter der Haube ausgestattet war..

Hier eine Ariane 4 ab 1958. Ab diesem Zeitpunkt bekam die Ariane ein Emblem „Ariane 4", wenn sie den kleinen Motor unter der Haube hatte.

Simca 1000

Der 1000, 1961 lanciert, war ein entfernter Verwandter des Fiat 850. Mit diesem Zugpferd im Simca-Stall trat das Unternehmen gegen Renault 8, Ford 12 M, Opel Kadett oder VW an. Im Heck des 3,80 Meter langen Viertürers werkelte ein wassergekühlter Vierzylinder-Reihenmotor mit 944 cm^3 Hubraum und zunächst 32, bald darauf 39 PS bei 5200/min. Neben dem hierzulande nicht lieferbaren Simca 900 und dem kaum verkauften Simca 1000/1200 Coupé gab es den Simca 1000 in der Standard-Version sowie eine besser ausgestattet Luxus-Variante.

Das Angebot zu Beginn der Siebziger umfasste dann drei Modellvarianten mit 40, 54 und 60 PS, wobei letzterer dem 1000 Rallye vorbehalten blieb. 1972 erschien der Rallye 2; er leistete zunächst 82, ab 1975 85 PS. Die letzte größere Modelländerung fand 1976 statt, sie brachte Rechteck-Scheinwerfer und neue Modellbezeichnungen. Die 40-PS-Modelle hießen nun 1005 LS/GLS, die 54-PS-Simca 1006 SR.

Ab 1969 bekam der Simca 1000 vergrößerte Rundscheinwerfer und einen neuen »Kühlergrill«.

Die Linie des Simca 1000 Coupés entstand bei Bertone, verantwortlicher Stylist dort: ein gewisser Giorgetto Giugiaro.

Charakteristisch für den heißen 60 PS starken Simca 1000 Rallye 1 (1970-1972) war die matt-schwarze Lackierung der Haube.

Der Simca 1000 GL von 1966 verfügte über 944 cm³ Hubraum, 39 PS und war auch mit Halbautomatik lieferbar.

Vom kleineren Bruder 1300 ist der Simca 1500 durch den geradlinigeren Kühlergrill zu unterscheiden. (Anefo CCo)

Simca 1300/1500/1301/1501

Diese Viertürer debütierten beim Genfer Salon 1963. Dabei handelte es sich um eine komplette Neukonstruktion mit Frontmotor und Heckantrieb, die wahlweise mit 52 wie auch 66 PS lieferbar war. Der 1500er hatte auf der IAA 1963 Premiere, einen Monat später wurde zum Pariser Salon der Kombi nachgereicht, den es nur mit 1,5-Liter-Triebwerk gab.

Etwas antiquiert galt die Motortechnik. Anstelle des erwarteten modernen ohc-Triebwerks wurde der längs eingebaute Reihen-Vierzylinder aus der Aronde verwendet. Im Gegensatz zum 1300er verfügte der 1500er über vordere Scheibenbremsen, einen anderen Kühlergrill und andere Stoßfänger. 1967 verlängerte Simca die Karosserie, installierte ein neues Armaturenbrett, neue Sitze und eine bessere Entlüftung. Insgesamt waren sieben 01-Varianten verfügbar, darunter zwei Kombi-Versionen.
Bis zum Auslaufen der Modellreihe im Juli 1975 gab es, Simca-typisch, ein virtuoses Verwirrspiel mit Motor-, Karosserie- und Ausstattungsvarianten, ohne dass sich Wesentliches getan hätte.

Der GL war die Luxusvariante des 1300, die aber immer noch die 1300-typische durchgehende Sitzbank vorne sowie den 1290-Kubik-Motor mit 54 PS behielt.

Die Break-Modelle stießen erst 1964 (1500) beziehungsweise 1965 (1300) ins Programm, wurden aber sofort zum Erfolg.

1966 erneuerte Simca die 1300/1500-Baureihe. Es gab ein Längenplus von 21 Zentimetern und neue Namen: 1301/1501.

Den Simca 1501 gab es ab 1969 mit serienmäßigen Nebelscheinwerfern.

Mit dem 1204-cm³-Motor (75 PS) wurde der 1100 zum Renner. Da mussten es auch zwei Zusatzscheinwerfer sein.

Der Simca 1100 war fast durchgehend auch als Dreitürer lieferbar, sonderlich gefragt war diese Variante allerdings nicht.

Simca 1100

Der Simca 1100 war der erste Wagen, der unter Chrysler-Regie in Poissy produziert wurde. Er füllte die Lücke, die zwischen dem Simca 1000 und dem 1,3-Liter-Modell klaffte. Von der Konzeption her – Vorderradantrieb, quer eingebauter Frontmotor, Heckklappe – erinnerte er stark an zeitgenössische Konstruktionen wie den Autobianchi Primula, die BMC-Typen 1100/1800 oder den Peugeot 204. Ebenso modern (und nach Meinung der amerikanischen »Automotive Industries« deutlich von Chrysler USA beeinflusst) war das Fahrwerk mit Einzelradaufhängung mit doppelten Querlenkern und Schräglenkern hinten sowie den Drehfederstäben.

Beim Motor handelte es sich ebenfalls um eine Neukonstruktion. Das ab November 1967 lieferbare zweitürige Grundmodell kostete zwischen 5900 und 6600 Mark. Die Viertürer GL/GLS waren ab Januar 1968 auf dem Markt, der zweitürige Kombi Tourisme erschien im März 1968.
In den nächsten Jahren folgten eine Unzahl von Motor- und Modellvarianten, wesentliche technische Änderungen gab es allerdings nicht mehr. Zum Modelljahr 1979 umfasste die Modellpalette noch immer drei Limousinen und zwei Kleinlaster-Varianten, zwei Jahre zuvor waren es noch neun gewesen.

Chrom, Teppiche, eine Uhr, ein Zigarettenanzünder, all diese Nettigkeiten hatte der ab 1968 erhältliche 1100 GL serienmäßig.

Der 1975er Simca 1100 LX war ein Sondermodell in den 70er-Jahre-Farben Gelb, Orange oder Braun, serienmäßig mit Nebelscheinwerfern.

Bei diesem Chrysler 180 handelt es sich um ein späteres Model, erkennbar an der fehlenden Zwangsbelüftung in der C-Säule.

Chrysler 160/180/1609/1610

Die in Coventry entwickelten, stark amerikanisierten Chrysler-France Modelle – die nie als Simca liefen – erschienen im August 1970 als 160, 160 GT wie auch als 180. Der 160er hatte eine Leistung von 79 PS (ab Juli 1972 mit 80 PS), verfügte über einen grauen Kühlergrill, Scheibenbremsen an den Vorderrädern und ein Armaturenbrett mit drei Rundinstrumenten. Der bis Juli 1972 nach Deutschland gelieferte GT mit 97-PS-Maschine hatte Scheibenbremsen auch an der Hinterachse.

Der Chrysler 180 war zunächst das Topmodell von Chrysler France, was der Kühlergrill mit den zwei roten Querstreifen und die Stoßstangenhörner kenntlich machten.

Motor und Technik entsprachen dem 160 GT. Zum Modelljahr 1977 als 1609/1610 vermarktet, boten die Chrysler viel Ausstattung fürs Geld – und jede Menge Blechbarock, ein großzügiges Platzangebot und eine nachlässige Verarbeitung, die jeden TÜV-Report und jede Kaufberatung zur Horror-Lektüre geraten ließ.

Im Gegensatz zum Chrysler 2L hatten die ab 1970 eingeführten 160/180-Modelle kein Vinyldach serienmäßig.

Das Fahrgestell des Simca 1100 Pick Up (1974-1979) diente als Basis für den Matra-Simca Rancho.

Chrysler 2-Ltr

Um den Abverkauf der Chrysler-Typen anzukurbeln – der Chrysler-France-Anteil am gesamten Simca-Programm betrug kaum zehn Prozent, der angejahrte 1301 S schaffte immerhin 34 Prozent – kam 1973 ein preisgünstiger Zweiliter-Wagen dazu. Der Zweiliter-Chrysler (»in Frankreich gebaut«, wie die Werbung betonte) wurde ausschließlich mit der von Chrysler/USA bezogenen Automatik ausgeliefert. Beim 180er kostete die Automatik 975 Mark Aufpreis, stammte aber dann von Borg-Warner. Kennzeichen: Vinyldach, Breitreifen, Fernscheinwerfer im Grill, Kunstlederdach und Zierleisten.

Hier stellt sich ein 110 PS starker Chrysler 2 L einem Vergleichstest mit zeitgenössischen Rivalen von Fiat, Ford und Opel.

Die Zusatzscheinwerfer waren beim Chrysler 2 L, genauso wie das Vinyldach, serienmäßig.

Der Simca 1308 GT trug den 1442-cm^3-Poissy-Motor mit 82 PS unter der Haube. Die Stoßfänger waren immer hellgrau oder schwarz.

Simca 1307/1308/1309

Die 1307/1308 lösten die 1301/1501-Modelle ab und erschien zum September 1975. Das »Auto des Jahres 1976« bot, zumindest in der Theorie, ein überzeugendes Gesamtpaket. Die Leistungsskala reicht vom 1,3-Liter Motor des 1307 S/GLS über den 1,5 Liter/85 PS-Motor im 1308 GT bis zum 1,6 Liter/88 PS im SX mit Automatik. Für die Anschaffung eines 1307/08 sprachen die überaus geräumige Karosserie, der sehr gute Federungskomfort und die gute Straßenlage, dagegen vor allem die miserable Verarbeitung – Rost am Neuwagen war keine Ausnahme.

Zum Juli 1979 wurden die bisherigen Chrysler-Typen in Talbot umbenannt, der 1307/08 mutierte zum Talbot 1510. Zu erkennen an der neuen Frontpartie, war dieser Typ, zusammen mit den Stufenheck-Modellen Solara und Tagora, der letzte Nagel am Sarg der Traditionsfirma Simca.

Nach dem Auslaufen der Modellreihe ließ Peugeot auch den Markennamen Talbot in der Versenkung verschwinden.

Die 1307/1308/1309-Modelle waren oftmals gut ausgestattet. Das Auto im Bild verfügt bereits über Colorglas, ein in dieser Klasse damals ungewöhnliches Detail.

Chrysler Horizon

Rund 290 Millionen Mark und vier Jahre Entwicklungszeit steckten in diesem Golf-Rivalen, der im Frühjahr 1978 auf den Markt kam. In seiner Konzeption her – Quermotor, Frontantrieb, Steilheck – war der Horizon das modernste Fahrzeug im Chrysler-Programm und mauserte sich in den USA, wo er als Dodge Omni und Plymouth Horizon vermarktet wurde, zum Bestseller. Dort stand der kompakte Fünftürer, zu dessen Vorzügen das gute Raumangebot, der variable Kofferraum, Handling und Fahrkomfort gehörten, bis 1991 im Programm. Die Vierzylinder-Motoren von 1,1 bis 1,5 Liter mit 55 bis 82 PS stammten aus dem Simca-Baukasten, nur für die USA gab es ihn auch mit 1,7-Liter-Motoren von Audi aus Ingolstadt. Nach dem Einstieg von PSA wurde der Horizon als Talbot Simca weiterverkauft, die Produktion in Europa endete 1983.

Der Talbot Sunbeam hat zwar gewisse Ähnlichkeiten mit dem Horizon, wurde aber komplett in England entwickelt und gefertigt.

Ein Golf-Rivale sollte er werden, der Simca Horizon. In den Wirren des Chrysler-Simca-Untergangs wurde er mit in den Sumpf gezogen.

Auch die französische Polizei bediente sich gerne des wendigen und mit seiner Heckklappe praktischen Simca Horizon.

Das Facelift 1982 brachte dem Horizon optische Änderungen wie Frontspoiler, kleinere Heckscheibe sowie einen größeren Kofferraum.

SOCEMA

Die SOCEMA (»Société de Constructions et d'Équipements Mécaniques pour l'Aviation«) wurde 1949 als Fabrik für die Herstellung von Flugmotoren gegründet. Sie entstand mit der technischen Mitwirkung von Hotchkiss und mit der finanziellen Beteiligung der CEM (»Companie Electro-Mecanique«). In jenen Jahren stellten die Hersteller von Flugzeugmotoren ihre Produkte von Hubkolbentechnik auf Turbinentechnik um.

Die Automobilbranche suchte ebenfalls nach alternativen Antrieben zum gewohnten Hubkolbenmotor. SOCEMA dachte nun darüber nach, den Turbinenantrieb mit einem Automobil zu kombinieren. Rover hatte das in den Nachkriegsjahren bereits mit dem »Whizzer« versucht, SOCEMA wollte dieses Konzept noch verfeinern. Da das eigene technische Know-how für den Automobilbau nicht ausreichte, suchte man nach kompetenter Hilfe. Man fand sie in Jean-Albert Grégoire, seines Zeichens ein hoch angesehener Fahrzeug-Ingenieur und -Designer. Grégoire hatte bereits 1924 den »Tracta« entwickelt, eines der ersten Serienfahrzeuge mit Frontantrieb. 1935 konstruierte er für die Firma Amilcar ein aus der Aluminiumlegierung Alpax (Aluminium und Silizium) gefertigtes Fahrzeug.

Dieser Baustoff sollte 1950 auch als Grundlage für den SOCEMA-Grégoire dienen. Der bediente sich eines Turbinentriebwerks mit 130 Kilo Gesamtgewicht, 100 PS und 45.000/min Höchstdrehzahl – spektakulär! Ein Turbolader mit einer Hockdruckturbine trieb einen Zentrifugalverdichter an, dieser wiederum eine Niederdruckturbine, das Ganze war mit einem Getriebe verbunden. Das allein wäre schon beeindruckend genug gewesen, aber die Karosserie setzte noch einen weiteren Höhepunkt: Mit einem cW-Wert von 0,19, bestehend aus ultraleichter Alpax-Legierung und einer Form, die alle Konkurrenz mindestens 30 Jahre älter aussehen ließ, war sie nicht weniger sensationell.

1952 kam es dann auf dem Pariser Autosalon zur Präsentation des SOCEMA-Grégoire. Das Design und der futuristische Motor erregten ungeheures Aufsehen, allerdings erreichte SOCEMA eine Hiobsbotschaft aus England: Dort hatte Rover mit dem T1 Jet die nächsten Turbinenauto-Versuche gestartet und dabei mit 244 km/h einen neuen Geschwindigkeitsrekord aufgestellt. Um diesen Rekord zu überbieten, hätte SOCEMA-Grégoire weitere große finanzielle Anstrengungen unternehmen müssen. Zudem erwies sich das Konzept Turbinenmotor im Automobil als wenig praktikabel. Die Lärmentwicklung und der Verbrauch waren beträchtlich, zwei Tatsachen, die sich in der Luftfahrt deutlich weniger bemerkbar machten. So beschloss SOCEMA-Grégoire 1953, das Experiment Automobilbau nach einem Prototyp wieder einzustellen. Das Unternehmen verlegte sich fortan auf den Bau von Flugmotoren.

Der Motor des von Grégoire entworfenen stromlinienförmigen Coupés war ein Gasturbinenmotor von SOCEMA und leistete 100 PS.

ROADSTER "ATLAS"

C. A. 175

De nos jours se déplacer à l'abri n'est pas un luxe mais une nécessité ! Toutefois, vous reculez devant les frais directs et indirects entraînés par la possession d'un véhicule automobile.

Pour vous, la SOCIÉTÉ INDUSTRIELLE DE LIVRY a résolu ce problème en mettant sur le marché ses productions économiques, robustes et maniables.

Il a été tenu compte, en dehors du prix d'achat, du fait que ce prix n'est qu'un aspect des frais engagés par le possesseur d'un véhicule à moteur — aussi la S. I. L. a fait entrer en ligne de compte ; les frais d'entretien, les tarifs d'assurance et de garage, ce qui permet d'obtenir un prix de revient au kilomètre inférieur à celui des transports en commun.

De plus la maniabilité, le faible poids et l'encombrement réduit des véhicules de la Sté Industrielle de Livry résoud le problème de la circulation et du parking en ville.

En ajoutant l'avantage de la vente à crédit, se déplacer à l'abri devient à la portée de tous.

CARACTÉRISTIQUES GÉNÉRALES :

Le roadster "ATLAS" se présente sous la forme d'un élégant décapotable à 2 places très confortable (plus large à l'intérieur que la majorité des automobiles de série jusqu'à 8 CV).

Aucun entretien en dehors de celui nécessaire au bon fonctionnement du groupe-moteur.

Bloc-moteur 4 temps, de 175 cc. de cylindrée, à 4 vitesses avant; la marche AR étant incorporée dans le réducteur - Allumage assuré par volant magnétique débitant 6 Volts; batterie tampon de 6 V. 14 A.H.; cellule redresseuse - Éclairage, phare code et route à l'avant, feu rouge et stop à l'AR - Réservoir d'essence en charge.

Roues indépendantes; freins à pieds sur les roues AV, freins à main sur les roues AR - Pneumatiques super-confort de 270x90

Direction à crémaillère à rattrapage de jeux.

Carrosserie en tôle d'acier emboutie formant un caisson absolument indéformable et assurant une protection des plus efficace. Elle est complétée par un pare-brise rabattable, une capote, une roue de secours garnie, un tableau de bord complet et divers aménagements - De plus, le circuit électrique est prévu pour le montage d'indicateurs de direction

Longueur totale	2m,77	Empattement	1m,75	Braquage roues	48°
Largeur totale	1m,24	Voie avant	1m,10	Poids à vide	270 k
Hauteur totale	1m,23	Voie arrière	1m,00	Charge	200 k

Vitesse 50-60 km.-H. - Consommation 3,5 à 4 litres au 100 Km.

PRODUCTION DE LA SOCIÉTÉ INDUSTRIELLE DE LIVRY

SERVICE COMMERCIAL : 66, AVENUE ÉMILE-ZOLA, PARIS-15E

TÉLÉPHONE : VAUGIRARD 33-30 +

Sie wirken wie vom Kinderkarussell gefallen, die Coccinelle und der Atlas. Mit 175 cm³ und 8,5 PS waren sie dafür aber etwas zu kräftig.

Sofravel

Bei der Betrachtung der Firmengeschichte von Sofravel ist es unerlässlich, die Lebensgeschichte des Firmengründers Joseph Besset zu betrachten. Besset wurde 1890 in Vanosc/Ardeché geboren und wendete sich bereits früh dem Karosseriebau zu. 1914 eröffnete er seine eigene Werkstatt, 1920 begann er damit, auf die Fahrgestelle namhafter französischer Automodelle prächtige eigene Karossen zu setzen. So wurden Firmen wie Delahaye, Voisin, Berliet, de Dion-Bouton und viele andere zu Bessets Kunden. 1925 eröffnete er – nach der Gründung der »Société Anonyme des Établissements Besset« – eine neue Werkstatt, die sich im Laufe der Zeit auch der Karossierung von Omnibussen widmete. 1938 brachte Besset seinen eigenen Isobloc-Omnibus heraus. Dieser war nicht weniger als der erste europäische Reisebus mit selbsttragender Karosserie und Heckmotor – damals revolutionär und heute Standard im Omnibusbau.

Joseph Besset war ein Tausendsassa, in den Nachkriegsjahren bemühte er sich darum, auf den Zug der Kleinstwagenmode aufzuspringen. Sie versprachen günstige Anschaffungs- und Unterhaltskosten, ein wichtiger Aspekt in der damaligen Zeit. Bereits 1941 hatte er die Entwicklung eines Elektro-Microcars angeregt, diese Idee stieß allerdings noch auf Ablehnung. Nach der Gründung der »Société Sofravel« im Jahr 1948 begann er mit der Ausarbeitung eines benzinbetriebenen Kleinstwagens auf Basis dieses Elektroautos. Es entstand der »Coccinelle«, ein zweisitziger Wagen, der mit einem 150 cm³-Viertaktmotor ausgerüstet war. Dieser Motor leistete 6,5 PS und beschleunigte das 2,70 Meter lange Fahrzeug auf maximal 60 km/h (bei einem Verbrauch von zwei bis drei Litern Benzin).

Der Coccinelle besaß ein vierrädriges Fahrwerk, der Antrieb erfolgte per Kette auf eines der Hinterräder. Bemerkenswert sein optischer Auftritt: In eine schicke Zweifarbenlackierung gehüllt, hätte der Wagen zu einem Verkaufserfolg werden können. Dazu kam es nicht, die Coccinelle-Produktion gelangte nicht aus dem Vorserienstadium hinaus. Verschiedene Quellen berichten von zehn produzierten Exemplaren. 1949 übergab Sofravel die Produktion an die »Société Industrielle de Livry (SIL)«, diese änderte den Namen Coccinelle alsbald in »Atlas«. Die SIL produzierte auch die Kleinstwagen »Kover« und »Le Piaf« auf dem Atlas-Fahrgestell. Der SIL-Atlas war mit einem 175 cm³-AMC-Viertakter ausgestattet, der 8,5 PS leistete. Die Produktion endete 1952 mit der Schließung des SIL-Werkes.

SOVAM

1955 übernahm Andre Morin die Kutschen- und Karosseriewerkstatt seines Vaters in Chatillon sur Thouet und gründete daraus die »Société des Véhicules André Morin«, kurz SOVAM. André Morin begeisterte sich für die Möglichkeiten des damals aufkommenden Glasfaserpolyesters als Karosseriewerkstoff.

Das als Coupé oder Targa erhältliche Auto war mit maximal 88 PS zu haben, was aber für den leichten Zweisitzer völlig ausreichte.

In der Zeit von 1964 bis 1969 verstand es SOVAM glänzend, R4- und R8-Technik sportlich zu verpacken. Es gab sogar einen Designpreis dafür.

Die Motortechnik des Sovam 1100 VS mit 1108 cm³ Hubraum und 65 PS stammte vom Renault 8.

So ging er zunächst die Herstellung der sogenannten »Camions magasin« an. Dabei handelte es sich um kleine Transporter mit leichten Aufbauten, die eine ideale Größe für den Einzelhandel aufwiesen. Gleiches galt für die mobilen Ladenkioske aus dem Hause SOVAM. 1962 gliederte André Morin diesen Geschäftszweig aus der SOVAM aus und gründete zusätzlich die »Etalmobile S.A.« Im gleichen Jahr startete die SOVAM mit der Produktion von Flughafenfahrzeugen bis zu neun Tonnen Gesamtgewicht sowie Abfertigungsgeräten für Flughäfen.

Auch kleine und ultrakleine Vans stellte SOVAM/Etalmobil her. Ein besonders bemerkenswertes Modell erschien 1964 auf dem Markt: Der SOVAM VUL. VUL stand dabei für »Véhicule Utilitaire de Livraison«, sinngemäß ein leichtes Lieferfahrzeug. Hierzu bediente man sich der Bodenplattform des Renault 4, kürzte diese noch einmal um 60 Zentimeter und setzte eine Fiberglas-Karosserie im Kastenwagenformat darauf. Die Fahrwerks- und Antriebstechnik entstammte ebenfalls dem R4, was eine leichte Verfügbarkeit der Bauteile und eine große Reparaturfreundlichkeit garantieren sollte. Allerdings nahm die anvisierte Kundschaft das Konzept nicht an, so blieb es bei einer Gesamtproduktion von sechs Exemplaren bis 1968.

Etwas erfolgreicher, obwohl nicht rekordverdächtig hoch, gestaltete sich die Herstellung eines weiteren Produkts: Das SOVAM-Coupé. Auch die Technik dieses Fahrzeugs basierte auf dem Renault 4. So verfügte der 850VS (»Voiture de sports«) über die Fahrwerkskomponenten samt Frontantrieb des R4, ebenso hielt der 850 cm³-Ventoux-Motor Einzug unter die komplett abklappbare Front. Für das gefällige Design der Kunststoffkarosse zeichnete Jacques Durand verantwortlich, der bereits am Atla, Arista und Sera-Panhard gearbeitet hatte. Das kleine Triebwerk stand etwas im Widerspruch zum sportlichen Anspruch des SOVAM. Das besserte sich 1966 mit der Einführung des 1108 cm³-Cléon-Motors (65 PS) deutlich.

Eine weitere Steigerung gab es 1967 mit der Vorstellung des 1300 GS. Dieser 2+2 Sitzer mit neuer Hardtop-Karosserie wurde vom 103 PS-Motor des R8 Gordini angetrieben und erbte dessen 5-Gang-Getriebe sowie dessen Vierrad-Scheibenbremsen. Aber auch dem 1300 GS war kein überbordender Erfolg beschieden, sodass SOVAM bereits 1968 die Automobilherstellung beendete. Das Unternehmen existiert heute unter dem Namen SOVAM SAS und stellt Ausstattungsgegenstände für Flughäfen her.

Sovra

Bevor Michel Landois 1968 in Corbeilles-en-Gatinais die »Société de Vente et de Réparation Automobiles« gründete, arbeitete er lange Jahre für René Bonnet. In dessen Werkstätten lernte er den Umgang mit Glasfaserkarossen von der Pike auf. Das half ihm sehr dabei, den Traum einer eigenen Automobilfabrik zu verwirklichen. Aus Amerika schwappte gerade die Mode der Strandbuggys nach Europa, Landois war beeindruckt vom US-Erfolg der Manx-Buggys und wollte so etwas auch in Frankreich produzieren.
Rasch entwickelte er das Modell LM1 auf VW-Käfer-Basis, das bereits 1969 erschien. Der LM1 zitierte das Manx-Buggy-Thema sehr deutlich. 1971 folgte eine viersitzige Variante des LM1. Der LM2 wich von der Buggy-Optik ab und wies eine ungewöhnliche Keil-Optik auf. Die Basis bildete weiterhin der VW 1300 mit Pendelachs-Fahrwerk. Das änderte sich mit der Einführung des LM3 im Jahre 1973. Inzwischen hatte VW die 1302- und 1303-Käfer-Modelle eingeführt. Diese waren mit einer Schräglenker-Hinterachse ausgerüstet, die die Fahrsicherheit deutlich verbesserte. Somit profitierte auch der LM3 von dieser Neuerung.

Der LM3 vertiefte das Keiloptik-Thema noch einmal, die Karosserie war nun nicht mehr als Cabrio, sondern als Coupé ausgelegt. 1985 erfolgte eine einschneidende Änderung: Sovra nahm mit dem LM4 den Bau von Cabrio-Limousinen auf. Als Basis diente der R5. Renault lieferte die Fahrzeuge (aus der auslaufenden Produktion der ersten Baureihe) an, SOVRA baute sie um. Dem LM4 folgte nur kurze Zeit später der LM5 auf Peugeot 104 Z-Basis. Später erschien noch eine Cabrio-Limousine auf Basis des Renault 11. Sovra produzierte bis 2001 weiter, dann ging es in den Konkurs. AABLM SARL übernahm bis 2003 die Produktion des Modells LM1 C, dann endete die Herstellung endgültig.

In den späten 1960ern hatten Buggys auf VW-Käfer-Basis wie Sovra LM1 und LM2 Hochkonjunktur. Beide trugen den VW Boxer untem GFK-Kleid.

Der LM 3 profitierte von Sicherheitsmaßnahmen bei VW. Mit der ab 1968 erhältlichen Schräglenkerachse gehorchten die Straße und der 50-PS-Boxer deutlich besser.

Auch den Renault 5 der ersten Baureihe nahm man bei Sovra von 1985 an zum Umbau her. Für den LM 4 dienten gebrauchte Modelle als Basis.

Suncar

1979 war das Jahr der Gründung von Suncar S.A.R.L. in Annecy. Der Prototyp des Suncar Arpége wurde 1980 auf dem Pariser Autosalon vorgestellt. Es handelte sich dabei um einen Sportwagen auf Basis des Renault 5 TS, dessen Design an die englischen Roadster der 1930er-Jahre erinnern sollte. Die einteilige Fiberglas-Karosserie war mit einem Rohrrahmenchassis verschraubt.

Etliche der Bauteile, wie etwa der Motor, das Getriebe, die Einzelradaufhängung, Fenster und Sitze stammten aus dem 64 PS starken Renault 5 TS. Bei einer Gesamtlänge von 4,15 Meter war der Arpége als reiner Zweisitzer ausgelegt. Die Produktion begann noch 1980, die Nachfrage blieb allerdings auf Grund des hohen Preises (100.000 Franc) im überschaubaren Rahmen.

1984 geriet Suncar S.A.R.L in Zahlungsschwierigkeiten und verkaufte das Unternehmen sowie die Marke an die Unternehmensgruppe »Kamouh International« aus Clermont-Ferrand. Kamouh International nahm kleinere Änderungen am Arpége vor und führte ein zweites Modell, den »Boulangére« ein. Hierbei handelte es sich um ein Fahrzeug, das statt eines Verdecks eine Art Targa-Aufbau besaß. Zudem wurde der »Jeep« als geländegängiger Prototyp vorgestellt, gelangte aber nicht ins Verkaufsprogramm. 1987 beendete Kamouh die Suncar-Produktion nach 200 Exemplaren. In Deutschland wurde der Arpége von der Firma E. Scheib in Ansbach vertrieben.

So edel wie im Suncar Arpege kann ein Renault 5-Motor verpackt sein.

Scheib bot den Suncar Arpege 1985 für knapp 30.000 Mark an – ein Golf GTI war 7000 Mark günstiger.

Symetric-Arbel: Ungewöhnliches Design, gewöhnlicher Antrieb (1100er Simca-Motor). Aber die Zukunft sollte Elektromotoren bringen.

1958 hatte man bei Arbel die zündende Idee: Atomkraft sollte als Antrieb dienen! Aus unerfindlichen Gründen kam es nicht dazu...

Symetric-Arbel

Die Karriere des Symetric-Arbel verlief kurz, aber spektakulär. Im Grunde genommen blieb er stets ein rollender Versuchsträger. Als die Firma Automobiles Francois Arbel 1951 in Paris gegründet wurde, stand die Welt noch deutlich unter dem Eindruck der Kriegswirren. Das Autofahrerleben in Europa war geprägt von Provisorien und erzwungener Sparsamkeit. In den USA startete dagegen allmählich das Heckflossen-Zeitalter mit allen damit verbundenen Auswüchsen.

Francois Arbel mag bei der Entwicklung seines Symetric-Arbel über den Teich geschaut haben, ganz sicher blickte er weit in die Zukunft. Denn schon der erste Prototyp bot sensationelle Details: Eine Karosserie aus Leichtmetall, kombinierter Elektro-Benzin-Antrieb, Panoramascheiben vorne und hinten, gebogene Seitenscheiben, die ins Dach glitten, Elektromotoren in allen vier Radnaben – hier hatte das Morgen bereits begonnen. Der Name »Symetric« rührte von der Tatsache her, dass das Heck und die Front beinahe gleich aussahen. Als Antriebsgenerator diente der 1100er Fiat-Simca-Motor mit 45 PS. Gebaut wurde das Gefährt bei der »Normande Compagnie d´etudes pour l´utilisation de procédés mecaniques« unter der Leitung von Casimir Arbel, sowie André und Maurice Loubiere.

Die zweite Version wurde 1953 auf dem Pariser Autosalon präsentiert, wiederum mit herausstechenden Details: Eine Karosserie aus Glasfaser-Polyester, 160 km/h Höchstgeschwindigkeit, neun Liter Verbrauch auf 100 Kilometer – für damalige Verhältnisse sensationelle Werte. Strahlend im übertragenen Sinne wurde es 1958: Die Atomkraft galt seinerzeit als der Energieträger der Zukunft, man glaubte fest daran, dass sie eine effiziente und saubere Sache sei. Dementsprechend gab es ernsthafte Überlegungen, Atomenergie als Fahrzeugantrieb einzusetzen. Nach einem Versuch mit einem Dieselgenerator baute man in den Symetric-Arbel einen Kernthermogenerator ein, der mit radioaktivem Restmüll betrieben wurde. Allerdings lehnte die französische Regierung den Einsatz von Atommüll in Fahrzeugen ab, was den Tod für diesen Antrieb bedeutete – und in Folge auch für den Symetric-Arbel. Die Societé Symetric-Arbel wurde 1958 wieder aufgelöst.

Talbot

Wie alle europäischen Hersteller konnte auch Talbot-Lago nach dem Krieg nur Vorkriegsautos anbieten, wie hier 1948 auf der AutoRAI.

Das 1948er Talbot Lago T26 Record Coupé gehörte einst König Farouk, dem letzten Monarchen von Ägypten.

Bei diesem Talbot Lago T26 von 1950 handelt es sich um die Präsidentenlimousine von Vincent Auriol.

Talbot-Lago

Die Geschichte von Talbot-Lago begann im Jahr 1935 mit der Auflösung des britisch-französischen Markenkonglomerats Sunbeam-Talbot-Darracq (STD). Diese Verbindung hatte aus der 1905 gegründeten Sunbeam Motor LTD, der 1903 eröffneten Talbot LTD und der 1896 ins Leben gerufenen Darracq S.A. bestanden. 1935, nach 15 Jahren der ineffektiven Unternehmungsführung, war STD zahlungsunfähig. Die einzelnen Fragmente des Unternehmens wurden aufgespalten: Die britischen Teile des Talbot-Konzerns gingen an die Rootes-Gruppe in London, das französische Werk in Surèsnes übernahm der Italiener Antonio Lago. Daraus entstand der Markenname Talbot-Lago.

Sein klares Ziel war der Bau von exklusiven Sport-Limousinen und -Coupés. Eine clevere Produktionsstrategie half ihm dabei: Er stellte vier verschiedene Chassis her, aus denen er mit unterschiedlichen Karosserien insgesamt 13 verschiedene Modelle mit vier oder sechs Zylindern machte. In diesen Jahren entstanden atemberaubende Schönheiten wie das 150 SS Coupé von 1936, entworfen von Walter Becchia. Kriegsbedingt kam die Produktion dann zum Erliegen, Talbot-Lago stellte sein Werk ab 1942 auf Rüstungsgüter um.

Nach 1945 waren Luxuswagen nicht mehr gefragt, weder der Talbot-Lago Record noch der Grand Sport, jeweils mit einem 4,5-Liter-Sechszylinder ausgerüstet, vermochten daran etwas zu ändern, ebenso wenig der Sieg bei den 24 Stunden von Le Mans, eingesetzt auch von der Ecurie Dubonnet. 1950 erschien der neue Talbot-Lago Baby mit »nur« 2,7 Litern Hubraum aus vier Zylindern, doch der war immer noch zwei Nummern zu groß für den Automarkt. Im Geburtsjahr des Baby wurden 400 Autos gebaut, im Folgejahr lediglich 100.

Lago machte dennoch weiter und stellte 1955 ein letztes neues Modell vor, den 2500 Sport. Diese Vierzylinder-Autos waren gedacht für den Einsatz in der Rennklasse unter 2500 cm³ ohne Kompressor. Die Versionen für den amerikanischen Markt waren mit dem 2,5-Liter-V8 aus dem BMW 502 bestückt. Dem 2500 Sport war nur ein geringer Erfolg beschieden, insgesamt verließen 54 Exemplare die Fabrik in Surèsnes, wobei in alter Vorkriegs-Tradition Talbot lediglich das Chassis fertigte und den Aufbau den Spezialisten überließ. Die meisten dürften von Graber in der Schweiz aufgebaut worden sein.

Der Talbot-Lago T14 LS war wunderschön aber auch sehr teuer. Er hatte einen 2,5 Liter DOHC-Vierzylinder mit 120 PS unter der Haube.

Talbot-Lago geriet immer mehr in Finanznöte, hielt aber bis 1959 durch. Dann verkaufte Lago sein Unternehmen an Simca, das den Markennamen bis zum eigenen Ende 1978 ruhen ließ. 1979 indessen erwachte Talbot wieder nach Zerschlagung des Mehrmarken-Konglomerats, das Chrysler hinterlassen hatte. Neuer Rechteinhaber war nun die PSA-Gruppe (Peugeot).

Der 1948er Talbot-Lago Grand-Prix-Wagen Typ T26C wurde von einem Reihen-Sechszylinder angetrieben. (GTHO CC BY-SA 3.0

Auf der 1950er Paris Motor Show gewann dieses Talbot-Lago T26 Record Sport Coupe de Ville den »Grand Prix du Salon«-Titel.

Diesen Talbot-Lago T26 Grand Sport von 1949 nutzte Iakov Saoutchik als Ausstellungsauto, um der Welt sein Talent und seine Fertigkeiten zu zeigen.

Bei diesem Talbot Lago Sport 2500 von 1957 handelt es sich um den vorletzten gebauten T14 LS. 2022 ist genau dieser Wagen in unrestauriertem Zustand wieder aufgetaucht!

Talbot-Simca / Talbot-Matra

Talbot und Simca gehörten zwischen 1959 und 1978 zusammen, ohne voneinander zu profitieren. Abgesehen von den Produktionsanlagen wussten weder Konzernmutter Chrysler noch deren französische Tochter etwas mit den Markenrechten anzufangen. Nach dem Verkauf der europäischen Chrysler-Marken an Peugeot gehörte zu den ersten Maßnahmen der neuen Besitzer, die bestehende Modellpalette unter neuem Namen fortzuführen. Zunächst – 1979 bis 1980 – als »Talbot-Simca« oder, im Falle der ehemaligen Matra-Simca, als »Talbot-Matra«, anschließend nur noch als »Talbot«, wobei die noch aus Simca-Zeiten stammenden Transporter-Varianten des Simca 1100 (VF) ebenfalls noch das Talbot-Label erhielten. Peugeot kennzeichnete ansonsten aber lediglich die vor der Übernahme bereits in Entwicklung befindlichen Simca-Modell mit diesem Etikett.
Doch der einst große Name hatte seine Strahlkraft eingebüßt, außerhalb Frankreichs wurde 1986 mit den letzten Talbot Samba, 1510 und Horizon das Ende eingeläutet. Einige wenige 1510 entstanden aus Restbeständen bis in die späten 80er für den französischen Markt. Ein als Horizon-Nachfolger konzipiertes Modell namens »Arizona« debütierte 1985 als Peugeot 309, der Samba-Nachfolger dann als Citroën AX. Auf der Insel hielt sich das Pendant des Peugeot J5 als Talbot Express noch bis 1993. Dann fiel auch dort endgültig der Vorhang für einen großen Namen der Automobilgeschichte.

Talbot-Matra Wind war ein Entwurf von Heuliez, der nicht den Weg in die Serie fand.

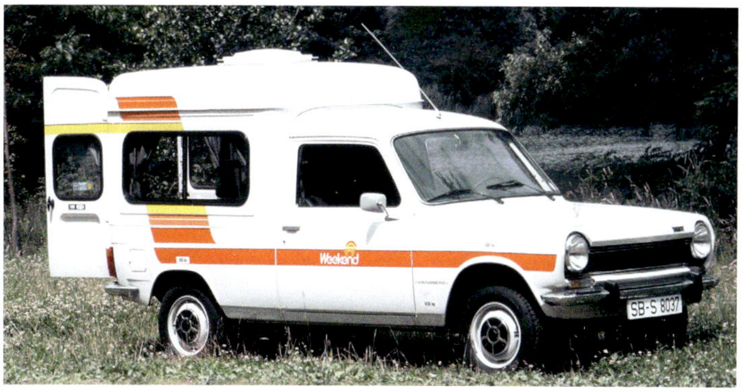

Der Simca VF2 »Weekend« war ein Spezialumbau mit Doppelbett, Schränken, Tisch und allem, was das Camping-Herz begehrte.

Talbot-Matra Murena

Die Kunststoff-Flunder war 1973 unter der Bezeichnung Matra-Simca Bagheera erschienen. Dieser ungewöhnliche Dreisitzer (alle drei Sitze vorne!) fußte technisch gesehen größtenteils auf dem 1967 erschienenen Simca 1100. Das hieß Einzelradaufhängung – die Hinterachse war eine Eigenentwicklung, die Vorderachse stammte von Simca – rundum sowie stets rasselnde, aber im Prinzip

Vom Talbot-Matra Murena wurden zwischen 1980 und 1983 insgesamt 10.680 Stück im Matra-Werk in Romorantin-Lanthenay gebaut.

Drei Motoren standen zur Auswahl: Ein 1,6er mit 92 PS, ein 2,2-Liter mit 118 PS und als Topmotorisierung ein 2,2er mit Doppelvergasern und 142 PS.

Die Rücklichter, Lenkung und Vorderradaufhängung des Murena stammen vom Talbot Horizon und die Türgriffe vom Peugeot 505.

unzerstörbare Poissy-Motoren. Die waren schwer erreichbar direkt hinter den Sitzen eingebaut, was eine geniale Mittelmotor-Straßenlage und fluchende Mechaniker zur Folge hatte. So manche Flüche sendeten auch die Käufer der Matra-Simca Bagheera gen Himmel, die Rostbeständigkeit sowie die Pannenabstinenz des Wildtieres ließen doch arg zu wünschen übrig. Immerhin, der Bagheera hielt sich bis 1980 im Programm, ab Sommer 1979 als Talbot-Matra Bagheera. Der Ruf aber war ruiniert, da konnte auch der Nachfolger »Murena« nichts mehr retten.

Dieser wurde im Herbst 1980 vorgestellt und verpackte das sattsam bekannte Mittelmotorkonzept in eine noch keilförmigere Kunststoff-Karosserie. Wie gehabt, saßen die drei Insassen in der ersten Reihe. Technisch gab es kaum Fortschritte. Für Vortrieb sorgten die Vierzylinder-Motoren aus dem Konzernregal. Die Basismotorisierung hatte den 1,6-Liter-Vierzylinder aus dem Simca Rallye 2 beziehungsweise Simca 1100 TI, wieder quer vor der Hinterachse platziert. Er galt von den Fahrleistungen her als noch ausreichend. Kräftiger zur Sache kam der 118 PS starke 2,2 Liter, er verhalf dem 965 kg schweren Sportwagen zu einer Höchstgeschwindigkeit von 201 km/h. Dennoch: Kaum ein Fahrzeug hatte einen so miserablen Ruf, nur knapp 10.000 Exemplare wurden verkauft.

Talbot-Matra Rancho

Mitte der Siebziger kam der Matra-Simca Rancho, ein höher gelegter Simca 1100 mit dem 1,44-Liter-Motor aus dem 1308 GT mit 80 PS und einem neuen Heck. Solche Crossover-Konzepte sind heute gang und gäbe, damals indes wusste mit einem solchen Zwitter – der als Freizeitfahrzeug bezeichnet wurde und Geländetauglichkeit verhieß, aber dieses Versprechen nicht einhalten konnte – niemand so recht umzugehen, zumal der Hersteller selbst ihn anscheinend missverstand: Werbeaufnahmen zeigten ihn an Orten,

Als einzige Motorisierung des Talbot-Matra Rancho war der 1442- cm³-Vierzylinder mit 82 PS erhältlich.

wo ein normaler Fronttriebler verdammt viele Schwierigkeiten hatte hinzugelangen. Matra-typisch bestand der Unterbau aus rostanfälligem Blech und nur der Aufbau aus Kunststoff. Trotz wohlwollender Presseberichte (»Weil der Rancho zudem mit guten Allroundeigenschaften überzeugt, dürfte seine Zukunft erfreulich sein.«) blieb der Rancho ein (schnell rostender) Exote im Fahrzeugmarkt jener Jahre. Er wurde nur 56.500 Mal gebaut.

Von 1980 bis 1986 war der Talbot Solara in den Ausstattungslinien LS, GL, GLS und SX mit drei Motorisierungen erhältlich.

Talbot Solara

Nach der Übernahme brachte Peugeot als erstes Fahrzeug unter dem Markennamen Talbot die Stufenheck-Ausführung des Typs 1510 als eigenständiges Modell »Solara« in den Handel. Erhältlich war der Viertürer in den Ausführungen LS / GL (1442 cm³, 70 / 85 PS), GLS (85 PS, 5-Gang) und SX (1592 cm³, 88 PS, Automatik optional). Darüber hinaus gab es diverse Sondermodelle. Wie bei allen Chrysler-Simca-Konstruktionen gehörten Komfort, Ausstattung und Platzangebot zu den Pluspunkten der Mittelklasse-Limousine. Laufkultur, Verarbeitung und Wertverfall ließen Gebrauchtkäufer aber zögern, und ein Rostschutz war praktisch nicht vorhanden. In den einschlägigen Pannen- und Mängelstatistiken fand man die Talbots stets ganz am Ende, kaum ein Fahrzeug, gleich welcher Baureihe, hat die Zeitläufe überdauert.

Der Talbot-Simca 1510 kam 1975 als Simca 1307/1308 auf den Markt. In Großbritannien war er unter dem Namen Talbot Alpine bekannt.

Beim Talbot Solara handelte es sich im Grund genommen um die Stufenheckvariante des Talbot 1510.

Talbot Tagora

Im Oktober 1980 wurde der Tagora auf dem Pariser Autosalon als Spitzenmodell der wiederbelebten Marke Talbot vorgestellt. Unter dem Projektnamen C9 wurde er noch von den beiden Chrysler-Tochtergesellschaften in England und Frankreich entwickelt. Simca war für die technische Seite zuständig.

Der Entwurf fiel in die Konkursmasse, was der PSA-Gruppe neben dem Peugeot 604 und dem Citroën CX eine dritte große Baureihe bescherte. Aus Kostengründen wurde die Planung dann so abgeändert, dass möglichst viele Teile aus dem Konzernregal stammten. Die Vorderachse steuerte der 604 bei, die Hinterachse der 505 und das Getriebe spendierte der 504. Für Vortrieb sorgte zunächst der 2,2 Liter große Vierzylinder mit 115 PS aus dem Chrysler-Simca-Baukasten, die zum Modelljahr 1982 nachgeschobene SX-Oberklasse-Ausführung erhielt den Euro-Sechszylinder mit 2,7 Liter Hubraum, der hier 166 PS leistete – dank zweier Weber-Dreifachvergaser. Die Höchstgeschwindigkeit lag damit bei fast 200 km/h, und die Beschleunigungswerte gereichten jeder Alpine zu Ehren.

1980 wurde der Tagora auf dem Pariser Autosalon vorgestellt. Zunächst gab es nur den 2,2-Liter-Vierzylinder mit 115 PS.

Komfortabel, gediegen, zuverlässig – alles das war der Tagora. Trotzdem brachte er es in drei Jahren Bauzeit nur auf rund 21.000 Exemplare.

Am unteren Ende des Temperamentsspektrums agierte der 2,3 Liter große, 80 PS starke Peugeot-Turbodiesel. Für einen Chrysler-Simca nicht ganz so desaströs waren Verarbeitung und Rostvorsorge, allerdings wies der Wagen zahlreiche elektrische Features auf, die für Verdruss sorgen konnten. Die Produktion endete im Frühjahr 1983 nach insgesamt 20.133 Exemplaren, 3274 Stück wurden in Deutschland zugelassen.

Talbot Samba

Der Samba war das kleinste Modell der Marke und entstand von 1982 bis 1986. Die technische Basis samt der Motoren – 954 cm^3 (45 PS), 1124 cm^3 (50 PS) und 1360 cm^3 (72 / 79 PS) – steuerten die Konzerngeschwister Peugeot 104 Z und Citroën LN bei. Von denen gab es aber kein Cabrio, vom Samba schon.

Gezeichnet von Pininfarina, war dies der seinerzeit kleinste und günstigste offene Viersitzer auf dem Markt, gebaut zwischen 1982 und 1985. Wer eine solche Cabrio-Konfiguration suchte, wurde damals nur noch bei Volkswagen und Rolls Royce fündig. Einzig lieferbare Motorisierung bildete der 1,4 Liter mit 79 PS.

Mit 90 PS aus 1,2 Litern erreichte der Talbot Samba Rallye 180 km/h Vmax – eine echte Ansage Mitte der 80er-Jahre!

Die technische Basis des Samba waren der Peugeot 104 und der Citroën LN. Also nichts wirklich Neues im Hause Talbot, der Erfolg blieb aus.

Zur Bauzeit des offenen Talbot Samba von 1982 bis 1986 gab es weltweit kein kompakteres Cabriolet.

Teilhol

Raul Teilhol gründete im Jahr 1950 in Corpière seine eigene Karosseriewerkstatt. 1952 schränkte ein großer Brand seine Geschäftstätigkeit stark ein. Er benötigte Jahre, um sich davon zu erholen und wagte erst 1958 einen Neuanfang.

Zunächst konzentrierte er sich darauf, Umbauten für andere Hersteller vorzunehmen, so wurde zum Beispiel die Renault Estafette in seinen Werkstätten mit Sonderaufbauten versehen. In jener Zeit kam der Karosseriebau mit Glasfaser und Polyester stark ins Rollen, Teilhol entwickelte sich hier zum Spezialisten. Erwähnenswert sind beispielsweise die Stratural-Aufbauten für Kleintransporter und Lkw. Auf eine Duralinox-Plattform wird ein Aufbau aus einem Polyester-Material gesetzt. Das senkte das Leergewicht des Lastwagens und erhöht die Nutzlast.

Zu Beginn der 1970er-Jahre, inzwischen nach Arlanc umgesiedelt, begann Teilhol, sich mit dem Bau eigener Fahrzeuge zu beschäftigen. Citroën hatte 1968 den Méhari auf den Markt gebracht, und dieser offene Viersitzer mit Kunststoffkarosse auf 2 CV-Basis bildete die Inspiration für Teilhols Vehikel. Er aber wählte seiner guten Kontakte zu Renault wegen das Fahrgestell des R4. Seine Kunststoffkarosse mit sehr kantiger Ausprägung hieß daher »Rodéo 4«, hatte ein leichtes Notverdeck aus Planenstoff und den 34 PS-Motor des R4.

Nach gleicher Machart gestrickt folgte 1972 der »Rodéo 6« mit Rechteckscheinwerfern und der Mechanik des Renault 6.

Im Jahr 1972 begann Teilhol auch mit dem Bau von Kleinstwagen mit Elektroantrieb. Hierzu gründete er eine eigene Firma namens »Teilhol Voiture Electronique« (TVE). Das erste Modell war die Citadine, ein dreirädriges Stadtmobil, dessen Karosserie vom Renault-Designer Robert Broyer entworfen wurde und an die Velam Isetta erinnerte.

Die Citadine besaß ein Glasfaserkleid und wurde von einem Elektromotor angetrieben, dessen Reichweite man mit 70 bis 100 Kilometer angab. Nach Angaben von Teilhol erreichte die Citadine eine Höchstgeschwindigkeit von 50 km/h in der 96V-Version (48V 25 km/h). 1972 folgte die Citadine Messagette, ein Mini-Freizeitfahrzeug mit Elektroantrieb (ein kW) und zumeist offener Karosse. Wie die Citadine Limousine war die Messagette ein dreirädriges Mobil mit einer Glasfaserkarosse auf einem Rohrrahmenchassis. Die Produktionszahl dieses Fahrzeugs wird auf etwa 50 geschätzt, einige Exemplare liefen im Dienstverkehr der Pariser Flughäfen als Version mit geschlossener Kabine.

Aus der Citadine entwickelte sich die Citacom, eine Art Mini-Pickup mit offener Ladefläche. Auch ihr war kein großer Erfolg beschieden. Ähnlich erging es ab 1975 dem Handicar, einer vierrädrigen Citadine

Von der Ferne erinnert der Teilhol Citadine an eine BMW Isetta, unter dem Blech stecken Elektromotoren mit 50 km Reichweite, gerade genug, um zwischen zwei Teilhol-Werken zu pendeln.

mit einer Spezialeinrichtung für den Transport von Rollstuhlfahrern. Insgesamt waren die Elektrominis von Teilhol durchdacht konzipiert, scheiterten aber unter anderem am hohen Verkaufspreis. Die Elektro-Microcars liefen bis 1983 vom Band, die Gesamtzahl wird auf etwa 300 geschätzt.

Teilhol erkannte das Problem der geringen Absatzzahlen der E-Fahrzeuge und nahm ab 1981 auch Kleinstwagen mit Verbrennermotoren ins Programm. Den Start machte der Teilhol Simply, ein vierrädriger Wagen, dessen Quad-Optik entfernt an den frühen Renault Twingo erinnert. Das Fahrzeug wurde entweder von einem 49 cm^3- oder 125 cm^3- Zweitakter von Motobécane angetrieben und war gegen Aufpreis auch mit Vierradantrieb zu haben. Die Karosserie war wie gehabt aus Glasfaserpolyester hergestellt. 1984 bis 1986 ersetzten 325 cm^3- und 400 cm^3-Lombardini-Diesel die

Die Citadine war ideal für die Stadt und hatte zwei große Klappen. Vorne stiegen die zwei Passagiere ein, hinten war Platz für ein wenig Gepäck.

Teilhol dachte auch an die Bedürfnisse körperlich eingeschränkter Menschen. Für sie schuf er das elektrische Handicar, das mit einem Rollstuhl befahrbar war.

Die Basis des von 1981 bis 1986 produzierten Renault Rodeo 5 war weiterhin die Renault 4 Fourgonette mit dem 1108 cm³-Motor. Es gab ihn mit oder ohne Türen und Seitenfenster. (Stefan Müller)

1986 stellte Teilhol auf Citroën-2-CV-Technik um und begann mit dem Bau des Tangara.

Zweitakter (325 TD/TDX/400TD/TDX). Das Design dieser Modelle entfernte sich von der Quad-Optik in Richtung eines gewöhnlichen Microcars. Ebenfalls 1981 startete der neue Rodéo, jetzt Rodéo 5 genannt.

Die Basis bildete fortan der Renault 5, Rodéo 4 und 6 wurden aus dem Programm genommen. Erwähnenswert sind auch die Pick-up-Versionen des R4, die Teilhol etwa von 1978 bis 1983 für Renault karossierte. 1986 gelangten die 325- und 500 TD-Modelle ins Programm, die sich von ihren Vorgängern durch vier Sitzplätze statt zwei unterschieden. Umstrukturierungen im Renault-Konzern und eine dünne Liquidität führten zu einer Insolvenz Teilhols im Jahr 1986, Teilhol firmierte sich neu.

Unter anderer Flagge produzierte er den 325 TD und 500 TD weiter. Teilhol wendete sich dem Citroën-Konzern zu, die Produktion des

Raul Teilhol wollte dem Citroën Mehari einen Konkurrenten entgegensetzen und entwarf den Rodeo 4 auf Renault-R4-Basis. Dessen Motor mit 34 PS steckte unter der Kunststoffhaut. (Stefan Müller)

Méhari lief 1987 aus. Teilhol erschuf ein ähnliches Modell auf 2 CV-Basis: Den Teilhol Tangara.

Die Glasfaserkarosserie (offen oder geschlossen) ruhte auf dem bewährten 2 CV-Chassis, für den Antrieb sorgte der luftgekühlte Zweizylinder-Boxer mit 602 cm^3 und 29 PS. Etwa 1400 Tangara wurden bis 1988 gebaut, bevor ihn der Theva auf AX-Basis ergänzte. Von 1988 bis 1990 liefen 151 Theva bei Teilhol vom Band. 1990 geriet die Teilhol S.A. in eine finanzielle Schieflage und musste die Produktion einstellen. Der Theva wurde fortan von der neugegründeten CCA (Carrosserie et Composites d'Auvergne) produziert. Diese Firma übergab die Theva-Produktion an eine andere Firma, der Ersatzteilhandel wird noch heute von der CCA betrieben.

Einige Teilhol Tangara/Theva-Exemplare wurden mit dem 1100er-Motor des Citroën AX ausgerüstet (54 PS, etwa 160 Fahrzeuge).

Von 1985 an verkleidete die SMS S.A. R4-GTL-Technik in ein wunderschönes Kleid im Stile der 30er-Jahre. (CjP24 CC BY SA 4.0)

Tilbury/SMS

Beschäftigt man sich mit der Historie des Tilbury, so ist ein Rückblick in die 1970er-Jahre notwendig: Der Konstrukteur und Designer Yves Charles war ein gefragter Mann in der französischen Automobilbranche. Er verstand sich meisterhaft darauf, Prototypen in 1:1-Modelle umzusetzen. Das brachte ihm interessante Jobs ein, unter anderem bei Ligier (Entwicklung des JS 2 und JS 3) und Renault (Erarbeitung von F1-Karossen).

In seiner knapp bemessenen Freizeit träumte er von der Planung eines eigenen Sportwagens. 1976 begann er mit der Realisierung. Nach reiflicher Überlegung beschloss er, dass die Basis der Renault 6 sein soll. Das erschien ihm als bester Kompromiss aus Wirtschaftlichkeit und halbwegs sportlichem Anspruch. Das Design sollte sich an englischen Roadstern der 30er-Jahre orientieren. Wie bereits beschrieben, Yves Charles verfügbare Zeit zur Entwicklung des Tilburys war knapp bemessen. Daher zog sich die Sache bis Mitte der 80er-Jahre hin. Inzwischen wurde der Renault 6 längst nicht mehr produziert, als neue Basis diente nun der Renault 4. Dessen Plattformrahmen eignete sich ebenfalls bestens zum Aufbau von allerlei Sonderkarossen.

1985 gründeten Yves Charles und Michel Bonenfant die SMS (»Stylisme et Mécanique Sportive«) in Coignères zum Serienbau des Tilbury. Der Wagen war fertig konzipiert und konnte sowohl mit äußeren als auch inneren Werten überzeugen: Das Karosseriedesign erinnerte stark an den Morgan +8, innen ging es mit Wurzelholz und Connolly-Leder edel zu.

Da war es verkraftbar, dass unter der Haube lediglich milde 34 PS aus 1100 cm³ wirkten, ganz der R4-GTL-Serie entsprechend. Diese Serienausrüstung hatte den Vorteil erprobter Zuverlässigkeit und leichter Verfügbarkeit von Bauteilen, auch im Reparaturfall.

1986 begann die Produktion. Der Tilbury war als Komplettfahrzeug sowie als Kit erhältlich. Zwei Jahre später übernahm Auto-Loisirs aus Les Sables-d´Olonne den Vertrieb der Tilbury, bevor ab 1991 »Martin Automobiles« die Geschäfte leitete. 1996 war dann nach insgesamt 160 Exemplaren vorerst Schluss, Martin Automobiles erleidet Konkurs. Wenig später gründete sich in Roanne die »Societe Vibraction« und baute den Tilbury bis 2005 weiter.

Hier ist deutlich die Noblesse des Tilbury SMS Roadster zu sehen, Leder und Wurzelholz sprechen für sich.

Anfangs war der Tilbury nur mit 1,1-Liter-Motor zu haben, später auch mit 1,4-Liter oder 1,7-Liter-Renault-Motoren.

Zwei Plätze, kleine Motoren, in Frankreich führerscheinfrei zu fahren. Das war das immerhin rund 2000-fach gebaute Tomcar.

Tomcar

Die Firma Tomcar wurde 1981 in St. Just-en-Chaussee gegründet. Sie widmete sich dem Bau von Microcars. Es wurden zwei Modelle angeboten, eine geschlossene Version und ein Cabriolet. Beide Varianten boten Platz für zwei Erwachsene und konnten führerscheinfrei bewegt werden.

Die Karosserie wurde aus Polyester gefertigt und auf einen Rohrrahmen verschraubt. Zunächst war das Tomcar mit 50 cm³/125 cm³/250 cm³-Zweitakt-Motoren lieferbar. Bemerkenswert war die Ausstattung mit vorderen Scheibenbremsen und Einzelradaufhängung. Ab 1984 ergänzten ein 125 cm³-Viertakter von BCB und ein 325 cm³-Lombardi-Diesel das Programm. Die Produktion endete 1985, in Spanien verwendete die Pypper das Tomcar-Design bei der Entwicklung eines Prototypen.

U.M.A.P.

Die »Usine moderne d´Applications Plastic« (U.M.A.P) wurde 1956 von Camille Martin in Bernon L´Aube gegründet. Monsieur Martin kaufte sich in die Firma von Jean Dagonet ein, der sich aus gesundheitlichen Gründen aus dem Automobilbau zurückziehen musste. In Folge dessen gab Dagonet seine Tuning-Werkstatt RAF an Jean de Pontac/Sir Adam und seine Karosseriewerkstatt an Camille Martin weiter.

Martin konnte auf die jahrelange Erfahrung Jean Dagonets in der technischen und optischen Verfeinerung des Citroën 2 CV zurückgreifen. So hatte Dagonet bereits konkrete Pläne für den Bau eines kleinen Sportwagens auf 2 CV-Basis entworfen. Das machte es möglich, den UMAP schon im Oktober 1956, also ein halbes Jahr nach Firmengründung, auf dem Pariser Autosalon auszustellen. Auf den serienmäßigen Plattformrahmen des 2 CV hatten die Mannen um Camille Martin (Dagonet war unterstützend tätig) ein formschönes offenes Coupé mit einer Fiberglas-Karosse gesetzt. Lediglich Details wie die Revolverschaltung und die typischen Dreilochfelgen mit Michelin-Bereifung 125-400 verrieten auf den ersten Blick die Basis.

In jener Zeit hatten die serienmäßigen 2 CV einen 425 cm³-Motor mit 12 PS unter der Haube, was nicht aufregend viel für ein sportliches Auto war. Durch Feintuning (zum Beispiel die Verwendung eines größeren Vergasers) kam der UMAP 425 SM auf 14 PS und etwa 95 km/h. Die relativ hohe Endgeschwindigkeit ist auf die windschlüpfrige Kunststoffkarosse zurückzuführen.

Einer dramatischen Veränderung in Richtung Sportlichkeit stand allerdings das unveränderte Fahrwerk des 2 CV entgegen. Die Federwege, der Komfort und die Tendenz zum Untersteuern des Citroën-Fahrwerks waren bereits seinerzeit legendär. Was UMAP aber nicht davon abhielt, den 500 SM mit namensgebenden 500 cm³ und etwa 20 PS nachzulegen. Der Legende nach erzielten einzelne Wagen durch gezielte Behandlung bis zu 50 PS, einen Beleg dafür gibt es jedoch nicht. Ein wesentlicher Faktor verhin-

Elegant, komfortabel und leise sei der UMAP 425 SM mit seinem 2-CV-Boxer so meinte zumindest die Werbung. (Buch-t)

derte die große Verbreitung der UMAP-Coupés: Der hohe Preis. Der 500 SM wurde mit 929.000 Franc (alte Währung) angeboten, dafür war auch eine ausgewachsene Citroën ID zu haben. Den 2 CV gab es für die Hälfte. Außerdem sank die Bereitschaft Citroëns, Teile für den Bau des UMAP zu liefern. So endete die UMAP-Produktion 1960 nach etwa 50 Exemplaren.

Bei der Gestaltung der UMAP-Karosserie wurden zahlreiche Komponenten aus dem Bestand Citroëns, Alpines und Renaults verwendet.

V2N / Union Industrielles

Das Grundkonzept des V2N basierte auf den Brütsch-Mopetta-Fahrzeugen der 50er-Jahre. Der Industriellensohn Egon Brütsch versuchte sich von 1953 an mit dem Bau von offenen Kleinstwagen mit Kunststoffkarosserie. Die Fahrzeuge erregten zwar durchaus Aufsehen mit ihrer rundlichen Form, zum Verkaufserfolg wurden sie jedoch nie. Brütsch entwickelte verschiedene Modelle wie den Bussard, den Pfeil oder den V2. Letztgenannter war mit einem 175 cm³-Sachs-Zweitakter ausgerüstet, ähnlich den Messerschmitt Kabinenrollern.

Der V2 inspirierte die Union Industrielles in Nogent-sur-Marne zum Lizenzbau des Brütsch-Fahrzeugs. Allerdings bat man Egon Brütsch, den V2 für den Einbau eines 500 cm³-Viertakter aus dem Fiat 500 vorzubereiten. Dieses geänderte Modell firmierte dann als V2N. 1959 startete die Produktion, es blieb aber bei wenigen Einheiten. Der indonesische Investor Van Tung Ngo (er steht für das »N« bei V2N) versuchte sogar, das Fahrzeug am spanischen und amerikanischen Markt zu platzieren. 1960 endete die Produktion des V2N.

Vaucelle

Die »Societe Vaucelle« produzierte von 1951 bis 1953 den Kleinwagen Vaucelle Strop. Es handelte sich um einen offenen vierrädrigen Wagen aus Stahlblech. Das Auto besaß eine zweigeteilte Windschutzscheibe und abnehmbare Türen. Angetrieben wurde es von einem Einbaumotor des Herstellers Aubier-Dunne aus Saint-Amand-les-Eaux. Es war ein Zweitakt-Einzylinder mit 125 cm³, dessen Kraft über eine Kette an die Hinterräder geleitet wurde. Die produzierte Stückzahl ist nicht genau bekannt, dürfte sich aber im niedrigen zweistelligen Bereich bewegen.

Vautrin

Auch Vautrin versuchte zu Beginn der 1950er-Jahre vom Boom der Kleinstwagen zu profitieren. Das Unternehmen »Productions M. Vautrin« wurde 1951 in Paris gegründet, das Werk befand sich seinerzeit in Choisy-le-Roi. Zur Produktpalette gehörten offene Kleinstwagen mit einer Länge von 265 Zentimetern. Die Gesamtbreite betrug 1,23 Meter, sodass zwei Erwachsene knapp nebeneinander Platz hatten. Als Motorisierung kamen Einbaumotoren von AMC, JAP und anderer Herstellern zum Einsatz. Es wurden Motoren mit 125, 175, 250 und 350 cm³ angeboten. Je nach Motorisierung erreichte das Fahrzeug eine Höchstgeschwindigkeit von 60 bis 90 km/h. Über die genaue Stückzahl ist nichts bekannt, die Produktion endete 1952.

V.E.L.

Die »Société V.E.L.« gehört zu der Vielzahl an Unternehmen weltweit, die sich in der Nachkriegszeit an der Herstellung eines Kleinstwagen versuchten. Gegründet 1947 in Paris, stellte man ein Jahr lang einen offenen, vierrädrigen Zweisitzer her. Das Gefährt wurde von einem luftgekühlten Einzylinder-Zweitaktmotor der Firma Train angetrieben. Als Leistung wird ein französisches Steuer-PS angegeben, also vermutlich etwa vier reelle Pferdestärken.

Hervorzuheben ist der Frontantrieb des Fahrzeugs, seinerzeit ein sehr fortschrittliches Detail. 1948 endete die Produktion, über die genaue Stückzahl ist nichts bekannt.

L'ISETTA française, construite dans les usines de la Société VELAM avec des moyens industriels et financiers puissants, profitera de toute l'expérience déjà acquise par la production italienne.
Cette voiture en effet, a déjà fait ses preuves. Plusieurs milliers d'ISETTA construites en série par la Société ISO à Milan, circulent en Italie.
Elle a même réalisé une performance prodigieuse lors de la course des Mille Miles qu'elle a gagnée à l'indice de performance. Trois d'entre elles sont arrivées groupées dans le même quart d'heure au terme de ce circuit montagneux de 1.609 km. à la moyenne de 72 km h.

Teilnehmer der Mille Miglia sei sie gewesen, die Velam Isetta. Und siegreich mit 10 PS, sagte die Werbung.

Vélam

Die Geschichte der Vélam geht zurück auf den italienischen Fahrzeugproduzenten Renzo Rivolta. Dieser beschloss zu Beginn der 1950er-Jahre, sich den aufsteigenden Motorisierungsbedarf zunutze zu machen und mit dem Bau von Motorrollern zu beginnen. Er sah sich dabei allerdings einer großen Konkurrenz von Vespa sowie Lambretta ausgesetzt. Daher setzte er neben den Motorrollern auch auf einen Kleinstwagen namens Isetta, der mit seinen Abmessungen perfekt auf die engen Gassen italienischer Städte zugeschnitten war.

Die Kundschaft goutierte dieses Konzept allerdings nicht genügend, es wurden nur etwa 1000 Stück verkauft. Um die Investitionskosten auszugleichen, vergab Rivolta Lizenzen für den Bau der Isetta, unter anderem an BMW nach München. Auch die Vélam (»Véhicule Leger á Moteur«) erhielt 1954 eine solche Befugnis für den französischen, belgischen und spanischen Markt. Man nahm einige optische Änderungen vor, die dem Original etwas den »eiförmigen« Charakter nehmen sollten.

Technisch blieb es bei der ursprünglichen Auslegung, das heißt einem Zylinder, 236 cm³ und zehn Zweitakt-PS. Wie das Original besaß das Vélam vier Räder, die hinteren wurden an einer Schmalspurachse geführt. Der Einstieg erfolgte wie gehabt über die große vordere Tür, auf der Sitzbank hatten zwei Erwachsene Platz.

1955 startete der Vélam-Bau mit 350 Mitarbeitern in einer von Talbot zugekauften Fabrik in Surèsnes. Die Vélam Isetta wurde für 298.000 alte Franc angeboten, das waren rund 100.000 Franc weniger als ein 2 CV. Dieser war allerdings auch ein ausgewachsenes Auto mit mehr Raum und vier Türen. Die Vélam Isetta sah sich in Frankreich, ihrem hauptsächlichen Absatzmarkt, einer gut aufgestellten Kleinwagen-Konkurrenz gegenüber. Dennoch schafften es die etwa 150 französischen Händler 1956 gut 4900 Vélam Isetta an den Mann oder die Frau zu bringen. 1957 brach der Absatz auf 1005 Exemplare ein. Man ließ eine offene Einsitzer-Vélam-Isetta auf dem Ring von Montlhéry starten, das Sportgerät erzielte sieben Weltrekorde in der Kategorie »Fahrzeuge unter 250 cm³«.

Außerdem entwarf man eine Luxusvariante der Vélam namens »Ecrin« = »Schmuckkästchen«. Diese Variante verfügte über ein festes Dach und Schiebefenster.
All diese Maßnahmen halfen nicht mehr, die Kundschaft legte

Günstig in der Anschaffung und im Unterhalt war die Velam Isetta sicher, brachte aber auch keinen großen Erfolg.

eindeutig mehr Wert auf ausgewachsene Autos wie etwa die brandneue Renault Dauphine. So stellte Vélam 1957 die Produktion der Isetta nach 7115 Einheiten ein. Ein Ende der Fahrzeugproduktion bedeutete das indes nicht: In Surèsnes wurde nun bei Vélam für lange Jahre der Citroën 2 CV hergestellt. Jean Rudin, der Vélam-Gründer, unternahm 1959 einen Versuch, die Vélam-Isetta-Produktion in Israel zu starten. Ephraim Ilin, Mitbegründer der Kaiser-Ilin-Werke, verhandelte mit den israelischen Behörden über einen möglichen Lizenzbau der Vélam Isetta. Das Konzept wurde allerdings als zu klein abgelehnt. Weitere Entwicklungsarbeiten führten dann zum Prototypen TA 6, der aber auch nicht zur Serienreife gelangte.

Velam schuf aus der Isetta einen offenen Einsitzer-Rennwagen. Mit dem brach man auf der Strecke Montlhery sieben Weltrekorde in der Klasse bis 250 cm³.

Veloto

Jean Bellier gründete im Jahre 1946 eine Firma zur Herstellung von Autobatterien. Die ersten Schritte in Richtung Fahrzeugproduktion unternahm er 1968. Er begann mit der Herstellung von Gokarts für Kinder und einem Kinderauto, beide wurden mit einem Solex-Motor angetrieben. 1972 erschien der Buggy Formula 85, ebenfalls ein Kinderauto, gedacht für das Training auf Verkehrsübungsplätzen.

1974 wendete man sich dann der Produktion von Autos für Erwachsene zu. Der erste Veloto erschien ganz im Sinne der Zeit auf Sparsamkeit und Minimalismus ausgerichtet. Vier Räder, keine Karosserie, Solex-Motor mit Pedalantrieb. Ein Pedalvierrad, ähnlich dem Grundkonzept des Velocar Mochet. Der Name Veloto spielte auf die Leichtgewichtigkeit des Fahrzeugs an. Durch seine Hubraumgröße unter 50 cm³ darf das Veloto bis heute ohne Führerschein gefahren werden. Trotz der kompakten Abmessungen bot es Platz für zwei Erwachsene, was lange Jahre ein Alleinstellungs-

Heiter und sympathisch sei das Wägelchen, so die Werbung. Für die Fahrt mit 50 cm³ und 3 PS im Super Veloto Microcar brauchte es bestimmt ein heiteres Gemüt.

merkmal unter den Microcars war. Die Räder waren dem Zweiradbau entnommen und ließen das Veloto noch fragiler erscheinen.

1977 schloss sich Jean Bellier mit der SOTRAM (»Société de Travaux Métallurgiques«) zusammen und gründete Bel-Motors International. Dieses Unternehmen beschäftigte sich ausschließlich mit der Produktion und Vermarktung der Veloto-Fahrzeuge. 1978 erschienen zwei Modelle im Programm: Zum einen der sehr spartanische Typ A mit Pedalstarter und zum anderen der Typ B mit elektrischem Anlasser. Weiter ging es 1979 mit der Entwicklung, der Typ C10 erschien. Er ist auf den ersten Blick an den namensgebenden 10 Zoll-Rädern zu erkennen. Besseres Anhalten war nun auch möglich, die vorderen Bremsen hielten Einzug – und ein echter Tank statt eines Renault-Kanisters! Beim C10S wichen die Kunststofftüren Einstiegen mit einem richtigen Rahmen. Es folgte noch der C12S, bevor sich Jean Bellier 1980 von der Veloto-Produktion verabschiedete und unter dem Firmennamen Bellier fortan Kleinstbuggys produzierte.

Das Super Veloto Microcar entstand tatsächlich in den 70ern, nicht nach dem Krieg! Man beachte die fragile Bereifung.

Vespa / A.C.M.A.

Die Historie des Vespa 400 ist ein bemerkenswertes Beispiel für begeisternde Höhenflüge und tiefe Abstürze. Zu Beginn der Geschichte stand der Wunsch, sich am aufstrebenden Automobilmarkt ebenfalls gewinnbringend beteiligen zu können. Wir schreiben die frühen 1950er-Jahre, die Piaggio-Werke hatten sich in der Nachkriegszeit vom Flugzeug- und Rüstungshersteller zum erfolgreichen Produzenten von Motorrollern und Dreirädern gemausert. Vespa und APE liefen gut, ohne Zweifel. Aber jenseits der Alpen feierten Kleinstwagen vom Schlage eines Glas Goggos große Erfolge, das sollte doch auch in Italien machbar sein.

Also nahm man 1955 bei Piaggio die Planungen für einen Kleinstwagen auf. 1957 erblickte der Vespa 400 auf dem Pariser Autosalon die Welt.

Eine schmucke, kleine Cabriolimousine mit Zweitakt-Heckmotor und 400 cm³ Hubraum, hydraulische Bremsen rundum. Mit 2,85 Meter Länge ideal für italienische Stadtverhältnisse. Zur Produktion kam es dennoch nicht. Zumindest nicht in Italien. Zur gleichen Zeit erschien der neue Fiat 500 des mächtigen Fiat-Konzerns. Gegen den rechnete sich Piaggio nur kleine Chancen am Markt aus. Außerdem mochte man sich nicht unbedingt mit dem großen Fiat-Konzern und dessen Boss Giovanni Agnelli anlegen. Was tun?

Der Vespa 400 war eine italienische Konstruktion, wurde aber in Frankreich produziert. Die Markteinführung in Deutschland erfolgte um den Jahreswechsel 1957/58.

1962 war die Zeit der kleinen Automobile vorbei, wie man hier in Paris sehen kann. Der Vespa 400 war einfach zu kompakt, den Menschen ging es wieder gut, man wollte Platz und Luxus. Mit knapp 3900 Mark war der Wagen außerdem zumindest in Deutschland zu teuer, um auf dem Markt eine realistische Chance zu haben.

Die Lösung fand sich etwa 900 Kilometer nördlich: Im französischen Fourchambault produzierte A.C.M.A. (»Ateliers de construction de motocycles et accessoires«) seit Beginn der 50er-Jahre die Vespa in Lizenz. Also verschob Vespa die Produktion des 400 nach Mittelfrankreich. Es war die große Zeit der Roller und Kleinstwagen, dementsprechend brummte das französische Piaggio-Zweigwerk. Arbeitsplätze wurden geschaffen, Kindergärten gebaut, Fourchambault vergrößerte seine Einwohnerzahl um das Dreifache. Der Vespa-ACMA-400 lief in den kommenden Jahren ohne große Veränderungen vom Band.

Was noch niemand absehen konnte: Zu Beginn der 1960er-Jahre brach der Roller- und Zwergmobilmarkt ein. Man mochte nun beim Fahren ein Dach über dem Kopf haben und mehr Platz für Kind und Kegel. Das traf auch das Werk in Fourchambault: Die Produktionszahlen des 400 gingen deutlich zurück, die der Scooter ebenfalls. Mit diesem Rückgang war auch ein Anstieg der Entlassungen verbunden – mit fatalen Folgen für Fourchambault. Die Produktion des Vespa 400 stoppte 1961 nach gut 30.000 Exemplaren. A.C.M.A. produzierte fortan bis 1962 nur noch Vespa-Roller in Lizenz, dann schloss die Firma endgültig.

Der Berliet T100 war Frankreichs größter Lastwagen. Eine Handvoll waren gebaut worden für die Ölfelder Afrikas. Mit den knapp 400 Kilogramm Leergewicht des Vespa 400 hatte er leichtes Spiel.

Vitrex Riboud

Frankreich Ende der 60er-Jahre. Jaques Riboud, ein berühmter Städteplaner, sinnierte darüber, wie urbane Bewohner zu ihren Häusern gelangen könnten. Er beschloss, einen Kleinstwagen entwerfen zu lassen, der diese Bedürfnisse exakt abdeckte.

Der erste Prototyp, von Riboud »Hanneton« (Käfer) genannt, erfüllte nicht seine Erwartungen. Zu Beginn der 70er-Jahre ergab sich ein Kontakt mit der Firma Marland. Nun erhielt dieses Unternehmen den Auftrag, einen Kleinstwagen nach Ribouds Vorstellungen zu entwickeln, was auf Anhieb gelang. Das Projekt wurde schließlich der Öffentlichkeit als »Voiturette sans permis«(Autochen ohne Führerschein) vorgestellt. Da es einen Kleinstmotor unter 50 cm^3 besaß, war es in Frankreich führerscheinfrei zu fahren. Ab 1974 liefen die Voiturettes in Ribouds eigenen Werken vom Band. Sie verkörperten automobilen Minimalismus: Zwei Räder hinten, eines vorne, eine Karosse aus Fiberglas mit PVC-Planen als Bedachung. Motorisiert wurde das Gefährt durch einen 47 cm^3-Sachs-Motor.

1975 erwarb die Firma Vitrex-Industrie die Marland-Werke, um dort Marland-Riboud-Fahrzeuge zu bauen. Vitrex übernahm von Marland auch den Vertrieb von Kleinstwagen aus Italien (»All Cars«). 1978 erwarb Vitrex die Firma SECAM und baute deren Modell Addax weiter. 1979 ergänzte der Gildax, eine vierrädrige Variante des Addax, das Programm. Dieses Modell blieb jedoch sehr rar. Ähnlich erging es ab 1980 der vierrädrigen Version des Riboud. Ebenfalls 1980 erschien das Modell Garbo als geschlossene Variante des Riboud auf dem Markt (mit 50 cm^3-Peugeot-Motor). Der Garbo wurde mit leichten Veränderungen von 1980 bis 1981 bei der Firma MDP Transmission als »Puma« weitergebaut, eine genaue Stückzahl aller produzierten Riboud/MDP lässt sich nicht benennen.

Als Stadtauto für Metropolen wie Paris war der Vitrex Riboud perfekt.

Voisin

Das Leben und Schaffen von Gabriel Voisin kann mit Fug und Recht als ein Paradebeispiel für französische Eigenwilligkeit und Ingenieurskunst in der Automobiltechnik beschrieben werden. Eine Reihe von ungewöhnlichen Konstruktionen säumten die Karriere von Voisin, oftmals war er seiner Zeit weit voraus. Bevor er 1918/1919 mit dem Bau von Automobilen begann, hatte er sich bereits einen Namen als Flugzeugbauer gemacht. 1939 wurde das Unternehmen von Gnome et Rhone, einem französischen Motorenbauer und Motorradhersteller übernommen. Gabriel Voisin blieb der Firma allerdings als Direktor treu.
Nach dem Krieg wendete sich Voisin der Herstellung eines Kleinwagens zu, ganz den Erfordernissen der damaligen Zeit entsprechend. Er griff eine Idee auf, die er bereits in den 1920er-Jahren entwickelt hatte: Den Biscooter. Es handelte sich dabei um einen Kleinstwagen mit zwei aneinandergekoppelten 50 cm^3-Zweitakt-Motoren, die er einem Motorroller entliehen hatte. Dem visionären Gedankengut Voisins entsprechend, wurde der Biscooter komplett aus Aluminium hergestellt. Ohne Dach und mit Leichtbau-Karosse wog das Gefährt kaum 200 Kilo. In dieser Form wurde es von Gnome et Rhone auf dem Pariser Autosalon 1949 präsentiert. Das Kleinstauto fand reges Interesse, 1500 Vorbestellungen gingen bei Voisin ein. Gnome et Rhone jedoch entschied sich gegen die Produktion.

Voisin trennte sich von Gnome et Rhone und verkaufte seine Biscooter-Idee an eine katalanische Firma. Der spanische Nachkriegsmarkt lechzte nach sparsamen Kleinwagen, so konnte der weiterentwickelte, jetzt Biscuter genante Wagen, von 1953 bis 1960 immerhin 20.000 Mal als Limousine und als Kombi an den Kunden gebracht werden. 1973 verstarb Voisin und hinterließ ein bemerkenswertes technisches Andenken.

Zum Wenden bitte Muskelkraft benutzen. Einen Rückwärtsgang hatte der Biscuter nämlich zunächst nicht. Bei 200 kg Leergewicht war das verkraftbar.

Voiture Electronique

Die findigen Ingenieure Jean und Jacques Jarret beschäftigten sich bereits in den 60er-Jahren in ihrem Unternehmen »Société des Generateurs Jarret« mit effizienten Elektroantrieben für Pkw. Zu einer Zeit, als die Ölvorräte noch endlos schienen, dachten sie intensiv über einen alternativen Antrieb nach – den E-Antrieb. So gründeten sie 1968 in Paris das Unternehmen mit dem Namen »Electronic Car«. Ziel war es, mit Unterstützung der EDF und des Staates einen Kleinstwagen zu entwickeln, der mit seinem Antrieb und seinen Abmessungen ideal für großstädtische Verhältnisse geeignet sein sollte. Den Jarret-Brüdern fiel die zunehmende Enge im Stadtverkehr und die wachsende Abgasproblematik auf.

Schon 1968 war es so weit: Auf dem Pariser Autosalon zeigte sich ein Kleinstauto, dass in sehr vielen Punkten kaum ungewöhnlicher sein konnte. Erstens in Bezug auf seinen Namen: Das Kleinstmobil wurde »Porquerolles« getauft. Die Porquerolles sind eine Insellandschaft südöstlich von Marseille. Wie man deren Schönheit mit dem Jarret-Mobil zusammenbringen konnte, bleibt unklar. Das Vehikel bestand aus einer dreieckigen Kunststoffwanne ohne Bedachung, an die drei Räder angehängt waren. In die Plastikwanne waren zwei einfache Sitze aus Kunststoff eingelassen. Punkt 2: Die Steuerung des Voiture Electronique. Statt eines gewöhnlichen Lenkrades fand sich vor dem Fahrer eine Art Joystick, mit dessen Hilfe gelenkt, gebremst und beschleunigt wurde. Punkt 3: Der Antrieb. Im Bug des Mobils befanden sich vier Bleibatterien mit je 12 V Spannung. Hiermit wurden zwei Elektromotoren versorgt, an jedem Hinterrad einer. Damit konnte das Fahrzeug auf maximal 25 km/h beschleunigen und etwa drei Stunden unterwegs sein.

Minimalistischer als der VE Porquerolles geht es nicht. Lenkung per Joystick, aber schon mit Elektroantrieb. (Thomas Quine CC BY 2.0)

Es verging einige Zeit, bevor die Serienproduktion startete. Schlussendlich begann die Fertigung 1972 bei Automobile Electronique im elsässischen Creutzwald. Diese Firma, deren Anteilseigner unter anderem die EDF, Leroy-Sommer sowie Sofirem (Frankreichs Holzkohle-Finanzierungsgesellschaft) waren, produzierte bis 1976 etwa 170 Voitures Electroniques. Die Basisversion bildete die Porquerolles, ergänzt ab Oktober 1972 durch den CAB, der eine Frontscheibe besaß. 1973 stieß das Kleinnutzfahrzeug COB dazu, das mit einem gewöhnlichen Lenkrad ausgerüstet war. Seine Gesamtlänge betrug 2,54 Meter, die der beiden anderen Modelle 1,75 Meter – eigentlich alles ideal für städtische Verhältnisse. Aber mit einem Verkaufspreis von etwa 6000 Franc (1972) war der Kleinstwagen zu hochpreisig geraten. Der Kleinwagen Citroën 2 CV kostete in jenem Jahr etwa 7900 Franc. Deswegen endete das Experiment Elektroauto made by Jarret auch schon wieder im Jahr 1976.

VP (Vernet et Pairard)

1950 gründeten die Rennfahrer Just-Émile Vernet und Jean Pairard in Paris ein Automobilunternehmen. Beide Herren hatten sich bereits einen großen Namen im französischen Rennsport gemacht, unter anderem durch zahlreiche erfolgreiche Starts in Le Mans. Dementsprechend zielten die Pläne der Konstrukteure auf die Entwicklung rennsporttauglichen Fahrzeugen ab.

Der erste Wagen trug die Bezeichnung VP 156 R und basierte auf dem Renault 4CV. Es erzielte acht Streckenrekorde auf dem Kurs Autodrome de Linas-Montlhéry. Starts bei Le Mans verliefen weniger erfolgreich, man erhoffte sich mehr vom Nachfolgemodell VP 166 R. Da es jedoch immer noch bei 747 cm³ blieb, hielten sich Leistungsstärke und Haltbarkeit in engen Grenzen. 1958 beendete VP das Abenteuer Fahrzeugbau.

Beim 24-Stunden-Rennen in Le Mans 1953 nahmen Just-Émile Vernet und Jean Pairard auf einem Vernet et Pairard VP 166 R teil. Der Vortrieb oblag einem 747-cm³-Motor aus einem Renault 4 CV.

Wimille

Betrachtet man die Historie der Société Wimille, so kommt man um eine Beschreibung der schillernden Persönlichkeit Jean-Pierre Wimilles nicht herum. Wimille wurde 1908 in Paris als Sohn eines rennsportbegeisterten Motorjournalisten geboren. Somit war die Affinität zum Motorsport bereits in die Wiege gelegt. Dies machte sich unter anderem dadurch bemerkbar, dass er 1930 im Alter von nur 22 Jahren sein Grand-Prix-Debüt gab. Er fuhr dabei einen Bugatti Type 51, mit dem er auch 1932 seinen ersten Sieg beim Grand Prix D´Oran in Algerien feierte.

Während des Krieges, etwa um 1943 herum, begann Wimille mit der Konstruktion eines modernen Mittelmotorwagens, an der er nach 1945 weiterarbeitete. Beim 1946er Grand Prix de l'Autoroute de l'Ouest präsentierte Wimille seinen fertiggestellten Wagen, der mangels eines größeren Motors nur einen Vierzylinder vom Citroën 11CV aufwies. Doch durch die Stromform seines Coupés reichten die 56 PS zu 150 km/h. Eine weitere Version seines Mittelmotorwagens zeigte Wimille 1948 auf dem Pariser Salon. Dieses Fahrzeug hatte einen französischen Ford-V8-Motor mit 2,2 Liter Hubraum unter der Haube; die Karosserie war ein Produkt des Karossiers Philippe Charbonneaux. Nur drei Monate nach der Vorstellung des Fahrzeugs verunglückte Wimille am Steuer eines Simca-Gordini beim Training zum Großen Preis von Argentinien. Von Ford France, anfänglich Sponsor des Projekts J.P.W., und von seiner Witwe wurde das Projekt weitergeführt, doch es entstanden nur zwei weitere Prototypen.

Nach dem Tod Jean-Pierre Wimilles entstand unter anderem noch dieser Prototyp mit 2,2-Liter-Ford-V8 aus einem Ford Vedette. (Andrew Bone CC BY 2.0)

Nachwort

Die Beschäftigung mit Autoklassikern ist ein großes Vergnügen, das wissen alle Oldtimer-Fans. Für frankophile Menschen wie Andreas Gaubatz und mich ist es natürlich besonders vergnüglich, uns den französischen Oldtimern (und Youngtimern) zu widmen. Mit viel Herzblut sind wir in das Buchprojekt eingetaucht, haben Recherchen betrieben, sind in Archive »gestiegen« und auf manch Erstaunliches gestoßen. Wir hoffen, unser Vergnügen spiegelt sich im Buch wieder.

Leider ist es nicht uns beiden vergönnt, mit Stolz und Freude auf das fertige Buch zu blicken. Mitten in die letzte Schaffenszeit, so unvermittelt wie ein Blitz am helllichten Tag, starb Andreas Gaubatz am 10. Mai 2022. Die Trauer darüber ist unendlich groß. Aber ebenso groß war mein Ansporn, das Buch zu seinem Andenken fertigzustellen. Ich hoffe, lieber Andreas, es ist in deinem Sinne gelungen.

Hab Dank.